教育部高等学校计算机类专业教学指导委员会
全国高等学校计算机教育研究会　研制

培养计算机类专业学生
解决复杂工程问题的能力

蒋宗礼　主编

U0363709

清华大学出版社
北京

内 容 简 介

与国际等效的中国工程教育认证标准明确将解决复杂工程问题能力的培养作为本科工程教育的聚焦点。本书面向本科计算机类专业,讨论如何实现学生解决复杂工程问题能力的培养。首先讨论将这一任务分解到整个本科教育的过程中的基本思路和要求,然后分数学与自然科学类课程、专业类基础课程、专业基础和专业课程、课程设计、实习实训,以及毕业设计,以实例的形式给出落实案例。不仅为读者澄清了一些基本概念,还给读者提供可以实际操作的案例。考虑到相关需求,还简单介绍了相关的工程伦理道德要求和质量保障体系的构建。

本书为计算机类专业系统设计培养方案,为教师设计和开展面向学生解决复杂工程问题能力培养的教学活动提供参考,也可以给计算机类专业学生学习课程以达成毕业要求提供指导。对其他工科专业的教师也具有参考价值。

图书在版编目(CIP)数据

培养计算机类专业学生解决复杂工程问题的能力/ 蒋宗礼主编. —北京:清华大学出版社,2018(2021.6重印)

ISBN 978-7-302-50384-2

Ⅰ. ①培… Ⅱ. ①蒋… Ⅲ. ①高等学校–计算机类专业–教学研究–研究报告 Ⅳ. ①TP3

中国版本图书馆 CIP 数据核字(2018)第 122968 号

责任编辑:张瑞庆 战晓雷
封面设计:常雪影
责任校对:焦丽丽
责任印制:杨 艳

出版发行:清华大学出版社
    网 址:http://www.tup.com.cn, http://www.wqbook.com
    地 址:北京清华大学学研大厦 A 座   邮 编:100084
    社 总 机:010-62770175   邮 购:010-83470235
    投稿与读者服务:010-62776969,c-service@tup.tsinghua.edu.cn
    质 量 反 馈:010-62772015,zhiliang@tup.tsinghua.edu.cn
    课 件 下 载:http://www.tup.com.cn, 010-83470236
印 装 者:三河市铭诚印务有限公司
经 销:全国新华书店
开 本:185mm×260mm   印 张:25   字 数:607 千字
版 次:2018 年 7 月第 1 版   印 次:2021 年 6 月第 7 次印刷
定 价:79.00 元

产品编号:078845-01

培养计算机类专业学生解决复杂工程问题的能力
研　究　组

组　长：蒋宗礼　北京工业大学信息学部

副组长：卢先和　清华大学出版社

成　员：王志英　国防科技大学计算机学院

何炎祥　武汉大学计算机学院

魏晓辉　吉林大学计算机学院

王　泉　西安电子科技大学计算机学院

陈　兵　南京航空航天大学计算机科学与技术学院

张自力　西南大学计算机与信息科学学院

周清雷　郑州大学信息工程学院

姜守旭　哈尔滨工业大学计算机学院

王　丹　北京工业大学信息学部

张瑞庆　清华大学出版社

前　言

习近平同志指出:"我们对高等教育的需要比以往任何时候都更加迫切,对科学知识和卓越人才的渴求比以往任何时候都更加强烈。"这进一步强调了我国高等教育从外延发展走向内涵发展的必要性和紧迫性。

2006 年我国开始工程教育专业认证工作,它以工程教育国际接轨为突破口,通过强化内涵发展提高质量,发挥了重要的引领和示范作用,特别是在促进教育观念的更新、标准意识的建立、质量意识的强化上发挥了重大作用,这已被 10 年来的实践所证明。2016 年 6 月 2 日,我国正式加入《华盛顿协议》,被认为是中国高等教育具有里程碑意义的历史性突破。2017 年 2 月 18 日,教育部在复旦大学召开了高等工程教育发展战略研讨会,共同探讨了新工科的内涵特征、新工科建设与发展的路径选择,形成了"复旦共识";2017 年 4 月 8 日,教育部又在天津大学召开新工科建设研讨会,按照"到 2020 年,探索形成新工科建设模式,主动适应新技术、新产业、新经济发展;到 2030 年,形成中国特色、世界一流工程教育体系,有力支撑国家创新发展;到 2050 年,形成领跑全球工程教育的中国模式,建成工程教育强国,成为世界工程创新中心和人才高地,为实现中华民族伟大复兴的中国梦奠定坚实基础"的目标,明确了新工科建设行动路线("天大行动");2017 年 6 月 10 日,教育部正式发布《新工科研究与实践项目指南》("北京指南"),规划出新工科研究与实践项目新理念、新结构、新模式、新质量、新体系 5 部分共 24 个选题方向,引导高校开展新工科研究与实践。所有这些都表明,大力推进高等教育的改革,应对新一轮科技革命和产业变革的挑战,主动服务国家创新驱动发展和"一带一路""中国制造 2025""互联网+"等重大战略和倡议,加快工程教育改革创新,培养造就一大批多样化、创新型卓越工程科技人才,是教育改革的方向。

《华盛顿协议》明确将本科工程教育定位于培养学生"解决复杂工程问题"的能力。如何理解和实施这一基本定位,是推进计算机类专业人才培养改革发展、实现与国际接轨亟须解决的问题。为此,教育部高等学校计算机类专业教学指导委员会、全国高等学校计算机教育研究会成立研究组,开展"计算机类专业学生解决复杂工程问题能力培养"的研究。该研究组由以下人员组成:蒋宗礼、卢先和、王志英、何炎祥、魏晓辉、王泉、陈兵、张自力、周清雷、姜守旭、王丹和张瑞庆。

为了更好地完成这项研究,研究组先后在南京航空航天大学、吉林大学、西南大学召开了研究工作会议。此外,研究组的成员们根据需要组织了所在高校的专家一同参加了相应的研制工作。

本书共 10 章。第 1 章、第 2 章由蒋宗礼撰写。第 3 章分工如下:3.1~3.4 节由张自力分别与邓辉文、邱开金、何映思、罗木平、瞿泽辉、赖红、贾韬、吴松、张隆、程强、王艺撰写,3.5 节由王丹撰写,3.6 节由姜守旭和任世军撰写,3.7 节由蒋宗礼撰写。第 4 章分工如下:4.1 节和 4.2 节由魏晓辉分别与陈娟、贾海洋撰写,4.3 节由王泉与刘凯撰写,4.4节由蒋宗礼撰写,4.5 节由王丹撰写,4.6 节由陈兵与毛宇光撰写,4.7 节由张自力与于显平、陈善雄、刘波、唐鹏撰写，4.8 节由周清雷与张卓、王黎明、卢红星撰写。第 5 章分工如下：5.1 节由张自力与李莉、张维勇、陈锶奇撰写，5.2 节由王志英与沈立撰写，5.3 节由赵东明、郑志蕴撰写，5.4 节由王泉与田玉敏撰写，5.5 节由陈兵与黄圣君撰写，5.6 节由王泉与杨力撰写，5.7 节由贾玉祥、庄雷、卢红星撰写，5.8 节由徐婷、宋伟撰写，5.9 节由王泉与杨力撰写，5.10 节由陈兵与杜庆伟撰写，5.11 节由魏晓辉与郭东伟撰写，5.12 节由魏晓辉与胡成全、曹英晖撰写，5.13 节由何炎祥与余纯武撰写，5.14 节由陈兵与赵彦超撰写，5.15 节由何炎祥与杜瑞颖撰写，5.16 节由王丹撰写。第 6 章的分工如下：6.1 节、6.2 节、6.7 节由魏晓辉分别与陈娟、贾海洋、曹英晖、胡成全撰写，6.4 节由何炎祥与杜卓敏撰写，6.3 节、6.10 节由王泉分别与刘凯、李龙海撰写，6.5 节由王丹撰写，6.8 节、6.9 节由陈兵分别与赵彦超、许峰撰写，6.6 节由张自力与刘波、于显平、唐鹏撰写，6.11 节由王丹撰写，6.12 节由朱国贞、宋玉撰写。第 7 章由陈兵撰写。第 8 章 8.1 节由蒋宗礼撰写，8.2 节由蒋宗礼、陈兵、何炎祥、姜守旭、王泉、王志英、周清雷等撰写。第 9 章由蒋宗礼撰写。第 10 章由姜守旭撰写。整个内容框架由蒋宗礼设计，并与张瑞庆一同承担统稿任务。

  学生解决复杂工程问题能力的培养是一个老问题，更是一个新问题，它决定着本科工程教育的水平。本书内容来自我们的研究和实践，难免具有局限性，期望我们现在抛出的这一块"砖"，能够给读者一定的启示和参考，能够引出一块块的"玉"来，为推动我国计算机类专业工程教育改革做出贡献。

蒋宗礼

2018 年 5 月

目　　录

第1章　计算机类专业本科人才培养基本定位 1

1.1　本科工程教育的基本定位是培养学生解决复杂工程问题的能力 1

1.2　解决复杂工程问题的能力的培养对专业教育的基本要求 4

1.3　分解落实解决复杂工程问题能力的培养 6

第2章　《计算机类专业教学质量国家标准》及要点 9

2.1　《计算机类专业教学质量国家标准》 9

2.1.1　概述 9

2.1.2　适用专业范围 10

2.1.3　培养目标 10

2.1.4　培养规格 11

2.1.5　师资队伍 11

2.1.6　教学条件 13

2.1.7　质量保障体系 13

2.1.8　专业类知识体系 14

2.1.9　主要实践性教学环节 14

2.1.10　专业类核心课程建议 15

2.1.11　人才培养多样化建议 17

2.1.12　有关名词释义和数据计算方法 18

2.2　要点说明 18

2.2.1　计算机类专业基本情况 18

2.2.2　提高质量必须更新观念 19

2.2.3　准确定位 20

2.2.4　人才培养基本要求 21

2.2.5　师资队伍 21

2.2.6　质量保障体系 21

2.2.7　知识体系 21

2.3　应用型人才培养 21

第3章　数学与自然科学类课程 23

3.1　高等数学 23

3.1.1　课程简介 23

3.1.2　课程地位和教学目标 23

3.1.3　课程教学内容及要求 24

3.1.4　教学环节的安排与要求 28

      3.1.5　学时分配 29

      3.1.6　课程考核与成绩评定 29

  3.2　线性代数 30

      3.2.1　课程简介 30

      3.2.2　课程地位和教学目标 30

      3.2.3　课程教学内容及要求 31

      3.2.4　教学环节的安排与要求 32

      3.2.5　学时分配 33

      3.2.6　课程考核与成绩评定 33

  3.3　概率论与数理统计 34

      3.3.1　课程简介 35

      3.3.2　教学目标 35

      3.3.3　课程教学内容及要求 36

      3.3.4　教学环节的安排与要求 38

      3.3.5　课程考核与成绩评定 39

  3.4　数值分析 39

      3.4.1　课程简介 39

      3.4.2　课程地位和教学目标 40

      3.4.3　课程教学内容及要求 40

      3.4.4　教学环节的安排与要求 42

      3.4.5　学时分配 44

      3.4.6　课程考核与成绩评定 45

  3.5　大学物理 45

      3.5.1　课程简介 46

      3.5.2　课程地位和教学目标 46

      3.5.3　课程教学内容及要求 47

      3.5.4　教学环节的安排与要求 54

      3.5.5　教与学 54

      3.5.6　学时分配 55

      3.5.7　课程考核与成绩评定 55

  3.6　离散数学 56

      3.6.1　课程简介 56

      3.6.2　课程地位和教学目标 57

      3.6.3　课程教学内容及要求 57

      3.6.4　教学环节的安排与要求 63

      3.6.5　教与学 64

      3.6.6　学时分配 65

      3.6.7　课程考核与成绩评定 65

  3.7　形式语言与自动机 66

　　　　3.7.1　课程简介 66
　　　　3.7.2　课程地位和教学目标 67
　　　　3.7.3　课程教学内容及要求 67
　　　　3.7.4　教学环节的安排与要求 71
　　　　3.7.5　教与学 72
　　　　3.7.6　学时分配 73
　　　　3.7.7　课程考核与成绩评定 73

第 4 章　专业类基础课程 75
　4.1　程序设计基础 75
　　　　4.1.1　课程简介 75
　　　　4.1.2　课程地位和教学目标 75
　　　　4.1.3　课程教学内容及要求 76
　　　　4.1.4　教学环节的安排与要求 78
　　　　4.1.5　教与学 80
　　　　4.1.6　学时分配 81
　　　　4.1.7　课程考核与成绩评定 81
　4.2　数据结构 82
　　　　4.2.1　课程简介 82
　　　　4.2.2　课程地位和教学目标 82
　　　　4.2.3　课程教学内容及要求 83
　　　　4.2.4　教学环节的安排与要求 86
　　　　4.2.5　学时分配 88
　　　　4.2.6　课程考核与成绩评定 89
　4.3　计算机组成 90
　　　　4.3.1　课程简介 90
　　　　4.3.2　课程地位和教学目标 90
　　　　4.3.3　课程教学内容及要求 91
　　　　4.3.4　教学环节的安排与要求 94
　　　　4.3.5　教与学 96
　　　　4.3.6　学时分配 96
　　　　4.3.7　课程考核与成绩评定 96
　4.4　编译原理 99
　　　　4.4.1　课程简介 99
　　　　4.4.2　课程地位和教学目标 100
　　　　4.4.3　课程教学内容及要求 101
　　　　4.4.4　教学环节的安排与要求 104
　　　　4.4.5　教与学 108
　　　　4.4.6　学时分配 108
　　　　4.4.7　课程考核与成绩评定 109

4.5　操作系统原理 110
　　4.5.1　课程简介 110
　　4.5.2　课程地位和教学目标 111
　　4.5.3　课程教学内容及要求 112
　　4.5.4　教学环节的安排与要求 115
　　4.5.5　教与学 118
　　4.5.6　学时分配 118
　　4.5.7　课程考核与成绩评定 119
4.6　数据库原理 119
　　4.6.1　课程简介 119
　　4.6.2　课程地位和教学目标 120
　　4.6.3　课程教学内容及要求 120
　　4.6.4　教学环节的安排与要求 123
　　4.6.5　教与学 125
　　4.6.6　学时分配 125
　　4.6.7　课程考核与成绩评定 126
4.7　计算机网络 127
　　4.7.1　课程简介 127
　　4.7.2　课程地位和教学目标 128
　　4.7.3　课程教学内容及要求 129
　　4.7.4　教学环节的安排与要求 135
　　4.7.5　教与学 139
　　4.7.6　学时分配 139
　　4.7.7　课程考核与成绩评定 139
4.8　软件工程导论 140
　　4.8.1　课程简介 141
　　4.8.2　课程地位和教学目标 141
　　4.8.3　课程教学内容及要求 142
　　4.8.4　教学环节的安排及要求 145
　　4.8.5　教与学 148
　　4.8.6　学时分配 148
　　4.8.7　课程考核与成绩评定 149
第 5 章　专业基础与专业课程 150
5.1　人工智能 150
　　5.1.1　课程简介 150
　　5.1.2　课程地位和教学目标 151
　　5.1.3　课程教学内容及要求 151
　　5.1.4　教学环节的安排与要求 152
　　5.1.5　教与学 157

      5.1.6　学时分配 ……………………………………………………… 157

      5.1.7　课程考核与成绩评定 ………………………………………… 157

  5.2　计算机体系结构 ………………………………………………………… 157

      5.2.1　课程简介 ……………………………………………………… 158

      5.2.2　课程地位和教学目标 …………………………………………… 159

      5.2.3　课程教学内容及要求 …………………………………………… 160

      5.2.4　实验教学 ……………………………………………………… 162

      5.2.5　教与学 ………………………………………………………… 167

      5.2.6　学时分配 ……………………………………………………… 168

      5.2.7　课程考核与成绩评定 …………………………………………… 168

  5.3　算法设计与分析 ………………………………………………………… 169

      5.3.1　课程简介 ……………………………………………………… 169

      5.3.2　课程地位和教学目标 …………………………………………… 170

      5.3.3　课程教学内容及要求 …………………………………………… 171

      5.3.4　教学环节及学时分配 …………………………………………… 175

      5.3.5　教与学 ………………………………………………………… 175

      5.3.6　课程考核与成绩评定 …………………………………………… 176

      5.3.7　本课程对毕业要求指标点达成的实现途径 …………………… 176

  5.4　数字电路与逻辑设计 …………………………………………………… 177

      5.4.1　课程简介 ……………………………………………………… 177

      5.4.2　课程地位和教学目标 …………………………………………… 177

      5.4.3　课程教学内容及要求 …………………………………………… 178

      5.4.4　教学环节的安排与要求 ………………………………………… 180

      5.4.5　课程考核与成绩评定 …………………………………………… 181

  5.5　数据挖掘 ………………………………………………………………… 183

      5.5.1　课程简介 ……………………………………………………… 183

      5.5.2　课程地位和教学目标 …………………………………………… 183

      5.5.3　课程教学内容及要求 …………………………………………… 184

      5.5.4　教学环节的安排与要求 ………………………………………… 186

      5.5.5　教与学 ………………………………………………………… 187

      5.5.6　学时分配 ……………………………………………………… 187

      5.5.7　课程考核与成绩评定 …………………………………………… 188

  5.6　云计算技术 ……………………………………………………………… 188

      5.6.1　课程简介 ……………………………………………………… 188

      5.6.2　课程地位与教学目的 …………………………………………… 189

      5.6.3　课程教学内容及要求 …………………………………………… 189

      5.6.4　教学环节的安排与要求 ………………………………………… 191

      5.6.5　教与学 ………………………………………………………… 192

      5.6.6　学时分配 ……………………………………………………… 192

5.6.7　课程考核与成绩评定 193

5.7　软件体系结构 195

5.7.1　课程简介 195

5.7.2　课程地位和教学目标 196

5.7.3　课程教学内容及要求 196

5.7.4　教学环节的安排与要求 199

5.7.5　教与学 199

5.7.6　学时分配 200

5.7.7　课程考核与成绩评定 200

5.8　软件过程与管理 200

5.8.1　课程简介 201

5.8.2　课程地位和教学目标 201

5.8.3　课程教学内容及要求 202

5.8.4　教学环节的安排与要求 204

5.8.5　教与学 209

5.8.6　学时分配 210

5.8.7　课程考核与成绩评定 210

5.9　互联网协议分析与设计 211

5.9.1　课程简介 211

5.9.2　课程地位和教学目标 212

5.9.3　课程教学内容及要求 212

5.9.4　教学环节的安排与要求 213

5.9.5　教与学 214

5.9.6　学时分配 215

5.9.7　课程考核与成绩评定 215

5.10　物联网通信技术 217

5.10.1　课程简介 218

5.10.2　课程地位和教学目标 218

5.10.3　课程教学内容及要求 219

5.10.4　教学环节的安排与要求 220

5.10.5　教与学 220

5.10.6　学时分配 220

5.10.7　课程考核与成绩评定 221

5.11　物联网控制技术 221

5.11.1　课程简介 222

5.11.2　课程地位和教学目标 222

5.11.3　课程教学内容及要求 223

5.11.4　教学环节的安排与要求 229

5.11.5　教与学 229

       5.11.6   学时分配 231

       5.11.7   课程考核与成绩评定 231

  5.12 物联网应用系统分析 232

       5.12.1   课程简介 232

       5.12.2   教学目标 233

       5.12.3   课程教学内容及要求 233

       5.12.4   学时分配 234

       5.12.5   教与学 235

       5.12.6   课程考核与成绩评定 235

  5.13 信息安全数学基础 235

       5.13.1   课程简介 236

       5.13.2   课程地位和教学目标 237

       5.13.3   课程教学内容及要求 238

       5.13.4   教学环节的安排与要求 243

       5.13.5   教与学 245

       5.13.6   学时分配 246

       5.13.7   课程考核与成绩评定 246

  5.14 网络与通信安全 248

       5.14.1   课程简介 248

       5.14.2   课程地位和教学目标 248

       5.14.3   课程教学内容及要求 249

       5.14.4   教学环节的安排与要求 250

       5.14.5   教与学 251

       5.14.6   学时分配 252

       5.14.7   课程考核与成绩评定 252

  5.15 信息安全导论 253

       5.15.1   课程简介 253

       5.15.2   教学目标 253

       5.15.3   课程教学内容及要求 253

       5.15.4   教与学 254

       5.15.5   学时分配 254

       5.15.6   课程考核与成绩评定 255

  5.16 分布式系统导论 255

       5.16.1   课程简介 255

       5.16.2   课程地位和教学目标 256

       5.16.3   课程教学内容及要求 257

       5.16.4   教学环节的安排与要求 259

       5.16.5   教与学 261

       5.16.6   学时分配 262

　　　　5.16.7　课程考核与成绩评定 262

第6章　课程设计 264

　6.1　程序设计基础课程设计 264

　　　6.1.1　课程简介 264

　　　6.1.2　课程地位和教学目标 264

　　　6.1.3　课程教学内容及要求 265

　　　6.1.4　学时分配 265

　　　6.1.5　教与学 266

　　　6.1.6　题目示例 266

　　　6.1.7　课程考核与成绩评定 268

　6.2　数据结构与算法课程设计 269

　　　6.2.1　课程简介 269

　　　6.2.2　课程地位和教学目标 269

　　　6.2.3　课程教学内容及要求 270

　　　6.2.4　学时分配 272

　　　6.2.5　课程考核与成绩评定 272

　6.3　计算机组成课程设计 273

　　　6.3.1　课程简介 273

　　　6.3.2　课程地位和教学目标 273

　　　6.3.3　课程教学内容及要求 274

　　　6.3.4　教学环节的安排与要求 274

　　　6.3.5　教与学 275

　　　6.3.6　学时分配 275

　　　6.3.7　课程考核与成绩评定 275

　6.4　编译原理课程设计 276

　　　6.4.1　概论 276

　　　6.4.2　课程设计选题方案 279

　　　6.4.3　课程设计实验组合方案 296

　　　6.4.4　课程设计实验进度安排 297

　　　6.4.5　课程设计验收和评价 297

　6.5　操作系统课程设计 297

　　　6.5.1　课程简介 298

　　　6.5.2　课程地位和教学目标 299

　　　6.5.3　课程教学内容及要求 300

　　　6.5.4　教学环节的安排与要求 303

　　　6.5.5　教与学 303

　　　6.5.6　学时分配 303

　　　6.5.7　课程考核与成绩评定 303

　6.6　计算机网络课程设计 304

6.6.1 课程简介 ……………………………………………………………………… 304

6.6.2 课程地位和教学目标 ………………………………………………………… 304

6.6.3 课程教学内容及要求 ………………………………………………………… 305

6.6.4 教学环节的安排与要求 ……………………………………………………… 308

6.6.5 课程考核与成绩评定 ………………………………………………………… 308

6.7 物联网应用系统综合实践 ……………………………………………………………… 308

6.7.1 课程简介 ……………………………………………………………………… 308

6.7.2 课程地位和教学目标 ………………………………………………………… 309

6.7.3 课程教学内容及要求 ………………………………………………………… 309

6.7.4 学时分配 ……………………………………………………………………… 310

6.7.5 教与学 ………………………………………………………………………… 310

6.7.6 课程考核与成绩评定 ………………………………………………………… 311

6.8 网络安全课程设计 ……………………………………………………………………… 311

6.8.1 课程简介 ……………………………………………………………………… 311

6.8.2 课程地位和教学目标 ………………………………………………………… 312

6.8.3 课程教学内容及要求 ………………………………………………………… 312

6.8.4 教学环节的安排与要求 ……………………………………………………… 313

6.8.5 学时分配 ……………………………………………………………………… 314

6.8.6 课程考核与成绩评定 ………………………………………………………… 314

6.9 信息安全综合实践 ……………………………………………………………………… 315

6.9.1 课程简介 ……………………………………………………………………… 315

6.9.2 课程地位和教学目标 ………………………………………………………… 316

6.9.3 课程教学内容及要求 ………………………………………………………… 316

6.9.4 教学环节的安排与要求 ……………………………………………………… 318

6.9.5 课程考核与成绩评定 ………………………………………………………… 319

6.10 嵌入式系统课程设计 …………………………………………………………………… 319

6.10.1 课程简介 …………………………………………………………………… 319

6.10.2 课程地位和教学目标 ……………………………………………………… 320

6.10.3 课程教学内容及要求 ……………………………………………………… 320

6.10.4 教学环节的安排与要求 …………………………………………………… 322

6.10.5 教与学 ……………………………………………………………………… 322

6.10.6 学时分配 …………………………………………………………………… 322

6.10.7 课程考核与成绩评定 ……………………………………………………… 322

6.11 软件工程课程设计 ……………………………………………………………………… 323

6.11.1 课程简介 …………………………………………………………………… 324

6.11.2 课程地位和教学目标 ……………………………………………………… 324

6.11.3 课程教学内容及要求 ……………………………………………………… 325

6.11.4 教学环节的安排与要求 …………………………………………………… 327

6.11.5 教与学 ……………………………………………………………………… 327

    6.11.6 学时分配 328

    6.11.7 课程考核与成绩评定 328

  6.12 工程设计与管理课程设计 329

    6.12.1 过程要求与安排 330

    6.12.2 成绩评定 333

    6.12.3 课程管理 333

第 7 章 实习实训 336

  7.1 内容、要求与安排 336

  7.2 考核与成绩评定 337

第 8 章 毕业设计 339

  8.1 基本要求 339

    8.1.1 内容、要求与安排 340

    8.1.2 考核与成绩评定 341

  8.2 毕业设计选题示例 342

第 9 章 工程与伦理概要 351

  9.1 理解工程 351

  9.2 工程与社会 352

  9.3 社会责任 353

  9.4 道德责任 353

  9.5 道德准则 354

  9.6 工程伦理 355

  9.7 工程与创新 357

  9.8 风险控制 357

  9.9 工程经济 358

  9.10 计算机伦理 358

第 10 章 教学质量保障体系 361

  10.1 组织机构 361

    10.1.1 教学指导委员会 361

    10.1.2 教学督导委员会 362

    10.1.3 招生与就业指导委员会 362

    10.1.4 学生工作委员会 362

  10.2 教学环节的质量要求、评价与监控 363

    10.2.1 培养目标 364

    10.2.2 培养方案 365

    10.2.3 课程 366

    10.2.4 教师队伍 367

    10.2.5 课堂教学过程 367

    10.2.6 实验教学过程 370

    10.2.7 招生工作 374

　　　10.2.8　就业工作 375

　　　10.2.9　学生工作 375

　　　10.2.10　教学管理工作 376

　10.3　教学条件 377

　　　10.3.1　教学辅助设施建设 377

　　　10.3.2　实验室建设 377

　　　10.3.3　教师队伍建设 377

　　　10.3.4　教学经费保障 377

　10.4　教学质量的分析与改进 378

　　　10.4.1　培养目标的分析与改进 378

　　　10.4.2　培养方案的分析与改进 378

　　　10.4.3　课程大纲的分析与改进 378

　　　10.4.4　教学管理工作的分析与改进 378

　　　10.4.5　教学过程与条件的分析与改进 378

　　　10.4.6　毕业要求达成的分析与改进 379

　　　10.4.7　教学质量持续改进的机制及实施 380

第1章 计算机类专业本科人才培养基本定位

不断提高教育质量是高等教育追求的永恒"不动点"。我国的高等教育在非常短的时间内从精英教育转变为大众化教育后，目前正处于从以规模扩张为主的外延式发展转向以质量提高为主的内涵式发展的转型过程中，这个"不动点"的地位更加突出。2006 年我国开始工程教育专业认证工作，它以工程教育国际接轨为突破口，通过强化内涵发展提高质量，发挥了重要的引领和示范作用，特别是在促进教育观念的更新、标准意识的建立、质量意识的强化上发挥了重大作用。这已被 10 年来的实践所证明。2016 年 6 月 2 日，我国正式加入《华盛顿协议》（以下简称《协议》），被认为是中国高等教育具有里程碑意义的历史性突破。未来，我们还需加大力度，促使更多高校的本科工程教育达到我国《工程教育认证标准》（以下简称《标准》），全面推进我国本科工程教育实现《协议》意义上的"国际等效"，同时，为其他专业门类的教育提供借鉴。

1.1 本科工程教育的基本定位是培养学生解决复杂工程问题的能力

《协议》倡导以学生为中心、产出导向（Outcome Based Education，OBE）、持续改进（Continue Quality Improvement，CQI）3 大教育理念，要求从培养目标到毕业要求，再到课程体系，最后到教学落实、评价与反馈，进行系统的设计与实施。培养目标是起点，起着"制导"作用，而且要求专业从面向学科办学（适应精英教育）转向面向社会需求办学（适应大众化教育），依社会需求确定培养目标。当然，作为基本要求，培养目标必须符合教育的基本定位。按照《协议》，两年制专科培养学生解决狭义工程问题（well-defined problems）的能力，三年制专科培养学生解决广义工程问题（broadly-defined problems）的能力，本科培养学生解决复杂工程问题（complex problems）的能力。

什么是复杂工程问题？《协议》用如下 7 个特征进行刻画。其中第一条是必备的，它指出了复杂工程问题的本质；第二条到第七条是可选的，它们可以被看作复杂工程问题的表象。

（1）必须运用深入的工程原理经过分析才可能解决。

（2）需求涉及多方面的技术、工程和其他因素，并可能相互有一定冲突。

（3）需要通过建立合适的抽象模型才能解决，在建模过程中需要体现出创造性。

（4）不是仅靠常用方法就可以完全解决的。

（5）问题中涉及的因素可能没有完全包含在专业标准和规范中。

（6）问题相关各方利益不完全一致。

（7）具有较高的综合性，包含多个相互关联的子问题。

与《协议》等效，《标准》给出的 12 条毕业要求明确体现了这一基本定位。所谓毕业要求，就是学生在毕业时必须达到的能力标准，按照人才培养系统化设计和实施的要求，它们需要分解到课程体系的相应教学活动中去落实。在这 12 条毕业要求中，"复杂工程问题"在其中的 8 条中出现了 9 次，《标准》所给出的 12 条毕业要求明确体现了这一基本定位。还有 3 条提及"多学科背景下""跨文化背景下""多学科环境中"。

这 12 条毕业要求如下。

（1）工程知识：能够将数学、自然科学、工程基础和专业知识用于解决复杂工程问题。

学生掌握解决复杂工程问题所需要的数学、自然科学、工程基础和专业知识，掌握的程度要达到能够用于解决复杂工程问题，要能够运用这些基本原理并且通过分析去解决问题，包括要掌握问题的描述方法、描述语言、分析思想、分析方法，达到会用专业语言、能描述问题和过程（含建模）、基于描述推理、分析改进等。也就是说，学生要具备运用这些知识的能力和素质，如计算机类专业的计算思维能力、算法设计与分析能力、程序设计与实现能力、系统设计与实现能力、系统分析与评价能力等，这些都应体现在专业制定的毕业要求中。

（2）问题分析：能够应用数学、自然科学和工程科学的基本原理，识别、表达并通过文献研究分析复杂工程问题，以获得有效结论。

要求学生能够应用数学、自然科学和工程科学的基本原理发现相关领域的复杂工程问题，并能给出问题的形式化描述，再通过查阅文献分析该问题的国内外研究现状，以获得解决该问题的有效结论。要掌握基本方法，能够进行程序与算法分析、系统关键问题识别与分析、参考文献分析与综合，能够完成多个矛盾中主要矛盾的提取与折中处理。

（3）设计/开发解决方案：能够设计针对复杂工程问题的解决方案，设计满足特定需求的系统、单元（部件）或工艺流程，并能够在设计环节中体现创新意识，考虑社会、健康、安全、法律、文化以及环境等因素。

设计/开发解决方案一般需要建立合适的抽象模型。所谓"设计/开发"就是指在建模过程中需要体现出创造性，这正好体现了复杂工程问题的第三个特征。至于在设计环节中考虑社会、健康、安全、法律、文化以及环境等因素，需要体现在与设计/开发解决方案有关的教学环节的考核中。学生要学习归纳描述用户需求，理解问题的基本处理方法，关注系统的局限性，把握系统设计与实现的关键环节与参数，实现多方案分析与评价，论证方案的合理性。

（4）研究：能够基于科学原理并采用科学方法对复杂工程问题进行研究，包括设计实验、分析与解释数据，并通过信息综合得到合理有效的结论。

要求学生能够基于科学原理并采用科学方法去探索（发现/评估）复杂工程问题的解决办法，会用基本的实验工具开展实验，设计实验并撰写方案，提取与分析数据，规范地表述实验结果。所谓设计实验是指设计用于评估解决办法是否有效的实验，所谓结论是指对复杂工程问题解决办法的评估结果。

（5）使用现代工具：能够针对复杂工程问题，开发、选择与使用恰当的技术、资源、现代工程工具和信息技术工具，包括对复杂工程问题的预测与模拟，并能够理解其局限性。

开发、选择与使用恰当的技术、资源、现代工程工具和信息技术工具，目的是解决复杂工程问题而不是简单地使用，当问题的真实场景无法在实验室再现时，还需要对复杂工程问题进行预测和模拟。学生要能够理解所用技术、资源、工具的局限性，以及因此导致的预测和模拟所得结论的局限性。学生需要根据性能与适应范围选择甚至构建工具和开发环境，设计模拟测试环境与数据，对子系统（模块）进行模拟测试，集成系统，并对系统进行模拟测试等锻炼。

上述 5 项为技术性要求。以下 7 项毕业要求均为非技术性要求，它们是为了满足工程设计与开发建设整个生命周期的需要，因此可以理解为面向全工程周期的要求。

（6）工程与社会：能够基于工程相关背景知识进行合理分析，评价专业工程实践和复杂工程问题解决方案对社会、健康、安全、法律以及文化的影响，并理解应承担的责任。

工程的作用在于为社会服务。所以，作为未来的工程师，必须考虑工程与社会的关系，在校期间，就必须建立起强烈的意识，在工程设计与开发建设中要了解相关要求，能将工程置于社会及其持续发展之中。必须注意并且能够评价工程对社会、健康、安全、法律以及文化的影响。

（7）环境和可持续发展：能够理解和评价针对复杂工程问题的专业工程实践对环境和社会可持续发展的影响。

环境和可持续发展是工程设计和开发建设中必须考虑的问题。学生必须建立起这样的意识：不能就工程论工程，不能把眼光局限于工程本身，不能只看到眼前，要考虑环境问题，要考虑未来的发展，要协调好局部与全局、当代与未来等关系。在校期间就要培养他们基本的环境和可持续发展意识，要关注这些问题在计算系统的更新换代中和在设计实现中的体现。

（8）职业规范：具有人文社会科学素养和社会责任感，能够在工程实践中理解并遵守工程职业道德和规范，履行责任。

工程技术人员必须具有良好的职业素质和伦理道德，要有社会责任感，要时刻牢记自己的责任，工程要造福人类，要最大限度地避免负面影响。在校期间，要培养学生的人文社会科学基本修养、社会责任感、职业责任意识与道德操守，使他们能够明确并能够履行自己的责任，关注工程的社会效益。

（9）个人和团队：能够在多学科背景下的团队中承担个体、团队成员以及负责人的角色。

团队意识和能力是现代工程设计与开发建设中必备的意识和能力，这一意识和能力的培养必须贯彻到整个教育教学活动中，还可以为此设计相应的教学环节，让学生明了自己在团队中的责任，能合作共事，并且具备一定的组织能力。包括在多学科背景下。

（10）沟通：能够就复杂工程问题与业界同行及社会公众进行有效沟通和交流，包括撰写报告和设计文稿、陈述发言、清晰表达或回应指令，并具备一定的国际视野，能够在跨文化背景下进行沟通和交流。

沟通不仅是团队内的沟通，还有与业界同行和社会大众的沟通。沟通是双向的，沟通也是具有多种形式的。国际化的进程还要求工程技术人员具备一定的国际视野，能够进行跨文化沟通和交流，这都需要在人才培养方案中安排相应的教学活动。需努力培养学生口头与书面表达能力、基本外语能力，要使学生知道和了解国际发展的途径和方法，掌握国际发展状况，将工程的设计和开发建设置于国际背景下。

（11）项目管理：理解并掌握工程管理原理与经济决策方法，并能在多学科环境中应用。

工程设计与开发建设是一种特殊的项目，通常都会涉及多个学科，而且管理的高效性和经济效益是必须考虑的内容。因此，需要让学生掌握工程管理原理与经济决策方法，关注工程设计和开发建设的成本与经济效益，要根据专业相关工程开发的实际需要设置相应的多学科环境。

（12）终身学习：具有自主学习和终身学习的意识，有不断学习和适应发展的能力。

终身学习能力对现代工程师来说是必备的，由于计算机技术的飞速发展，这一点对计算机类专业的工程师来说尤其重要。要让学生具备自主学习的能力和基础，强化他们自主学习的意识和意愿，使他们能够比较顺利地学习和运用不断出现的新技术、新方法，提高自身的持续发展能力。

以上 12 条毕业要求是明确的、具体的。例如，关于"工程知识"，其要求是"能够将数学、自然科学、工程基础和专业知识用于解决复杂工程问题"。这一点与以往"掌握数学、自然科学、工程基础和专业知识""理解法律法规基本知识""了解经济和金融知识"的表述是不同的。其关键是明确给出了"掌握""理解""了解"的程度，即，足以支持"解决复杂工程问题"。再如，关于"研究"，其要求是"能够基于科学原理并采用科学方法对复杂工程问题进行研究，包括设计实验、分析与解释数据，并通过信息综合得到合理有效的结论"。这就要求学生能够将基本原理用于实际问题的研究，要能够构建实验环境，设计实验，实施实验，采集实验数据，掌握分析方法，有效地分析和解释数据，综合结果，并得到合理有效的结论。注意，这些工作都是要基于科学原理并采用科学方法的，所以，需要将动手能力、实践能力定位在基于基本原理的层面上，也就是理论指导下的实践、理论与实践的结合，而不是简单的动手和实践。这不仅要在相应的教学大纲中明确给出，更要通过教学活动落实，并有效评价落实的程度（即达成度）。

此外，这 12 条毕业要求所反映的对基本原理的要求等与解决复杂工程问题能力的要求是一致的。

1.2　解决复杂工程问题的能力的培养对专业教育的基本要求

学生解决复杂工程问题能力的培养给本科工程教育提出了什么样的要求？下面根据复杂工程问题的 7 个特征依次进行讨论。

1. 必须运用深入的工程原理经过分析才可能解决

总体来说，要解决复杂工程问题，没有固定的、简单重复的规程、方法等，而是需要基于深层次的（不是浅层次的）基本原理出发，而且需要经过分析（不是直接套用）才可能解决。这就要求理论教学必须包括足够深入的基本原理，而且要强调使学生学会"分析"和"使用"的典型思想和方法，从而使学生具备扎实的理论基础（基本理论和专门知识）

以及分析问题的能力。相应地，实践教学要给学生提供在理论指导下开展实践的机会，不仅使他们经历相应的实践，而且要在实践中加强对相关原理的理解，并能更好地掌握相应的思想和方法。"基于深入的基本原理""经过分析"等要求，从另一个角度清晰地提出了本科教育"面向未来""面向创新"的基本目标，也纠正了将理论知识与动手能力相对立、要"回归动手"的片面认识和做法。而那些以"职业培训""产品教育"替代本科教育的做法更是格格不入的。对于理论基础，要追求"学会"：教了不等于学了，学了不等于学会了，学会了的标准就是会应用。

那么，有哪些基本原理呢？根据《协议》，"工程是包括数学、自然科学和工程知识、技术和技能整体的、有目的性的应用。"因此，从课程体系来讲，数学类（如高等数学、线性代数、概率论与数理统计、数值分析、工程数学、数学建模以及专业相关的离散结构等）、自然科学类（如大学物理、大学化学、大学生物等）、学科专业基础类、专业类的课程成为必需的，而且它们包括的不仅仅是基本概念和结论，更有思想和方法。《标准》要求数学、自然科学的教学内容不能低于总学分的 15%，这类课程要能够使学生掌握理论和实验方法，为学生表述工程问题、选择恰当的数学模型、进行分析推理奠定基础；学科专业基础类、专业类课程不能低于总学分的 30%，学科专业基础类课程包括学科的基础内容，能体现数学和自然科学在本专业中应用能力的培养；专业类课程、实践环节能够体现系统设计和实现能力的培养；工程实践与毕业设计不能低于总学分的 20%。因此在专业课程体系中，以所谓"专业的需要"为理由过度削减数学类课程，取消自然科学类课程，弱化学科专业基础课程，用"职业培训""产品教育"替代专业课程都是错误的。此外，工程不能脱离社会，所以，人文社科类课程（不少于 15%）的教育要能够使学生学会在从事工程设计时考虑经济、环境、法律、伦理等各种制约因素。

2. 需求涉及多方面的技术、工程和其他因素，并可能相互有一定冲突

首先，课程体系和课程内容需要包括本学科专业的基本内容以及有关应用领域和学科的相关内容，要求并鼓励学生跨专业选修课程，要避免把专业教育限定在某个非常窄的方向甚至技术上。例如，对计算机科学与技术专业来说，不能把学生培养成局限于一种语言（开发工具）的程序实现者。其次，相应的教学内容要包含多因素、多技术，要讨论它们的长与短，让学生学会选择和折中、借鉴和综合，学习从全局的角度考虑问题。

3. 需要通过建立合适的抽象模型才能解决，在建模过程中需要体现出创造性

培养学生理解抽象模型，能够根据实际需要选择抽象模型，通过形式化处理用抽象模型表示问题（系统的状态和状态的变化规律），构建抽象模型，基于抽象模型进行工程实践，等等，这些是基本要求。在数学和自然科学课程中获取基本知识、基本模型、基本思想和方法，并在学科专业基础课、专业课中学习专业相关的基本知识、典型模型、典型思想和方法，在课程设计、实习、毕业设计等实践环节甚至在理论课程的习题中深入体验和实践。基本目标是要让学生有机会基于基本原理完成模型理解、模型选择、模型构建、模型处理甚至模型计算和基于模型的工程实施。而停留在简单地套用的层次上是无法满足要求的。

4. 不是仅靠常用方法就可以完全解决的

这一条与第 3 条和第 5 条表现出了复杂工程问题求解的创造性。

常用的方法无法完全解决，就需要综合，需要寻求新的方法。当然，这种新的方法通常是受已有方法的启发、对其加以改造而来的，也可以是多种方法综合而来的，体现的是对学生综合能力和开发工具能力的要求。就实验来讲，需要从验证性实验开始，更多地强调综合性实验和设计性实验，让学生逐渐递进地在可完成的层面上学会根据目标和基于原理寻求方法，实现问题的求解。当然，这种教育需要多环节协同，如在习题中安排更多的综合性和设计性题目。

5. 问题中涉及的因素可能没有完全包含在专业标准和规范中

虽然问题中涉及的因素可能没有完全包含在专业标准和规范中，但问题求解都是符合基本原理的，要求学生能够根据工程实际，灵活运用所学的理论和知识，同时考虑与工程相关的社会、环境、伦理、道德等，统筹地、创造性地解决问题。

6. 问题相关各方利益不完全一致

解决这一矛盾的关键是利益均衡与折中、局部优化和全局优化，局部服从于全局。

7. 具有较高的综合性，包含多个相互关联的子问题

这个特征体现了问题和系统的规模、难度、复杂度、综合性。因此，要强调培养学生的系统观，使学生能够站在系统的高度，以系统的视角去看问题，去适应错综复杂的场景，并实现问题的系统求解，而不至于陷于局部，也不至于只关注一些特定现象而忽略了整个问题空间。

从以上 7 点可以看出，解决复杂工程问题，需要学生能够灵活地、综合地、创造性地运用所学，对这个能力以及创新意识、创新能力的培养必须落实到第一课堂中，这也是可以具体落实的。那种觉得创新高不可攀，只是一个笼统的口号，或者将创新意识、创新能力的培养简单地依托于第二课堂的所谓"科技活动"都是不正确的。

1.3　分解落实解决复杂工程问题能力的培养

学生解决复杂工程问题能力的培养必须通过整个培养体系实现，要将其分解，落实到培养的各个环节中。特别需要指出的是，"复杂工程问题"和"解决复杂工程问题的能力"是两个不同的概念，不能将培养学生解决复杂工程问题的能力狭义化为参加一个具体复杂工程的开发，甚至仅仅依靠毕业设计、综合实践等一两个实践环节。

1. 按照支持解决复杂工程问题毕业要求达成的需要，安排理论课程内容

课程内容必须包含相应领域的深入工程原理，要包括完整的基本内容，而不是仅限于其简单内容，更不是简单地知道和计算等，而必须达到一定的深度。更重要的是，课程内容还要包含相应的思想和方法，特别是学生在其职业生涯中将反复用到的思想和方法。这些内容必须在课程的教学大纲中具体地描述，那种"教材目录式"的教学大纲是不能满足要求的。

相应地，理论教学应强调以知识为载体，让学生在学习基本概念和基本结论的同时，学会学科方法论的相关内容，并让学生掌握相应的专业技能，形成专业能力，这就是"产出"（outcome）导向。既然是对应学生的产出，就必须考虑实际需求与效果。所以，虽然强调深入的基本原理，但不是单纯地、不切实际地（脱离毕业要求达成的需要）追求更多、更深的知识而忽略效果。

在教学大纲中，还必须将课程的教学目标与相应的毕业要求对应起来，以便将课程真正置于整个培养体系中，摆脱课程教学的"三个为本"。

2. 按照支持解决复杂工程问题毕业要求达成的需要，开展理论教学活动

课程教学要落实教学大纲的规定，使学生能够掌握深入的基本原理，理解其精髓，掌握其思想和方法，并能够将基本原理与工程实践问题有机地结合起来，探讨应用的方法，体验应用的乐趣。

为达到此目的，在整个教学过程中，绝不能照本宣科、"满堂灌"，要有充分的分析内容。要采取研究型教学，教师在对问题的研究中教，学生在对未知的探索中学，引导学生积极探索和思考，促使学生掌握分析的基本思想和方法，使他们逐渐养成分析、探索的习惯，并能得到有效结论。要适时、适当地归纳总结，将知识和方法等融会贯通，以利于学生的综合使用。还要设计恰当的环节，给学生提供解决问题的锻炼机会。

3. 按照支持解决复杂工程问题毕业要求达成的需要，进行理论教学评价

通过考试、答辩、报告、成果验收等方式评价教学结果。

教学活动的价值体现在其对毕业要求达成的支持，所以，采用什么样的评价方式，以什么（题目等）为载体，测试点是什么，都要根据课程所承担的毕业要求达成任务来确定，以保证评价结果能够有效反映课程对毕业要求达成的实际贡献度。之所以这样要求，是因这个评价结果是毕业要求达成度评价的基础数据，如果该数据不可信，那么，基于这些数据的毕业要求达成度的评价就不可信。所以，必须保证考核内容、方式以及评分体系等能够充分体现毕业要求达成度评价的需要。

产出导向要求最终是聚焦解决复杂工程问题的能力，考试必须摆脱那些简单的以概念、填空、单选、多选、判断对错、简述、简答等题型为主的模式，更要杜绝简单追求及格率的倾向，真正按照教学大纲规定的课程教学目标进行考核。

4. 按照支持解决复杂工程问题毕业要求达成的需要，安排实践教学内容

第一，实践教学必须选择恰当的载体，使学生经历复杂工程（系统）构建，并在构建过程中体现知识、技术、方法的综合应用。第二，要构成体系，要从简单到复杂，从小规模到大规模，循序渐进；还要使学生尽可能全面地经历专业的主要实践，例如，对计算机类专业来说，学生要有机会参与基础硬件系统、基础软件系统、应用软件系统、应用硬件系统的实践。第三，从选题和具体内容安排上，要根据该课程所承担的毕业要求达成任务，与理论教学相结合，追求理论指导下的实践；要包括设计、实现、分析（系统分析、结果分析）；要能够有效地促使学生掌握深入的工程原理，结合工程实际，避免简单的为实践而实践的做法，要给学生创造机会，使他们得到更全面的锻炼。例如，学习协作、沟通、表达、组织，学习如何在工程实践中考虑社会、环境、法律、伦理、道德等问题。

5. 按照支持解决复杂工程问题毕业要求达成的需要，开展实践教学活动

根据实践教学活动所承担的毕业要求达成任务，选择恰当的环境，设计与之相适应的环节和实施要求，具体落实学生解决复杂工程问题能力培养的目标；要严格要求，并给学生恰当的指导。

在具体教学中，要督促学生分析问题，研究相关内容（数据），引导学生搜集相关资料和信息，学习新的技术，帮助他们掌握实验的技术和方法；落实设计与实现，开展与人、物、系统的多方协同，实现团队协作；学习对系统和工作的评价方法；学会思考工程开发对社会、环境、法律、行规、伦理、道德等的影响，明了自己的社会责任；引导学生深入考虑问题及其解决方案、方法、途径、工具，在实际案例中将基本原理与工程实践结合，体验原理之美。

为获得更好的实践效果，还要做到课内课外结合，校内校外结合。

6. 按照支持解决复杂工程问题毕业要求达成的需要，进行实践教学评价

按照教学大纲的规定进行评价（考核），考核方式、计分标准要能够真实体现该项教学活动对所支持的毕业要求达成的实际贡献度。

总之，本科教育面向未来，包括未来的世界、未来的问题求解、学生未来的发展，最终体现在面向社会未来的发展上。这些未来与解决复杂工程问题、创新能力培养的追求是一致的。明确聚焦学生解决复杂工程问题能力的培养的基本要求，掌握其内涵，并将其分解到人才培养的各个环节中落实。进入"卓越计划"的各个专业应该发挥示范和带头作用。其他学科门类的本科教育以此为参照，也应该聚焦于解决复杂问题能力的培养，将此作为人才培养的基本定位，促进本科教育质量和水平的快速提高，以适应社会发展的需要。

第 2 章 《计算机类专业教学质量国家标准》及要点

2.1 《计算机类专业教学质量国家标准》

《计算机类专业教学质量国家标准》由教育部高等学校计算机类专业教学指导委员会组织研究制定，教育部高等学校软件工程专业教学指导委员会和信息安全专业教学指导委员会提供了相应专业的部分内容。该标准经近两年的宣讲和广泛征求意见，于 2014 年 12 月正式提交教育部，并于 2018 年 3 月由教育部正式颁布实施。

2.1.1 概述

计算机科学与技术、软件工程、网络空间安全等计算机类学科统称为计算学科，是从电子科学与工程和数学发展来的。计算学科通过在计算机上建立模型和系统，模拟实际过程进行科学调查和研究，通过数据搜集、存储、传输与处理等进行问题求解，包括科学、工程、技术和应用。其科学部分的核心在于通过抽象建立模型以实现对计算规律的研究；其工程部分的核心在于根据规律，低成本地构建从基本计算系统到大规模复杂计算应用系统的各类系统；其技术部分的核心在于研究和发明科学调查和研究中使用的基本计算手段和方法；其应用部分在于构建、维护和使用计算系统实现特定问题的求解。其根本问题是"什么能且如何被有效地实现自动计算"，学科呈现出抽象、理论、设计 3 个学科形态，除了基本的知识体系外，更有学科方法学的丰富内容。

计算学科已经成为基础技术学科。随着计算机和软件技术的发展，继理论和实验后，计算成为第三大科学研究范型，从而使得广义的计算思维成为现代人类重要的思维方式之一。信息产业成为世界第一大产业，信息技术正在改变着人们的生产和生活方式，离开信息技术与产品的应用，人们将无法正常生活和工作。所以，没有信息化，就没有国家现代化；没有信息安全，就没有国家安全。计算技术是信息化的核心技术，其应用已经深入各行各业。这些使得计算学科、计算机类专业人才在经济建设与社会发展中占有重要地位。计算机技术与其他行业的结合有着广阔的发展前景，互联网+、中国制造 2025 等是很好的例子。

计算机类专业的主干学科是计算学科，相关学科有信息与通信工程和电子科学与技术。计算机类专业包括计算机科学与技术、软件工程、网络工程、物联网工程、信息安全等专业，相关专业包括电子信息工程、电子科学与技术、通信工程、信息工程等电子信息类专业以及自动化专业。

计算机类专业承担着培养计算机类专业人才的重任，该专业类的大规模、多层次、多需求的特点以及社会的高度认可，使得它成为供需两旺的专业类别。计算机类专业人才的培养质量直接影响我国信息技术的发展乃至经济建设与社会发展，计算机类专业人才培养水平，直接影响着国家的发展和民族的进步。同时，计算机类专业人才培养中所提供的相关教育认识和内容对非计算机专业人才计算机能力的培养也具有基础性的意义。

由于不同类型的人才将面向不同问题空间，对他们的培养强调不同学科形态的内容，需要采用不同的教育策略，计算学科"抽象第一"的基本教育原理也在计算机类专业教育的不同层面上得到体现。总体上，对绝大多数学生来说，计算机类专业更加强调工程技术应用能力的培养。

2.1.2 适用专业范围

计算机类专业的类别代码 0809。

本标准适用的专业：

- 080901 计算机科学与技术
- 080902 软件工程
- 080903 网络工程
- 080904K 信息安全
- 080905 物联网工程

以下特设专业参照执行：

- 080907T 智能科学与技术
- 080908T 空间信息与数字技术
- 080909T 电子与计算机工程
- 080910T 数据科学与大数据技术
- 080911TK 网络空间安全
- 080912T 新媒体技术
- 080913T 电影制作

2.1.3 培养目标

1. 专业类培养目标

计算机专业类培养具有良好的道德与修养，遵守法律法规，社会和环境意识强，掌握数学与自然科学基础知识以及计算系统相关的基本理论、基本知识、基本技能和基本方法，具备包括计算思维在内的科学思维能力，具备设计计算解决方案，实现基于计算原理的系统的能力，能有效表达，在团队中有效发挥作用，综合素质良好，能通过继续教育或其他的终身学习途径拓展自己的能力，了解和紧跟学科专业发展，在计算系统研究、开发、部署与应用等相关领域具有就业竞争力的高素质专门技术人才。

2. 学校制订专业培养目标的要求

培养目标必须符合学校的定位，体现专业点及其支撑学科的特点，适应社会经济发展的需要。

专业人才培养目标需要反映毕业生的主要就业领域与性质、社会竞争优势以及事业发展的预期；它应该是具体的，能够分解落实，能够有效制导培养进程，能够检验其是否实现。它要面向全体学生，而不是作为对少数优秀毕业生的预期。

专业须通过有效的途径保证培养目标对教育者、受教育者和社会的有效公开，教师和学生要将培养目标作为教学活动的具体追求。

专业要建立必要的、有计算机行业或企业专家有效参与的定期评价修订制度，评价培养目标的合理性，分析其达成情况，并定期对培养目标进行修订，确保培养目标的准确性和有效性。

2.1.4　培养规格

1．学制

学制 4 年。

2．授予学位

工学学士学位，部分计算机科学与技术专业毕业生可以授予理学学士学位，部分信息安全专业毕业生可以授予理学或管理学学士学位。

3．参考总学分

建议参考总学分为 140～180。

4．人才培养基本要求

思想政治和德育方面要求按照教育部统一规定执行。

业务方面要求如下：

（1）掌握从事本专业工作所需的数学（特别是离散数学）、自然科学以及经济学与管理学知识。

（2）系统掌握专业基础理论知识和专业知识，经历系统的专业实践，理解计算学科的基本概念、知识结构、典型方法，建立数字化、算法、模块化与层次化等核心专业意识。

（3）掌握计算学科的基本思维方法和研究方法，具有良好的科学素养、强烈的工程意识和研究探索意识，并具备综合运用所掌握的知识、方法和技术解决复杂的实际问题，对结果进行分析的能力。

（4）具有终身学习意识，能够运用现代信息技术获取相关信息和新技术、新知识，持续提高自己的能力。

（5）了解计算学科的发展现状和趋势，具有创新意识，并具有技术创新和产品创新的初步能力。

（6）了解与本专业相关的职业和行业的重要法律、法规及方针政策，理解与信息技术应用相关的工程技术伦理基本要求，在系统设计过程中能够综合考虑经济、环境、法律、安全、健康、伦理等制约因素。

（7）具有组织管理能力、表达能力、独立工作能力、人际交往能力和团队合作能力。

（8）具有初步的外语应用能力，能阅读本专业的外文材料，具有国际视野和跨文化交流、竞争与合作能力。

体育方面要求学生掌握体育运动的一般知识和基本方法，形成良好的体育锻炼和卫生习惯，达到国家规定的大学生体育锻炼合格标准。

2.1.5　师资队伍

师资队伍总体上应符合教育部《普通高等学校基本办学条件指标（试行）》（2004 年发

布实施）的相关要求。

1. 师资队伍数量和结构要求

专任教师数量和结构满足本专业教学需要，中青年教师所占比例较高，专任教师不少于 12 人，专业生师比不高于 24∶1。教师须将足够的精力投入学生培养工作。

对于新开办专业，至少有 12 名教师，在 120 名在校生的基础上，每增加 24 名在校生，需增加 1 名专任教师。

专任教师中具有硕士学位、博士学位的比例不低于 60%，其中中青年专任教师中拥有博士学位的比例不低于 60%。

专任教师中具有高级职称的教师的比例不低于 30%。

来自企业或行业兼职教师能够有效发挥作用。

2. 教师背景和教学基本能力要求

1）专业背景

大部分授课教师的学习经历中至少有一个阶段接受的是计算机类专业或计算学科学历教育，部分教师具有相关学科、专业学习的经历。专业负责人学术造诣较高，熟悉并承担本专业教学工作。

信息安全专业的专职教师还可以是通信、电子、数学、物理、生物、管理、法律和教育等相关专业的毕业生且具有从事信息安全教学或科研工作的经历。

2）工程背景与研究背景

授课教师具备与所讲授课程相匹配的能力（包括操作能力、程序设计能力和解决问题能力），承担的课程数和授课学时数限定在合理范围内，保证在教学以外有精力参加学术活动、工程和研究实践，不断提升个人专业能力。

讲授工程与应用类课程的教师具有与课程相适应的工程或工作背景，面向理科学生讲授专业基础理论课程的教师具有与课程相适应的研究背景。

授予工学学位的专业，承担过工程性项目的教师须占有相当比例，有教师具有与企业共同工作的经历。授予理学学位的专业，承担过科学研究性项目的教师须占有相当比例。

3）教学基本能力

全职教师必须获得教师资格证书，具有与承担的教学任务相适应的教学能力，掌握所授课程的内容及在毕业要求达成中的作用以及与培养目标实现的关联，能够根据人才培养目标、课程教学内容与特点、学生的特点和学习情况，结合现代教学理念和教育技术，合理设计教学过程，因材施教。参与学生的指导，结合教学工作开展教学研究活动，参与培养方案的制订。

3. 教师发展环境

为教师提供良好的工作环境和条件。有合理可行的师资队伍建设规划，为教师进修、从事学术交流活动提供支持，促进教师的专业发展。重视对青年教师的指导和培养。

具有良好的学科基础，为教师从事学科研究与工程实践提供基本条件、环境和氛围。鼓励和支持教师开展教学研究与改革、学生指导、学术研究与交流、工程设计与开发、社会服务等。

使教师明确其在教学质量提升过程中的责任，不断改进工作，满足专业教育不断发展的要求。

2.1.6　教学条件

教学条件总体上应符合教育部《普通高等学校基本办学条件指标（试行）》的相关要求。

1．教学设施要求

（1）教室、实验室及设备在数量和功能上能够满足教学需要，生均教学行政用房不少于 16m^2，生均教学科研仪器设备值不少于 5000 元；管理、维护和更新机制良好，方便教师、学生使用。

（2）满足学生以学习为目的的上机、上网、实验需求。

（3）实验技术人员数量充足，能够熟练地管理、配置、维护实验设备，保证实验环境的有效利用，有效指导学生进行实验。

（4）与企业合作共建实习基地或实验室，在教学过程中为全体学生提供稳定的参与工程实践的平台和环境；参与教学活动的人员理解实践教学目标与要求，校外实践教学指导教师具有项目开发或管理经验。

2．信息资源要求

注重制度建设，管理规范，保证图书资料购置经费的投入，配备数量充足的纸质和电子介质的专业图书资料，生均图书不少于 80 册，师生能够方便地利用，阅读环境良好，包括能方便地通过网络获取。

3．教学经费要求

教学经费能满足专业教学、建设、发展的需要，专业生均年教学日常运行支出不少于 1200 元。

每年正常的教学经费包含师资队伍建设经费、人员费、实验室维护更新费、专业实践经费、图书资料经费、实习基地建设经费等。

新建专业还要保证固定资产投资以外的专业开办经费，特别是要有实验室建设经费。

2.1.7　质量保障体系

1．教学过程质量监控机制

建立质量监控机制，使主要教学环节（包括培养方案制定、理论课、实验课、实习、毕业论文（设计）等）的实施过程处于有效监控状态；对主要教学环节有明确的质量要求；建立对课程体系设置和主要教学环节教学质量的定期评价机制，评价时应重视学生与校内外专家的意见。

2．毕业生跟踪反馈机制

建立毕业生跟踪反馈机制，及时掌握毕业生就业去向和就业质量、毕业生职业满意度和工作成就感、用人单位对毕业生的满意度等，以及毕业生和用人单位对培养目标、毕业要求、课程体系、课程教学的意见和建议；采用科学的方法对毕业生跟踪反馈信息进行统计分析，形成分析报告，作为进行质量改进的主要依据。

3．专业的持续改进机制

建立持续改进机制，针对教学质量存在的问题和薄弱环节，采取有效的纠正与预防措施，进行持续改进，不断提升教学质量，保证培养的人才对社会需求的适应性。

2.1.8　专业类知识体系

1．通识类知识

人文社会科学类包括经济、环境、法律、伦理等基本内容。

数学和自然科学类包括高等工程数学、概率与数理统计、离散结构、力学、电磁学、光学与现代物理的基本内容。

2．学科基础知识

学科基础知识被视为专业类基础知识，培养学生计算思维、程序设计与实现、算法分析与设计、系统能力等专业基本能力，能够解决实际问题。

建议教学内容覆盖以下知识领域的核心内容：程序设计、数据结构、计算机组成、操作系统、计算机网络、信息管理，包括核心概念、基本原理以及相关的基本技术和方法，并让学生了解学科发展历史和现状。

3．专业知识

不同专业的课程须覆盖相应知识领域的核心内容，并培养学生将所学的知识应用于复杂系统的能力，能够设计、实现、部署、运行或者维护基于计算原理的系统。

1）计算机科学与技术专业

培养学生将基本原理与技术应用于计算学科研究以及计算系统设计、开发与应用等工作的能力。建议教学内容包含数字电路、计算机系统结构、算法、程序设计语言、软件工程、并行分布计算、智能技术、计算机图形学与人机交互等知识领域的基本内容。

2）软件工程专业

培养学生将基本原理与技术应用于复杂软件系统分析、设计、验证、确认、实现、应用和维护以及软件系统开发管理等能力。建议教学内容包含软件建模与分析、软件设计与体系结构、软件质量保证与测试、软件过程与管理等知识领域的基本内容。

还至少包含一个应用领域的相关知识。

3）网络工程专业

培养学生将基本原理与技术应用于计算机网络系统规划、设计、开发、部署、运行、维护等工作的能力。建议教学内容包含数字通信、计算机系统平台、网络系统开发与设计、软件开发、网络安全、网络管理等知识领域的基本内容。

4）物联网工程专业

培养学生将基本原理与技术应用于物联网及其应用系统的规划、设计、开发、部署、运行维护等工作的能力。建议教学内容包含电路与电子技术、标识与感知、物联网通信、物联网数据处理、物联网控制、物联网信息安全、物联网工程设计与实施等知识领域的基本内容。

5）信息安全专业

培养学生将基本原理与技术应用于信息安全科学研究、技术开发和应用服务等工作的能力。建议教学内容包含信息科学基础、信息安全基础、密码学、网络安全、信息系统安全、信息内容安全等知识领域的基本内容。

2.1.9　主要实践性教学环节

具有满足教学需要的完备实践教学体系。主要包括实验课程、课程设计、实习、毕业设计（论文），4 年总的实验当量不少于 2 万行代码。积极开展科技创新、社会实践等多种形式的实践活动，到各类工程单位实习或工作，取得工程经验，基本了解本行业状况。

（1）实验课程：包括软硬件及系统实验。

（2）课程设计：至少完成两个有一定规模和复杂度的系统的设计与开发。

（3）实习：建立相对稳定的实习基地，使学生认识和参与生产实践。

（4）毕业设计（论文）：需制定与毕业设计（论文）要求相适应的标准和检查保障机制，对选题、内容、学生指导、答辩等提出明确要求。保证课题的工作量和难度，并给学生有效指导；培养学生的工程意识、协作精神以及综合应用所学知识解决实际问题的能力；题目和内容不应重复；教师与学生每周进行交流，对毕业论文全过程进行控制；选题、开题、中期检查与论文答辩应有相应的文档。

对毕业设计（论文）的指导和考核有企业或行业专家参与。

2.1.10　专业类核心课程建议

1．课程体系构建原则

课程体系必须支持各项毕业要求的有效达成，进而保证专业培养目标的有效实现。

人文社会科学类课程约占 15%，数学与自然科学类课程约占 15%，实践环节约占 20%，学科基础知识类和专业知识类课程约占 30%。

人文社会科学类教育能够使学生在从事工程设计时考虑经济、环境、法律、伦理等各种制约因素。

数学和自然科学类教育能够使学生掌握理论和实验方法，为学生表述工程问题、选择恰当的数学模型、进行分析推理奠定基础。

学科基础类课程包括学科的基础内容，能体现数学和自然科学在本专业中应用能力的培养；专业类课程、实践环节能够体现系统设计和实现能力的培养。

课程体系的设置有企业或行业专家有效参与。

2．核心课程体系示例

1）计算机科学与技术专业

示例 1：高级语言程序设计（72）[①]、集合论与图论（48）、近世代数（32）、数理逻辑（32）、形式语言与自动机（32）、电子技术基础（48）、数字逻辑设计（48）、数据结构与算法（64）、计算机组成原理（72）、软件工程（64）、数据库系统（64）、操作系统（64）、计算机网络（56）、编译原理（64）、计算机体系结构（48）。

示例 2：计算概论（16）、程序设计基础（80）、集合论与数理逻辑（48）、图论与组合数学（48）、代数结构与初等数论（48）、数据结构（80）、操作系统（64）、计算机组成原理（80）、数字逻辑与数字电路（64）、计算机网络（64）、编译原理（64）、数据库原理（64）、算法设计与分析（56）、人工智能（48）、计算机图形学（40）。

示例 3：高级语言程序设计（56）、数据结构与算法（64）、电路与电子技术（96）、集合与图论（48）、代数与逻辑（48）、数字逻辑（48）、计算机组成原理（64）、操作系统原理（64）、数据库原理（56）、编译原理（56）、软件工程（40）、计算机网络（56）。

---

① 括号中的数字为建议学时数。

2）软件工程专业

示例1：程序设计基础（64）、面向对象程序设计（64）、软件工程导论（64）、离散结构（72）、数据结构与算法（64）、工程经济学（32）、团队激励与沟通（24）、软件工程职业实践（16）、计算机系统基础（64）、操作系统（64）、数据库概论（64）、网络及其计算（64）、人机交互的软件工程方法（48）、软件工程综合实践（96）、软件构造（48）、软件设计与体系结构（48）、软件质量保证与测试（48）、软件需求分析（40）、软件项目管理（40）。

示例2：程序设计基础（64）、面向对象程序设计（64）、软件工程导论（64）、离散结构（72）、数据结构与算法（64）、工程经济学（32）、团队激励与沟通（24）、软件工程职业实践（16）、计算机系统基础（64）、操作系统（64）、数据库概论（64）、网络及其计算（64）、人机交互的软件工程方法（48）、软件工程综合实践（96）、大型软件系统设计与体系结构（48）、软件测试（48）、软件详细设计（48）、软件工程的形式化方法（40）、软件过程与管理（40）。

示例3：软件工程与计算Ⅰ（64）、软件工程与计算Ⅱ（64）、软件工程与计算Ⅲ（64）、离散结构（72）、数据结构与算法（64）、工程经济学（32）、团队激励与沟通（24）、软件工程职业实践（16）、计算机系统基础（64）、操作系统（64）、数据库概论（64）、网络及其计算（64）、人机交互的软件工程方法（48）、软件工程综合实践（96）、软件构造（48）、软件设计与体系结构（48）、软件质量保证与测试（48）、软件需求分析（40）、软件项目管理（40）。

示例4：软件工程与计算Ⅰ（64）、软件工程与计算Ⅱ（64）、软件工程与计算Ⅲ（64）、离散结构（72）、数据结构与算法（64）、工程经济学（32）、团队激励与沟通（24）、软件工程职业实践（16）、计算机系统基础（64）、操作系统（64）、数据库概论（64）、网络及其计算（64）、人机交互的软件工程方法（48）、软件工程综合实践（96）、大型软件系统设计与体系结构（48）、软件测试（48）、软件详细设计（48）、软件工程的形式化方法（40）、软件过程与管理（40）。

3）网络工程专业

示例1：离散数学（72）、计算机原理（64）、计算机程序设计（40）、数据结构（48）、操作系统（56）、计算机网络（56）、数据通信（32）、互联网协议分析与设计（40）、网络应用开发与系统集成（40）、路由与交换技术（32）、网络安全（40）、网络管理（32）、移动通信与无线网络（40）、网络测试与评价（32）。

示例2：离散数学（72）、电路与信号分析（64）、电子技术基础（64）、程序设计（64）、算法与数据结构（80）、计算机组成原理（64）、数据库原理与应用（40）、操作系统（72）、数字通信原理（48）、计算机网络原理（64）、网络工程设计（40）、网络攻击与防护（48）。

4）物联网工程专业

示例1：离散数学（64）、程序设计（72）、数据结构（72）、计算机组成（64）、计算机网络（64）、操作系统（56）、数据库系统（56）、物联网通信技术（56）、RFID原理及应用（56）、传感器原理及应用（56）、物联网中间件设计（40）、嵌入式系统与设计（56）、物联网控制原理与技术（56）。

示例2：离散数学（64）、程序设计（72）、数据结构（72）、计算机组成（64）、计算机网络（64）、操作系统（56）、数据库系统（56）、物联网通信技术（56）、RFID原理及应用

（40）、传感器原理及应用（40）、物联网控制（40）、物联网信息安全技术（48）、物联网工程设计与实践（48）。

5）信息安全专业

示例：信息安全导论（16）、信息安全数学基础（72）、模数电路与逻辑（90）、程序设计（54）、数据结构与算法（72）、计算机组成与系统结构（72）、EDA 技术及应用（36）、操作系统原理及安全（72）、编译原理（56）、信号与系统（56）、通信原理（56）、密码学（56）、计算机网络（56）、网络与通信安全（56）、软件安全（56）、逆向工程（40）、可靠性技术（40）、嵌入式系统安全（56）、数据库原理及安全（64）、取证技术（40）、信息内容安全（40）。

2.1.11　人才培养多样化建议

国家建设需要不同类型的计算机类专业人才，不同的学生各有其长，也会对不同的问题感兴趣。每个专业点都有自身的特点，鼓励各个专业点在满足基本要求的基础上，准确定位，办出特色。特别是以应用型人才培养为主的高校，要倡导校企合作、校地合作，吸纳社会资源建设高水平计算机类专业。各专业点要结合自身优势开展创新创业教育，培养学生的创新精神、创业意识和创新创业能力。

从国家的根本利益来考虑，要有一批从事计算系统基础理论与核心技术创新研究的研究型人才。他们以知识创新为基本使命，研究的内容可以是计算机科学、计算机工程、软件工程、信息安全、应用技术、网络工程、物联网工程等相关的基础理论、技术和方法。

大部分信息技术企业将信息化产品的研发、生产、维护、服务作为主要发展方向，它们需要工程型人才。这些企业中的人才擅长考虑基本理论和原理的综合应用（包括创造性应用），不仅要考虑所建造系统的性能，还需要考虑系统的构建和运行代价以及其他可能的副作用。具体的工程既可以是以硬件为主，也可以是以软件为主。

信息化、计算机化、网络化已在各行各业得到发展，而且已经有了很大的建设成就。相关系统的进一步开发、建设、维护与运行需要大批应用型人才。他们更了解各种软硬件系统的功能和性能，更擅长系统的集成和配置，有能力在较高的层面上管理和维护复杂系统的运行，能够在各种系统和工程中承担重要任务。

计算机类专业人才教育有以下基本要求：

首先，要重视学生理论结合实际能力以及学习能力的培养，使学生了解基础理论课程的作用，将理论与实际结合的方法与手段传授给学生，以适应信息技术的飞速发展，更有效地培养有特色的、符合社会需求的计算机类人才。

其次，使学生具备软硬件基础和系统观。主要从事硬件类工作的，也要有软件基础；主要从事包括软件工程在内的软件类工作的，也要有硬件基础。在掌握计算系统基本原理的基础上，熟悉进一步开发构建以计算技术为核心的系统的方法，掌握系统内部各部分的关联关系、逻辑层次与特性。

第三，重视思想和方法的学习，避免基于特定平台开设核心课程，培养学生专业能力，为学生的可持续发展提供基础。

2.1.12 有关名词释义和数据计算方法

1. 名词释义

专业点指各个学校开设的相应专业，例如某大学的计算机科学与技术专业或某大学的信息安全专业。

专业的专任教师是指承担学科基础知识和专业知识教学任务的教师。

2. 数据的计算方法

各类课程所占比例按实际学分数计算。

理论课：16学时为1学分。实验课：24学时为1学分。集中实践：一周为1学分。

实验当量：程序设计类实验/实践按实际设计实现的程序量计算，不含自动生成的；硬件等非程序设计实验，一年级至四年级每学时依次分别按照10行、20行、30行、40行计算。

专业生师比=本专业在校生数/本专业教师总数

本专业在校生数=普通本、专科（高职）生数+硕士生数×1.5+博士生数×2

+留学生数×3+（预科生数+进修生数+成人脱产班学生数

+成人教育（业余）学生数）×0.3+函授生数×0.1

本专业教师总数=专任教师数+聘请校外教师数×0.2

生均教学行政用房面积=（教学及辅助用房面积+行政办公用房面积）/全日制在校生数

生均教学科研仪器设备值=教学科研仪器设备资产总值/本专业在校生数

生均图书=图书总数/本专业在校生数

教学日常运行支出指开展本专业教学活动及辅助活动发生的支出，仅指教学基本支出中的商品和服务支出，不包括教学专项拨款支出。教学日常运行支出具体包括教学教辅部门发生的办公费（含考试考务费、手续费等）、印刷费、咨询费、邮电费、交通费、差旅费、出国费、维修（护）费、租赁费、会议费、培训费等。

2.2 要点说明

2.2.1 计算机类专业基本情况

1956年，根据《1956—1967年十二年科学技术发展远景规划》，我国开始建设计算机专业，到1960年为止共开办了14个计算机专业点。1966—1976年，大学基本上停止正常招生，计算机专业的教育处于停滞状态。1978年，随着十年动乱的结束，国家的工作重点逐步转移到四个现代化建设的轨道上。在国家科委主持起草的《1978—1985年全国科学技术发展规划纲要》中，又把电子计算机列为8个影响全局的综合性课题之一，放在突出的地位，1978—1986年共开办了74个计算机专业点，加上1960年之前建立的14个专业点，共计88个，到1993年时，达到了137个。在1999年前，我国的计算机专业被分成计算机及应用（传统意义上的计算机硬件专业）、计算机软件两个专业。从1999年起，按照宽口径培养人才的需要，这两个专业被合并为一个专业，称为计算机科学与技术。1993年后，随着我国改革开放、大学扩招、信息社会特征的凸显，计算机科学与技术专业飞速发展，至 2012 年，达到了 931 个专业点。专业规模的巨大化催生了计算机类人才分类培养的需要。大约在 2010 年前，包括国家示范性软件学院在内，一些高校开始试办网络工程专业、软件工程专业等，后来又根据国家战略性新兴产业发展的需要建立了物联网工程专业。2012 年，教育部颁布了《普通高等学校本科专业目录》，确定计算机为一个专业类，计算机科学与技术专业为其中的一个专业，计算机专业类包括 6 个基本专业和一批特设专业。截止 2018 年计算机类专业共有 3367 个专业点，计算机科学与技术专业、软件工程专业、物联网工程专业、网络工程专业分别以 995、621、532、432 个专业点位居专业点数的前 4 位。从 2016 年起，又建立了数据科学与大数据专业（080910T）、网络空间安全专业（080911T）、新媒体技术专业（080912T）、电影制作专业（080913T）和保密技术专业（080914T）。而且从社会的整体需求来看，这种发展势头方兴未艾。计算机类专业目前是深受社会欢迎的专业，其就业率和就业质量处于领先地位。这对计算机类专业的人才培养提出了新的要求，《计算机类专业教学质量国家标准》将为计算机类专业人才培养更好地满足社会"不断增长"的需求提供重要保障。

2.2.2　提高质量必须更新观念

《计算机类专业教学质量国家标准》引入了人才培养的新理念，要求建立标准意识，强化质量意识。

首先是强化专业办学以学生为中心的基本思想，从外延发展转向内涵发展。要改变原来以学校发展为重心的专业建设思路，真正厘清本专业培养的人才具体将满足什么样的社会需求——专业毕业生将应对的具体问题空间，也就是专业支撑学科的问题子空间，并按照求解该问题子空间的需求设定一个具体的、切实的目标，该目标指出学生在毕业 5 年左右将能够承担什么样的任务（处理的问题类型、层次和主要服务面向等）。在此基础上，设计毕业时的要求（毕业要求），也就是"培养规格"中的"人才培养基本要求"，并按照这些要求达成的需要设计课程体系，实施教育。

第二，既然是以学生为中心，就要讲究产出导向，改变原来课程导向的做法。也就是从强调对学生的"输入"，转向强调学生身上体现的"产出"，即从 CBE（面向课程的教育）转向 OBE（面向产出的教育）。事实上，CBE 的教育思想源于面向学科的精英教育（间接面向社会需求），强调的是某专业的学生需要掌握该专业的支撑学科的哪些基本内容。OBE 的教育思想源于直接面向社会需求的大众化教育，强调学生未来要解决什么样的问题，因此需要具备什么样的能力，也就是从知识的传输转向解决问题的能力的培养，强调的是教学活动"在能力达成上的等效"。这就要求规范教学活动的教学大纲不能仅仅要求涵盖哪些知识点，和强调知识点的完整性，而是要明确以什么样的知识为载体，让学生掌握哪些问题求解的思想和方法，培养出什么样的能力，并且这些目标是与毕业要求直接关联的（甚至是毕业要求指标点的直接体现）。

三是建立基于评价的持续改进体系。该体系的基本原理是全面质量管理理论 PDCA，即计划（Plan）、执行（Do）、评价（Check）、改进（Action）。它包括三大机制、三方面的达成评价、三方面的改进。评价为基础，要求评价的数据是合理的，分析是到位的；机制为保障，通过建立一套规范的处理流程，并明确定义该流程涉及的相关人员以及各自承担的角色，通过完善的机制，保证相应的工作是持续有效的；改进为目标，要求必须基于评价进行改进，做到改进有根有据，据评而改。成果是追求，强调效果在学生身上体现出来，改进课堂教学，改进毕业要求，改进培养目标，做到面向产出，追求效果。三大机制包括面向产出的校内质量监控机制（包含主要教学环节的质量控制、课程目标达成评价和毕业要求达成评价）、毕业生跟踪反馈机制、社会评价机制。面向产出的校内质量监控机制主要监控从培养方案制订到课程教学落实与评价的全过程，保障教学质量达到要求。其中的课程目标达成评价监控面向毕业要求的课程目标达成情况，毕业要求达成评价主要监控毕业要求的达成情况，目标是促进课程目标和毕业要求的不断改进，提高其达成度；毕业生跟踪反馈机制主要用于监控培养目标的合理性和实现情况以及毕业要求的达成度，通过改进培养目标的合理性和改善其实现情况，改进对毕业要求达成的支撑，改善毕业要求的达成度；社会评价机制通过调查分析包括用人单位在内的社会信息，评价培养目标的合理性和实现情况，通过改进培养目标的合理性，改善其实现情况。

2.2.3　准确定位

首先必须明确，工科本科教育的基本定位是解决复杂工程问题，既不是广义工程问题，更不是狭义工程问题。

标准中给出的是专业类的培养目标，而不是某个专业的培养目标，更不是某个高校的某个专业点的培养目标。各个专业点需要根据自己的实际情况确定具体的培养目标。也就是说，培养目标需要体现本专业点培养的人才具体的问题子空间指向，而不是整个专业（学科）的问题空间。

以前一般用专业培养目标描述学生毕业时达到的目标，而且只是将培养目标作为一种愿景、一种期望，甚至作为对优秀毕业生的期望，在一定程度上混淆了专业培养方案追求的目标和学生个人的发展。因此，出现了口号式的、混搭的目标。下面的写法比较典型，但并不能满足要求。

"本专业培养适应国家经济建设和社会发展需要，德智体全面发展，具有扎实的计算机科学与技术学科理论基础和良好的学科素养，获得工程师的基本训练，知识面宽，外语应用水平较高，具有计算机科学与技术专业良好的科学素养和较强的工程实践能力的高级计算机专门人才。毕业生适宜到科研部门、教学单位、厂矿企业、事业、技术和行政管理部门从事计算机方面的教学、科学研究与工程开发工作，也可以继续攻读计算机科学与技术学科及相关学科的硕士学位。"

为了紧跟形势，有时还会在"高级计算机专门人才"的前面加上"国际化"或者"具有创新能力的国际化""具有创新、创业能力的国际化"等修饰语，或者进一步将"高级计算机专门人才"改为"计算机专业领军人才"或者"计算机专业领袖人才"。如果这样定位，毕业要求就必须有相应的改变，教学活动要支持"领军人才""领袖人才"素质和能力的形成，但专业相关的毕业要求、课程体系并没有相应的体现。

另外一个问题是，"科学研究与工程开发"是需要不同的培养体系支撑的，不能因为一些学生毕业后考取了研究生，就认为他们未来将从事科学研究工作。实际上，毕业后从事计算机科学研究的学生只是少数。基于这样的理解，这里的"科学研究"是不切合实际的，也是很难得到毕业要求和课程体系支持的。如果从泛化的角度去理解"科学研究"所指的内容，则表明定位是不具体的，因为绝大多数学生所做的研究实际是工程研究或者技术研究。

第三个问题是要注意区分专业培养方案追求的目标和学生个人的发展目标，不允许用某些学生个人的发展目标作为本专业的目标。

这里建议培养目标要给出基本定位，要反映学生毕业 5 年左右在工程开发中具有的基本素质、专业能力（能承担的任务）等。例如，下面就是一个计算机科学与技术专业点具体的培养目标：

"本专业培养计算机领域的工程应用型专门人才。他们遵纪守法，具有良好的社会与职业道德，社会和环境意识强，有能力服务社会；具有应用型复杂计算系统的设计、开发、应用所需的数学与自然科学基础知识、计算机科学与技术学科基础理论、专业知识、良好的学科素养和工程开发素养；能够针对应用问题设计计算解决方案，并承担系统的开发、应用任务；具有口头和书面表达能力，能在团队中有效发挥作用；可持续发展能力强，有能力继续学习以适应不断发展的社会需要。"

2.2.4　人才培养基本要求

人才培养基本要求就是常说的毕业要求，《计算机类专业教学质量国家标准》按照思想政治和德育、业务、体育三方面给出，具体专业的毕业要求需要覆盖该标准中的要求。尤其要注意以下三点：首先，毕业要求不能仅仅是对专业知识的要求，要从支持培养目标达成的角度去规划和表述，要尽可能清晰；其次，毕业要求应体现能力要求；最后，毕业要求要包括人文、社会、环境、伦理、道德等与工程相关的全面素质要求。

2.2.5　师资队伍

师资队伍是专业人才培养的基本保障。在过去的办学过程中，师资队伍成为影响人才培养质量的重要因素。所以，在《计算机类专业教学质量国家标准》中，对此有比较严格、全面的规定，指的都是基本要求，也就是最低标准。具体包括基本的数量、学历、兼职教师资格、专业背景、工程背景、教学基本能力、基本学科支撑等发展要求。

2.2.6　质量保障体系

强调全面建立质量保障体系，构建面向产出的质量监控机制、毕业生跟踪反馈机制和社会评价机制，要求针对教学质量存在的问题和薄弱环节，采取有效的纠正与预防措施，持续改进，不断提升教学质量。

2.2.7　知识体系

其基本思想是"能力为要求、知识领域为建议、课程为示例"。建议的知识体系包括经济、环境、法律、伦理、高等工程数学、概率与数理统计、离散结构、力学、电磁学、光学与现代物理的基本内容等通识类知识，还包括学科基础类知识、不同专业的专业知识。

该标准同时还给出了实践教学体系的基本构成和要求。

2.3　应用型人才培养

随着信息化社会的发展，计算机技术越来越重要，信息产业成为世界第一大产业，信息技术一直在改变着人们的生产和生活方式，离开信息技术与产品的应用，人们将无法正常生活和工作,"没有信息化,就没有国家现代化;没有信息安全,就没有国家安全"是其最为精辟的写照。计算技术是信息化的核心技术,其应用已经深入到各行各业。面向应用,为社会培养更多优秀的计算机类专业人才是我国计算机类专业光荣而艰巨的使命。

必须强调,就像研究型并不代表高水平,应用型并不意味着低水平,本科应用型计算机类专业人才将面对的也是复杂的工程问题,只不过这些问题更多地呈现应用的特征,多与应用系统相关,决不能将应用型人才等价于广义的工程问题的求解者,更不能等价于狭义的工程问题的求解者。具体可以通过选择体现行业背景、区域服务特定需求的载体来实现这一要求。为了更好地落实《计算机类专业教学质量国家标准》,教育部高等学校计算机类专业教学指导委员会与全国高等学校计算机教育研究会基于《计算机类专业教学质量国家标准》联合组织开展高等学校本科计算机类专业应用型人才培养研究,探讨应用型计算机类专业人才的培养。设立了高等学校"本科软件工程专业应用型人才培养研究""本科网络工程专业应用型人才培养研究""本科物联网工程专业应用型人才培养研究" 3 个项目和14 个相关子项目。这些研究探讨了软件工程、网络工程、物联网工程 3 个新办专业的专业点如何在《计算机类专业教学质量国家标准》的框架下实现有特色的应用型人才的培养。主要成果已经以《高等学校软件工程专业应用型人才培养指导意见》《高等学校网络工程专业应用型人才培养指导意见》《高等学校物联网工程专业应用型人才培养指导意见》等形式发布,这些指导意见更具体,甚至具体引导如何从基于课程的教育转向基于产出的教育,从基于学科制定培养方案转向基于社会需求制定培养方案,从以教师为中心转向以学生为中心,从知识传授型的教育转向能力培养型的教育,强化培养目标的导向作用,强化培养方案的系统化设计,强化基于目标的评价等。期望引导一批专业点参照我国实施的与国际等效的《工程教育专业认证标准》的要求,开展人才培养工作。

第3章 数学与自然科学类课程

3.1 高 等 数 学

《华盛顿协议》指出，复杂工程问题需要进行工程原理的深入分析，构建合适的抽象模型，并使用综合的方法才能求解。在新形势下，为了提高教学质量以达到工程教育国际等效标准，应大力推进"新工科"教育工作。本科工程教育的目标就是培养学生解决复杂工程问题的能力，因此，要求学生应同时具备数学与自然科学基础理论基础及其应用能力，最终达到《工程教育认证标准》所给出的要求。

"高等数学"课程又名"微积分"，主要讨论连续时间动态系统建模方法，是一门理论性很强的课程。作为面向计算机类专业解决复杂工程问题能力培养的数学与自然科学类课程，"高等数学"的教学内容符合《华盛顿协议》关于复杂工程问题的基本特征，其教学目标支撑《工程教育认证标准》所给出的毕业要求1、2、4和12。本课程以能力培养为导向，按照培养计算机专业的工程类人才的需要规划教学环节和学生能力评价，总学时162，分两个学期讲授，第一学期可讲授3.1.3节的前6个部分，第二学期可讲授3.1.3节的后6个部分。面向其他类型学生培养时可根据本大纲要求对教学环节和考核要求进行适当调整。

3.1.1 课程简介

"高等数学"是计算机类专业公共基础课程之一，它是数学的一个较大的分支，研究连续时间动态系统建模的方法及理论，是解决复杂工程问题的重要理论基础。其主要内容是学习处理连续时间动态系统的微分和积分方法，内容广泛且理论性很强。通过学习本课程，使学生掌握处理连续时间动态系统中科学和工程问题的理论、方法和技能，提升其解决复杂工程问题的能力。

数学理论与工程技术紧密相关，以各种形式应用于工程领域。在求解工程问题时所构建的各种抽象数学模型中，连续时间动态系统是最常见的。高等数学是研究借助函数极限以讨论系统随连续时间变化的微积分理论及其求解方法的课程。本课程以函数为研究对象，要求学生掌握函数、函数的极限、函数的微分和函数的积分等重要概念、基本理论和基本计算方法。通过本课程内容的学习，要求学生学会处理连续时间动态系统的建模方法，逐步培养学生抽象思维能力、严密的逻辑思维能力、空间想象能力、准确的运算能力和综合运用所学知识分析和解决复杂工程问题的能力。

3.1.2 课程地位和教学目标

1. 课程地位

本课程是计算机类专业必修的基础课程，属于数学与自然科学类课程。本课程的学习目的是让学生学习处理连续时间动态系统的数学理论和方法，以培养学生解决复杂科学与工程问题的能力。因此，本课程在本科工程教育中起着举足轻重的作用。

2. 教学目标

通过本课程的学习，学生应掌握一元及多元函数的极限、微分和积分的基本理论和计算方法，包括函数的级数和简单的微分方程知识，深入理解其在复杂工程问题中的作用，并能正确计算函数的极限以及微积分。具体来说，学生通过学习最终应达到如下目标：

目标 1：掌握函数微积分的基本理论和方法，为解决复杂工程问题奠定数学基础，为毕业要求 1 的实现提供支持。

目标 2：能够对问题进行分析，识别其本质的数学问题，建立连续时间动态系统的数学模型，并选择合适的计算方法求解，为毕业要求 2 的实现提供支持。

目标 3：掌握分析推理基本方法，能够对相关问题进行推理分析，为复杂工程问题求解奠定基础，为毕业要求 2 的实现提供支持。

目标 4：能够根据微积分的理论和方法进行研究，设计针对同一问题的多种方法进行建模，对得到的计算结果进行对比分析，提升解决问题的能力，为毕业要求 4 的实现提供支持。

目标 5：通过布置综合性及有一定难度的课外作业，培养学生主动阅读文献和自主学习的能力，为毕业要求 12 的实现奠定基础。

3.1.3　课程教学内容及要求

第 1 章　函数与极限

集合与映射的定义，函数的特性（有界性、单调性、奇偶性和周期性），反函数与复合函数的定义，函数的运算，基本初等函数的性质与图形；数列极限的 $\varepsilon\text{-}N$ 定义，函数极限的定义，左右极限，无穷小与无穷大，无穷小与函数极限的关系，极限四则运算法则，极限存在准则，两个重要极限 $\lim\limits_{x\to 0}\dfrac{\sin x}{x}=1$ 和 $\lim\limits_{x\to\infty}\left(1+\dfrac{1}{x}\right)^{x}=\mathrm{e}$，无穷小的比较，等价无穷小的概念；函数连续定义，函数间断点及其分类，连续函数四则运算，反函数的连续性，复合函数的连续性，基本初等函数与初等函数的连续性，闭区间上连续函数的有界性与最大值最小值定理、零点定理及介值定理。

重点：极限的定义、极限四则运算法则；连续的概念和性质。

难点：极限的定义、连续的概念。

函数反映了客观世界的运动与实际的量之间的依赖关系，是后续章节学习的基础。本部分除了介绍函数的基础知识外，还需要介绍函数在复杂工程问题中的应用，例如在图像 JPEG2000 压缩中要用到小波函数，在电杆架设中需要对悬链线函数进行参数计算，在机器学习中支持向量机要用到高斯核函数，在深度学习中要用到激活函数。同时还应注重培养学生把问题转换为数学函数模型的能力。

第 2 章　导数与微分

导数的定义，导数的几何意义，可导性与连续性之间的关系，函数求导法则（和差积商的求导法则，反函数的求导法则，复合函数的求导法则），基本导数公式，高阶导数，隐函数的导数，参数方程所确定的函数求导；微分的定义，微分的几何意义，基本微分公式与微分运算法则，一阶微分的形式不变性，微分在近似计算中的应用。

重点：导数和微分的概念；导数的几何意义及函数的可导性与连续性之间的关系；导数的四则运算法则和复合函数的求导法；隐函数和参数式所确定的函数的高阶导数。

难点：导数和微分的概念；隐函数和参数式所确定的函数的导数。

本部分要明确导数与微分的区别，除了学习导数与微分的基本知识以外，应介绍导数与微分的历史和其在科学和工程计算中的重要性。导数在物理学、工程学、天文学、经济学等学科中都是研究问题的首选工具。在教学中要注重引导学生在求解问题时，在与运动有关联的变量研究中引入导数这个工具，在讲授具体方法时，应选择合适的工程问题进行讨论，例如人机界面设计中设备物理表面设计问题，即如何设计高阶导数来满足设备表面的舒适度与美感，引导学生从解决工程问题的角度出发学习导数这个工具，以提升其解决问题的能力。

第 3 章　微分中值定理与导数的应用

罗尔（Rolle）定理、拉格朗日（Lagrange）定理和柯西（Cauchy）定理，洛必达（L'Hospital）法则，泰勒（Taylor）定理与泰勒公式，函数和曲线性态的研究（函数单调性的判定，曲线的凹凸性与拐点，函数的极值及其求法，最值问题，函数图形的描绘），弧微分公式。

重点：罗尔定理和拉格朗日定理；洛必达法则求未定式的极限；泰勒公式；用导数判断函数的单调性和求极值、最值的方法。

难点：洛必达法则求未定式的极限；泰勒公式。

本部分将微分和导数的概念应用于关于函数的一些具体问题，要求学生能够理解罗尔定理和拉格朗日定理，了解柯西定理，理解洛必达法则，会用洛必达法则求未定式的极限，理解泰勒中值定理，掌握泰勒公式和麦克劳林公式。理解函数的极值概念，掌握用导数判断函数的单调性和求极值的方法，会求解最大值和最小值的应用问题；会用导数判断函数图形的凹凸性，会求拐点，会综合利用导数知识描绘函数的图形；了解弧微分的概念，了解曲率和曲率半径的概念并会计算曲率和曲率半径。本部分需要强调导数及微分的实际工程应用，让学生理解应用导数和微分知识解决具体的复杂工程问题的一些技巧。

本部分是导数的具体应用。在教学中，要注重把解决问题中需要的方法引入到课堂中，强调导数及微分的实际工程应用，让学生理解应用导数和微分知识解决具体的问题的一些技巧。例如在建筑、桥梁、船舶结构设计领域广泛应用的工字钢，在同样的载荷条件下，怎样设计工字钢的剖面几何形状才能使它的重量最轻，最能节省材料；又如在火车轨道设计中曲率的计算等。

第 4 章　不定积分

原函数与不定积分的定义，不定积分的性质，基本积分公式，换元积分法，分部积分法，有理函数的积分（有理函数，能化为有理函数的三角函数和无理函数）。

重点：不定积分的基本公式；不定积分的换元法与分部积分法；有理函数的积分。

难点：不定积分的换元法与分部积分法。

本部分重点在于不定积分的计算，同时还应介绍不定积分的历史及其在科学和工程计算中的重要性，在教学中要注重引导学生在复杂工程问题和变量不断变化的问题中引入不定积分这个工具。例如在工程领域，在受力不断变化的情况下计算水压力、结构应力等，都要用到不定积分。

第5章 定积分

定积分的定义及性质，积分上限的函数及其求导定理，牛顿-莱布尼茨（Newton-Leibniz）公式；定积分的换元法与分部积分法，反常积分。

重点：定积分的概念及性质；积分上限的函数及其求导定理；牛顿-莱布尼茨公式；定积分的换元法与分部积分法；两类反常积分。

难点：定积分的概念、积分上限的函数及其求导定理。

通过定积分的学习，要求学生能够理解定积分的概念，掌握定积分的计算，同时还应介绍定积分在科学和工程计算中的重要性，在教学中要注重引导学生在问题和变量不断变化的问题中引入定积分这个工具。例如在工程应用中，求不规则物体的面积要引入定积分进行计算，不规则设备运动求行程也要引入定积分进行计算；再例如在工程测算和施工计算中，为了预算水泥和沙石的数量，桥梁施工前要计算桥墩的体积，楼房施工前需要计算占地面积和墙面的面积，打地基时考虑变力做功等问题，均要引入定积分进行 计算。

第6章 定积分应用

定积分的元素法，定积分在几何上的应用（平面图形的面积，旋转体的体积，平行截面面积已知的立体的体积，平面曲线的弧长）。

重点：定积分的元素法。

难点：定积分的元素法。

本部分是定积分的具体应用，实用性较强，在教学中，要注重把解决复杂工程问题需要的方法引入课堂，强调定积分思想在实际问题中的应用，让学生理解利用定积分思想解决问题的基本方法。在讲授具体方法时，应选择合适的工程问题进行讨论，例如土木工程中的异形体工程量计算或者石油工程应用、流体力学计算问题等，目的是引导学生从工程的角度出发去学习具体方法。

第7章 微分方程

微分方程的基本概念，可分离变量的微分方程；齐次方程；可化为齐次方程的方程，一阶线性微分方程，线性方程；伯努力方程，可降阶的高阶微分方程，高阶线性微分方程，二阶线性微分方程举例；线性微分方程的解的结构；常数变易法，常系数齐次线性微分方程，常系数非齐次线性微分方程，微分方程的幂级数解法，常系数线性微分方程组解法举例。

重点：可分离变量的微分方程的求解方法，齐次微分方程的求解方法，一阶线性微分方程的求解方法，二阶常系数齐次线性微分方程的求解方法，一些特殊的二阶常系数非齐次线性微分方程的求解方法。

难点：齐次微分方程的求解方法，一阶线性微分方程的求解方法，二阶常系数齐次线性微分方程的求解方法。

微分方程在复杂工程问题中应用广泛，在本部分的教学中，要结合工程问题进行讲解。例如，弹性力学里的应力方程和应变方程，土力学中关于角点法、分层法还有计算沉降量，流体力学里解决水流的当地加速度、迁移加速度、科氏加速度和总加速度，都需要微分方程来计算；又如，信号与系统中任意阶次的连续线性系统可用微分方程表示和计算。

第 8 章　空间解析几何与向量代数

向量的概念；向量的线性运算；空间直角坐标系；向量的坐标；向量的模、方向角和投影；向量的数量积和向量积；曲面方程的概念；以坐标轴为旋转轴的旋转曲面；母线平行于坐标轴的柱面；二次曲面（椭球面，双曲面，抛物面等）；空间曲线的参数方程和一般方程；空间曲线在坐标面上的投影；平面的方程（点法式，一般式，截距式）；空间直线的方程（参数式，对称式，一般式）；夹角（平面与平面，平面与直线，直线与直线）；平行与垂直的条件（平面与平面，平面与直线，直线与直线）。

重点：向量的运算（线性运算，数量积，向量积）；单位向量，方向余弦，向量的坐标表达式，用坐标表达式进行向量运算的方法；曲线、曲面的投影；平面方程和直线方程及其求法；利用平面和直线的相互关系解决有关问题。

难点：二次曲面的方程及其图形。

向量具有几何形式和代数形式的"双重身份"，具有丰富的实际背景和广泛的应用功能，是联系多种学科内容知识的重要媒介。本部分主要介绍向量概念、表示和运算方法，讲授时可引入向量的实际工程运用，例如物理问题中的力、速度、加速度、位移等，通过适当的应用举例，培养学生把问题转换为向量数学模型的能力；同时了解多维向量的一些工程应用，例如一幅图像数据，可以提取特征后用多维向量来表示，并通过向量计算进行识别等。

空间解析几何注重培养学生的空间想象能力，从简单曲线和曲面到二次曲面都是后续内容学习的基础，也是以后进一步学习复杂曲面的基础。在教学中适当介绍一些曲面图形的应用，例如人脸识别中，人脸可以看成曲面，通过曲面来研究它的特征；又如机床模具表面的曲面设计、汽车车身的曲面设计、B 样条曲面及 Bezier 曲面等。

第 9 章　多元函数微分法及其应用

平面点集 n 维空间，多元函数概念，多元函数的极限，多元函数的连续性；偏导数的定义及计算法；高阶偏导数；全微分的定义；多元复合函数的求导法则；隐函数的求导公式；空间曲线的切线与法平面，曲面的切平面与法线；方向导数与梯度；多元函数的极值及最大值、最小值；条件极值与拉格朗日乘数法。

重点：多元函数的连续性，偏导数概念及求法，多元函数的复合函数求偏导数，隐函数的求导法则，处理多元函数的最大值、最小值问题。

难点：多元函数的复合函数求偏导数。

在讲授中，注意多元函数微分法在工程中的应用。例如在图像数据中，可以向 X 方向和 Y 方向求偏导，提取图像的边缘；方向导数与梯度图像中的方向导数与梯度作为图像的特征值用于识别；拉格朗日乘数也用于复杂工程问题中最大值、最小值计算。启发学生思考在解决具体工程问题时如何选择合适的计算方法。

第 10 章　重积分

二重积分的概念与性质；二重积分的计算法：利用直角坐标计算二重积分；利用极坐标计算二重积分；三重积分的概念与计算；重积分的应用；曲面的面积。

重点：用直角坐标、极坐标计算二重积分，用直角坐标、球面坐标计算三重积分。

难点：用直角坐标、极坐标计算二重积分。

本部分重点在于二重积分和三重积分的计算，注意运用二重积分和三重积分解决工程中的实际问题，例如三峡大坝的不规则墙体工程的面积计算，船体侧面所受水的冲力计算，在施工现场中利用重积分求设备重心，在物理中求薄片质量及转动惯量，以及在天体中引力的计算，等等。

第 11 章　曲线积分与曲面积分

对弧长的曲线积分的概念与性质，对弧长的曲线积分的计算法；对坐标的曲线积分的概念与性质，对坐标的曲线积分的计算法；两类曲线积分之间的联系；格林公式，平面上曲线积分与路径无关的条件。

对面积的曲面积分的概念与性质，对面积的曲面积分的计算法；对坐标的曲面积分的概念与性质，对坐标的曲面积分的计算法；两类曲面积分之间的联系；高斯公式，沿任意闭曲面的曲面积分为零的条件，通量与散度；斯托克斯公式；空间曲线积分与路径无关的条件；环流量与旋度；向量微分算子。

重点： 对弧长的曲线积分计算法；对坐标的曲线积分计算法；格林公式；平面积分与路径无关的判别条件；全微分求积法；对面积的曲面积分计算法；对坐标的曲面积分计算法；高斯公式；斯托克斯公式。

难点： 曲线积分与曲面积分之间的关系。

本部分与问题计算结合紧密，在教学中可以结合工程实例进行讲解，例如坐标的曲面积分在空调制冷设计中的运用，格林公式在工程基坑地下水控制中的应用，工业图像中的三维建模计算，天气预报中的水汽通量与水汽通量散度计算，人流量图像处理中运用通量与散度提取特征等。

第 12 章　无穷级数

常数项级数的概念，收敛级数的基本性质；正项级数及其审敛法，交错级数及其审敛法，绝对收敛与条件收敛；函数项级数的概念，幂级数及其收敛性，幂级数的运算；泰勒级数与函数展开成幂级数；函数的幂级数展开式的应用（近似计算，欧拉公式）；函数项级数的一致收敛性及一致收敛级数的基本性质；三角级数，三角函数系的正交性；函数展开成傅里叶级数；正弦级数和余弦级数；周期为 $2l$ 的周期函数的傅里叶级数，傅里叶级数的复数形式。

重点： 级数的收敛与发散的审敛法，几何级数及 p 级数的收敛与发散的条件，函数展开成幂级数，傅里叶级数。

难点： 级数的收敛与发散的审敛法，函数展开成幂级数。

在本部分中应介绍无穷级数在工程中特别是信号处理中的应用及重要性，在讲授具体方法时，应选择合适的工程问题进行讨论，例如无穷级数的收敛性在分析谐波和电力系统振荡中的应用问题，图像压缩中的 DCT 问题，数字信号处理中快速傅里叶变换问题。

3.1.4　教学环节的安排与要求

"高等数学"课程是一门数学理论课程，其主要教学环节有课堂讲授（包括课堂研讨）和课外作业。

在教学过程中应注重传统教学方式与现代技术的结合，充分利用多媒体和网络资源等现代化技术提高教学质量。授课时，提供多媒体电子教案，在大屏幕上形象生动地展示各种抽象的数学概念与公式，与板书交流相配合。课堂教学采用任务驱动模式，通过问题解决的过程，培养学生自主分析问题和解决问题的能力。使用 MOOC/SPOC 及各种网上教务系统，使课件与学生作业能通过网络共享。

本课程的网络学习资源：

（1）http://v.163.com/special/opencourse/weijifen.html。

（2）http://v.163.com/special/opencourse/calculus.html。

（3）http://ocw.mit.edu/index.htm。

（4）http://v.163.com/special/opencourse/multivariable.html。

3.1.5　学时分配

本课程学时分配建议如表 3-1-1 所示。

表 3-1-1　学时分配

章	主要内容	学时分配				
		讲授	作业	实验	讨论	其他
1	函数与极限	21	3 次			
2	导数与微分	9	2 次			
3	微分中值定理与导数的应用	15	3 次	3		第一学期
4	不定积分	12	2 次			
5	定积分	12	2 次			
6	定积分的应用	3	1 次			
7	微分方程	15	3 次			
8	空间解析几何与向量代数	10	2 次			
9	多元函数微分法及其应用	18	3 次			
10	重积分	10	2 次			第二学期
11	曲线积分与曲面积分	19	3 次			
12	无穷级数	18	3 次			
合计		162				

3.1.6　课程考核与成绩评定

（1）考核方式：闭卷考试 + 平时成绩。

（2）总成绩评定：卷面成绩占 70%，平时成绩占 30%。

（3）平时成绩评定：

① 课堂表现（10 分）：学生主动参与课堂练习和讨论，创造性地提出问题的能力。

② 作业完成情况（20 分）：学生平时作业提交次数及完成质量。

（4）期末考试：

① 第一学期：期末考试主要考查对基本概念、基本内容和基本方法的理解与运用等，重点在一元函数的极限与连续性、一元函数的导数与微分、一元函数的不定积分与定积分等内容。

② 第二学期：期末考试主要考查对基本概念、基本内容和基本方法的理解与运用等，重点在常微分方程、多元函数微积分学、无穷级数等内容。

3.2 线 性 代 数

"线性代数"是培养计算机类专业学生解决复杂工程问题能力的重要支撑课程之一。该课程的教学需要以能力培养为导向，以理论讲解为基础，同时注意通过实例教学诠释课程价值，以 Matlab 等软件展示线性代数的几何体现。因此本课程拟安排理论授课 54 学时，另附加实例教学和 Matlab 教学 6 学时，将代数理论、实际问题及计算机应用有机结合，真正体现传授知识、培养能力和趣味教学的有机统一。

3.2.1 课程简介

"线性代数"课程主要包括线性方程组求解、行列式、矩阵代数、向量空间、特征值与特征向量和二次型等相关知识。线性代数是一门比较抽象的数学基础课程，但其应用性却很强，它是培养计算机科学类专业学生解决复杂工程问题能力的基础课程之一。在计算机广泛应用的今天，计算机图形学、计算机辅助设计、密码学、经济学、网络技术等无不以线性代数为基础。

由于线性问题广泛存在于科学技术的各个领域，同时某些非线性问题在一定条件下可以转化为线性问题，因此本课程所介绍的方法广泛地应用于各个学科。尤其在计算机日益普及的今天，线性代数与计算机的结合更加凸显其重要地位。学生通过本课程的学习，为今后从事软件开发培养专业能力，为相关后续学位论文选题以及从事相关科学研究打下坚实基础，同时能拓宽视野，提高独立分析问题和解决问题的能力以及综合利用所学知识进行创新实践的能力。

3.2.2 课程地位和教学目标

1. 课程地位

本课程是计算类专业的基础必修课。对它的理解和掌握程度直接关系到后续课程，如数值计算方法、计算机图形学、信号与系统、计算机辅助设计等的学习。

2. 教学目标

通过本课程的学习，学生应掌握线性代数的基本理论，并能运用这门课的基础知识为解决相关实际问题找到思路和手段。具体来说，学生通过学习最终应达到如下目标：

目标 1：学生应掌握线性代数的基础理论和基本方法，为解决复杂工程问题奠定理论基础。这为毕业要求 1 提供支持。

目标 2：模型建立、系统求解、矩阵化向量化描述、程序实现等专业能力。这为毕业要求 2 提供支持。

目标 3：选择线性系统合理的描述方式和有效的计算方法。这为毕业要求 3 提供一定支持。

目标 4：通过分组完成线性系统建模与设计，培养学生的团队协作能力。实践中学生应在分工、设计、实现和书面报告等环节相互协调、密切配合。这为毕业要求 9 提供一定支持。

3.2.3 课程教学内容及要求

这里给出本课程要求的基本教学内容，在授课中需要完全涵盖这些内容。教师可根据该学科发展的需要进行适当的补充，增加一些前沿知识，扩大学生的知识面。

第 1 章 线性方程组

线性方程组与矩阵的有关概念；线性方程组的同解变换与矩阵的初等行变换；增广矩阵及其行阶梯形矩阵和行最简形矩阵；矩阵的秩；求解线性方程组的高斯消元法；矩阵的初等变换及标准形等。

重点：线性方程组解的存在性判据；高斯消元法。

难点：含参线性方程组解的存在性分析。

在本部分讲授中，教师可以二元和三元一次方程组为例，直观分析线性方程组的几何意义，理解线性概念，并推广到高阶线性方程组。通过方程组的同解变换和矩阵的行初等变换的对应关系，分析用增广矩阵求解方程组的可行性，并比较以前学过的消元法的优势所在。要求学生掌握利用增广矩阵的行阶梯形判别解的存在性的方法，并运用增广矩阵的行最简形求解一般线性方程组。理解和灵活运用矩阵秩的概念。

可引导学生课外广泛阅读相关参考书，查阅相关资料和自我学习，体会线性方程组在日常生活、科学与工程中的广泛应用。

第 2 章 矩阵代数

矩阵的运算及性质；逆序数、行列式定义及行列式的性质；代数余子式、伴随矩阵及行列式按行（列）展开定理；行列式计算；矩阵的 k 阶子式；求解线性方程组的克莱姆（Cramer）法则；分块矩阵；逆矩阵的性质及其计算等。

重点：矩阵乘法运算和逆矩阵；行列式的计算。

难点：矩阵 k 阶子式与其秩的关系；行列式的计算；分块矩阵。

本章对每种运算定义可通过实例引入，说明这样定义的合理性。对矩阵乘法运算律还要注意和中学学过的数的乘法运算律进行比较，并熟练掌握。充分利用行列式的性质和展开定理进行行列式的计算。掌握分块矩阵的概念并灵活使用。掌握伴随矩阵的定义和性质。掌握求逆矩阵的初等矩阵变换方法。

本章除掌握矩阵代数基本理论外，还可介绍矩阵理论在解决问题中所起的基础作用，以期将本课程内容与其他相关课程内容的学习进行衔接，达到培养解决复杂工程问题能力的目的。

第 3 章 向量空间

向量的运算及其性质；向量组的线性相关性；向量组的等价；向量组的极大线性无关组；向量空间的定义，基与坐标，过渡矩阵及坐标变换公式；线性方程组解的结构；线性空间与线性变换等。

重点：向量组的线性相关性；线性方程组解的结构；向量空间的结构理论。

难点：向量（子）空间的认识和理解；线性方程组解的结构问题。

向量是最基础的数学工具之一，可借助线性方程组讨论向量的有关内容，而有了向量知识后又可以更深入地讨论线性方程组的解与解之间的关系。同时注意矩阵知识在本章中的体现。还可借助二维、三维向量解释向量的线性相关性、极大无关组、向量空间的基等的几何体现。注意分析向量空间的结构理论，理解用基表达向量空间的重要意义。

第 4 章　特征值与特征向量

特征值与特征向量的概念、性质及计算；矩阵的相似形；矩阵的对角化等。

重点：特征值和特征向量的性质；矩阵的对角化。

难点：矩阵的对角化。

特征值和特征向量概念抽象，可从几何角度对特征向量和特征值进行分析，并在 Matlab 环境下演示二阶矩阵的特征向量和特征值的图形特征；矩阵的相似关系是一种等价关系，相似矩阵的特征值相同，特征向量可以不同，方阵对角化相当于对一类矩阵在相似意义下给出的一种简单的等价形式，研究对应的对角阵也就研究了与它相似的一类矩阵的共同性质，它同时也是对称阵正交对角化的理论基础之一。因此对对角化的概念、矩阵可对角化的充要条件（包括其证明）都要讲得非常清楚；结合实际问题，可酌情讲解矩阵的对角化在科学与工程计算中的具体运用。

第 5 章　二次型

二次型及其标准形；合同矩阵；合同变换；向量的内积；欧氏空间；正交矩阵；实对称矩阵的对角化与二次型的标准形；正定二次型与正定矩阵；最小二乘法等。

重点：二次型的标准化，实对称矩阵的对角化，正定二次型。

难点：实对称矩阵的对角化。

二次型理论源于解析几何中简化二次曲面方程为标准型的问题。将一个二次型 $f=x^TAx$ 化为标准形就是希望找一个线性变换 $x=py$，使得矩阵 p^TAp 是一个对角阵。分析怎样与矩阵对角化问题联系起来，怎样在矩阵 A 的特征向量空间中找出合适的特征向量构成正交矩阵 P，而它的逆矩阵恰好是它的转置。

掌握从一组基得到标准正交基的 Gram-Schmidt 方法，分析公式的来龙去脉；重点理解正交矩阵的概念和性质。

实对称阵的对角化理论关键就是主轴定理的理解。在实例教学中，可从三维角度使学生建立对主轴定理的直观认识；同时也要分析方阵对角化理论和对称阵的正交对角化理论之间的关系，要特别强调为什么在已经学过方阵对角化理论的情况下还要学习对称阵的正交对角化。

正定阵是一个重要的概念，掌握正定阵的判别方法。

对称阵和正定阵理论是代数学中的重要内容，同时也是代数学中实际运用比较广泛的部分，但教材理论过于抽象，可结合实际选讲部分应用实例，同时也可做必要的扩充，引入最小二乘问题和矩阵的奇异值分解方法。

3.2.4　教学环节的安排与要求

1. 课堂讲授

线性代数的课堂教学应使用多媒体课件，配合板书和范例演示讲授课程内容。使学生掌握课程教学内容中规定的一些基本概念、基本理论和基本方法。在授课过程中，一方面可以引入新鲜的、足以引起学生关注的简单应用案例，引领学生深入挖掘知识，丰富内涵和外延；另一方面可以从学科热点问题开始，通过其背景介绍引出其中蕴涵的数学原理，然后用线性代数构建解决实际问题的数学模型和方法。使学生不仅对这些基本概念和理论有更深入的理解，而且能拓宽学生的视野，引导学生主动运用数学工具解决科学实践中遇到的问题。通过这些活动让学生认识到线性代数广泛的应用领域，彰显线性代数的实用特性，利用教师在教学和科研实践中积累的对数学思想和研究方法的体会，培养学生的学习兴趣和独立研究能力。

2. 作业

通过课外作业，引导学生检验学习效果，进一步掌握课堂讲述的内容，了解自己掌握的程度，思考一些相关的问题，进一步深入理解扩展的内容。

作业的基本要求：根据各章节的情况，包括练习题、思考题等，每一章布置适量的课外作业，完成这些作业需要的知识应覆盖课堂讲授内容，包括基本概念题、解答题、证明题、综合题以及其他题型等。

3.2.5　学时分配

本课程学时分配建议如表 3-2-1 所示。

表 3-2-1　学时分配

章	内容	授课	习题	讨论 （可选）	其他 （可选）	合计
1	线性方程组	8	1	1		10
2	矩阵代数	10	2	1		13
3	向量空间	10	2	1		13
4	特征值与特征向量	8	1	1		10
5	二次型	10	2	2		14
合计		46	8	6		60

3.2.6　课程考核与成绩评定

平时成绩占 30%（平时作业占 15%，课程论文及小组讨论等占 15%），期末考试占 70%。

课程论文及小组讨论评价学生回答课堂提问的质量、参与小组讨论的程度及解决实际问题的能力。目的是训练学生运用所学知识解决相关问题的能力，培养学生在数学建模的研究、线性系统的分析中的交流能力（口头和书面表达）、协作能力、组织能力。主要支持毕业要求 2、3、9 的实现。按照教学要求，教师应根据各章节的情况，布置一定数量的课外作业，15% 的平时作业评定主要取决于学生平时作业的完成情况，同时也为毕业要求 1、2、3 的实现提供一定支持。

期末考试是对学生学习情况的全面检验，能够督促学生复习教材内容，系统掌握线性代数的知识体系。通过期末考试为毕业要求 1、2、3 提供支持。

本课程考核方式及主要考核内容如表 3-2-2 所示。

表 3-2-2　考试方式及考核内容

考核方式	所占比例/%	主要考核内容
平时作业	15	按照课程教学的要求,适当布置课后作业(可适当补充应用型题目),引导学生复习理解相关的内容,同时布置 2~3 次随堂测试,以促进学生对所学知识的复习,以便能顺利推进后续章节的学习。通过对相关作业完成质量的评价,为毕业要求 1、2、3 达成度的评价提供支持
课程论文及小组讨论	15	考查学生对课程所讲内容的掌握程度以及对基本概念、基本知识的掌握程度,通过考核学生小组论文及讨论的内容及质量,为毕业要求 1、2、3、9 达成度的评价提供相关参考
期末考试	70	考查学生对规定考试内容的掌握程度,特别应该关注的是学生对问题求解的思路及方法,为毕业要求 1、2、3 达成度的评价提供相关参考

3.3　概率论与数理统计

　　"概率论与数理统计"是数学类基础课程,对应着工程与自然科学中两个不同方面的需求。一方面,由于随机现象在现实中大量存在,因而需要利用概率论的理论和方法理解和描述随机现象。另一方面,在处理具体问题时,往往需要通过局部数据推测整体的性质,因而需要运用数理统计的知识和工具,利用有限的样本对整体做出合理的推断,并对推断结论的可靠性和局限性做出量化的解释。由于其在理论与实际问题中的重要性,"概率论与数理统计"已经成为大学中绝大多数专业的学生必修的一门基础课。

　　本课程按照总理论授课 54 学时进行规划。授课内容包含概率论与数理统计两个部分。概率论是计算机类专业学生学习机器学习、人工智能的理论基础,而数理统计的方法大量应用于数据挖掘、处理和分析中。因此,在本课程的讲授过程中,基础理论应尽可能与未来应用场景相关联。例如,在讲授条件概率中的贝叶斯公式部分时,可以适当展开介绍简单贝叶斯分类算法;在讲授离散与连续随机变量分布部分时,可以介绍如何在计算机模拟过程中生成对应的连续或离散的随机变量;在讲授检验假设部分时,可以介绍数据量如何影响检验假设;等等。

　　本课程所包含的知识点较多,既相辅相成,又有相互独立的部分,具有一定的模块化特点。学生需要在平时学习和课后练习中及时巩固知识点,教师也需要在教学过程中总结归纳同一模块下的知识点。建议安排 2~3 次随堂测验,考查学生对于最近几个章节知识的掌握。随堂测验一般包含几个相关章节的内容,测验题目建议与课后作业题目相关,难度不宜过大,每次占用一个学时,在总成绩中占有一定的比例。随堂测验既可以在教学过程中督促学生跟上学习进度,同时也是对学生达成课程目标的形成情况评价。同时,相应地增加了平时成绩在总成绩中的占比,减少了期末考试在总成绩中的占比。如果因为授课学时紧张或者其他原因不能开展随堂测验,扣除随堂测验在总成绩中的占比,按平时成绩占 20%、期末成绩占 80%的比例进行考核也是可行的。

　　本课程教学的设计以能力培养为导向,按照培养计算机类专业的工程应用型人才的需要制定。面向其他类型学生培养、不同学时的教学设计可以参照工程应用型作有针对性的调整。例如，对于未来从事计算机科学研究（科学型）的学生，授课中应该进一步突出对基本原理的研究；对工程类的学生，可以适当增加数理统计的学时。

计算机类专业人才需要具有较扎实的基础理论、专业知识和基本技能，具有良好的可持续发展能力，所以特别强调概率论与数理统计中抽象、推导等理论形态的内容，着力培养学生的系统能力以及理论结合实际的能力，而且要强调对学科基本特征的体现。

3.3.1　课程简介

概率论与数理统计是对随机现象的统计规律进行演绎和归纳的科学，是从数量上研究随机现象的客观规律的一门数学学科，是近代数学的重要组成部分。当前，概率论与数理统计已广泛应用于自然科学、社会科学、工程技术、工农业生产和军事技术中，并且正广泛地与其他学科互相渗透或结合，成为近代经济理论、管理科学等学科的应用、研究中的重要工具，也是科学家和工程师、经济师最常用的工具。因此，概率论与数理统计已经成为大学中绝大多数专业的学生必修的一门基础课。

概率论与数理统计作为数学类的基础课程，学生将在课程中学习概率论与统计相关的基本知识、基本模型、基本思想和方法，为进一步描述工程问题、选择恰当的数学模型、对数据进行分析推理奠定基础。

3.3.2　教学目标

通过本课程的学习使学生获得对随机现象的基本了解，学会运用研究随机现象的基础数学工具，熟悉随机事件与概率、随机变量及其分布、随机变量的数字特征等概率论方面的基本概念，结合数理统计的相关基本概念，了解并掌握参数估计、假设检验等基本的统计方法，并能根据具体问题灵活运用。具体包含如下 5 个方面：

（1）掌握事件的关系及性质，概率的统计定义和概率的公理化定义，概率的性质及运算法则，熟悉古典概型和几何概型的解法。

（2）了解离散型和连续型随机变量的定义及性质，掌握一些常用分布和相关计算以及它们之间的关系，学会求随机变量的函数的分布，了解多维随机变量的定义及性质。

（3）掌握随机变量的数字特征的概念，重点了解数学期望和方差的意义，熟悉一些常用分布的数字特征，掌握大数定律和中心极限定理。

（4）了解总体、样本、统计量、估计的优良性、假设检验等基本概念。掌握统计量的分布和关于正态总体的检验方法。

（5）了解方差分析和回归分析的基本原理，熟悉单因素方差分析和二因素方差分析的方法，了解回归分析的数学模型和统计分析的方法。

本课程主要为毕业要求 1、2、4 的达成提供支持。

目标 1：通过传授概率论和数理统计的相关知识和方法，为培养学生将数学知识用于解决复杂工程问题的能力打下基础，为毕业要求 1 的实现提供支持。

目标 2：通过课堂中相关例题的讲解、课后练习题的回顾以及随堂测验和考试的巩固，使得学生可以识别、理解相关的问题，并运用所学的原理和方法解决问题，为毕业要求 2

的实现提供支持。

目标 3：随机事件、事件的概率、随机变量的分布等内容能帮助学生理解和应对工程问题中广泛出现的随机现象，点估计、区间估计、假设检验等内容能帮助学生对数据进行分析、解释并做出合理的推论，为毕业要求 4 的实现提供支持。

3.3.3　课程教学内容及要求

下面给出的是本课程要求的基本教学内容，在授课中必须完全涵盖，主讲教师可以根据学生的情况、自身的体会等在某些方面进行扩展和对学生进行引导，适当扩大学生的涉猎面。

第 1 章　随机事件及其概率

主要介绍概率论相关的基本概念，包括：随机试验的定义（三个特征），样本空间与随机事件的定义，随机事件之间的关系和运算规则，概率的公理化定义及其性质，古典概型的概念及运算，几何概型的概念及运算。

重点：随机事件和样本空间的定义，概率的直观理解和概率的公理化定义，概率的性质。

难点：随机事件的运算规则，古典概型及其概率计算方法，几何概型及其概率计算方法，必然事件与概率为 1 的事件的区别。

学生应了解与随机事件相关的基本概念，掌握随机事件的相互关系和运算规则，理解概率的公理化定义。能灵活运用古典概型和几何概型计算随机事件的概率，并结合随机事件的运算规则，计算包含多个随机事件的复杂事件的概率。

第 2 章　条件概率与事件的独立性

条件概率公式、乘法公式、全概率公式和贝叶斯公式及其这些公式在具体问题中的运用；独立性的概念、对事件独立性的判断及其在具体问题中的运用。

重点：条件概率公式的理解，事件的独立性。

难点：乘法公式、全概率公式和贝叶斯公式的相互关系以及这些公式在具体问题中的灵活运用；独立事件与互斥事件的区别。

学生应理解条件概率的含义，掌握条件概率计算公式并理解条件概率公式的推导。能利用条件概率公式和样本空间的划分推导出乘法公式、全概率公式和贝叶斯公式，能利用条件概率的定义推导出事件独立性的条件。学生应了解条件概率及其相关公式的运用场景，并灵活运用相关公式计算具体概率，能通过给定条件判断事件的独立性。

第 3 章　随机变量及其分布

随机变量的概念及性质；离散随机变量的引入；一些具体的分布及其意义，包括 0-1 分布、二项分布、泊松分布，连续随机变量的引入，一些具体的分布及其意义，包括均匀分布、指数分布和正态分布。

重点：随机变量的概念及其与随机事件的关系，一维分布函数的概念、性质和表达方式。

难点：分布函数、分布律、概率密度函数的关系和区别；一些具体的离散随机变量和连续随机变量的分布及其相关概念和性质。

本章通过事件的概率引入了随机变量的概念。学生应理解随机变量的概念，了解一些具体的离散随机变量及概率分布的概念和性质，了解一些连续随机变量及概率密度的概念和性质，理解分布函数的概念和性质，会利用概率分布计算有关事件的概率，掌握常用随机变量的分布。

第 4 章　二维随机变量及其分布、随机变量的函数及其分布

二维随机变量的概念及其分布函数；二维离散和连续随机变量及概率分布的概念和性质；边缘分布的概念及其计算；相互独立的随机变量的概念及独立性假设与判定；随机变量的函数的分布。

重点：二维随机变量的概念；两个随机变量独立的定义；随机变量的函数的分布。

难点：二维随机变量分布函数与一维随机变量分布函数的相互转换；随机变量的函数概念、性质以及相关转换计算。

本章为第 3 部分的延伸，在维度和变量复杂度两个层面上分别拓展了随机变量的使用。学生应了解二维随机变量的概念，会求二维离散随机变量的分布函数，理解二维随机变量分布函数的定义及性质，掌握二维连续随机变量的概率密度与分布函数的关系；掌握二维随机变量的分布与边缘分布的关系；理解两个随机变量独立的定义；掌握两个随机变量独立时二维随机变量的分布、边缘分布之间的关系；掌握随机变量函数和随机变量的分布函数之间的关系和转换计算。

第 5 章　随机变量的数字特征

数学期望的概念及其运算性质，方差的概念及其运算性质，协方差与相关系数的概念及其运算性质；相关性与独立性的区别，切比雪夫不等式及大数定律，中心极限定理。

重点：数学期望、方差和标准差的概念和计算，中心极限定理。

难点：相关性与独立性的区别。

本章有承上启下的作用，一方面深入探讨了第 3、4 部分中涉及的随机变量的性质，同时也对随后引入的统计量做出铺垫。学生应理解数学期望、方差和标准差的概念，掌握它们的性质与计算方法；理解相关系数的概念及其计算方法；理解原点矩与中心矩的概念，掌握它们的计算方法；熟悉常见分布的数学期望和方差；为统计部分的学习打下基础。

第 6 章　统计量与抽样分布

总体与样本；统计量的概念；常用统计量；常用的分布，包括 χ^2 分布、t 分布、F 分布；正态总体的样本均值与样本方差的分布。

重点：统计量概念，χ^2 分布，t 分布，F 分布。

难点：正态总体的统计量的分布。

本章开始介绍统计相关的知识，要求学生掌握统计量的概念，掌握常用统计量（包括样本均值、样本方差）的计算，掌握一些常用分布，如 χ^2 分布、t 分布、F 分布的定义，学会查表求分位数，学会利用计算机程序计算分位数，掌握常用正态总体统计量分布的几个结论。

第 7 章　参数估计

参数估计主要包含点估计和区间估计两部分。点估计所涉及的主要内容有：点估计的概念及运算，矩估计法和最大似然估计法，估计量优良性的判断标准；区间估计所涉及的主要内容有：区间估计的概念及运算，正态总体均值与方差的区间估计，包括单个总体的情况和两个总体的情况，单侧置信区间。

重点：点估计和区间估计的概念，点估计的优良性（无偏性、有效性、一致性）。

难点：矩估计法，最大似然法，正态总体均值与方差的区间估计。

本章讲授利用有限样本对总体做出估计的两个重要方法。学生需要理解参数估计的概念，掌握求点估计的矩估计法和极大似然法，掌握解估计量优劣的评选标准（无偏性、有效性、一致性），掌握区间估计的概念，会求一个正态总体均值与方差的区间估计，了解两个正态总体的均值差的区间估计，了解单侧置信区间、统计推断。

第 8 章 假设检验

假设检验的概念及运算；正态总体均值的假设检验；正态总体方差的假设检验，包括单个总体的情况和两个总体的情况；分布 2 拟合检验的概念及运算。

重点：假设检验的基本思想，假设检验可能犯的两类错误。

难点：正态总体的均值及标准差的各种假设检验。

学生应理解假设检验的基本思想，掌握假设检验的一般步骤，了解假设检验可能犯的两类错误，会进行单个和两个正态总体的均值及标准差的各种假设检验，了解某些非正态总体参数的假设检验；了解皮尔逊 2 准则检验关于分布函数的假设。

第 9 章 一元线性回归

线性回归基本概念，一元线性回归的检验和置信推断，利用回归模型进行预测。

重点和难点：参数估计及置信推断。

学生应理解线性回归方程相关概念，理解参数估计及置信推断，了解利用回归模型进行预测的方法。

3.3.4 教学环节的安排与要求

1. 课堂讲授

课堂教学首先要使学生掌握课程教学内容中规定的一些基本概念、基本理论和基本方法。特别是通过讲授，使学生能够对这些基本概念和理论有更深入的理解，有能力将其应用到一些问题的求解中。要注意对其中的一些基本方法的核心思想的分析，使学生能够掌握其关键，并学习如何进行分析。

积极探索和实践研究型教学，即探索如何实现教师在对问题的求解中教，学生在对未知的探索中学。从提出问题，到求解思路分析，再到用符号表示问题及其求解算法的设计，进一步培养学生抽象表示问题的能力。从系统的角度向学生展示概率论与数理统计知识。通过不同级别对象的抽象和问题的分治，培养学生的系统意识和能力。使用多媒体课件，配合板书和范例演示讲授课程内容。在授课过程中，可由常用的生活实际问题引出概念，自然进入相关内容的讲授。适当引导学生阅读外文书籍和资料，培养自学能力。

2. 教与学

教授方法：以讲授为主（54 学时），课内讲授推崇研究型教学，以知识为载体，传授相关的思想和方法，帮助学生把握概率论理论体系的整体框架，理解具体概念，认识一些重要的概率模型，锻炼分析和解决问题的能力；通过引入概念背景，联系实际问题，使学生理解概率论学习的重要意义，培养学生的学习兴趣，鼓励学生相互讨论，自主学习。

学习方法：了解概念的相关背景，重视对基本概念的理解，注意知识框架的总结，明确学习各阶段的重点任务，对于引入概念的内涵和相互间的联系和差异要仔细推敲，做到课前预习，课中认真听课，积极思考，课后认真复习，通过习题加深对知识点的理解，锻炼计算能力，运用统计学的方法分析、解决实际问题，了解概率论这门学科的目标，学习过程遇到任何疑点时，要充分利用教师资源、同学资源和网络资源。

3.3.5　课程考核与成绩评定

平时成绩占 40%，期末考试占 60%。

平时成绩主要反映学生的课堂表现和平时的学习情况。成绩评定的主要依据包括课程的出勤和基本表现、平时作业情况、随堂测验成绩。

期末考试是对学生学习情况的全面检验。强调考核学生对概率论基本概念、基本方法的掌握程度以及将实际问题抽象成概率模型并解决的能力，综合考查学生对概率论的理论体系的理解，督促学生系统掌握概率论的基础知识和应用。

本课程考核方式及主要考核内容如表 3-3-1 所示。

表 3-3-1　考核方式及考核内容

考核方式	所占比例/%	主要考核内容
平时作业	15	按照教学的要求，作业将引导学生复习讲授的内容（基本概念、基本方法、基本运算），深入理解相关的内容，锻炼运用所学知识解决相关问题的能力，通过对相关作业的完成质量的评价，为毕业要求 1、2、4 达成度的评价提供支持
随堂测验	25	对近期相关知识点内容掌握的情况的考核，为毕业要求 1、2、4 达成度的评价提供支持
期末考试	60	考查学生对整个课程规定考试内容的掌握情况，特别是具体的问题求解能力，为毕业要求 1、2、4 达成度的评价提供支持

3.4　数　值　分　析

"数值分析"课程将数学理论及方法与计算机程序设计紧密结合，是一门应用实践要求极高的课程。作为计算机类专业解决复杂工程问题能力培养的数学与自然科学类课程，"数值分析"的教学内容完全符合《华盛顿协议》关于复杂问题的 7 个特征，其教学目标为《工程教育认证标准》所给出的毕业要求 1、2 和 3 提供支持，同时对毕业要求 5 和 9 的达成提供一定支撑。本课程以培养学生解决复杂工程问题的能力为导向，按照培养计算机专业的工程类人才的需要规划教学环节和学生能力评价。本课程总共 78 学时，其中理论授课 60 学时，实验教学 18 学时。对于其他专业学生，可根据本大纲要求对教学环节和考核要求做适当调整。

3.4.1　课程简介

"数值分析"是计算机类专业学科基础课程之一，它是数学学科的一个分支，研究用计算机求解各种数学问题的数值计算方法及理论，是解决复杂工程问题的重要基础。它涉及数学的多个分支，内容广泛且应用性很强。通过学习本课程，学生应掌握运用数值分析方法解决科学和工程计算问题的理论、方法和技能，提升解决复杂工程问题的能力。

数学与工程技术紧密相关，以各种形式应用于工程领域。在求解工程问题中所构建的各种抽象数学模型，由于实际需求和条件限制，要获得精确解是困难的甚至是不可能的，这就要求对各种数学问题近似求解。数值分析是研究借助计算机解决数学问题的理论和方法的课程。本课程不仅要求学生掌握数值方法的基本概念、基本理论和基本方法，还要求学生明确解决典型数学问题的数值方法的优劣，并根据具体应用选择合适的数值计算方法，结合计算机程序设计完成复杂工程问题的求解任务。

3.4.2 课程地位和教学目标

1. 课程地位

本课程是计算机类专业必修的基础课程，属于数学与自然科学类课程。"数值分析"课程的学习需要有高等数学和线性代数以及程序设计语言的基础，其目的是培养学生将数学理论与计算机程序设计相结合，解决复杂科学与工程计算问题的能力。

2. 教学目标

通过本课程的学习，学生应掌握数值分析的基本理论和方法，正确分析各种算法的误差、收敛性和稳定性，并能正确运用多种数值软件求解一些复杂工程问题。具体来说，学生通过学习最终应达到如下目标：

目标 1：学生应掌握数值分析方法的基本理论和方法，为解决复杂工程问题奠定理论基础，为毕业要求 1 的实现提供支持。

目标 2：学生应能够对问题进行分析，识别其本质的数学问题，并能选择合适的数值计算方法求解问题，为毕业要求 2 的实现提供支持。

目标 3：学生应能够对一些问题进行分解，针对分解的各子问题选择合适的数值计算方法，结合计算机程序设计，提出解决整体问题的综合方案，并对算法的稳定性和计算误差进行正确分析，为毕业要求 3 的实现提供支持。

目标 4：学生应能够使用现有数值软件，如 PETSc、Matlab、LAPACK 和 Mathematica 等，进行工程问题的实验设计和分析，并运用数值分析理论对得到的结果进行分析和评价，提升现代工具的使用能力，为毕业要求 5 的实现提供一定支持。

目标 5：学生应在完成课程实验和课外作业的过程中进行讨论和合作，培养团队协作能力，为毕业要求 9 的达成作出一定贡献。

3.4.3 课程教学内容及要求

第 1 章 引论

几个典型的大规模科学与工程计算问题概述，如数值天气预报、大规模集成电路设计、大数据实时分析与处理以及信息物理系统（Cyber-Physical System，CPS）等；数值分析的研究对象；有效数字与计算精度；数值计算的误差分析；数值算法与程序实现；数值软件等。

重点：几种误差产生的原因；误差分析方法。

难点：分析误差产生的原因及对计算结果可能带来的不利影响。

本章除了介绍数值分析所需的基础知识外，还需要介绍数值计算方法的发展及现状，特别要明确数值分析在解决复杂工程问题的基本流程中所处的环节和作用，使学生在后续课程内容学习过程中，对所学数值计算方法的应用有所了解，以期将本课程内容与其他相关课程内容的学习进行衔接，达到培养解决复杂工程问题能力的目的。

此外，本课程与其他数学课程不同之处在于其应用性强，本课程所介绍的计算方法均可编程实现。因此，教师可根据实际情况选择合适的数学软件，以便于在后续讲授环节和实验环节演示和实践各种数值方法。例如，当前 Matlab 软件在工科和理科专业中使用较多，建议使用 Matlab 作为讲授演示软件和实验软件，也可根据实际情况选择其他数值软件，如 PETSc、LAPACK、Mathematica 和 Python 等。

第 2 章　插值法

介绍插值法在科学与工程计算中的广泛应用；拉格朗日插值；牛顿插值；多项式、分段低次插值；三次样条插值等。

重点：拉格朗日插值，牛顿插值，三次样条插值。

难点：各种插值方法的误差分析。

在本章讲授中，教师可介绍插值方法的具体应用，不仅让学生掌握常用插值方法，还能启发学生在实践中针对具体问题选择有效的数值方法，并进一步思考针对不同的工程问题如何选择合适的插值方法解决问题。

第 3 章　函数逼近

函数逼近的概念；正交多项式；最佳平方逼近；曲线拟合的最小二乘法；有理逼近；三角多项式逼近与快速傅里叶变换等。

重点：函数逼近的基本概念和方法。

难点：快速傅里叶变换。

本章要明确对函数逼近与插值法的区别。在讲授具体方法时，应选择合适的工程问题进行讨论，如航空或者经济问题等，目的是引导学生从解决工程问题的角度出发去学习具体方法，以提升其解决复杂工程问题的能力。

第 4 章　数值积分

数值积分的基本方法；插值型求积公式；牛顿-柯斯特公式；龙贝格求积公式；高斯求积公式；多重积分的求积方法等。

重点：各种方法的计算精度；插值型求积公式；牛顿-柯斯特公式；高斯求积公式。

难点：各种算法的计算精度与稳定性分析。

本章主要讲授利用数值计算解决基本的微积分问题。在讲课过程中，要明确不同数值积分方法的计算精度、优势和不足。除了介绍和必要的理论证明外，还应以典型的工程应用为例进行讲解，如数值积分方法在数控加工问题中的应用。

第 5 章　线性方程组求解

高斯消去法；雅可比迭代法与高斯-塞德尔迭代法；超松弛迭代法；共轭梯度方法；广义最小残差法；矩阵的条件数与病态线性方程组求解等。

重点：高斯消去法与共轭梯度方法。

难点：各种算法的收敛性分析。

本章给出了求解线性方程组的几种直接方法和迭代方法。特别是求解大规模稀疏问题的 Krylov 子空间迭代方法，包括求解对称矩阵问题的共轭梯度方法和求解非对称矩阵问题的广义最小残差法，在实践中应用十分广泛。在本章的讲授过程中，应明确不同数值方法在不同情形下的计算代价、计算收敛性等问题，启发学生思考在解决具体工程问题时如何选择合适的数值算法。

第 6 章　非线性方程组求解

非线性方程求解方法，如二分法、不动点迭代法、弦截法等；非线性方程组求解方法，如雅可比迭代、牛顿法、非线性共轭梯度法等。

重点：牛顿法；非线性共轭梯度方法。

难点：各种算法的收敛性分析。

非线性方程是科学和工程问题中最普遍的数学模型。虽然很多非线性问题都可以简化为线性问题，但是直接求解非线性问题往往可以获得较高的计算精度。教学中除了分析和讨论各种算法的计算收敛性和计算误差外，还需特别关注各种算法不同的计算代价。共轭梯度方法具有较小的计算代价和存储开销，在大规模科学与工程计算中具有广泛的应用。

第 7 章　矩阵的特征值计算

有关特征值问题的几个结论，如 Jordan 分解、Schur 分解、圆盘定理、极大极小定理等；幂法与反幂法；雅可比方法；正交变换与矩阵分解；QR 方法等

重点：正交变换与矩阵分解；QR 方法。

难点：QR 分解。

矩阵是一种常见的数学模型，特征值是关于矩阵的重要概念，在数学、物理学、化学和计算机等领域有着广泛的应用。本章主要介绍求解矩阵特征的数值方法，包括从幂迭代法引入，推导反幂法和 QR 方法。除理论推导计算方法外，还应结合具体工程问题，编程实现特征值的求解。

第 8 章　常微分方程的初值问题

数值微分；有限差分方法；龙格-库塔方法；单步法；线性多步法；显式和隐式欧拉方法；各种方法的收敛性与稳定性；一阶微分方程组与刚性微分方程组的求解等。

重点：数值微分方法的计算精度；有限差分方法；欧拉方法；线性多步法。

难点：各种算法的计算精度和稳定性分析。

微分方程是描述物体运动规律最普遍的数学模型，在科学和工程领域应用非常广泛。因此，掌握微分方程的常用数值方法是解决复杂工程问题最基本的要求。本章主要讨论常微分方程初值问题的计算方法，对于边值问题及偏微分方程的求解方法，教师可根据课程学时灵活安排和补充。由于其在诸多科学工程领域广泛应用，教师可以根据专业需求选取合适的工程问题进行讲解，如求解微观大气模型洛伦兹方程。

3.4.4　教学环节的安排与要求

"数值分析"是数学计算方法和计算机程序设计紧密结合的课程，有很强的实践性，其教学环节包括课堂讲授、实验教学和课程实践。

1. 课堂讲授

课堂讲授介绍教学内容中规定的基本概念、基本理论和基本方法，启发学生思考各种

方法的原理和同类方法的对比，使学生能够在实践中根据工程问题选择合适的数值分析方法，进而能够根据复杂工程问题设计相应的数值计算方法及程序实现。

讲授过程使用多媒体课件，并以现有计算机软件，例如 Matlab，在课堂演示求解过程。此外，在讲解具体算法时，也应配合板书演示具体计算过程，使学生明确计算方法的理论推导和关键问题求解步骤。除了教材外，教师需要引导学生自行查阅书籍和资料以及使用相应的计算机软件。

2．实验教学

实验教学是本课程教学的重要环节，旨在引导学生深入理解所学理论知识和方法，培养学生解决复杂工程问题的能力。实验教学主要对毕业要求 1、2 和 3 提供支持，同时对毕业要求 5 和 9 的达成提供一定支撑。建议安排如下 4 个实验，也可以根据实际情况增加实验。实验以分组协作方式完成，每个小组建议 3～4 人。学生可以自行选择计算机软件或者编程语言，以完成实验任务，同一个小组应使用同一种计算机软件或者编程语言。

实验 1：插值与最小二乘法

插值与拟合是函数逼近的重要组成部分。本实验的目的是让学生掌握插值与拟合的思想方法，根据具体问题，选择相应的插值或者拟合方法，通过计算机编程求解问题。本实验需要 6 学时。

实验内容：对给定的实验问题，选择合适的插值方法（主要是分段低次插值或三次样条插值）或者函数拟合方法（主要是最小二乘法）进行问题求解，并通过编写计算机程序实现。

实验要求：

（1）掌握主要插值方法，包括拉格朗日插值函数、分段线性插值函数和三次样条插值函数的方法，改变节点数目，对三种插值结果进行初步分析。

（2）观察拉格朗日插值的龙格现象，说明分段低次插值方法的意义。

（3）掌握线性最小二乘法。

（4）针对给定的实际问题的数据特征和要求，确定插值方法或拟合方法，给出数学模型并求解。

实验 2：数值积分方法

数值积分方法主要包括近似求解定积分和二重积分的计算方法。本实验的目的是通过实践掌握主要的数值积分方法。本实验需要 3 学时。

实验内容：对给定的定积分和二重积分，运用数值积分方法求解，通过编程获取实验结果，并分析误差范围。

实验要求：

（1）编程实现牛顿-柯斯特公式和复合求积公式。

（2）对给定的定积分及二重积分，选择合适的求积公式求出其数值解，并分析误差。

实验 3：线性方程组求解

线性方程组是解决工程问题的常见数学模型。本实验的目的是使学生通过编写计算机程序，实现数值求解线性方程组的直接法（包括列主元消去法等）和迭代法（包括雅可比迭代法等），获取数值解并分析结果误差，以掌握线性方程组的数值方法。本实验需要 6 学时。

实验内容：对给定的线性方程组，利用两类数值方法——直接法和迭代法，分别编程实现求解过程并获取数值解，分析比较这两类方法。

实验要求：

（1）实践解线性方程组的列主元素消去法、三角分解法和追赶法。

（2）实践雅可比迭代法、高斯-塞德尔迭代法、逐次超松弛迭代法，并对迭代法的收敛性作初步分析。

（3）对给定的线性方程组，选用合适的方法进行数值求解，并分析误差。

实验4：常微分方程的初值问题求解

本实验的目的是通过对具体微分方程初值问题的求解，实践主要的计算方法，并能对这几种方法的精度和稳定性进行分析。本实验需要 3 学时。

实验内容：对给定的微分方程初值问题，学生需要根据方程的特点，采用满足题目要求精度的数值方法求解方程。求解过程利用计算机语言编程实现。

实验要求：

（1）实践求解微分方程初值问题的有限差分方法。

（2）实践求解微分方程初值问题的龙格-库塔方法。

（3）实践求解微分方程初值问题的单步法和线性多步法。

（4）实践求解微分方程初值问题的欧拉方法。

（5）对给定的微分方程初值问题，选择合适的方法进行数值求解，并合理分析结果误差和稳定性。

实验考核与评定

上述 4 个实验应单独进行考核和评定。每个实验以小组协作方式完成，但每个学生应独立撰写实验报告，汇报在小组中承担的任务及完成情况。任课教师根据实验报告评定实验成绩等级：优秀、良好、合格、不合格。

优秀：正确完成实验内容和要求。

良好：较好地完成实验内容和要求，存在少量方法选择不当和结果分析不准确的情况。

合格：基本完成实验内容和要求，存在数值方法选择不当和误差分析不准确等情况。

不合格：未达到合格要求。

3．课程实践

课程实践引导学生进行独立思考，加深学生对课堂讲授知识的理解，进而提升解决问题的能力。它是课堂教授和实验环节的有效补充。课程实践通过作业形式完成。建议布置两个综合课外作业，以综合问题的形式覆盖课堂教授的部分知识。作业设计旨在能力培养，支持毕业要求 2 和 3 的实现，因此，需要任课教师设计具有一定难度的作业而不是以覆盖知识点为目的的简单练习题。

3.4.5　学时分配

本课程学时分配如表 3-4-1 所示。

表 3-4-1 学时分配

章	主要内容	学时分配				
		讲授	作业	实验	讨论	其他
1	引论	6	1 次			
2	插值法	6		6		
3	函数逼近	6				
4	数值积分	6		3		
5	线性方程组求解	12	1 次	6		
6	非线性方程组求解	9				
7	矩阵的特征值计算	6	1 次			
8	常微分方程的初值问题	9		3		
合计		60	3 次	18		

3.4.6 课程考核与成绩评定

平时成绩占 35%（作业占 10%，实验占 20%，其他占 5%），期末考试占 65%。作业成绩根据提交的作业的情况评定，考查学生对课堂教授知识的理解和运用情况，为毕业要求 1、2 和 3 的评价提供支持。实验成绩依据提交的 4 次实验报告进行等级评定，为毕业要求 5 和 9 的评价提供支持。其他方面主要是课堂讨论和表现。期末考试主要考查学生对数值分析方法的基本概念、基本理论和方法的全面掌握程度，应以综合题型为主，测试学生解决工程问题的能力，以评价学生对课程知识理解和应用的综合情况，为毕业要求 1、2 和 3 的评价提供支持。

3.5 大学物理

物理学与计算机科学关系密切。物理学的发展促成了电子计算机的产生与发展；同时，计算机科学技术的日益成熟和强大，对物理学研究提供了重要支持，更新了物理学的研究方法和手段。这种互相促进、共同发展的现状对大学物理教学提出了更高的要求，既要在教学内容、教学手段和教学方法等方面与时俱进，还要在进行大学物理教学的同时，积极探索有效的途径提高大学生的计算机素养，培养他们有意识地运用计算机工具解决物理问题的能力，结合物理学加深对计算机软硬件结构的理解，在大学物理教学中彰显计算机技术的魅力。

我国加入《华盛顿协议》后，要求应用型本科院校的毕业生更加侧重于对科学知识的应用，具有解决复杂工程问题的能力。在大学物理的课程内容及其组织设计上，应与计算机类专业的培养目标和课程体系联系起来，提高学生学习的积极性。学生通过大学物理课程的学习，掌握实验与理论方法，能够初步应用物理学的基本原理和方法分析研究问题并得到正确有效的结论，能够初步应用物理学知识和方法对解决问题途径进行预测或模拟，培养学生健全的人格、社会责任感与职业道德，形成自主学习和终身学习意识，具有不断学习和适应发展的能力。

本课程教学的设计以能力培养为导向，按照培养计算机类专业的工程应用型人才的需要制定，并按照总学时 126（其中理论授课 86 学时，习题课 34 学时，其余 6 学时为机动课时）进行课程学时规划。面向其他类型学生培养、不同学时的教学设计可以参照工程应用型作有针对性的调整。

大学物理课程内容很多，各高校在保证教学大纲的基本要求的前提下，在内容上可作一些必要的取舍，针对计算机科学与技术专业，在教学内容上相应地增加相关物理知识的应用实践实例，减少复杂的数学理论推导，让学生明了物理课程对后续专业课程的重要性。

3.5.1　课程简介

物理学是研究物质运动最一般规律和物质基本结构的学科，研究大至宇宙，小至基本粒子等一切物质最基本的运动形式和规律，物理学的基本理论和研究方法渗透到自然科学的各个领域，已成为自然科学其他领域的研究基础。它的理论结构充分地运用数学作为自己的工作语言，以实验作为检验理论正确性的唯一标准，是当今最精密的一门自然科学学科。以力学、热学、电磁学、波动与光学、近代物理等物理学基础知识为内容的大学物理课程是高等院校理工科各专业学生一门重要的必修课。

3.5.2　课程地位和教学目标

1. 课程地位

大学物理课程是计算机类专业重要的公共基础必修课之一。该课程所教授的基本概念、基本理论和基本方法是构成学生科学素养的重要组成部分，是科学工作者和工程技术人员所必备的。大学物理课程除了讲授丰富的物理学知识之外，还包含了大量的社会科学知识，蕴含着丰富的科学思维、科研方法、科学态度和科学精神，因此，大学物理课程在为学生系统地打好必要的物理学基础，培养学生树立科学的世界观，增强学生分析问题和解决问题的能力，培养学生的探索精神和创新意识等方面，具有其他课程不能替代的重要作用，是培养学生解决复杂工程问题能力的有效途径之一。

2. 教学目标

使学生对物理学的基本概念、基本理论和基本方法有比较系统的认识和正确的理解，为后续课程的学习和进一步深造打下坚实的基础。学生在掌握本课程的知识的同时，初步学会科学的思想方法和研究方法，锻炼科学思维方式，最大程度地培养分析和解决问题能力、探索精神和创新意识，受到科学家科学精神的熏陶，努力实现自身知识、能力、素质的协调发展。

目标 1：物理学知识是自然科学的核心内容，本课程通过物理学知识传授以及对于科学思维和方法的训练，培养学生解决复杂工程问题的能力。对于毕业要求 1 的达成提供支持。

目标 2：本课程通过基本概念、基本理论和基本方法的训练，通过互动式教学、讨论课等研究型教学模式，最大程度地培养学生分析和解决问题的能力、探索精神和创新意识。物理学中包含了很多的思想和方法，例如观察和实验、物理模型法、类比方法、分析和综合、归纳和演绎、逻辑推理方法、科学假设方法等，课程内容要较多地体现物理学研究方法。通过将物理学中的各种思维方法展示给学生，能够更好地促进学生逻辑思维能力的提高。有意识地对学生进行物理学方法的训练，可以使学生掌握科学研究方法，对于毕业要求 2 的达成提供支持。

目标 3：本课程在传授理论知识的同时，十分注意学生现象观察、理论联系实际、通过建模解决实际物理问题等研究能力的培养和训练，因此在教学过程中配有大量随堂演示实验和课程演示实验，供学生操作、观摩和探究，以培养学生的研究能力。另外，本课程还通过大量科学前沿中物理学原理的介绍，让学生感受到物理学在现代工程技术中的主要地位和巨大应用，培养学生复杂工程问题的分析能力，启发学生的创造能力和创新意识。对于毕业要求 4 的达成提供支持。

目标 4：本课程在讲授热学部分时介绍能量退化度的概念，意在向学生传输环境保护和社会可持续发展的思想。对毕业要求 7 的达成提供一定的支持。

目标 5：本课程在讲授知识的同时，介绍著名科学家的生平，让学生了解科学家发现物理规律的过程，了解有关物理学进展以及科学家的主要贡献，将科学前辈们人生的闪光点展现给学生，培养学生克服困难的信心和不屈不挠的顽强意志，培养学生实事求是、热爱科学、追求真理的科学态度，增强学生的人文素养、社会责任感和职业道德。对毕业要求 8 的达成提供一定的支持。

目标 6：本课程通过互动式教学、讨论课等研究型教学模式，在学习知识的同时，使学生交流沟通、学术研讨和自主学习能力得到培养和提高。对毕业要求 10、12 的达成提供一定的支持。

3.5.3　课程教学内容及要求

1. 绪论

物理学的研究对象和研究方法，物理学与现代科学技术的关系，大学物理课程的特点、学习方法和教学要求。

本章首先介绍本课程的特点，特别是在人才培养中的作用，让学生明确本课程的学习目标，强调学生应获得物理学的基本知识，理解基本的物理概念和常用的物理规律，包括对基本物理现象的描述、概念和规律的建立过程，了解这些基础知识的实际应用，解释现实生活中的一些物理现象；让学生明确能力目标的达成要求，了解如何培养科学观察和思维，发现问题和提出问题的能力。

2. 力学部分

经典力学基本理论是学生学习本课程的切入点，也是接触物理学处理问题方法及手段的开始，为后面的热学、光学、量子力学等起铺垫作用，因此，应重视力学部分的讲解，着力提高学生对物理学概念的理解和物理学规律的推导能力，注重定性和定量相结合的处理问题的方法，让学生学习用向量和微积分的概念和方法来研究、处理运动学和动力学问题，利用微积分的方法来推导出他们已学过的力学定律。

第 1 章　质点运动学

质点，参考系，位矢，位移，速度，加速度，一般曲线运动，抛体运动，圆周运动，运动描述的相对性。

重点：位矢、位移、速度、加速度以及角位移、角速度、角加速度的概念和相互关系。

难点：矢量微分与标量微分的差别，矢量的微积分运算。

掌握位矢、位移、速度、加速度等力学量的概念和相互关系。能根据运动函数熟练地求出质点的位移、速度和加速度；反过来，能根据加速度函数和初始条件，利用积分求出质点的速度和位移等。理解一般曲线运动的切向、法向加速度的概念。掌握圆周运动和抛体运动的特点，能熟练处理有关问题。理解运动描述的相对性。

第 2 章　牛顿运动定律

牛顿运动定律，SI 单位和量纲，基本的自然力，非惯性系与惯性力。

重点：牛顿运动定律。

难点：一维变力作用下的质点动力学问题。

掌握牛顿三定律及其适用条件，能熟练求解一维变力作用下的质点动力学问题。

第 3 章　动量与角动量

冲量，质点的动量定理，质点系的动量定理，动量守恒定律，质心，质心运动定理，质点的角动量，质点的角动量守恒定律，质点系的角动量守恒定律。

重点：质点和质点系的动量定理，动量守恒定律，对固定点的力矩和角动量，质点的角动量守恒定律。

难点：变力冲量的计算，对固定点的角动量和力矩的计算，角动量守恒的判别。

能熟练计算变力的冲量，掌握质点的动量定理、质点系的动量定理和动量守恒定律，能用它们分析、解决质点和质点系在平面内运动的问题；了解质心的概念和质心运动定理；掌握对固定点的角动量和力矩的概念，掌握质点的角动量守恒定律。

第 4 章　功和能

功，质点的动能定理，质点系的动能定理，一对力的功，保守力，势能，功能原理，机械能守恒定律，守恒定律的意义。

重点：质点和质点系的动能定理，保守力，势能，机械能守恒定律。

难点：变力的功的计算，势能的概念，利用积分计算势能。

能熟练计算变力的功，掌握质点和质点系的动能定理；掌握一对力做功的特点、保守力做功的特点及势能的概念，能熟练计算弹性势能、重力势能和万有引力势能，包括势能零点改变的情形；掌握功能原理和机械能守恒定律；了解守恒定律与对称性的关系。

第 5 章　刚体的定轴转动

刚体定轴转动定律，力矩的功，转动动能，定轴转动的动能定理，刚体的重力势能，定轴转动的角动量定理，定轴转动的角动量守恒定律。

重点：刚体定轴转动定律，定轴转动的角动量守恒定律。

难点：转动惯量的概念，变力矩作用下的定轴转动问题，定轴转动角动量守恒的判别。

掌握对轴的力矩、刚体对轴的转动惯量等概念，掌握刚体重力矩的计算方法，掌握刚体定轴转动定律。能在已知转动惯量的条件下，熟练地应用转动定律分析、解决刚体定轴转动问题；了解力矩的功、刚体的转动动能等概念，理解定轴转动的动能定理。掌握刚体重力势能的计算方法，能熟练处理含刚体系统的机械能守恒问题；掌握质点和刚体对轴的角动量的概念，掌握刚体定轴转动的角动量守恒定律，能熟练应用该定律处理问题。

第 6 章　振动

简谐运动的表达式，旋转矢量法，简谐运动的能量，简谐运动的动力学方程，同一直线上同频率简谐运动的合成，拍现象，相互垂直的简谐运动的合成。

重点：简谐运动的参量，旋转矢量法，简谐运动的能量，简谐运动的动力学方程，同一直线上同频率简谐运动的合成。

难点：根据位移-时间曲线或速度-时间曲线写出简谐运动表达式，根据受力分析建立简谐运动的动力学方程。

掌握简谐运动的表达式，掌握其中各参量（特别是相位）的概念、依赖因素及计算方法。掌握旋转矢量法；能分析、解决简谐运动的运动学问题，包括参量的计算、相位超前或滞后的判断等；掌握简谐运动中作用力和能量的特征，能根据受力分析建立简单系统（弹簧振子、单摆、复摆等）的动力学方程；掌握同一直线上同频率的简谐运动的合成规律，了解拍现象，了解相互垂直的简谐运动的合成结果。

第 7 章　波动

平面简谐波的波函数，波的能量，平均能流密度，惠更斯原理与波的衍射，波的反射和折射，波的叠加，驻波，多普勒效应。

重点：平面简谐波的波函数，波的能量，平均能流密度，波的干涉，驻波。

难点：根据简谐波的波形图或某一点的振动规律写出相应的波函数，波的干涉问题中相位差的分析，多普勒效应的机制。

掌握平面简谐波的波函数的物理意义，掌握其中各参量（特别是相位）的概念、依赖因素及计算方法，理解波形图。能分析、解决简谐波的运动学问题，包括参量的计算、相位差的计算、波函数的确定等；掌握媒质质元的能量变化特征，掌握平均能流密度的概念和计算方法；理解惠更斯原理及其应用，了解半波损失的概念；理解波的叠加原理，理解波的干涉现象，掌握相干条件，能分析、处理波的干涉问题。掌握驻波的概念和特征，能进行相应的分析和计算；了解多普勒效应及其产生机制。

第 8 章　狭义相对论基础

伽利略相对性原理，经典力学的时空观，狭义相对论基本原理，洛伦兹坐标变换，同时性的相对性，时间延缓（膨胀），长度收缩，相对论速度变换，相对论动力学基本方程，相对论质量，相对论动能，相对论能量，能量和动量的关系。

重点：狭义相对论基本原理，洛伦兹坐标变换，同时性的相对性，时间延缓（膨胀），长度收缩，相对论质量，相对论动能，相对论能量，能量和动量的关系。

难点：狭义相对论时空观的理解及有关公式的正确应用，相对论动能的概念。

理解爱因斯坦狭义相对论的两个基本假设；掌握洛伦兹坐标变换，掌握狭义相对论中同时性的相对性、时间延缓（膨胀）和长度收缩效应；了解狭义相对论时空观与经典力学时空观的差异，了解相对论速度变换；掌握狭义相对论中质量和速度的关系、质量和能量的关系以及能量和动量的关系。

3. 热学部分

热学以宏观热力学定律为线索，突出宏观规律的微观解释，公式并不多，但需要逻辑论证，更需要学生理解它的物理意义。

第 1 章　温度与气体动理论

平衡态，热平衡，热力学第零定律，理想气体状态方程，压强的微观公式，温度的统计意义，能量均分定理，理想气体内能，麦克斯韦速率分布律，分子速率的 3 个统计值，分子的平均碰撞频率和平均自由程。

重点：压强的微观公式，温度的统计意义，能量均分定理，理想气体内能，速率分布函数的物理意义，分子速率的 3 个统计值。

难点：压强微观公式的推导，理想气体内能的概念及计算，速率分布函数的物理意义。

了解气体分子热运动的图像（含典型微观量的数量级），理解平衡态与平衡过程的概念，理解热平衡的概念和热力学第零定律，掌握理想气体状态方程的两种形式；掌握理想气体压强的微观公式和温度的统计意义；掌握能量均分定理，掌握理想气体内能的概念和计算方法；理解速率分布函数的物理意义，了解麦克斯韦速率分布律的特点，掌握分子速率 3 个统计值的计算方法和变化规律；了解分子的平均碰撞频率和平均自由程的概念。

第 2 章　热力学第一定律

功和热量，热力学第一定律，理想气体等值过程，绝热过程，循环过程，热机效率，致冷系数，卡诺循环。

重点：功和热量，热力学第一定律，理想气体等值过程，绝热过程，循环过程，热机效率，卡诺循环。

难点：过程量与状态量的概念，理想气体等值过程、绝热过程和循环过程中的功热转换特点和计算方法。

掌握热力学过程中气体对外做功、吸收热量以及摩尔热容的概念及计算方法；掌握热力学第一定律，掌握理想气体等值过程、绝热过程和循环过程中的功热转换特点和计算方法，掌握热机效率的概念和卡诺热机效率的计算方法，了解致冷机及致冷系数的概念。

第 3 章　热力学第二定律

过程的可逆性，自然过程的方向，热力学第二定律及其微观意义，熵的玻尔兹曼表达式，熵增加原理，克劳修斯熵公式。

重点：热力学第二定律的两种表述及其微观意义，熵增加原理。

难点：熵的概念。

了解可逆过程和不可逆过程的概念和判断方法，理解热力学第二定律及其微观意义；了解熵的玻尔兹曼表达式、熵的物理意义以及熵增加原理；了解克劳修斯熵公式。

4. 电磁学部分

电磁学是大学物理的重要部分，对学生的定量计算能力要求较高，对培养学生的抽象思维能力、归纳总结能力和发散思维能力有很重要的作用，所以电磁学部分内容所占的比重不能忽视。以场这条主线为中心展开电磁学内容部分，注重物理规律的推导过程。在讲解过程中，可以引入科学发现和科学规律的意义及其影响，能够使学生对物理规律有宏观把握，了解发展过程。

第 1 章　静止电荷的电场

电荷，库仑定律，电力叠加原理，电场强度，场强叠加原理，场强的计算，电场线，电通量，高斯定律及其应用。

重点：场强的积分计算方法，高斯定律及其应用。

难点：场强的积分计算，高斯定律应用中的电场对称分析。

掌握电场强度的概念和场强叠加原理，能用积分方法计算简单情形的场强；掌握电场线和电通量的概念，掌握电场高斯定律；能利用高斯定律分析、计算简单情形的电通量和高对称情形的场强；掌握一些典型电场的场强分布规律。

第 2 章　电势

静电场的环路定理，电势，电势叠加原理，电势的计算，等势面，电势能。

重点：静电场的环路定理，电势及其计算。

难点：电势的积分计算。

掌握静电场的环路定理，掌握电势的概念和电势叠加原理，能用积分方法计算简单情形的电势；掌握一些典型电场的电势分布规律；了解等势面的概念；掌握电势能的概念和计算方法。

第 3 章　静电场中的导体

导体的静电平衡条件，静电平衡导体上的电荷分布，静电屏蔽。

重点：导体静电平衡时的电荷、场强和电势分布规律。

难点：平行导体板的电荷分布，同心球壳的电势分布。

掌握导体处于静电平衡时的电荷、场强和电势分布规律，能分析、计算一些简单问题（平行板、同心球壳等）；了解静电屏蔽。

第 4 章　静电场中的电介质

电介质的极化，电极化强度，电位移矢量，$\bar{D}$ 的高斯定律，电容器的电容，带电电容器的能量，静电场的能量。

重点：电位移矢量，$\bar{D}$ 的高斯定律及其应用，电容，带电电容器的能量，静电场的能量。

难点：$\bar{D}$ 的高斯定律应用中的电场对称分析，串、并联电容器的电学特性，静电场能量的积分计算。

了解电介质极化的现象及其微观机制，了解电极化强度的概念；掌握电位移矢量的概念和 $\bar{D}$ 的高斯定律，能利用 $\bar{D}$ 的高斯定律分析、计算高对称情形的 $\bar{D}$ 和 $\bar{E}$。掌握有电介质存在时典型电场的场强分布规律；掌握电容的概念和计算方法，掌握典型电容器电容的表达式。掌握带电电容器静电能的概念和计算方法；掌握电场能量及电能密度的概念，能用积分方法计算典型电场的能量。

第 5 章　磁场和它的源

基本磁现象，磁场与磁感应强度，毕奥-萨伐尔定律，磁感应强度的叠加原理，毕奥-萨伐尔定律的应用，磁感应线，磁通量，磁场的高斯定律，安培环路定理及其应用，$\bar{H}$ 的环路定理，位移电流，普遍的安培环路定理。

重点：毕奥-萨伐尔定律及其应用，磁场的高斯定律，安培环路定理及其应用。

难点：用积分方法计算磁感应强度，安培环路定理应用中的磁场对称分析。

掌握磁感应强度的概念；掌握毕奥-萨伐尔定律和磁感应强度叠加原理，能用积分方法计算简单情形的磁感应强度；掌握磁通量的概念和磁场的高斯定律；掌握安培环路定理，能用安培环路定理分析、计算高对称情形的磁感应强度。掌握一些典型磁场的磁感应强度分布规律；了解磁场强度的概念和 $\bar{H}$ 的环路定理。了解位移电流的概念和普遍的安培环路定理。

第 6 章　磁力

洛伦兹力，带电粒子在磁场中的运动，霍尔效应，安培力，磁场对载流导线和载流线圈的作用。

重点：洛伦兹力，安培力。

难点：通过运动电荷受力计算磁感应强度，旋转带电体磁矩的计算。

掌握洛伦兹力的概念和计算方法，能分析、计算带电粒子在洛伦兹力作用下的运动问题。了解霍尔效应；掌握安培力的概念和计算方法，掌握磁矩的概念，能计算载流导线和载流线圈在均匀磁场中所受的力和力矩。

第7章　电磁感应与麦克斯韦方程组

电磁感应现象，电流和电流密度，电动势，法拉第电磁感应定律，楞次定律，动生电动势，感生电动势，感生（涡旋）电场，互感，自感，载流线圈的磁能，磁场的能量，麦克斯韦方程组（积分形式），电磁波的产生及基本性质。

重点：电动势与非静电场场强的关系，法拉第电磁感应定律，动生电动势，感生电动势，自感，载流线圈的磁能，磁场的能量，麦克斯韦方程组（积分形式）。

难点：动生电动势和感生电动势的微积分计算。

了解电流和电流密度的概念。能从非静电场的观点理解电动势；掌握法拉第电磁感应定律和楞次定律；掌握动生电动势和感生电动势的微积分计算方法；了解感生（涡旋）电场的概念；了解互感的概念；掌握自感系数和自感电动势的概念和计算方法；掌握载流线圈磁能的概念和计算方法；掌握磁场能量及磁能密度的概念，能计算简单磁场的能量；了解麦克斯韦方程组（积分形式）的物理意义；了解电磁波的产生及基本性质。

5. 光学部分

光学部分可结合物理学发展，展望计算机技术发展前景。例如，可简单介绍光计算机的基本原理以及特点，回顾计算机的发展历程，深化学生对计算机硬件结构的理解和认识。

第1章　光的干涉

几何光学基础知识，相干光及其获得方法，光程，双缝干涉，增透膜和高反射膜，劈尖干涉，牛顿环，迈克耳孙干涉仪。

重点：光程，双缝干涉，增透膜和高反射膜，劈尖干涉。

难点：正确计算各种干涉现象中的光程差，等厚干涉的概念及相关问题的分析。

了解几何光学基础知识，包括光的反射和折射定律、全反射的概念、薄透镜成像规律等；理解获得相干光的方法；掌握光程的概念，了解透镜的等光程性，掌握光的半波损失的条件；掌握杨氏双缝干涉、增透膜和高反射膜、劈尖干涉等干涉现象的特点，掌握其中光程差的分析和计算方法；了解牛顿环的产生机制；了解迈克耳孙干涉仪的基本原理及应用。

第2章　光的衍射

光的衍射分类，惠更斯-菲涅耳原理，单缝夫琅禾费衍射，光学仪器的分辨本领，光栅衍射。

重点：惠更斯-菲涅耳原理，单缝夫琅禾费衍射，光栅衍射。

难点：半波带方法的理解和应用，单缝衍射规律易与杨氏双缝干涉规律混淆，光栅衍射中谱线缺级的分析。

理解惠更斯-菲涅耳原理。掌握单缝夫琅禾费衍射的特点和半波带方法；了解光学仪器分辨本领的概念和依赖因素；掌握光栅衍射的特点、光栅方程和缺级条件。

第3章　光的偏振

光的偏振态，起偏和检偏，马吕斯定律，反射和折射时光的偏振，布儒斯特定律。

重点：光的偏振态，马吕斯定律，布儒斯特定律。

难点：略。

了解光的偏振态，了解线偏振光的获得方法和检验方法，掌握马吕斯定律；了解反射和折射时光的偏振规律，掌握布儒斯特定律。

6. 量子物理部分

量子物理这部分对于学生来说理解的难度较大，但其中的物理学思想和研究方法对学生的科学方法教育起很重要的作用，所以这部分内容应注重理论的系统分析，以锻炼学生的科学思维方法。在讲授这部分内容时，可结合物理学发展，展望量子计算机的基本原理以及特点，在与专业知识结合的同时，拓宽学生的知识视野。

第 1 章　波粒二象性

黑体辐射，普朗克量子假设，光电效应，康普顿散射，德布罗意波与戴维孙-革末实验，波函数，不确定关系，薛定谔方程，一维无限深势阱，隧道效应与扫描隧穿显微镜。

重点：普朗克量子假设，光电效应，德布罗意波，波函数，不确定关系。

难点：含光电效应的电磁学问题的综合分析，考虑相对论效应时电子德布罗意波长的计算，波函数的概率解释。

了解普朗克量子假设的重要意义；了解光电效应的实验规律，掌握光电效应方程，掌握红限频率与逸出功的关系，掌握光电子最大动能与截止电压的关系。理解光的波粒二象性。了解康普顿散射；了解德布罗意的物质波假设及戴维孙-革末实验，掌握德布罗意波的波长与动量的关系以及频率与能量的关系；理解波函数及其概率解释。理解坐标-动量不确定关系；了解薛定谔方程，了解一维无限深势阱解的物理意义，了解隧道效应，了解扫描隧穿显微镜的基本原理。

第 2 章　原子中的电子

氢原子的量子力学描述，氢原子光谱，施特恩-盖拉赫实验与电子自旋，原子的壳层结构，元素周期表，激光的特性及应用，激光产生的机制，激光器的结构及分类。

重点：氢原子的量子力学描述，氢原子光谱，电子自旋，原子的壳层结构，激光产生的机制。

难点：氢原子光谱的分析计算。

掌握氢原子的能量量子化和电子轨道角动量量子化的描述，掌握氢原子光谱的特点及其理论解释；了解施特恩-盖拉赫实验，掌握电子自旋角动量量子化的描述；掌握描述原子中电子运动状态的 4 个量子数。理解泡利不相容原理和能量最小原理，了解原子的壳层结构，了解元素周期表；了解激光的特性及应用，了解激光产生的机制，了解激光器的结构及分类。

第 3 章　固体中的电子

能带的形成，能带术语，能带论对固体导电性的解释，半导体，PN 结，半导体器件。

重点：能带术语，导体、半导体和绝缘体的能带结构特点，半导体中的两种载流子，杂质半导体的基本特征。

了解固体能带的由来，了解满带、空带、价带、导带和禁带等概念，了解导体、半导体和绝缘体的能带结构特点；了解半导体的导电机制，了解 P 型和 N 型半导体中的杂质类型、杂质能级位置、多子与少子等基本特征，了解 PN 结及其他半导体器件的基本结构和特性。

3.5.4　教学环节的安排与要求

1. 课堂讲授

结合物理学发展史和现代科学技术的新进展、新成就充实和丰富教学内容，加强探索精神和创新意识的教育。采用启发式和探究式的教学方法，激发学生钻研问题的积极性，提高学生的学习兴趣。采用多媒体等现代化教学手段进行形象化教学，在加大信息量的同时，提高教学效果。注意在教学中引入物理学专业英语词汇，为学生提供一定的双语学习条件。

2. 演示实验和习题

为使学生对所学的内容有感性认识，提高学习兴趣，培养理论联系实际的能力，须配合内容进行随堂实物演示和视频录像演示。实物演示实验总数不少于 100 个。

布置习题的目的是帮助学生复习和巩固课堂讲授的基本概念、基本理论和基本方法，培养学生分析问题、解决问题和探究问题的能力。各部分习题数量如下：力学约 90 题，热学约 30 题，电磁学约 60 题，光学约 30 题，量子物理约 30 题。

3.5.5　教与学

1. 教授方法

本课程采用研究型教学模式，注重启发式、讨论式和探究式教学方法。以传授物理学知识为载体，着力培养学生科学思维能力，同时学会科学研究方法，为学生的后续课程学习和毕业后工作打下坚实的自然科学基础。多数高校的大学物理课程都在大一的下学期和大二的上学期进行，而大多数专业的计算机程序设计课程也恰好在此阶段开展，这就为物理课与计算机程序设计课程的结合创造了条件。可精选少量典型物理习题，利用计算机编程进行数值求解，加强不同学科、不同课程之间的融合，充分体现大学物理课的基础地位。例如，在讲力学部分的抛物线运动时就可以给出编程示范。另外，部分物理实验利用计算机仿真课件来进行，用计算机动态模拟、定格显示、重复演示等手段，把复杂的物理过程清晰、逼真、科学地模拟出来，使学生清晰地理解各种过程，让学生切身体会到计算机技术的强大力量。利用计算机进行仿真实验不仅可丰富物理实验的手段与方法，拓宽学生的视角，也为后续计算机的应用开发作一些基本概念的准备。

与专业知识相结合。结合电磁理论等章节内容，在电磁学和量子理论部分的教学中适当介绍一些与计算机技术相关的知识，如量子信息、量子密码和量子计算机的原理、研究方向和技术难点，目前的发展状况等，让学生体会物理学理论对计算机软硬件发展的关键作用，以强调物理课对后续专业课程的重要性，强化物理课教学目标的针对性，进一步从专业的客观需求方面促进学生提高学习物理课的自觉性和主动性。

2. 学习方法

注重在课堂和作业中培养学生讨论和探究的习惯，强调学生对基本理论的学习和钻研，通过演示实验培养学生理论联系实际的能力。力求作业格式的规范性以及解答思路的独特性，以培养学生的探究精神和创新意识。通过大力推行课前预习、课堂学习、课后复习、研读参考书、完成作业、答疑讨论和阶段测验等教学环节，培养学生良好的学习习惯和自主学习能力。

3.5.6　学时分配

学时分配如表 3-5-1 所示。

表 3-5-1　学时分配

部分	主要内容	学时分配					合计
		讲课	习题	实验	讨论	机动	
第 1 部分	力学（共 8 章）	30	14				44
第 2 部分	热学（共 3 章）	12	4				16
	机动					3	3
第 3 部分	电磁学（共 7 章）	22	8				30
第 4 部分	光学（共 3 章）	10	4				14
第 5 部分	量子物理（共 3 章）	12	4				16
	机动					3	3
	合计	86	34			6	126

3.5.7　课程考核与成绩评定

考核包括平时成绩（课堂表现与随堂练习，作业，阶段测验）和期末考试，如表 3-5-2 所示。

表 3-5-2　课程考核方式

考核方式	比例 / %	主要考核内容
课堂表现	5	考核课堂表现、平时的信息接受、自我约束情况，对应毕业要求 8、10、12 达成度的考核
作业	10	考核课后作业质量，对应毕业要求 1、2、4、7 达成度的考核
阶段测验	15	考核学生阶段学习质量，对应毕业要求 1、2、4 达成度的考核
期末考试	70	考核对一学期学习内容的掌握程度，对应毕业要求 1、2、4 达成度的考核

课堂表现：考查学生课堂的参与度，对所讲内容的基本掌握情况，基本的问题解决能力，课堂练习参与度及其完成质量。

作业：每学期约有 13～14 次作业，少交一次作业扣 1 分，扣完 10 分为止。

阶段测验：每学期安排 3～4 次，期末按 15% 比例计入总评成绩。

期末考试：采取考、教分离，由课程责任教授题库组卷、统一命题，全体教师流水阅卷。试卷各部分内容比例与相应的学时基本匹配。试卷侧重于考查学生对物理学基本概念、基本理论和基本方法的理解和掌握，注意体现能力培养和素质教育的宗旨。

3.6 离 散 数 学

离散数学在抽象和理论的基础上提供数学方法，因此，本课程是计算机类专业的基础课程，也是计算机类专业重要的课程之一。

本课程的目标主要是教会人如何进行逻辑推理，如何进行正确的抽象思维，如何在纷繁的事物中抓住主要的联系，如何使用明确的概念，等等。这对计算机科学、技术及应用是至关重要的，在其他任何领域也同样重要。形式化是数学的基本特征之一，能形式化就能自动化，对计算机专业而言，形式化尤为重要，利用形式化描述可以给程序设计提供方便，从而实现自动化。

本课程教学的设计以能力培养为导向，按照培养计算机类专业的科学与工程型人才的需要制定，并按照总学时 128（其中理论讲授 104 学时，习题课 24 学时）进行规划。面向其他类型学生培养、不同学时的教学设计可以参照上述设计进行有针对性的调整。

3.6.1 课程简介

"离散数学"课程是计算机类专业的专业基础课，主要包含 4 部分内容：集合论、图论、近世代数、数理逻辑。集合论是整个数学的基础，也是计算机科学的基础，计算机科学领域中的大多数基本概念和理论采用集合论的有关术语来描述和论证。图论的基本知识则始终陪伴着每一个计算机工作者的职业生涯。近世代数通过研究代数系统或代数结构来训练更高层次的抽象思维能力，数理逻辑则通过研究形式化的推理系统来加强逻辑思维能力的训练，这两种能力是计算思维的核心。

集合论是从集合这个基本概念开始建立的，从某种观点来看，"集合"与"性质"是同义词，是不加定义的基本概念之一。集合用来描述事物的性质——研究对象，映射用来描述事物之间的联系——运算、关系，从而为集合建立了结构。这样就为建立系统的数学模型提供了数学描述语言——工具，代数系统就是引入运算以后的集合。集合论还提供了研究数学模型的性质、发现新联系的推理方法，从而有助于找出事物的运动规律。

图论是上述思想的一个具体应用，事实上，图论为包含二元关系的系统提供了数学模型。图论使用图解式表示方法，具有直观的特点，所以应用广泛。图论在计算机科学中起着相当重要的作用，它是从事计算机科学研究和应用的人员必备的基本知识。

在研究一个系统时，人们常在所研究的系统中引入各种运算，它们服从某些熟知的规律，这样不仅能简化所获得的公式，而且能够简化科学结论的逻辑结构，当这些运算与某些关系发生联系时则更为有用。当在一个集合中或几个集合间引入代数运算后，就称集合与代数运算一起形成了一个代数系统或构成了一个代数结构，近世代数就是专门研究代数运算的规律及各种代数结构的性质的数学分支。

逻辑是探索、阐述和确立有效推理原则的学科，数理逻辑则是用数学方法研究推理的形式结构和推理规律的学科，也叫符号逻辑，其研究对象是将证明和计算这两个直观概念符号化以后的形式系统。所谓数学方法是指数学所采用的一般方法，包括使用符号和公式以及已有的数学成果和方法，特别是形式化的公理方法。用数学方法研究逻辑可以使逻辑更为精确和便于演算，数理逻辑就是精确化、数学化的形式逻辑，它是现代计算机技术的基础。

3.6.2　课程地位和教学目标

1. 课程地位

本课程是计算机类专业的专业基础课，是数据结构与算法、算法设计与分析、形式语言与自动机、计算机网络、数据库原理、编译原理、计算理论等课程的先修课，为这些后继的专业基础课及专业课提供必要的数学工具，为描述离散模型提供数学语言。

本课程主要培养学生的抽象思维和逻辑推理能力，使学生正确地理解概念，正确地使用概念进行推理，养成良好的思维习惯，理解理论与实践的关系，提高分析问题和解决问题的能力，提高数学修养及计算机科学素质。

要想用计算机解决问题，就要为它建立数学模型，即描述研究对象及对象与对象之间的联系，并通过事物之间的联系找出事物的运动规律。本课程通过引导学生观察生活、社会和大自然，分析事物间的联系，建立系统的模型，并提出和解决其中的复杂工程问题。

2. 教学目标

本课程的总目标是通过理论学习，培养学生的抽象思维和逻辑推理能力，为后继的专业课及将来的工程设计、开发与研究提供必要的相关数学知识，为建立离散系统的数学模型提供数学描述工具，为分析和解决计算类复杂工程问题提供推理理论与方法。该目标可以分解为以下子目标。

目标 1：掌握离散数学的基本概念、基本原理、基本方法等基本知识，培养形式化、模型化的抽象思维能力，使学生能够利用离散数学的概念、理论与方法识别、表达计算类复杂工程问题，逐步学会为计算类复杂工程问题建立数学模型。为毕业要求 1、2 的实现提供支持。

目标 2：掌握直接证明法、反证法、数学归纳法、构造法等常用的证明方法，培养符号化、自动化的逻辑推理能力，使学生能够利用离散数学的概念、理论与方法研究分析复杂工程问题，并能获得有效的结论，理解并逐步设计求解这些问题的基本思想。为毕业要求 1、2 的实现提供支持。

目标 3：培养独立思考与创新能力。人类知识的创造、科学的进展都有前因后果、来龙去脉，因此，勤奋学习，全面掌握文献，积累深厚基础，加上追根究底，万事必问为什么的好奇心，就是创新的源泉。本课程利用习题课等环节，通过引导与鼓励学生敢于怀疑与发问来培养其独立思考与创新能力。为毕业要求 3 的实现提供支持。

目标 4：培养自学能力，自学能力的关键是习惯的养成与资料的获取。通过布置思考题训练学生学会获取扩展阅读资料，并引导学生阅读一些经典图书、电子资源（相关的会议论文集与刊物）、相关研究群体的个人主页等。此外，本课程的每一章都会布置大量的作业题，而且不提供参考答案，这也可以大大提升学生的自学能力。为毕业要求 12 的实现提供支持。

3.6.3　课程教学内容及要求

本课程的内容分为 4 部分，即集合论、图论、近世代数和数理逻辑。集合论是整个数学的基础之一。图论虽然可以看作是一个独立的数学分支，但在本课程中可视为集合论的一个应用，它研究在一个有限集合上定义一个二元关系所组成的系统。近世代数研究的是在一个集合中或几个集合间引入代数运算后所形成的代数系统，是训练抽象思维能力的重要内容。数理逻辑研究的则是将证明和计算符号化以后的形式系统，是训练逻辑推理能力的重要内容。

第1章　集合及其运算

集合，子集，集合的相等，集族，幂集；集合并、交、差，对称差，余集，笛卡儿乘积运算，各运算的性质及相互联系；有穷集合的基数，基本计数法则，容斥原理及应用。

重点：集合，差，对称差，笛卡儿乘积，有穷集合的基数；证明两个集合相等的方法；基本的计数法则及容斥原理在古典概率论中的应用；古典概率模型，跳舞问题的数学模型。

难点：容斥原理在古典概率论中的应用。

本章开始要先介绍本课程在整个专业培养计划中的地位与作用、课程的特点以及一些教与学的方法，特别要提醒学生注意如何将本课程所学知识与方法应用到解决复杂工程问题中去。

本章首先给出 3 个没有精确定义的原始概念——集合、元素、属于关系，在此基础上严格定义子集、集合的相等、幂集等概念。然后引入集合的运算，并引导学生理解引入运算的目的：①可以得到新的集合；②运算往往服从某些熟知的规律，因而可以简化所得公式或结论。此时运用学过的这几个概念已经可以帮助建立数学模型了——以跳舞问题为例介绍数学模型的建立及其对分析问题和解决问题的好处。在讲授笛卡儿乘积时引入一次抽象训练，介绍数据库系统中的概念模型和关系模型，为后续的数据库课程埋下伏笔。

第2章　映射

映射的基本定义及特殊性质，抽屉原理，映射的一般性质，映射的合成，逆映射，置换，二元（n 元）运算，特征函数。

重点：映射，单（满、双）射，合成运算，置换，逆映射，特征函数；置换的循环置换分解方法；复合函数应用概述，数学模型 DFA 的建立。

难点：映射的一般性质。

函数一直处于数学思想的核心位置，但其实函数关系这一概念的意义远远超出数学领域，辩证法告诉我们，不能孤立地研究事物，还要通过事物之间的联系找出事物的运动规律，事物间最简单的联系就是单值依赖关系，即函数。如果将函数的定义域和值域扩展到一般意义的集合上，那就是映射。

本章首先利用笛卡儿坐标系中的函数图像作为直观引导，利用笛卡儿乘积的子集给出映射概念的严格定义，并就此引出几种重要的特殊映射。有了映射的概念，再加上笛卡儿乘积运算，可以再引入一次抽象训练，介绍有穷自动机的数学模型，并可以为后续的"形式语言与自动机"课程埋下伏笔。

讲授抽屉原理时提醒学生这是组合数学中的一个基本而重要的存在定理；讲授映射的一般性质时要强调引入合适的数学符号（导出映射）的重要性；讲授映射合成时提醒学生其为复合函数概念的推广，并再次引导学生思考引入合成运算的目的；讲授逆映射时提醒学生这是反函数概念的推广。这些都是在提醒学生回顾以前学过的课程，并能站在新的高度思考相关概念。讲授置换时引出群的概念，讲授运算时引出代数系的概念，讲授特征函数时引出集合在计算机内的表示问题，这些都为后续的近世代数、数据结构与算法等课程埋下了伏笔。

第 3 章　关系

二元（n 元）关系，几个特殊二元关系，二元关系的表示，关系的合成运算，传递闭包，等价关系与集合的划分，偏序关系。

重点：关系及其自反，传递，对称性；二元关系的合成，闭包，等价关系，偏序关系；证明两个集合相等的方法的应用。

难点：闭包及其求解；等价类及其求解。

辩证法告诉我们，事物不是孤立的，互相之间存在着一定的联系，映射描述的就是最简单的单值依赖关系。但映射无法描述事物间的复杂联系，这就需要引入另一个更强的概念——关系。本章给出关系的 3 种等价定义：①应用时用得较多的是二事物间关系具有的性质；②理论上用得较多是笛卡儿乘积的子集；③分析中用得较多的是多值函数。介绍几种特殊的关系时要复习第 1 章的计数法则并用其计算某个有穷集合上各种二元关系的基数。讲授关系的运算时再次引导学生思考引入运算的目的。讲授关系的自反传递闭包之后，引入文法和推导的概念，并建立语言的数学模型，为形式语言与自动机、编译原理埋下伏笔。关系矩阵和关系图作为关系的表示方法在集合论与图论以及数据结构之间建立起了联系。

本课程最重要的概念是等价关系，它也是社会科学、数学、计算机科学、自然科学、日常生活中最重要的概念，研究线性代数主要用的就是等价关系。等价关系和集合的划分其实是一回事，只是角度不同而已，等价类就是利用等价关系对集合进行的划分，这个概念在现代分析中很重要，可以得到新的对象，实际上它所反映的就是抽象的本质。

偏序关系是计算机专业的一个重要概念，格、布尔代数等就是利用它建立起来的代数系统，它们是近世代数的重要内容，在计算机科学中具有重要的应用。

第 4 章　无穷集合及其基数

可数集及其性质，不可数集的存在—对角线法，基数及其比较，连续统。

重点：无穷，可数集，连续统，基数及其比较；对角线法，一一对应技术；可数集的性质，连续统的性质，康托定理。

难点：无穷集合的基数，康托-伯恩斯坦定理。

康托当年所创立的集合论就是本章的内容，本章要回答的主要问题是：什么是无穷，无穷之间能否比较大小，无穷有什么特殊性质。本章利用映射建立可数集、连续统等无穷集合，并研究它们的一些性质，进而得到无穷集合的特征性质，并将有穷集的基数概念推广到无穷集。

康托利用对角线法证明了有一个集合不是可数集，学生必须掌握这种对角线证明方法，现代数学和计算机科学中都会用到这种方法。由于康托的这一独创性的贡献，使人们对无穷有了更为深入的认识。尽管如此，无穷仍然不可捉摸且包含着矛盾，其中若干悖论的提出都是对无穷集合理论的挑战，最终，人们通过建立 ZFC 集合论公理系统排除了已经发现的悖论，但仍然无法保证今后不会出现悖论。

第 5 章　图的基本概念

图，路，圈，连通图，偶图，补图，欧拉图，哈密顿图，图的邻接矩阵，最短路径问题。

重点：路，圈，连通图，度，双图（偶图），欧拉图，哈密顿图，邻接矩阵；利用最长路进行证明的方法，波塞证明迪拉克定理的方法；双图的性质，欧拉定理，判定哈密顿图的几个充分条件的证明技术，顶点度的应用；最短路径问题，旅行商问题。

难点：哈密顿图的几个充分条件的证明。

图论是集合论的延续，主要研究图及其性质。图作为一个数学模型，用来刻画一个有穷系统，这个有穷系统恰好有一个二元关系。用图做模型，直观易懂，因此，图论在物理学、化学、工程领域、社会科学和经济学中都有着非常广泛的应用，用图论来解决运筹学、网络理论、信息论、概率论、控制论、数值分析及计算机科学的问题也显示出越来越显著的效果。

利用图论解决实际问题的步骤如下：①对所研究的实际问题建立图模型；②对图模型，给出图论问题；③用图论的知识解答上述图论问题；④返回到原来的实际问题。

本章的主要内容虽然是图的基本概念，但利用最长路进行证明的方法、波塞证明迪拉克定理的方法却是图论中常用的重要证明方法，而最短路径问题、旅行商问题又是与许多复杂工程问题紧密相关的经典图论问题。因此，讲授本章时应该首先引入几个复杂的应用背景，然后引导学生提出适合通过建立图模型来解决的问题。对于本章所涉及的许多图论问题，应该简单介绍解决这些图论问题的经典算法，并告诉学生：设计、实现与分析这些算法是后续数据结构与算法、算法设计与分析、计算机网络等课程的工作，本课程的任务只是形式化地描述与分析这些图论问题，为后续课程打好基础。

第6章　树和割集

树及其性质，生成树，割点和桥及其特征性质，最小生成树问题。

重点：树，森林，树的中心，生成树，割点，桥；树的特征性质，割点的特征性质，桥的特征性质；求最小生成树算法的基本思想。

难点：最小生成树问题。

许多好算法都与树有关，因此，树是一种重要的数据结构。最小生成树问题在工程实际中应用广泛，求最小生成树的算法将在数据结构与算法课程中作深入讨论。但树作为一种连通图却比较脆弱，去掉树的任何一条边或任何一个非叶顶点后树都将不再连通，因此本章又引入了割点和桥这两个概念。本章所讨论的树、割点、桥的性质都是特征性质，以后将会用它们来证明关于树、图的算法是正确的，这是算法设计与分析课程中相关内容的理论基础。

第7章　连通度和匹配

顶点连通度与边连通度及其关系，偶图的匹配，霍尔定理。

重点：顶点连通度，边连通度，n-连通，独立集，匹配；$\kappa(G) \leqslant \lambda(G) \leqslant \delta(G)$，霍尔定理；结婚问题。

难点：霍尔定理，结婚问题。

通过观察，我们发现树的连通程度很脆弱，完全图的连通程度则很强，为了衡量图的连通程度，本章引入顶点连通度和边连通度这两个概念，讨论了它们和图的最小度之间的关系，并介绍刻画连通程度的其他方法——门格尔定理。由门格尔定理又引出了双图的匹配问题，匹配问题在现实中有着广泛的应用，20世纪30年代得到了很多定理，将来在算法设计与分析课上会学习一些算法，Gale 和 Shapley 正是因为在稳定匹配理论及市场设计实践上所做出的贡献而获得了 2012 年的诺贝尔经济学奖。本章应该引导学生进行一些适当的扩展阅读，内容涉及最大匹配、最小覆盖、最大流、最小割、最大独立集、最大团等，并提示学生：同一问题可能存在许多不同的描述方式，并可以采用不同的途径来解决，当然，不同的途径在解决具体的实际问题时各有其方便之处。

第 8 章　平面图和图的着色

平面图及其欧拉公式，图的着色，五色定理，四色猜想。

重点：可平面图，平面图，图的顶点着色；欧拉公式，K_5 与 $K_{3,3}$ 不是平面图，五色定理；欧拉公式的应用，格林伯格定理的应用，平面图的判定。

难点：格林伯格定理。

欧拉在研究凸多面体时发现了平面图，并给出了平面图的欧拉公式，由欧拉公式可以得到平面图的若干特征，这些特征有助于判定一个图是否是可平面图。平面图的判定在生产实际中存在着广泛的应用，而且已经存在若干高效的算法。与平面图有关的另一个重要问题就是图的着色问题，目前，人们已经借助计算机证明了著名的四色猜想问题。格林伯格发现了平面图是哈密顿图的一个必要条件，导致了许多非哈密顿平面图的出现。本章的难点也是重点是利用格林伯格定理来判断某个平面图不是哈密顿图。另外，本章还会涉及图论中经常用到的两个技术——边加细和边收缩技术，这两个技术的使用含有技巧，需要结合习题来进行训练。

第 9 章　有向图

有向路，有向圈，强连通，强分支，有向图的矩阵表示，有根树，有序树，二元树，比赛图。

重点：有向图，入度，出度，有向路，有向圈，强连通，强支，邻接矩阵，关联矩阵，有序树，二元树；比赛图的性质；强连通图的应用。

难点：强支的求解。

图论部分主要讲授无向图，关于无向图的理论比较多，但实际应用中有向图出现得比较多，有向图和无向图的许多概念是类似的。无向图之所以理论多是因为它的性质好——有穷非空集合上定义的一个反自反且对称的二元关系，而有向图则是有穷非空集合上定义的一个反自反且不对称的二元关系。因此，讲授本章时对与无向图相似的概念应一带而过，而应侧重介绍有向图所特有的概念，特别是一些有重要应用背景的概念，如强连通图、二元树等，它们也将是数据结构与算法课程中的重要内容。

第 10 章　半群和幺半群

二元代数运算，一元代数运算，多元代数运算，代数系，代数运算的结合律和交换律，半群，幺半群，子半群，子幺半群，理想，半群和幺半群的同构和同态，幺半群的同态基本定理。

重点：二元代数运算，半群，幺半群，子半群，子幺半群，同构和同态。

难点：幺半群的同态基本定理。

在本章，掌握二元代数运算的定义至关重要，后面出现的代数结构的定义都依赖于这个概念，通过实例认识运算律对代数系的影响，进而引出半群和幺半群。同态和同构是两个半群或幺半群之间存在满足运算的映射，前者是多对一的映射，后者是一对一的映射，幺半群的同态基本定理通过技术处理将多对一的映射变换成为一对一的映射。掌握了这样的数学思想，就可以知道每一步的概念引入和处理到底是要做什么，否则就会陷入迷茫的知识接受中。

第 11 章 群

群的定义和例子，群的简单性质，子群和生成子群，变换群和同构，循环群，子群的陪集和拉格朗日定理，正规子群，商群，群的同态基本定理，直积。

重点：群的定义，群的若干性质定理，子群和生成子群的定义，Cayley 定理，循环群的定义，子群的陪集和拉格朗日定理。

难点：群的若干性质，Cayley 定理，子群的陪集和拉格朗日定理。

本章首先给出群的定义，该定义不同于幺半群中给出的群的定义，在介绍群的简单性质时将证明这两个定义的等价性，还会给出群的若干等价定义。在子群和生成子群中，若干子群的交集如果不是空集，则这个集合也是一个子群，由此引出生成子群及循环群的定义。Cayley 定理证明了任何一个抽象的群都同构于一个具体的群，这个群就是变换群或者置换群。子群的陪集和拉格朗日定理给出了群的基数和其子群基数之间的关系。

第 12 章 环和域

环和域的定义和简单性质，无零因子环特征数，同态和理想子环，环的同态基本定理，极大理想和费马定理。

重点：环和域的定义，无零因子环特征数，同态和理想子环，极大理想。

难点：子环和子域的性质中子群知识的应用，同态和理想子环中正规子群知识的应用，环的同态基本定理中群同态基本定理知识的应用。

环和域研究的是引入了两个二元代数运算的代数系，其结构变得更为复杂，但都可以从半群和群中找到对应的知识体系。环和域中的两个代数运算不是相互独立的，加对乘满足结合律建立了两个代数运算之间的关系。在环和域的定义及其简单性质这一节，讲授子环和子域的判定时用到了子群的判定条件，讲授理想子环时用到了正规子群的知识，讲授环的同态基本定理时则用到了群的同态基本定理的知识，应引导学生注意知识的前后衔接并能对其进行对比分析。

第 13 章 格

偏序集，上确界，下确界，格的定义及简单性质，对偶原理，作为代数系的格，特殊的格，分配格的性质。

重点：格的定义，对偶原理，作为代数系的格，分配格。

难点：格的性质，作为代数系的格，分配格。

本章首先给出偏序集，然后利用偏序集定义格，称为偏序格，并讨论了偏序格的若干性质以及对偶原理，然后证明偏序格是一个具有两个二元代数运算的代数系。从另一个角度则可以先给出这样的一个代数系，然后建立偏序关系形成偏序集，进而成为一个格，这样的格称为代数格。在特殊的格中，有界格和分配格是最重要的格，分配格是难点，在这里给出分配格的判定条件，进而给出布尔代数的定义。

第 14 章 命题演算

命题，命题公式，联接词，指派，真值，范式，联接词的扩充与归约，命题演算形式系统 PC，自然演绎系统 ND。

重点：命题，命题公式，指派，命题演算形式系统 PC，自然演绎系统 ND。

难点：命题演算形式系统 PC，自然演绎系统 ND。

命题演算给出了后续课程中用到的基本逻辑知识以及与具体领域无关的形式系统。在知识的展开过程中挖掘知识内部的联系，例如指派中赋值的弄真弄假与合取范式以及析取范式之间的关系。命题演算形式系统 PC 是一个非常经典的系统，从给出的三个公理和一个推理规则演算出一个庞大的系统，日常生活中的很多推理方法都可以看作是这个系统的定理，比如反证法思想。自然演绎系统 ND 则是命题演算形式系统 PC 的一个变形，这两个系统本质上是一样的，但在形式上的差别却很大。自然演绎系统 ND 中的推理规则有 14 条，远远多于 PC 中的 3 条推理规则。但自然演绎系统 ND 中的证明则更加符合人的思维习惯，所以称为自然演绎。

第 15 章　谓词演算

谓词，函词，命题常元，命题变元，量词，一阶语言，一阶逻辑，形式系统的语义，命题演算形式系统 FC 的合理性，命题演算形式系统 FC 的完备性。

重点：一阶语言、一阶逻辑。

难点：命题演算形式系统 FC 的语义，命题演算形式系统 FC 的完备性。

一阶谓词演算系统是最重要的符号逻辑系统，其他逻辑系统都被看作是它和命题演算系统的扩充、推广和归约。一阶谓词演算在计算机科学中的广泛应用是众所周知的，它不仅是程序设计理论、形式语义的重要基础，还是程序验证、程序分析、综合及自动生成、定理证明和知识表示技术的有力工具。

3.6.4　教学环节的安排与要求

1. 课堂讲授

对于每一个知识点的介绍，每一种方法的引出，每一个定理的证明，都引导和要求学生首先弄清其背景，并思考：为什么要学，是为了解决什么问题，当初是怎么想出来的，为什么是正确的/有效的，怎么证明，还有更好的方法吗。本课程正是通过这样的教学与学习方法引导学生理解概念，方法，定理和信息，从中获取知识，增长智慧，创造生活。

本课程的课堂教学主要以板书为主，这不仅可以使学生深入理解基本概念、基本理论和基本方法，而且可以充分体会到提出问题、分析问题、解决问题的思维过程，在此基础上，引导学生逐渐将所学内容应用到问题的求解中，着重训练学生利用离散数学语言描述和分析复杂工程问题的能力。

2. 习题课

习题课采用两种方式。一种是选择学生作业中出现问题较多的典型习题进行启发式讲解；另一种是采用翻转课堂的形式，根据布置好的作业中的一部分习题，课堂随机抽题，随机抽学生讲解，教师随时进行点评，并根据学生讲解情况记录其随堂考试得分。后一种方式可以有效解决如下问题：不上课，不答疑，抄作业，不预习，不复习，前面内容不熟悉，听不懂后面的内容，期末突击复习，批改作业工作量大，等等。

3. 作业

通过课外作业，引导学生检验自己的学习效果，结合对课堂讲授内容的复习，并通过查阅资料加上独立思考，了解自己对相关教学内容的掌握程度，思考一些相关的问题，进一步深入理解扩展的内容。

作业的基本要求：根据各章节的情况布置练习题、思考题等，每一章布置适量的课外作业，完成这些作业需要的知识应能覆盖课堂讲授内容，包括基本概念题、解答题、证明题、综合题以及其他题型。主要支持毕业要求 1、2、3、12 的实现。

3.6.5　教与学

1. 证明为主

离散数学作为一门数学课，与其他教学课不同的是以证明为主而不是以计算为主。因此，要学会证明技术，也就是运用概念和公理进行正确的逻辑推理，实际上就是学会分析问题和解决问题的思想方法。

2. 强调抽象

本课程的特点是概念多，但都有实在的、具体的实物背景，最后要落实到抽象的定义上，概念是第一位的。讲清概念的背景，最好先从具体的实例出发，直观地给出实在的东西，然后推广或抽出本质得到抽象概念。没有抽象就没有科学，因此，基本概念必须抽象化，定义基本概念时不关注具体对象是什么，而是强调数学上"不加定义的对象"之间的相互关系以及它们所遵循的运算法则。此外还要注意，在近世代数中，不仅运算对象是抽象的，代数运算也是抽象的，而且是用公理化的方法规定的。采用抽象化和公理化方法使结论具有普遍性。

3. 发现解法

已知的事物和要求的事物，已知量和未知量，假设和结论，这些都是一些隔开的事物和想法，解题的过程就是要在这原先隔开的事物或想法之间找出联系。这种联系是由一条链来贯穿的：一个证明像是一串论据，像是一条由一系列结论组成的链，也许是一条长链。这条链的强度是由它最弱的一环来决定的，这是因为哪怕是只少了一环，都不会有连续推理的链，也不会有有效的证明。

4. 瞻前顾后

站在新的概念、理论、方法和观点的角度看已学过的知识（在这里是微积分、线性代数、概率论、C 语言程序设计等）有时会看得更清楚，对它们的理解会更深刻；教师应随时指出本课的内容在计算机类专业中的应用，特别是在后继课程——数据结构与算法、形式语言与自动机、编译原理、数据库原理、计算理论等中的应用，但不必详述，目的是告诉学生现在值得花点精力学它。

5. 基于问题

学习要以思考为基础。一般的学习只是一种模仿，而没有任何创新。思考由怀疑和答案组成，学习便是经常怀疑，随时发问。怀疑是智慧的大门，知道得越多，就越会发问，而问题就越多。所以，发问使人进步，发问和答案一样重要。但在独立思考之前，必须先有基础知识，所谓"获得基础知识"并不是形式上读过某门课程，而是将学过的东西完全弄懂。在本课程的学习中，概念是第一位的，概念的背景（直观原型）、抽象定义的内涵和外延要准确，应用时才能运用自如。

6. 敢于犯错

学习的一种方法（经常还是唯一的方法）就是犯错误。人们在多数时间是在通过犯错误学习。教师在传授知识和技术的过程中，偶尔会传授教训，这种教训如果没有经过学生的亲身体验，不会变成有用的经验。知识没有教训作为根基，只能是纸上谈兵。上课、读书、复习、做作业、讨论、做实验、自己编程序、上机调试排错等是绝对必要的。提倡在学习中讨论、辩论，提出不同的方法。

7. 辅导答疑

这是任课教师与学生直接交流、沟通思想的时间。对学生一视同仁应当是教师的基本心理，而善待每个学生是教师应当坚持的教育原则。学生应该充分利用好答疑时间，这是与老师交流的机会，会得到意想不到的收获。教师要为学生解答其经过努力尚未弄懂的问题，学生对于没有经过思考的习题、问题最好暂时不问老师，否则收获不大。

3.6.6　学时分配

学时分配如表 3-6-1 所示。

表 3-6-1　"离散数学"教学内容学时分配

章	主要内容	学时分配					合计
		讲课	习题	实验	讨论	其他	
1	集合及其运算	6	2				8
2	映射	6	2				8
3	关系	8	2				10
4	无穷集合及其基数	4	2				6
5	图的基本概念	8	2				10
6	树和割集	4	2				6
7	连通度和匹配	4	1				5
8	平面图和图的着色	4	1				5
9	有向图	4	2				6
10	半群和幺半群	8	1				9
11	群	8	1				9
12	环和域	6	1				7
13	格	6	1				7
14	命题演算	12	2				14
15	谓词演算	16	2				18
合计		104	24				128

3.6.7　课程考核与成绩评定

本课程成绩评定由以下 3 部分组成：期末考试成绩占总成绩的 80%，作业成绩占总成绩的 10%，考勤与随堂测验占总成绩的 10%。本课程的考核方式如表 3-6-2 所示。

表 3-6-2　"离散数学"课程考核方式

考核方式	所占比例 /%	主要考核内容
作业	10	按照教学要求，作业将引导学生复习讲授的内容（基本概念、基本理论、基本方法），深入理解相关的内容，锻炼运用所学知识解决相关问题的能力，通过对相关作业的完成质量的评价，为毕业要求 1、2、3、12 达成度的评价提供支持
考勤与随堂测验	10	考查学生课堂的参与度，对所讲内容的基本掌握情况，基本的问题解决能力，通过考核学生课堂练习参与度及其完成质量，为毕业要求 1、2、3、12 达成度的评价提供支持
期末考试	80	考核学生对规定的考试内容掌握的情况，特别是具体的问题求解能力，为毕业要求 1、2、3、12 达成度的评价提供支持

3.7　形式语言与自动机

　　本科教育的基本定位是培养学生解决复杂工程问题的能力。复杂工程问题的重要特征之一就是"需要通过建立合适的抽象模型才能解决，在建模过程中需要体现出创造性"，另外，《华盛顿协议》在对本科教育中数学与计算机知识要求（WK2）中指出"基于概念的数学、数值分析、统计和形式化方面的计算机和信息科学，以支持学科问题的分析和建模"，可见，建立恰当的模型，特别是以数学和计算机的方法通过形式化建立恰当的数学模型，对工程教育是极为重要的。无论是一般的问题求解，还是工程设计与开发，计算机追求的是对一类问题的处理，而不是简单的"个案"求解，这就要求处理必须覆盖相应的问题空间，所以，用一个恰当的模型去表达相应的问题空间及其处理是非常关键的。加上计算机问题求解所需要的符号化表示，更使得培养学生的建模能力、模型计算能力成为提升学生有效解决（复杂工程）问题能力的关键。

　　形式语言与自动机理论含有非常经典的计算模型，其基本内容包括 3 部分。第一部分是正则语言的描述模型及其等价变换，具体有左线性文法、右线性文法、正则表达式、确定的有穷状态自动机、不确定的有穷状态自动机、带空移动的有穷状态自动机以及这些描述模型之间的等价变换。第二部分是上下文无关语言的描述模型及其等价变换，具体有上下文无关文法、乔姆斯基范式、格里巴赫范式、用空栈识别的下推自动机、用终态识别的下推自动机以及这些描述模型之间的等价变换。第三部分是一般的计算模型图灵机和可计算问题。在本科教育阶段，受学时的限制，这部分内容可以不考虑。就第一和第二部分内容而言，这十来个模型确实是很经典，很精致，对学生建立高质量的模型的基本印象，形成计算机学科的计算模型的基本概念具有重要意义。其中涉及的等价变换则很好地体现了模型计算这一经典计算的特征。

　　通过本课程的教与学，对提高学生解决复杂工程问题的能力将发挥重要作用。

3.7.1　课程简介

　　本课程通过对正则语言、上下文无关语言及其描述模型和基本性质的讨论向学生传授有关知识和问题求解方法，培养学生的抽象和模型化能力。要求学生掌握有关方面的基本概念、基本理论、基本方法和基本技术。具体知识包括：形式语言的基本概念；文法，推导，语言，句子，句型；乔姆斯基体系；有穷状态自动机——确定的有穷状态自动机、不确定的有穷状态自动机、带空移动的不确定有穷状态自动机；正则表达式与正则语言；正则语言的泵引理，封闭性；Myhill-Nerode 定理与有穷状态自动机的极小化；派生树，二义性；上下文无关文法的化简，乔姆斯基范式，格雷巴赫范式；下推自动机，用终态识别和用空栈识别的等价性；上下文无关语言的泵引理，封闭性。

3.7.2　课程地位和教学目标

1. 课程地位

本课程属于专业基础课，是计算机科学与技术专业基础理论系列中较靠后的一门课，它和先修的离散数学一起用于培养学生计算思维能力。本课程含有语言的形式化描述模型——文法和自动机，其主要特点是抽象和形式化，既有严格的理论证明，又具有很强的构造性，包含一些基本模型、模型的建立、性质等，具有明显的数学特征。

它是计算机科学与技术专业的重要核心课程，是编译原理的先修课程，为学好编译原理打下知识和思想方法的基础。本课程的知识广泛地用于一些新兴的研究领域。

2. 教学目标

本课程主要培养学生的建模能力、模型计算能力、抽象思维能力。工科院校应注重抽象以及抽象描述下的构造思想和方法的学习与探究，使学生了解和初步掌握"问题→形式化描述（抽象）→自动化（计算机化）"这一最典型的计算机问题求解思路，实现基本计算思想的迁移。

本课程主要有两个目标，分别为毕业要求 1、2 的实现提供支持。

目标 1：形式语言属于计算机科学与技术专业的基础理论之一，具有明显的数学特征，掌握这些理论，有助于形成模型描述能力和模型计算能力（包括模型的等价变换、推理等），为高水平地处理复杂问题提供支持。本目标对于毕业要求 1 的达成提供支持。

目标 2：对语言进行分类，并以形式化的方法描述语言，研究语言的性质，研究语言不同描述模型的等价变换及其相关的分析推理，这是计算学科最基本的也是最高水平的问题求解方法，掌握这些方法，需要具有抽象描述甚至模型化描述能力以及相应的抽象思维和逻辑思维能力，这些都将在本课程的学习中得到提高。本目标对于毕业要求 2 的达成提供支持。

3.7.3　课程教学内容及要求

第 1 章　绪论

教学目的、基本内容、学习本课程应注意的问题；基础知识回顾；形式语言及其相关的基本概念，使学生进一步学习掌握对象的形式化描述方法，强化形式化描述这一核心专业意识，包括字母表、字母及其特性、句子、出现、句子的长度、空语句、句子的前缀和后缀、语言及其运算。

重点：教学目的，基本内容，学习本课程应注意的问题。

难点：让学生能较好地认识到学习这门课的重要性，讲清本课程在计算机高级人才培养中的地位，特别是基础理论系列这一思维训练梯级系统的意义及各门课的联系。

本章主要包括两部分内容。一是本课程内容的特点，它对计算机类专业人才四大专业能力培养的重要性，特别是培养学生认识模型、设计模型、基于模型进行计算的能力。提醒学生注意，本门课程中用数学模型这种高级形式实现对处理对象的形式化描述，并通过对相应模型性质的研究，去揭示一类问题的基本性质，使学生建立起模型分析、模型计算的初步意识。二是为后面章节内容的展开做基本准备，包括字母表、字母、句子、语言等基本概念，在讲授过程中，逐步引导学生习惯这种表示方法。

需要注意的是，对大多数工科学生来说，他们擅长程序设计、开发系统，但对建立数学模型，抽象表示问题，并基于这种抽象的数学模型去研究问题的性质，进行问题的处理，或多或少会有畏难情绪，这些要从一开始就努力去消除，这对最终实现本课程的教学目标是非常重要的。

第 2 章　文法

语言的描述模型及其建立，在该模型描述下的分类。具体包括：文法的直观意义与形式定义，推导，文法产生的语言，句子，句型；文法的构造，乔姆斯基体系，左线性文法、右线性文法及其对应的推导与归约；空语句。

重点：文法，派生，归约。

难点：形式化的概念，文法的构造。

文法是语言的描述模型，本门课程以正则语言和上下文无关语言为载体，文法是它们的有穷描述模型之一，也是学生在本课程中遇到的第一个模型。所以，在教学中，要注意引导学生根据语言有穷描述的需要，从语言的结构特征的描述出发，去建立四元组 $G=(V, T, P, S)$ 模型，并且在这个过程中引导学生一起设计这个模型，而不是直接给出这个模型，叙述它的定义。通过这样的教学，不仅使学生掌握相应的知识，更要强化他们的设计意识，让他们体验如何设计数学模型，让他们感觉到模型和设计模型不仅不可怕，而且很自然。

必须清醒地看到，对学生来说，建立文法的模型是比较困难的，特别是这个四元组怎么严格地表达一个语言，要从学生熟悉的简单例子开始，逐渐突破。例如，可以以学生早就熟悉的简单算术表达式的文法描述开始：首先是简单算术表达式的递归定义（给出递归是用有穷描述无穷的有力工具）；然后引入一些符号，将递归定义写成式子；再对式子进行进一步的符号化处理，并在符号化处理的基础上归纳出语法变量(集合)、终极符号(集合)、开始符号、产生式（集合）$G=(V, T, P, S)$。

建立了文法的概念后，就基于这个概念形成推导、句子、句型、语言等基本概念。对于左线性文法、右线性文法及其对应的推导与归约，可以从具体例子出发，逐渐地归纳给出，避免从定义到定理这种灌输式的教学。

乔姆斯基体系包括短语结构文法/语言（PSG/PSL）、上下文有关文法/语言（CSG/CSL）、上下文无关文法/语言（CFG/CFL）和正则文法/语言（RG/RL）。对于乔姆斯基体系的学习，关键是当给予产生式不同的限制时，学生能给出不同性质的语言，而根据这些性质的不同，将语言分成不同的类型，为后面对不同类型的语言建立不同的描述（识别与产生）模型并讨论它们之间的关系做准备。

第 3 章　有穷状态自动机

正则语言的有穷状态自动机（FA）描述模型及其建立，3 种不同有穷状态自动机模型之间的等价，有穷状态自动机与正则文法的等价，模型之间等价变换的基本思想和方法，这些方法所提供的变化算法思想及其体现出的典型的模型计算。

- 确定的有穷状态自动机（DFA）：作为对实际问题的抽象、直观物理模型和形式定义，确定的有穷状态自动机接受的句子、语言，状态转移图，构造举例。
- 不确定的有穷状态自动机（NFA）：基本定义，不确定的有穷状态自动机与确定的有穷状态自动机的等价性。
- 带空移动的有穷状态自动机（ε-NFA）：基本定义，与不确定的有穷状态自动机的等价性。
- 有穷状态自动机是正则语言的识别器：正则文法与有穷状态自动机的等价性、相互转换方法。

重点：确定的有穷状态自动机的概念，确定的有穷状态自动机与正则文法的等价性。

难点：对确定的有穷状态自动机概念的理解，确定的有穷状态自动机、不确定的有穷状态自动机、带空移动的有穷状态自动机的构造方法，确定的有穷状态自动机与正则文法的等价性证明。

有穷状态自动机模型的建立是本章的核心，所以，必须引导学生从"计算机/程序"识别语言的角度抽象出语言的有穷描述。确定的有穷状态自动机、不确定的有穷状态自动机、带空移动的有穷状态自动机逐步放宽了对构造的约束，使得人们在设计识别一个语言的有穷状态自动机时越来越方便。与此同时，实现的算法的复杂性也越来越高。从而引导学生体会自动计算的必要性，并且将其作为追求目标。具体地，需要从新引进模型与已有模型的等价来展开：等价变换的基本思想、处理过程及其自动化。这一部分是模型计算很好的实例。

考虑到课程的容量，有穷状态自动机与正则文法的等价可以只讨论有穷状态自动机与右线性文法的等价变换，而将有穷状态自动机与左线性文法的等价作为思考题，给学生适当的提示，让学生课后自己探索。

这部分要突出等价变换的自动化，而不是几个等价定理的证明，以此来体现对学生模型的建立和基于模型的计算能力的培养。

第 4 章　正则表达式

正则语言的正则表达式（RE）描述及其建立，正则表达式与有穷状态自动机模型的等价性，等价变换的思想与方法。进一步学习模型计算、递归求解。

正则表达式与正则语言：正则表达式的定义以及等价性证明，包括与 RE 等价的 FA 的构造方法及其等价性证明，与 DFA 等价的 RE 的构造方法及其等价性证明。

正则语言的 5 种等价描述总结。

重点：RE 的概念，RE 与 FA 的等价性。

难点：对 RE 概念的理解，RE 的构造方法，RE 与 FA 的等价性证明。

RE 作为正则语言的一个新的描述模型，其建立可以从一个便于理解的恰当（不）确定的有穷状态自动机入手，找到表达的运算，然后根据语言的无限性所要求的表达式的无限性，利用递归这个对无穷对象的有穷描述的有力工具，同时基于字母表的非空有穷性，找出最基本的 RE，进而给出 RE 的递归定义。

工科的学生不需要追求 RE 与 FA 等价的严格数学证明，但要探讨这两种模型之间的等价变换基本思想，同时要与计算关联起来。

第 5 章　正则语言的性质

通过正则语言不同的描述模型，研究正则语言的性质。在研究中，面对相应的问题，在所给的 5 种等价模型中选择最恰当的描述模型实现问题的求解。同时要使学生们知道，建立模型不仅可以描述一类对象，而且可以用来发现一类对象的性质。

正则语言泵引理的证明及其应用；正则语言对并、乘积、闭包、补、交的封闭性及其证明。

Myhill-Nerode 定理与 FA 的极小化：右不变的等价关系、DFA 所确定的关系与语言确定的等价关系的右不变性，Myhill-Nerode 定理的证明与应用；DFA 的极小化。

重点：正则语言的泵引理及其应用，正则语言的封闭性。

难点：Myhill-Nerode 定理的证明及其理解。

本章主要是通过语言的描述模型去研究正则语言的性质，而且在研究语言的性质的过程中探讨相应的构造方法：基于给定的模型构造要求的模型，实际上就是建立一类问题的求解方法。这就是模型计算，是计算机类专业人才所追求的，从这一点看，本课程对培养学生基于模型解决一类问题的能力是非常重要的。根据这一点，本章的授课目标和对学生的要求并不是让学生记住几个定理，而是要学会如何基于模型在多因素背景下构建新的模型，并且在构造的基础上能够完成构造的正确性证明——构造性证明。这样还能使得学生在完成系统的基本设计后，能够考虑通过证明去评价系统的正确性。

第 6 章　上下文无关语言

上下文无关文法（CFG）的派生树描述模型及其建立，上下文无关文法（CFG）的化简需求及其化简方法，化简的实现，递归的替换，范式文法的建立，上下文无关文法到范式文法的转换思想与方法及其应用。

上下文无关语言与上下文无关文法的派生树，A 子树，最左派生与最右派生，派生与派生树的关系，二异性文法与先天二异性语言。

无用符号及其消去算法；空产生式的消除；单一产生式的消除。

乔姆斯基范式（CNF）。

格里巴赫范式（GNF）：直接左递归的消除，等价 GNF 的构造。

重点：CFG 的化简，CFG 到 GNF 的转换。

难点：CFG 到 GNF 的转换。

文法化简的着眼点首先在于培养学生系统地寻求文法的优化，这种优化的需求来自问题的处理。其次在于如何实现文法优化的自动化，特别是当一系列的自动化被实现以后，学生就会在新的层面体会到自动计算的乐趣。

派生树、CNF、GNF 的讨论是为在问题处理过程中建立恰当的描述方法，这种描述方法既有可视化的派生树，还有便于探索派生性质等的两类范式。在对 GNF 的讨论中注意讨论右递归如何替换左递归，左递归在分析过程中的优势等。相对于 GNF，对 CNF 的讨论要简单很多。

第 7 章　下推自动机

下推自动机模型及其建立，模型之间的等价变换的思想与方法，下推自动机与上下文无关文法的等价变换的思想与方法；进一步学习了解模型计算。

下推自动机的基本定义，即时描述，用终态识别的语言和用空栈识别的语言；下推自动机的构造举例；确定的下推自动机。

用终态识别和用空栈识别的等价性；构造与给定的上下文无关文法（GNF）等价的下推自动机，构造与给定的下推自动机等价的上下文无关文法。

重点： 下推自动机的基本定义及其构造方法，下推自动机是 CFL 的等价描述。

难点： 根据下推自动机构造 CFG。

作为本课程重点讨论的另一种语言——上下文无关语言的描述模型，下推自动机的建立既可以源于有穷状态自动机，也可以源于上下文无关语言的 GNF。GNF 到下推自动机的等价变换比较容易，但下推自动机到上下文无关文法的等价变换比较难。在这个等价变换中，要求学生考虑多个因素：状态和栈符号，二者的协同使得等价的上下文无关文法的构造变得繁杂了。但是，掌握了这个方法后，学生会发现，这些工作都是可以自动化的。

要注意的是，不确定的下推自动机与确定的下推自动机是不等价的。

第 8 章　上下文无关语言的性质

通过上下文无关语言的不同等价模型，研究上下文无关语言的性质，学习选择恰当的模型去研究一类对象的性质，使学生进一步了解模型建立的重要性，且模型并不只用于对象的简单描述，还可用来进一步研究对象的性质。

上下文无关语言的泵引理的证明及其应用。

上下文无关语言的封闭性：对并、乘积、闭包与正则语言的交运算封闭及其证明；对补、交运算不封闭及其证明。

判定算法简介。

重点： CFL 的泵引理。

难点： CFL 的泵引理的应用。

本章在对内容的处理上可以参考第 4 章，重点放在基于模型构造模型。另外，有了第 4 章的学习基础，一些问题的讨论可以与这些学习基础关联起来，除了强化学生相关的能力外，也能够使相关的内容变得"顺理成章"。

3.7.4　教学环节的安排与要求

1. 课堂讲授

本课程的主要特点是形式化和抽象，既有严格的理论证明，又具有很强的构造性，难度非常大，既难讲又难学。讲授要努力做到以下几点。

（1）第一节课要花时间讲清计算机学科的人才特需的抽象思维方法与逻辑思维能力的训练过程，以及本课程对学生成长为一个较高水平的计算机科学工作者的作用，使学生能有所准备，积极地与教师配合，克服困难，上好这门课。

（2）深入研究各知识点产生的背景和来龙去脉，努力将它们用一条线串起来，避免对各知识点的孤立讲授；努力推行研究型教学，力求对知识发现过程的模拟，引导学生去思维，去探讨，使抽象的内容活起来，提高学生的学习兴趣。

（3）牢牢把握本课程的教学目的，除了使学生掌握基本知识外，主要致力于培养学生的形式化描述和抽象思维能力，力求使学生初步掌握"问题→形式化描述→自动化（计算机化）"的解题思路。

（4）以知识为载体，努力进行学科方法论核心思想的讲授，自然地引导学生学习学科方法论，树立科学的态度和探索、创新意识，进一步提高学生的学习兴趣。

（5）为了使学生能较好地跟上教师的思维，在课堂上要注意适时地提出一些问题，引导学生一起思考。

（6）要注意多加一些例子，使学生能更容易地理解抽象的概念。

（7）由于学生需要一个适应过程，所以第 2 章、第 3 章的进度要适当放慢。

（8）由于本课程对大多数学生来说难度确实比较高，接受起来有较大的困难，因此，讲授中与其他课程不同的另一点是：在每次课的开始，要用较多的时间复习上次课的内容。一般要用 8min 左右，有时用时要多一些，但要控制在 15min 内。要追求使学生产生恍然领悟的感觉。每章开始要有说明，结束一定要有总结。章与章之间要努力做到较平稳地过渡。

（9）注意要在适当的时机插入习题的讲授。

（10）绪论部分和文法的前一部分以 PPT 为主，板书为辅；其余内容均采用板书。

2. 实验教学

由于本课程是难度很大的基础理论课程，有的习题甚至在当初就是一篇高水平的学术论文，所以，受学时的限制，不宜安排大作业、课程论文、实验等，需要通过实验达到的目的将在后续的其他专业课（如编译原理）中实现，本课程中不做安排。根据本课程的性质，可以认为，广义的实践体现在练习上，所以要重视学生的作业。

3. 作业

作业主要是一些最基本的习题。要求学生完成这些习题并提交给老师批阅。另一部分作业是一些称为"练习"的题目，这些题目难度高一点，更活一点，其目的是引导学生做更多的思考和练习，这部分作业的结果不需要学生正式提交。第三类是随堂的问题，这些问题旨在引导学生在课内和课外进行更广泛、更深入的思考，充分调动学生的思考积极性，可以用一些难题引导学生去寻求"顶峰体验"。

（1）必须督促学生完成适量的作业。老师应想办法抽出足够的时间批改学生的作业。

（2）本课程的作业需要学生综合地运用教师在课堂上讲述的方法（含思维方法），自己想办法求解问题，去体会，去进一步地认识。

（3）要给学生足够多的时间自己进行问题求解，一定要督促学生自己思考问题，亲身体验这一过程，哪怕会出现一些错误！

（4）本课程的习题确实具有相当的难度，要把握火候，在适当的时候安排习题课，选择典型的习题，讲解典型的思路和解题方法，例如文法的构造思路、FA 状态的存储功能、泵引理的用法与其中特殊串的取法。

（5）精选习题和思考题，重视答疑和作业的批改，积极鼓励学生克服困难，完成习题。及时给学生以指导。

3.7.5 教与学

1. 教授方法

参考 3.7.4 节的"课堂讲授"中的要求，努力将课程变成思维体操课。教师要在对问题的研究中教，引导学生在对未知的探索中学，要把课堂当成师生共同思考问题的场所，在思考中完成问题的发现和求解，通过对大师们的思维过程的学习，提高学生的思维能力，并掌握相应的方法和知识。

2. 学习方法

养成探索的习惯，积极思考问题。学习从实际出发，进行归纳，在归纳的基础上进行抽象，最后给出抽象描述，实现形式化。要注意理解基本的抽象模型，并用该模型描述给定的对象，在描述中加深理解。

仔细研究概念，掌握解题基本技巧，多想，多练。必须完成布置的作业。

要特别重视（数学）证明的思想、方法和表达（形式化、逻辑）。

3.7.6　学时分配

本课程学时分配如表 3-7-1 所示。

表 3-7-1　学时分配

章	学　时　分　配					合计
	讲课	习题课	实验课	讨论课	其他	
1	2					2
2	4					4
3	8	2				8
4	4					4
5	4					6
6	4					4
7	4	2				4
8	4					6
总结	2					2

3.7.7　课程考核与成绩评定

平时成绩占 20%，期末考试占 80%。

平时成绩主要用于督促学生平时抓紧学习。由于本课程理论性非常强，需要更多的练习，所以平时的作业及对课程的基本理解是非常重要的。作业部分和随堂练习与测验各占平时成绩的 50%。

最后的期末考试起到复习、总结的作用，要求学生全面整理课程的全部内容，起到温故而知新的作用。利用考试不仅可以评估学生掌握所学内容的情况，考查其对知识、方法的掌握程度，而且可以通过对学生解题能力的考查，评价其能力的形成情况。

本课程考核方式及主要考核内容如表 3-7-2 所示。

表 3-7-2　考核方式及考核内容

考核方式	所占比例/%	主要考核内容
作业	10	引导学生复习课堂讲授的内容，深入理解相关的内容，锻炼基于基本定义、定理、引理、基本方法等基本原理进行问题求解的能力，通过对相关作业的完成质量的评价，为评价教学目标 1、2，即毕业要求 1、2 的达成度提供支持

续表

考核方式	所占比例 / %	主要考核内容
随堂练习与测验	10	考查课堂参与度，对讲授的基本内容的掌握程度，包括对基本模型和相关性质的掌握情况以及基本的问题求解能力，根据练习和测验的参与度及其完成质量进行考核，为评价教学目标 1、2，即毕业要求 1、2 的达成度提供支持
期末考试	80	通过对规定考试内容掌握的情况，特别是具体的问题求解能力的考核，为评价教学目标 1、2，即毕业要求 1、2 的达成度提供支持。包括对所讲内容（基本定义、定理、引理、基本方法）的掌握情况，对基本模型的理解、选择，设计恰当的模型表述对象，实现模型之间的等价变换等。考查学生依据所学的基本原理对有关问题的判定、描述（模型描述）、解决方案设计等能力

第4章 专业类基础课程

4.1 程序设计基础

本课程作为专业基础课程，其教学设计以计算思维能力培养为导向，按照培养计算机类专业的工程应用型人才的需要制定，并按照总学时 80（其中理论授课 48 学时，课内实验 32 学时）进行规划。作为全覆盖的专业基础课程，对于不同类型（学术型、工程型）的学生，本课程的培养目标应保持一致，但可以依据学生能力起点不同，调整具体的教学方案，进行分班教学。

计算机类专业的工程应用型人才需要具有较扎实的基础理论、专业知识和基本技能，具有良好的可持续发展能力。所以特别强调程序设计中的计算思维相关内容，淡化编程语言规范的内容，着力培养学生的编程能力以及理论结合实际的能力，而且要强调对学科基本特征的体现。

4.1.1 课程简介

"程序设计基础"是计算机相关专业的核心课程，是学科基础必修课。它既是学生接触的第一门程序设计类课程，也是诸多后续专业课程的基础，更是使学生改变思维方式，建立计算思维的主要课程。因此，本课程既要为后续课程打下良好的基础，又要对学生一生的程序设计技术、技巧、风格和习惯负责，培养学生的程序设计能力和良好的程序设计风格。

本课程以 C 语言为载体介绍程序设计的基本方法和思想，主要内容包括基本知识、程序设计、数据组织 3 部分。基本知识部分主要介绍算法、程序等基本概念；程序设计部分包括顺序程序设计、分支程序设计、循环程序设计、模块化程序设计、递归程序设计、结构化程序设计方法等程序开发技术；数据组织部分包括批量数据组织、表单数据组织、外部数据组织、指针、动态数据组织等数据存储形式。

4.1.2 课程地位和教学目标

1. 课程地位

本课程一般在大一上学期开设。此时，学生普遍具有中学层面上的数学抽象和表达能力，但对于如何提取实际应用，将其抽象为计算机可处理的问题还没有明确的认识，因此本课程重点是思维方式的引导和培养，着重计算思维能力和程序设计能力的培养，为后续课程打好基础。

2. 教学目标

本课程教学目标是使学生掌握程序设计语言的主要构成，理解程序设计的基本思想，掌握程序设计的基本方法，具有初步的编程能力和一定的计算思维能力。本课程主要为毕业要求第1、2、5的实现提供支持。

目标1：掌握计算机相关专业工作所需的工程基础和专业知识。掌握结构化程序设计语言的基本组成、结构化程序设计思想和方法等，对毕业要求1的达成提供支持。

目标2：能够针对小型问题，使用自顶向下、逐步求精、模块化、穷举、试探等程序设计思想进行分析和求解，具有一定的计算思维能力，对毕业要求2的达成提供支持。

目标3：能够恰当地选择与使用计算机软件及工具，完成复杂计算机工程问题的模拟或求解。能够选择使用适当的操作系统和C语言工具完成小规模C语言程序的设计与调试，具有初步的编程能力，对毕业要求5的达成提供支持。

4.1.3 课程教学内容及要求

第1章 绪论

程序设计基本知识；算法的概念；C语言程序结构；高级语言程序的执行过程；语言程序运行环境。主要知识点有算法、程序。

重点：算法的概念，程序的运行。

了解算法的概念及计算思维；了解C语言程序的基本结构；熟悉高级语言程序的执行过程。

第2章 顺序程序设计

顺序程序设计；基本数据类型，常量，变量，表达式，赋值，输入输出。主要知识点有表达式、语句、顺序结构、数据类型、输入输出。

重点：表达式，数据类型，输入输出，顺序程序设计。

掌握C语言表达式的用法，掌握C语言的基本数据类型及其运算，掌握顺序结构程序设计方法。具有运用顺序程序设计方法解决实际问题的能力。

第3章 分支程序设计

双分支程序设计；单分支程序设计；多分支程序设计；枚举类型。主要知识点有逻辑表达式、单分支结构、双分支结构、多分支结构、枚举类型。

重点：逻辑表达式，分支程序设计。

掌握分支程序设计的基本方法，了解枚举类型的使用，具有运用分支程序设计方法解决实际问题的能力。

第4章 循环程序设计

单层循环程序；多重循环；循环程序设计实例。主要知识点有while循环结构、do循环结构、for循环结构、多重循环。

重点：循环程序设计和执行过程。

掌握两类循环程序设计：先判断条件的循环和后判断条件的循环；掌握3种重复性语句：while语句，do…while语句，for语句。具有运用循环程序设计方法解决实际问题的能力。

第5章 模块化程序设计——函数

模块化程序设计；函数的使用，包括函数的定义和调用、参数、返回值及返回类型；

函数程序设计实例。主要知识点有函数定义、函数调用、函数参数、函数类型、函数返回、函数原型。

重点：函数的设计和执行过程。

掌握函数的使用方法，包括定义函数、调用函数等。具有运用模块化程序设计思想解决复杂实际问题的能力。

第 6 章 批量数据组织——数组

数组的基本知识（包括数组类型、下标表达式、数组初值等）；数组运算及输入输出；多维数组；字符串；数组程序设计实例。主要知识点有数组类型、一维数组、二维数组、下标表达式、数组初值、字符串。

重点：数组在程序设计中的应用。

理解数组的概念，掌握数组的使用方法；掌握数组在程序设计中的应用方法。具有运用数组组织数据进行程序设计的基本能力。

第 7 章 指针

指针的概念及指针运算；指针变量的访问；指针与数组；指针与字符串；指针程序设计实例。主要知识点有指针类型、指针运算、指针与数组、指针与字符串、指向指针的指针。

重点：程序设计中指针的应用。

理解指针类型的概念，理解指针与数组之间的关系，理解指针与字符串之间的关系，掌握使用指针设计程序的基本方法。具有运用指针变量访问数据进行程序设计的基本能力。

第 8 章 表单数据组织——结构体

结构体类型；结构体变量，成分变量；结构体数组；结构体类型指针。主要知识点有结构体类型定义、结构体成分变量的访问、结构体数组、结构体指针。

重点：结构体类型定义，结构体变量的使用。

掌握结构体变量、结构体数组、结构体指针的使用，掌握结构体在程序设计中的应用，具有应用结构体组织数据进行程序设计的基本能力。

第 9 章 再论函数

函数参数传递规则（包括数组作参数、指针作参数、结构体作参数）；指针和结构体作为函数返回值；变量作用域，生存期。主要知识点有数组参数、指针参数、结构体参数、返回指针的函数、返回结构体值的函数。

重点：C 语言参数（尤其是指针和数组参数）传递规则。

结合变量作用域深入理解指针作参数、返回值的概念。能力要求：具有运用带指针的函数解决复杂程序设计问题的能力。

第 10 章 递归程序设计

递归程序设计基本思想；递归函数（数学）对应的递归代码；实际问题（如汉诺塔、表达式计算、排列组合）递归程序设计实例；递归程序执行过程。主要知识点有递归的概念（直接、间接）、递归程序设计思想。

重点：递归的设计（出口、递归操作），递归的执行。

能够理解递归的概念，掌握递归程序的基本思想和执行过程，具有应用递归思想进行程序设计的能力。

第 11 章 外部数据组织——文件

文件的概念；文件基本操作：打开、关闭文件，I/O 操作，文件定位，程序参数；文件程序设计实例。主要知识点有文件基本操作、程序参数。

重点：文件的实际应用。

掌握文件的基本操作，具有使用文件组织数据进行程序设计的基本能力。

第 12 章 程序开发

结构化程序设计原则；自顶向下逐步求精的程序设计方法。主要知识点有程序风格、结构化程序设计原则。

重点：程序风格。

熟悉结构化程序设计思想，掌握自顶向下逐步求精方法，具有运用自顶向下逐步求精方法解决有一定综合性、包含多个子问题的复杂程序设计问题的能力，具有自主学习的能力。

第 13 章 动态数据组织

动态数据结构；动态变量；链表；链表程序设计实例。主要知识点有动态变量、单向链表。

重点：如何在程序设计中应用单向链表。

理解动态变量的概念，掌握单向链表的组织和管理，具有应用单向链表组织数据进行程序设计的能力。

4.1.4 教学环节的安排与要求

1. 课堂教学

课堂教学首先要使学生掌握课程教学内容中规定的一些基本概念、基本理论和基本方法，特别是通过课堂授课，使学生深入理解程序设计的基本概念、思想和方法；然后以此为基础，将理论知识应用到实际问题求解中；最终通过实践环节转变成学生自身的能力。

在课堂教学过程中，例如每章的开始，以实际应用问题作为引导，带领学生寻找解决问题的思路并分析，然后现场编写程序，再介绍程序中应用的具体语言规范；通过这种案例驱动方式组织教学内容，促使学生主动思维，逐步培养其计算思维方式。

使用板书+课件+现场编程演示讲授课程内容。引导学生充分利用网络资源查阅课程相关资料，并访问相关教学资源，如视频公开课、慕课和在线评测系统等，培养自学能力。

课堂教学为毕业要求 1 的达成提供主要支持，并部分支持 2 的达成，且为毕业要求 5 的达成提供基础理论知识的支持。

2. 实验教学

程序设计基础实验是本课程的课内实验部分，与理论教学部分是一个整体，占有重要的地位，旨在引导学生深入理解理论知识，并将这些理论知识用于实践，培养学生实际编程能力。

由于本课程是基础课程，所以在每次实验开始通常选用课堂例题作为验证性实验题目，巩固和强化学生对相关程序设计理论知识和相关语言概念的理解；然后通过设计性题目来训练学生分析问题、解决问题，培养其计算思维和编程能力；最终提交规范的实验报告。实验由个人独立完成。

实验教学为毕业要求 5 的达成提供主要支持，同时也为毕业要求 1 和 2 的达成提供实践环节的支持。

实验教学由如下 8 个实验组成。

1）C 语言环境基本操作及简单程序设计

实验目的：编写并正确运行 C 语言简单程序，掌握 C 语言开发环境和顺序程序设计的理论知识并实践。

实验内容：学习编辑、编译、连接、调试、运行 C 语言程序的方法。熟悉 C 语言程序的基本结构，理解 C 语言的基本数据类型。在程序中实际使用数据类型和表达式，并实现数据的输入输出。

实验题目举例："Hello World""绿化带宽度""华氏温度和摄氏温度转换""文件编译连接执行"等。

2）程序的流程控制

实验目的：能正确使用分支和循环控制结构编写程序，理解迭代的思想并用于实践。

实验内容：单独使用分支（单分支、双分支、多分支）、循环结构的 C 语言语句编写程序。嵌套使用分支和循环控制语句编写程序。

实验题目举例："3、5、7 倍数判断""个人所得税计算""字符矩阵""数列的迭代求解"等。

3）模块化程序设计

实验目的：理解模块化程序设计思想，并能使用函数编写程序。

实验内容：编写带有函数的 C 语言程序。掌握函数形式参数、返回语句的用法。C 语言程序的调试方法。

实验题目举例："组合数""孪生素数数列""三角形重心定理验证""友好数求解"等。

4）数组及其在程序设计中的应用

实验目的：掌握批量数据组织——数组的概念，掌握排序、检索等方法以及栈、队列的具体操作。

实验内容：强化顺序、分支、循环结构程序设计。掌握数组的定义操作和数组作参数的方法，并在程序中应用。

实验题目举例："数组循环移位""下标数组排序""关键字检索""字符串反序"等。

5）指针及其在程序设计中的应用

实验目的：掌握指针的概念，并用其组织数据。

实验内容：理解指针的概念。掌握指针操作数组、字符串的方法。

实验题目举例："字符串字典序排序""字符串操作""合并字符串中的同类字符"等。

6）递归程序设计

实验目的：掌握递归思想，并用于程序设计。

实验内容：深入理解指针作参数及其返回值。理解指针的概念。

实验题目举例："递归实现排序算法""数学递归表达式的代码实现""计算简单整数表达式值""特定集合的排列组合"等。

7）文件及其应用

实验目的：掌握结构体的概念和外部数据组织——文件的概念，用于实际数据组织和操作。

实验内容：表单数据的组织和存取。

实验题目举例："生成三角函数值表""统计文件中的同类信息""文件内容排序"等。

8）动态数据组织

实验目的：掌握单向链表的数组组织形式，并用于实际操作。

实验内容：深入理解动态变量。编程实现单向链表的操作。

实验题目举例："链表基本操作""链表排序""生成法雷（Farey）序列的链表"等。

3. 作业

通过课外作业，引导学生检验学习效果，进一步掌握课堂讲述的内容，了解自己掌握的程度，思考一些相关的问题，进一步深入理解扩展的内容。

作业的基本要求：根据各章节的情况，布置练习题、思考题等。每一章布置适量的课外作业，完成这些作业需要的知识覆盖课堂讲授内容。通过客观题检验基本概念和思想的掌握情况，通过编程题目检验整体能力。尤其是在线测评作业，对于提高学生编程能力有很大帮助。用来支持毕业要求1、2、5的实现。

4.1.5 教与学

教学方法是教学过程中教师与学生为实现教学目的和教学要求，在教学活动中所采取的行为方式。选择合适的教学方法和教学手段，有助于课程教学目标的有效达成。主讲教师可依据教学内容特点、学生实际情况、教师自身优势、教学环境条件来选择和确定具体的教学方法，并对相应的教学方法优化组合与综合运用，在教学过程中充分关注学生的参与性。

本课程推荐的教学方法主要有讲授法、讨论法、练习法、任务驱动法、自主学习法。讲授法主要用于课堂教学，通过叙述、描绘、解释、推论来传递信息，传授知识，阐明概念，引导学生分析和认识问题。讨论法主要用于课外指导和课堂教学，针对学生提出的问题，通过讨论或辩论，各抒己见，使学生获得知识或巩固知识，旨在培养学生的口头表达能力、分析问题能力和归纳总结能力。练习法主要用于课堂测验和作业，通过指导和提出有针对性的问题，使学生巩固知识，运用知识，旨在培养学生的书面表达能力以及运用知识解决问题的能力。任务驱动法主要用于作业，通过给学生布置探究性的学习任务，使学生掌握查阅资料、整理知识体系的基本方法，旨在培养学生分析问题、解决问题的能力，培养学生独立探索及合作精神。自主学习法主要用于作业，通过给学生留思考题，让学生利用网络资源自主学习以寻找答案，提出解决问题的方案或措施并进行评价，旨在拓展教学内容，拓展学生的视野，培养学生的学习习惯和自主学习能力，锻炼学生提出问题、解决问题和科技写作的能力。

培养学生的学习能力，使学生养成探索的习惯，特别是重视对基本理论的钻研，在理论指导下进行实践。注意从实际问题入手，归纳和提取基本特性，设计抽象模型，最后实现问题求解——设计实现计算系统。明确学习各阶段的重点任务，做到课前预习，课中认真听课，积极思考，课后认真复习，不放过疑点，充分利用好教师资源、同学资源和网络资源。仔细研读教材，适当选读参考书的相关内容，从系统实现的角度，深入理解概念，掌握方法的精髓和算法的核心思想，不要死记硬背。积极参加实验，在实验中加深对基础理论的理解。

　　充分利用已建设完成的慕课，对课堂教和实验教学进行补充。慕课教学通过教师督促和学生自主学习进行，是学生日常课后学习的辅助工具。慕课教学进度通常与课堂教学进度一致。学生可以通过观看视频对课堂讲授内容进行预习和复习。慕课提供的章节测试功能可以作为课后作业考核学生知识点掌握情况，包括客观测试、主观作业和随堂测验。慕课提供的交流平台一方面可以作为考查学生学习活跃度的依据，另一方面也是师生、生生之间进行交流的途径。

4.1.6　学时分配

　　本课程学时分配分配建议如表 4-1-1 所示。

表 4-1-1　学时分配

章	主要内容	学时分配					合计
		讲课	习题	实验	讨论	其他	
1	绪论	2					2
2	顺序程序设计	2		4			6
3	分支程序设计	2					2
4	循环程序设计	6		4			10
5	函数	4		4			8
6	数组	6		4			10
7	指针	6		4			10
8	结构体	2					2
9	再论函数	2					2
10	递归	4		4			8
11	文件	2		4			6
12	程序开发	2					2
13	链表	6		4			10
	总结与复习	2					2
	合计	48		32			80

4.1.7　课程考核与成绩评定

　　平时考核占 20%，实验考核占 30%，期末考核占 50%。

　　平时考核贯穿整个学习期间，考核内容包括章节知识点掌握情况，特别是涉及不易在限定时间内完成，需要查阅相关资料，需要考虑非技术因素，需要考虑对问题的分析与建模能力的内容。平时考核评价主要依据作业完成情况、课程测验、学习活跃度等，有条件的可以依据同期慕课成绩进行评定。

　　实验考核主要包括操作实验平台工具的能力、实际编程能力和代码调试能力、语言表达与沟通能力、实验报告撰写与文字表达能力。实验考核评价的依据包括实验报告和实验考试完成情况记录，其中实验考试为主，占 10%。实验考试时，教师会现场给出 2~3 道题目由学生现场编程调试完成。教师根据学生完成的速度和正确度给出相应分数：正确完成全部题目者分数中等，速度快者分数高，速度慢者分数低；部分完成或未完成题目者降档或不及格。

期末考核是对学生学习情况的全面检查。期末考核内容覆盖各章知识点，主要考核学生的计算思维能力和编程能力，题型都为编程综合应用题。期末考核评价依据主要是期末考试试卷。期末考试采用闭卷形式，考试时间为 2.5 小时。

考核方式及主要考核内容如表 4-1-2 所示。

表 4-1-2　考核方式及考核内容

考核方式	比例/%	主要考核内容
平时考核	20	作业完成情况，课堂测验参与度，学习活跃度，为毕业要求的 1、2 达成度评价提供支持。如果采用在线测评系统进行考核，则也可为毕业要求 5 达成度提供有一定参考价值的数据
实验考核	30	实验题目和报告完成情况（10%），实验考试成绩（20%），主要为毕业要求 5 达成度评价提供支持，同时也可为毕业要求 1、2 达成度评价提供参考数据
期末考核	50	对规定考试内容的掌握情况，为毕业要求 1、2 达成度的评价提供支持

4.2　数　据　结　构

"数据结构"作为计算机类专业的学科基础必修课，系统讲授数据结构概念、原理、技术和应用实例，是理论与实践紧密结合的课程，是解决复杂工程问题的重要基础，有助于综合能力的培养与提高以及与后续专业课程的衔接。

4.2.1　课程简介

"数据结构"是计算机类专业的学科基础必修课，是学生进一步深入学习和开展高层次研究的基础。通过本课程的讲授，使学生掌握数据结构的基本理论与知识，算法设计与分析的基本方法与技巧，培养学生分析和解决实际问题的能力，并为其开展计算机科学研究奠定数据结构与算法方面的基础。

本课程内容主要包括三大部分：基础知识、基本数据结构、排序与查找。基础知识主要介绍与算法分析紧密相关的主要数学分支的基本知识、算法描述语言、算法书写规范、数据结构与算法的基本概念、算法分析基础等；基本数据结构包括线性结构、树与二叉树以及图；排序与查找讨论排序和查找的重要内容，给出典型算法的描述、时间复杂性分析和相关算法的比较等。

4.2.2　课程地位和教学目标

1. 课程地位

本课程是专业基础课程，一般在大学二年级上学期开设。此时，学生普遍已具有一定的数学抽象能力和程序设计基础，但对于数据的组织和抽象、算法的设计与分析以及实际应用的能力尚未形成，因此本课程重点是讲授数据结构概念、原理、技术和应用实例，初步培养学生解决复杂工程问题的能力，同时为后续课程打好基础。

2. 教学目标

本课程的教学目标是使学生理解数据结构的基本概念、计算机内部数据对象的表示和特性，掌握数据的逻辑结构、存储结构以及各种操作的实现，能够针对实际问题选择合适的数据结构，并设计出结构清晰、正确易读、复杂性较优的算法，同时掌握对算法进行时间、空间复杂性分析的基本技能。

在教学实践中，使学生掌握计算机科学与技术相关的基本理论、基本知识、基本技能和基本方法，获得较强专业能力的计算机科学研究、计算机系统开发与应用的训练，为学生进一步学习新理论、新知识、新技术打下扎实的基础。从知识和能力两方面提出如下具体教学目标。

（1）掌握如下知识：①了解数据结构及其分类、数据结构与算法的密切关系。②线性表的定义，顺序和链接存储结构；单链表；堆栈、队列的定义及应用。③稀疏矩阵的压缩存储表示及算法。④二叉树的定义和主要性质，二叉树链接存储及操作；线索二叉树定义、存储和基本算法；树与森林的遍历；赫夫曼树。⑤图的基本概念，邻接矩阵和邻接链表两种基本存储结构，以及深度（广度）优先遍历、拓扑排序、关键路径、多种最短路径算法、最小支撑树等基本算法。⑥希尔（Shell）、快速、堆和合并等多种经典排序算法，以及各类经典算法的特点和适用范围。⑦多种线性表查找算法，多种树结构查找算法，以及基于检索结构、数字和散列的查找算法。

（2）具备以下能力：①综合运用数据结构、算法、数学等多种知识，对问题进行分析、建模，选择或构建合适的数据结构，设计较优的算法，实现编程与调试的能力与技巧。②对算法时空复杂性进行分析和正确性验证的基本方法。③针对较复杂的工程应用问题，给出符合问题技术要求的解决方案的初步能力。

本课程为如下毕业要求提供支持。

目标 1：理解数据结构的基本概念、计算机内部数据对象的表示和特性。掌握线性表、树、图等数据逻辑结构、存储结构及其差异以及各种操作的实现。掌握算法时间复杂性分析方法，通过算法正确性证明基本方法的学习得到数学严格性的训练，为毕业要求 1 的达成做贡献。

目标 2：能够针对实际问题选择合适的数据结构和方法设计出结构清晰、正确易读、复杂性较优的算法，同时掌握对算法进行时间、空间复杂性分析的基本技能，为毕业要求 2 的达成提供支持。

目标 3：掌握排序和查找等算法的原理及实现，能够综合运用所学的数据结构知识、算法分析与设计知识，为解决复杂工程问题奠定良好基础，为毕业要求 3 的达成提供支持。

4.2.3 课程教学内容及要求

主要教学内容：第 1 章系统介绍与算法分析紧密相关的主要数学分支的基本知识；第 2 章对算法描述语言、算法书写规范、数据结构与算法的基本概念、算法分析基础等进行阐述；第 3、4 章系统描述线性表、堆栈、队列、数组和字符串等结构的存储、操作和应用；第 5 章在详细刻画树和二叉树结构的基础上，从应用和数据结构扩展的视角渐进地讨论线索二叉树、赫夫曼树、并查集和决策树等内容；第 6 章系统阐述图的基本概念、基本存储结构和基本算法，新增带约束的最短路径算法和功能与 Warshall 算法相同但更高效的传递闭包求解算法，从应用的视角讨论复杂网络概念和基于图的典型信息搜索算法；第 7、8 章深入讨论排序和查找的重要内容，给出典型算法的描述、时间复杂性分析和相关算法的比较等。

第 1 章　数学准备

本章内容为课程可能用到的数学基础知识。

第 2 章　绪论

数据、数据元素、数据逻辑结构、数据存储结构和数据结构的定义，算法的定义以及 5 个特征，算法描述语言（ADL），算法评价准则、正确性证明、时间复杂性分析方法，复杂性函数的渐进表示。

重点：数据、数据元素、数据逻辑结构、数据存储结构和数据结构的定义，算法的定义以及 5 个特征，算法描述语言（ADL），时间复杂性分析方法，复杂性函数的渐进表示。

难点：数据逻辑结构和存储结构的定义以及区别，算法时间复杂性分析方法以及复杂性函数的渐进表示。

数据结构学习的意义，数据结构的概念，包括数据、数据元素等；数据的逻辑结构与存储结构；算法的定义及重要特征，算法描述语言，算法的评价准则、正确性证明、时间复杂性分析方法。算法复杂性函数的渐进表示、算法时间与空间分析。

第 3 章　线性表、堆栈和队列

线性表的定义，顺序存储线性表的定义及查找、插入、删除等基本操作，单链表的定义及基本操作，循环链表的定义及基本操作，双向链表的定义及基本操作，堆栈的定义、基本操作及应用，队列的定义、基本操作及应用。

重点：顺序存储线性表的定义及基本操作，单链表的定义及基本操作，双向链表的定义及基本操作，堆栈的定义、基本操作及应用，队列的定义、基本操作及应用。

难点：循环链表的基本操作，堆栈的基本操作，堆栈的应用，循环存储队列的基本操作。线性表的定义和基本操作；线性表的顺序存储结构、链接存储结构；堆栈的定义、基本操作和应用；队列的定义、基本操作和应用。

第 4 章　数组和字符串

一维、二维和多维数组的寻址方式，常规矩阵的存储和基本操作，三元组表存储的稀疏矩阵的基本操作，十字链表存储的稀疏矩阵的基本操作，字符串的存储和基本操作，模式匹配方法。

重点：二维和多维数组的寻址方式，矩阵的存储和基本操作，三元组表和十字链表存储的稀疏矩阵的基本操作，字符串的存储和基本操作，模式匹配方法。

难点：多维数组的寻址方式，三元组表和十字链表存储的稀疏矩阵的基本操作，模式匹配方法。

一维、二维和多维数组的寻址方式；矩阵的存储和基本操作；特殊矩阵的存储：三元组表和十字链表；三元组表和十字链表存储的基本操作；字符串的定义及基本操作；模式匹配方法。

第 5 章　树与二叉树

树的定义，二叉树的定义和主要性质，二叉树的顺序存储结构，二叉树的链接存储结构，二叉树的遍历，二叉树的操作，表达式树求值，线索二叉树的定义，线索二叉树操作，赫夫曼编码，树与二叉树的转换，树的链接存储结构，树和森林的遍历，树的顺序存储结构，并查集，决策树。

重点：树的定义，二叉树的定义和主要性质，二叉树的链接存储结构，二叉树的遍历，二叉树的操作，线索二叉树操作，赫夫曼编码，树与二叉树的转换，树的链接存储结构，树和森林的遍历。

难点：二叉树的遍历，二叉树的操作，线索二叉树的操作，赫夫曼编码，树和森林的遍历。

树的基本概念。树的定义、树的相关术语和树的表示方法；二叉树基本概念和主要性质；二叉树顺序存储结构和二叉树链接存储结构；二叉树的遍历。二叉树的先根、中根和后根遍历及其递归与非递归算法，二叉树的层次遍历；二叉树的操作；二叉树在表达式树中的应用。表达式树的定义、构建和求值；线索二叉树。线索二叉树的基本概念，线索二叉树操作：查找中根序列的第一个和最后一个结点、查找某节点中序后继结点和中序前驱结点、遍历线索二叉树、插入节点、删除节点和线索化，以及对线索二叉树的复杂操作；压缩与赫夫曼树。文件编码与扩充二叉树的基本概念，赫夫曼树和赫夫曼编码，赫夫曼算法；树的存储结构和操作。树与二叉树的转换，树的存储结构：顺序存储结构、链接存储结构，树和森林的遍历；树在等价类与并查集中的应用。等价类，并查集基本操作，应用并查集解决等价性问题的算法及其基于树的实现；分类与决策树。分类问题的基本步骤，信息增益，决策树算法。

第 6 章　图

图的基本概念，邻接矩阵存储结构，邻接表存储结构，图的深度优先遍历算法，图的广度优先遍历算法，拓扑排序算法；关键路径计算方法，无权最短路径算法，正权最短路径算法，每对顶点之间的最短路径算法，满足约束的最短路径算法，普里姆（Prim）算法，克鲁斯卡尔（Kruskal）算法，可及性及传递闭包算法，连通分量，图在网络分析和信息检索中的应用。

重点：图的基本概念，邻接矩阵存储结构，邻接表存储结构，图的深度优先遍历算法，图的广度优先遍历算法，拓扑排序算法，关键路径计算方法；无权最短路径算法，正权最短路径算法，每对顶点之间的最短路径算法，普里姆算法，克鲁斯卡尔算法。

难点：图的深度优先遍历算法，拓扑排序算法，正权最短路径算法，每对顶点之间的最短路径算法。

图的基本概念。有向图、无向图、路径、简单回路、子图、支撑子图、连通图和权图等定义；图的存储结构。邻接矩阵存储结构、邻接表存储结构；图的遍历。图的遍历的概念，图的深度优先遍历的递归与非递归算法，图的广度优先遍历算法；拓扑排序。AOV 网的概念、拓扑序列的定义、拓扑排序算法；关键路径。AOE 网的概念、关键路径的定义、关键路径计算方法；最短路径问题。无权最短路径算法、正权最短路径算法、每对顶点之间的最短路径算法、满足约束的最短路径算法；最小支撑树。普里姆（Prim）算法、克鲁斯卡尔（Kruskal）算法；图的应用。可及性及传递闭包算法、连通分量、图在网络分析和信息检索中的应用。

第 7 章 排序

排序问题描述，排序的置换表示方式，插入排序总体思想，反序对（排序方法归类依据），直接插入排序，直接插入排序时间复杂度分析，希尔（Shell）排序，希尔排序时间复杂度分析，交换排序总体思想，冒泡排序，改进的冒泡排序，快速排序，快速排序时间复杂度分析，快速排序避免最坏情况的改进策略，直接选择排序，直接选择排序的时间复杂度分析，淘汰赛排序，堆的概念与定义，初始建堆算法和重建堆算法，堆排序算法，堆排序算法时间复杂度分析，合并排序算法，合并排序算法时间复杂度分析，平方阶排序算法及改进算法对比，线性对数阶排序算法，分治排序的一般方法，基于关键词比较的排序算法下界分析，基数分布，值分布。

重点： 直接插入排序，希尔排序，冒泡排序，快速排序，直接选择排序，堆排序，合并排序，基于关键词比较的排序算法分析。

难点： 希尔排序，快速排序，堆排序，合并排序。

各类经典排序算法，包括：直接插入排序，希尔排序，冒泡排序，快速排序，直接选择排序，堆排序，合并排序，基数分布，值分布，和外排序；给出典型排序算法的主要思想、算法描述、算法实现和实例分析；排序算法的时间复杂性和空间复杂性分析方法。针对上述典型的排序算法，学习时间复杂性和空间复杂性分析过程。为了使学生清楚地了解各类算法的特点和适用范围，还对各类算法进行了系统的对比。

第 8 章 查找

查找概述，无序表的顺序查找算法，有序表的顺序查找算法，对半查找算法，对半查找算法的二叉判定树，一致对半查找算法，斐波那契查找算法，插值查找算法，二叉查找树的基本概念和性质，二叉查找树的查找和插入算法，二叉查找树的删除算法，最优二叉查找树的定义，最优二叉查找树构造算法，高度平衡树的概念和性质，高度平衡树的插入操作，高度平衡树的查找和插入算法，B 树及 B+树的基本概念，散列的基本概念及乘法、除法散列函数，冲突消解方法，拉链法例题及算法，线性探查法例题及算法。

重点： 有序表的对半查找，斐波那契查找，二叉查找树的概念和性质，二叉查找树的查找、插入和删除算法，高度平衡树的概念和性质，高度平衡树的查找和插入算法，散列函数及冲突调解。

难点： 斐波那契查找，二叉查找树的查找、插入和删除算法，高度平衡树的查找和插入算法，散列函数及冲突调解。

便于查找操作的典型数据结构及相关算法，包括有序表，及有序表的顺序查找、对半查找、斐波那契查找、插值查找算法；二叉查找树，及二叉查找树的查找、插入和删除算法；最优二叉查找树；高度平衡树，及高度平衡树的查找、插入和删除算法；B 树及 B+树；散列表，及散列函数定义及冲突调解方法；查找算法的时间复杂性和空间复杂性分析方法。针对上述算法，学习其时间复杂性和空间复杂性分析过程。为了使学生清楚地了解各数据结构和算法的特点和适用范围，还对其进行了对比分析。

4.2.4 教学环节的安排与要求

1. 课堂讲授

课堂教学首先要使学生掌握课程教学内容中规定的一些基本概念、基本理论和基本方法。特别是通过讲授，使学生能够对这些基本概念和理论有更深入的理解，使之有能力将它们应用到一些问题的求解中。要注意对其中的一些基本方法的核心思想的分析，使学生能够掌握其关键。积极探索和实践研究型教学。探索如何实现教师在对问题的求解中教，学生在对未知的探索中学。从提出问题，到求解思路分析，再到用符号表示问题及其求解算法设计，进一步培养学生抽象表示问题的能力，强化对"一类"问题进行求解的意识；从系统的角度向学生展示数据结构知识。通过不同级别对象的抽象和问题的分治，培养学生的系统意识和能力。使用多媒体课件，配合板书和范例演示讲授课程内容。在授课过程中，可由常用的生活实际问题引出概念，自然进入相关内容的讲授。适当引导学生阅读外文书籍和资料，培养自学能力。

2．实验教学

数据结构课程具有理论与实践紧密联系的特点，将所学理论知识加以融会贯通以解决实际问题，学以致用才是数据结构课程的学习目的。实验教学是数据结构课程教学中不可缺少的一个重要环节，通过实验教学可以培养学生发现、分析和解决问题的能力以及程序设计能力，对于学生提高综合素质、培养创新能力具有十分重要的作用。

实验内容主要包括验证实验、设计实验。

验证实验目的是加深学生对基本数据结构和算法的理解，使学生进一步掌握数据结构与算法（程序）的验证与测试技巧，如实现某种数据结构并将其封装为一个类。验证实验要求学生验证基本数据结构和典型算法，要求所有学生都必须完成，并鼓励学生对数据结构或算法做出改进。

设计实验目的是训练学生应用学过（或自己改进，或自己提出）的数据结构和算法解决实际问题的能力。设计实验是问题驱动的实验题目，针对具有一定复杂程度的工程应用问题，选择某种数据结构或综合多种数据结构，独立建模，设计相应的算法，编制程序，完成测试。

1）验证实验举例

例题　验证二叉树的链接存储结构及其上的基本操作。

[实验内容及要求]

（1）定义链接存储的二叉树类。

（2）实验验证相关算法的正确性、各种功能及指标。

① 创建一棵二叉树，并对其初始化。

② 先根、中根、后根遍历二叉树。

③ 在二叉树中搜索给定结点的父结点。

④ 搜索二叉树中符合数据域条件的结点。

⑤ 从二叉树中删除给定结点及其左右子树。

（3）为便于观察程序的运行结果，设计的输出函数应能在输出设备上以图形、表格或其他直观的形式展现和存储计算结果。

（4）测试程序时，对所有输入变量遍取各种有代表性的值。

（5）为了增强程序的可读性，程序中要有适当的注释。

2）设计实验举例

例题　设有顺序放置的 n 个桶，每个桶中装有一粒砾石，砾石的颜色是红、白、蓝之一。要求重新安排这些砾石，使得所有红色砾石在前，所有白色砾石居中，所有蓝色砾石居后，重新安排时对每粒砾石的颜色只能看一次，并且只允许用交换操作来调整砾石的位置。

在掌握快速排序算法中分划操作思想的基础上，对其进行改进，运用其设计解决问题的算法。

[实验内容及要求]

设计算法（或函数）完成题目中要求的功能，编制程序实现该算法，制定测试方案，并调试通过。

（1）设计并编程实现该算法。

（2）为程序制定测试方案。

（3）为方便程序测试，程序代码中应包括合适的调试语句。

（4）测试程序时，所有输入变量应遍取各种有代表性的值。

（5）为增强程序的可读性，对程序中较难理解的语句要有准确、清晰的注释。

[问题分析]

借鉴分划交换排序的思想，本题首先需定义 i、j、k 三个指针：令 i、j 分别指向红色、白色砾石的后一位置，k 指向蓝色砾石的前一位置，i、j、k 的初始值分别为 1、1、n。然后，类似于分划过程，进行指针移动及记录交换操作。具体方法为：查看记录 $r[j]$，若其为蓝色砾石，则与 $r[k]$ 互换；若其为红色砾石，则与 $r[i]$ 互换；若其为白色砾石，则不需交换，j 后移一位，继续比较，直至 j 与 k 相等为止。

3. 作业

通过课外作业，引导学生检验学习效果，进一步掌握课堂讲述的内容，了解自己掌握的程度，思考一些相关的问题，进一步深入理解扩展的内容。

作业的基本要求：根据各章节的情况，设置练习题、思考题等。每一章布置适量的课外作业，完成这些作业需要的知识覆盖课堂讲授内容，通过客观题检验基本概念和思想的掌握情况。

4.2.5　学时分配

本课程理论教学 64 学时，实验教学 32 学时。教学内容及建议学时分配如表 4-2-1 所示。

表 4-2-1　学时分配

章	主要内容	讲课	实验
1	数学准备	0	0
2	绪论	2	0
3	线性表、堆栈和队列	8	4
4	数组和字符串	8	4
5	树与二叉树	12	8
6	图	12	8
7	排序	10	4
8	查找	12	4
	合计	64	32

4.2.6　课程考核与成绩评定

本课程考核方式及主要考核内容如表 4-2-2 所示。

表 4-2-2　考核方式及主要考核内容

考核方式	比例/%	主要考核内容
平时考核	10	相关作业完成情况，课堂测验参与度，学习活跃度，为毕业要求的 1、2、3 达成度评价提供支持
实验考核	15	实验题目和报告完成情况及实验考试成绩，主要为毕业要求 5 达成度评价提供支持，同时也可为毕业要求 1、2 达成度评价提供参考数据
期末考核	75	覆盖全部教学内容，为毕业要求 1、2 达成度的评价提供支持

1. 课程总成绩的构成

（1）本课程的总成绩为 100 分，由平时考核、实验考核和期末考核 3 部分组成，平时考核占总成绩的 10%，实验考核占总成绩的 15%，期末考核占总成绩的 75%。

（2）平时考核根据阶段测试和作业完成情况综合评定，两项各占总成绩的 5%。

（3）实验考核由平时实验课成绩和上机考试成绩两部分综合评定，分别占总成绩的 10% 和 5%。

（4）期末考核由学院组织的期末闭卷考试评定，期末考试为笔试，占总成绩的 75%。

2. 成绩评定方案操作细则

1）理论课平时成绩

（1）理论课的第一次课向学生公布理论课平时成绩的分值和评定规则。

（2）平时考核贯穿整个学习期间，考核内容包括章节知识点掌握情况，特别是涉及不易在限定时间内完成，需要查阅相关资料，需要考虑非技术因素，需要考虑对问题的分析与建模能力的内容。平时考核评价主要依据作业完成情况、课程测验、学习活跃度等，有条件的可以依据同期慕课成绩进行评定。

2）实验课平时成绩

（1）数据结构上机实验共 8 次课，前 6 次课为平时实验，第 7 次课整理并提交程序，第 8 次课为上机考试。平时成绩根据上机实验的前 7 次课评定，总分为 100 分。上机考试成绩单独评定。

（2）平时实验 6 次，共 90 分，每次 15 分。

（3）第 7 次课让学生整理并提交之前的程序。提交程序并检查通过给 10 分。学生也可以在第 7 次课补交之前未检查通过的程序，根据补交程序的数量和质量，按第（2）条执行计分。

（4）为确保班级之间成绩的可比较性，要求各分数段的人数基本按正态分布；实验成绩的优秀率和不及格率均不高于 20%，若超出比例，须由实验教师和实验课程负责教师共同认定成绩（实验课成绩≥90 分为优秀）。

3）实验课上机考试成绩

（1）上机考试时，教师会现场给出 1~3 道题目，由学生现场编程调试完成。

（2）教师根据试卷的完成时间和质量给予学生相应的分数。不参加考试或无任何代码的学生得 0 分。

（3）各分数段的人数基本按正态分布；优秀（90 分及以上）率和不及格率均不高于

20%，若超出比例，须由实验教师和实验课程负责教师共同认定成绩。

4）期末考试成绩

（1）期末考试由学院在学期末统一组织实施，总分为 100 分。

（2）期末考核是对学生学习情况的全面检查。期末考核内容覆盖各章知识点，主要考核学生数据结构的基本理论与知识、算法设计与分析的基本方法与技巧的掌握情况。期末考试采用闭卷形式，考试时间为 2.5 小时。

4.3 计算机组成

本课程教学设计以能力培养为导向，按照培养计算机类专业工程应用型人才的需要制定，并按照总学时 88，其中理论授课 78 学时，课内实验 20 学时（实验 2 个学时折算为 1 个教学学时）进行规划。本课程还安排了一个课程设计以巩固理论学习内容。

本课程特别强调计算机组成基本原理的内容，着力培养学生的系统能力以及理论结合实际的能力，而且强调对学科基本特征的体现。

4.3.1 课程简介

IEEE/ACM Computer Curricula 关于"计算机组成"有这样一段描述："计算机的核心是计算。对于当今任何计算机领域的专业人员而言，不应当把计算机看成魔术般执行程序的黑匣子，应要求所有的计算机专业学生对计算机系统功能部件，它们的特征、性能，以及部件之间的相互作用有某种程度的理解和评估。当然，这里也有实践的关联性。学生需要理解计算机体系结构，以便更好地编制程序使其能在实际机器上高效运行，在选择欲使用的系统时，他们应能理解各种部件间的权衡考虑，如时钟速率与内存的大小。"由此可见，计算机组成与体系结构内容的学习能使学生深刻认识计算机程序设计背后的事情，为专业学习奠定坚实的硬件基础。

本课程结合学生自身特点，以计算机内部总体结构为主线，涵盖数据表示、存储层次、中央处理器、流水并行处理等主要内容，详细讨论计算机组织架构、工作原理和实现方法。本课程的教学内容与复杂问题的特征相呼应，包括涉及计算机内部工作的最基本方法，使学生必须通过深入分析才能建立起问题的原理模型，并通过现代化工具设计简单的控制器模型。在此过程中，必须结合教学内容给出的原理并运用数字逻辑电路和硬件描述等知识，达到基本的微程序控制的目标，而这个目标充分体现了复杂工程的构建过程。

基于此，"计算机组成"是专业人员认识计算机最基础的课程，而计算机本身又是最复杂的逻辑电路之一，充分体现了培养学生解决复杂工程问题能力的需要。缺少本课程，学生对计算机的认识将仅仅停留在上层应用。

4.3.2 课程地位和教学目标

1. 课程定位

本课程主要讲述计算机基本组成、各大组成部件的结构及工作原理，是计算机类专业的必修课，属于计算机硬件技术系列。在数字逻辑和计算机导论课程基础上，培养学生对计算机内部结构的认识、工作原理、指标衡量等基本能力，学习复杂计算机系统时序控制方法，提升抽象思维能力，引导学生发现问题、分析问题特征并给出合理的解决方案，达到培养解决复杂问题能力。本课程注重基础知识与新技术的融合、理论到实践的转化，培养工程意识和能力。

2. 教学目标

本课程的教学目标是使学生掌握计算机组成中的基本概念、理论和方法，在硬件系统层面认识计算机的本质，提升硬件理解问题能力，增强工程能力，培养具有创新和实际动手能力、真正理解和掌握计算机基本组成与结构、掌握计算机系统软硬件综合设计技术的人才。具体目标如下：

目标 1：掌握现代数字计算机的基本组成、工作原理以及核心部件原理，能够运用数据表示、运算方法、存储结构、指令系统和 CPU 原理等专门知识对计算机系统设计方案和模型进行推理和验证。为毕业要求 1 提供支持。

目标 2：能够应用计算机分层结构、Amdahl 定律、各种数据表示和运算方法、数字逻辑等基础理论分析计算机领域复杂工程问题解决过程中的关键影响因素，验证解决方案的合理性。为毕业要求 2 提供支持。

目标 3：能够应用 CPU 控制器基本组成原理进行简单的 CPU 控制逻辑设计，具备基本的硬件系统设计与开发能力。为毕业要求 3 提供支持。

目标 4：掌握流水线性能分析方法、CPU 性能评估方法、输入输出系统等基本量化手段，达到运用科学方法对计算机复杂工程问题进行需求和功能分析。为毕业要求 4 提供支持。

目标 5：了解计算机发展历史和现状，掌握计算机发展过程的标志性技术革新，了解多核、并行处理结构的应用情况。为毕业要求 6 和 7 提供支持。

4.3.3　课程教学内容及要求

第 1 章　绪论

了解计算机的发展史，熟悉计算机的基本组成，掌握计算机的分层组织结构与分类，掌握 Amdahl 定律及其应用。

（1）了解自 1946 年第一台电子计算机诞生后的现代计算机发展史，了解计算机按代划分的情况，对标志性技术革新有认识。

（2）熟悉计算机的基本组成，包括 CPU、存储系统、输入与输出、总线结构。

（3）掌握计算机系统结构、组成和实现的基本概念，掌握计算机分层结构以及 Flynn 分类法。

（4）掌握 Amdahl 定律的原理，并能解决各种并行加速应用的性能评估计算应用。

重点：计算机分层结构和 Flynn 分类法。

难点：Amdahl 定律的应用。

本章使学生建立起计算机组成的整体认识，包括发展简史、主要组成和衡量方法等。通过图片或视频等使学生对课程学习产生兴趣，并要求学生在课外查找相关资料，补充认识。

作业及课外学习要求：完成关于 Amdahl 定律的应用题目，上网查找计算机发展的介绍。

第2章 数值与编码

数值数据的编码表示，定点数与浮点数性质，非数值信息的编码表示，校验码（奇偶校验码、海明码、循环码）。

（1）熟练掌握数的编码表示（原码、补码、变形补码、反码、移码）。

（2）掌握定点数与浮点数、规格化浮点数的概念。

（3）了解非数值信息的编码表示。

（4）掌握奇偶校验码、海明码、循环码编码方法和用途。

重点：补码及其性质；补码加减运算；定点数与浮点数的表示范围；奇偶校验码、海明码、循环码编码方法。

难点：补码及其性质；规格化浮点数的表示范围。

数据编码表示是让计算机接收外部信息的第一步，使学生能够理解数学意义上的数如何离散到计算机系统中，并能够相互转化。根据学生能力可以不做编码公式的推导，但要强调学生实际动手完成各类编码方案的实现和转换。讲授原码、补码、变形补码、反码、移码相互转换例题以及简单检错和纠错例题，进行 CRC 计算。阅读编码方法方面的英文原著资料。

第3章 运算方法及运算器

定点数的加减运算与加法器，定点数的乘法、除法运算与实现，定点运算器的组成与结构；浮点数四则运算与实现。

（1）掌握定点数的加减运算与加法器的实现。

（2）了解定点数的乘法运算方法与实现。

（3）了解定点数的除法运算方法与实现。

（4）掌握定点运算器的组成与结构。

（5）了解浮点数的四则运算方法与实现，掌握浮点数的加减运算。

重点：定点数的加减运算；并行加法器的实现；定点运算器的组成与结构。

难点：并行加法器的实现；浮点数的运算。

本章主要讲述在不同编码方案下如何实现四则运算，并根据运算规则，引导学生理解并设计 ALU 基本功能。在教学过程中，应当注意各种运算方法的特点及性能分析，对于复杂的浮点运算则需引导学生分析并给出各个步骤的方法，并评估不同截位方案的优缺点。一定要让学生自己实现复杂运算的全过程并获得正确结果。

第4章 存储系统

常用半导体存储器的存储原理，存储芯片的结构，计算机主存储器组成与控制方法，辅助存储器的种类与技术指标，硬盘存储器和光盘存储器的结构和工作原理，磁盘阵列技术，Cache 存储器的工作原理，由 Cache-主存-虚存组成的三级存储体系，虚拟存储器的工作原理。

（1）了解半导体存储器的分类、主要技术指标和基本操作。

（2）掌握读写存储器 SRAM、DRAM 的存储原理和存储芯片的结构；掌握只读存储器 EPROM、EEPROM、闪存（flash memory）的存储原理和存储芯片的结构。

（3）掌握主存储器的组成与控制方法。

（4）掌握辅助存储器的种类与技术指标；掌握磁记录原理与记录方式，了解硬盘存储器的基本结构；了解光盘存储器的种类、组成和工作原理。

（5）了解磁盘阵列技术与容错支持。

（6）了解存储系统的层次结构的概念，掌握 Cache 存储器的工作原理，掌握 Cache 存储器的 3 种地址映射方式、Cache 存储器的替换算法、Cache 与主存的一致性问题。

（7）了解虚拟存储器的工作原理。

（8）了解相联存储器的工作原理。

（9）了解存储保护的基本方式。

重点：基本存储单元的存储原理；存储芯片的结构；半导体存储器的组成与控制；磁记录原理与记录方式；Cache 存储器的工作原理。

难点：半导体存储器的组成与控制；Cache 存储器的 3 种地址映射方式。

存储系统的教学强调从整体计算机的需求出发设计分层次的存储，而不是单一存储器件原理的讲述。通过本章学习，要让学生从计算机中央处理器对存储的要求以及软件程序对存储的要求出发系统地考虑存储设计，以解决复杂工程问题要求的存储系统认识。

完成 Cache 系统设计、替换、磁盘容量等方面的习题，阅读 Cache 工作原理方面的英文资料。

第 5 章　指令系统

指令格式及含义，操作码的编码原理及与地址字段的关系。

（1）了解计算机的指令格式，掌握指令扩展操作码技术。

（2）掌握指令和数据的寻址方式。

（3）掌握常用的指令类型，了解汇编语言程序设计的基本方法。

（4）了解 CISC 与 RISC 的概念，了解 RISC 的特点。

重点：指令格式；指令的寻址方式；指令系统。

难点：指令扩展操作码技术；指令的寻址方式。

指令系统是程序与硬件交互的界面，指令系统的性能直接影响软件程序和硬件规模。要让学生掌握指令的基本格式以及复杂指令系统如何设计和优化，达到会设计简单指令系统的目标。

完成指令系统设计和操作码编码方式的习题，阅读 Intel 指令系统手册。

第 6 章　中央处理器

中央处理器的微体系结构，指令流程，指令执行的全过程，组合逻辑控制器及其设计思想，微程序控制器及其设计思想。

（1）了解中央处理器的微体系结构、CPU 性能参数（CPU 时间、CPI、MIPS、FLOPS）。

（2）掌握指令流程、指令执行的全过程的分析与设计。

（3）掌握微程序控制器的基本工作原理，理解微程序设计技术。

（4）了解组合逻辑控制器及其设计思想。

重点：指令流程、指令执行的全过程的分析与设计；微程序控制器和微程序设计技术；CPU 性能参数计算。

难点：指令微操作流程的分析与设计。

中央处理器是计算机的核心，也是最复杂的数字逻辑电路。教学内容一定要建立在简单模型机基础上，使学生能够将具体的机器抽象为逻辑模型，将指令的运行在模型机上实现。这个复杂工程问题，需要学生建立整体宏观中央处理器概念，然后细化到各个功能部件，而对于控制器的讲述将是重点内容。学生应联系数字逻辑电路知识，会设计各种微操作控制信号以及微程序，达到实现指令执行的目标。这也能培养学生综合运用各种知识的能力，并能实际检验结果的正确性。

完成模型机处理分析、微操作编写、硬布线逻辑化简的习题，阅读 Intel 的 CPU 组织方式的资料。

第 7 章　流水线技术

流水线的概念与性能指标，流水线计算机实现的技术问题。

（1）了解流水线的概念与分类。

（2）掌握流水线的性能分析与技术指标。

（3）了解流水线的相关问题及其处理方法。

重点：流水线的性能指标；流水线的相关。

难点：流水线的相关问题及其处理方法。

完成流水线性能分析、指标计算、数据控制指令相关识别及处理的习题，查找 Intel、MIPS 等处理器流水工作方式的资料。

第 8 章　总线与输入输出系统

总线的概念与结构，接口的组成及功能，常用的输入输出控制方式：查询，中断，DMA，通道。

（1）了解总线的概念。

（2）掌握总线类型、总线组成与控制。

（3）了解输入输出系统的基本概念；接口的组成及功能。

（4）了解常用的输入输出控制方式的特点。

重点：总线结构，总线组成与控制。

完成总线带宽计算、总线仲裁方式计算数据控制指令相关识别及处理的习题，查找资料总结各种类型总线的性能。

第 9 章　并行计算机体系结构

计算机体系结构概述，并行计算机系统的基本概念和设计问题。

（1）掌握计算机体系结构的基本概念。

（2）掌握并行计算机系统的分类和结构。

（3）了解并行计算机系统的设计问题。

（4）了解几种典型的并行计算机系统结构。

重点：计算机体系结构的基本概念；并行计算机系统的分类和结构。

难点：并行计算机系统的设计问题。

4.3.4　教学环节的安排与要求

总学时 78+20 学时，其中，讲授 78 学时，实验（上机、综合练习或多种形式）20 学时。

1. 课堂讲授

课堂教学首先要使学生掌握课程教学内容中的基本概念、基本理论和方法。通过讲解，使学生能够对这些概念和理论有深入的认识，进而有能力应用这些知识点到实际的问题解决中。在关键知识部分，要有问题的提出、分析和解决方法以及效果评估等内容，使学生能够掌握核心部分，并有分析能力。充分利用现代化多媒体、互联网等工具直观展示各种知识点，用形象的方式描述使学生有深刻印象。引导学生阅读英文原著，培养自学能力。

2. 实验教学

本实验课程是计算机科学与技术、网络工程和物联网工程专业的专业基础课——计算机组成的随堂实验。主要学习计算机基本组成、各大组成部件的结构及工作原理、指令执行过程等，课程注重基础知识与新技术的融合、理论到实践的转化。实验教学可达到实际掌握关于存储、控制、总线等关键知识点的目标，实现培养具有创新意识和实际动手能力、真正理解和掌握计算机基本组成与结构、掌握计算机系统软硬件综合设计技术的人才的任务。

实验教学安排如表 4-3-1 所示。

表 4-3-1　实验教学内容安排

序号	课程内容	学时	教学方式
1	存储器实验	4	实验/讲授
2	运算器实验	4	实验
3	节拍脉冲发生器时序电路实验	4	实验
4	程序计数器 PC 和地址寄存器 AR 实验	4	实验
5	总线控制实验	4	实验

实验由以下 5 个部分组成。

实验 1：存储器实验

本实验目的是使学生理解常用半导体存储器的存储原理、存储芯片的结构、计算机主存储器组成与控制方法。

具体要求学生掌握 FPGA 中 lpm_ROM 只读存储器配置方法，用文本编辑器编辑 mif 文件配置 ROM，加载于 ROM 中，验证 FPGA 中 mega_lpm_ROM 的功能；检查存储器读写数据是否正确；编写读写的基本控制时序。

实验 2：运算器实验

本实验目的是使学生理解定点运算器的基本组成与结构以及实现设计方法。

具体要求学生掌握简单运算器的数据传输通路，验证运算功能发生器的组合功能，掌握算术逻辑运算加、减、与的工作原理；在 FPGA 平台上实现定点数的加减运算功能，并验证运算结果。

实验 3：节拍脉冲发生器时序电路实验

本实验目的是使学生理解和掌握中央处理器时序控制电路实现方式，产生各种尺度的时标信号，完成中央处理器控制任务。

具体要求学生掌握节拍脉冲发生器的设计方法和工作原理，理解节拍脉冲发生器的工作原理。根据输入时钟信号采用移位型和计数型两种方式生成节拍脉冲信号，并通过示波器观测输出信号频率。

实验 4：程序计数器 PC 和地址寄存器 AR 实验

本实验目的是使学生理解和掌握中央处理器指令执行过程中程序计数器 PC 和地址寄存器 AR 基本工作原理，形象地认识中央处理器指令执行的动态过程。

具体要求学生掌握中央处理器访问外部存储器的工作过程，包括地址单元的工作原理，掌握程序计数器更新初值的实现方法，掌握地址寄存器从程序计数器获得数据和从内部总线获得数据的实现方法；从 FPGA 平台内观测 PC 和 AR 的动态读写过程。

实验 5：总线控制实验

本实验目的是使学生理解和掌握总线的概念、总线类型、总线组成、输入输出系统的基本概念及控制方式。

具体要求学生通过 FPGA 平台设计基本的读写总线，并完成链式、轮询计数和直接总线仲裁的基本功能，实现多路总线的仲裁以及通过 FPGA 平台观测仲裁结果。

4.3.5　教与学

1. 教学方法

课堂讲授采用探究型教学，依托知识载体，传授相关的思想和方法，引导学生探索技术前沿，激发学习兴趣。

2. 学习方法

重视对基本理论的钻研，并将理论和实验结合。训练发现问题、解决问题的能力。明确学习各个阶段的任务，认真听课，积极思考，高质量完成作业。通过教材和参考资料，强化对知识点的认识，积极参加实验，在实验中加深对原理的认识。

4.3.6　学时分配

本课程学时分配如表 4-3-2 所示。

表 4-3-2　学时分配

章	主要内容	学时分配					合计
		讲课	习题	实验	讨论	其他	
1	绪论	4					4
2	数值与编码	12					12
3	运算方法及运算器	10		4			14
4	存储系统	12		4			16
5	指令系统	6					6
6	中央处理器	10		8			18
7	流水线技术	8					8
8	总线与输入输出系统	8		4			12
9	并行计算机体系结构	8					8
	合计	78		20			98

4.3.7　课程考核与成绩评定

1. 考核成绩构成

最终成绩由平时表现、作业成绩、实验成绩和课程考试（期中、期末）成绩组合而成。各部分所占比例如下。

平时表现和作业成绩：10%。主要考核对每堂课知识点的复习、理解和掌握程度，以及课堂表现、平时的信息接受、自我约束能力。评定依据包括作业完成情况、课堂表现（回答问题和堂测）以及出勤。

实验成绩：10%。主要反映学生在基本理论指导下独立完成设计和实现实验的能力。学生需要从教材中讲述的关于控制器、存储器等内容汲取思想，设计完成有关简单控制器和存储器的实验。引导学生发挥自我能力，完善系统功能，培养学生在复杂系统设计过程中的研究能力、交流能力、协作能力、组织能力。根据学生的实验结果评定实验成绩。

期中考试成绩：20%。主要考核计算机存储系统以前的基础知识内容，是学期过半时对学生的一次检验，以书面考试形式进行，题型为选择题、填空题、问答题和计算应用题等。

期末考试成绩：60%。主要考核计算机组成基础知识的掌握程度，是对学生学习情况的全面检验。考试强调对计算机组成基本概念、基本方法和技术的掌握。并通过综合型题目考核学生运用所学方法解决问题的能力。采用书面考试形式，题型为选择题、填空题、问答题和计算应用题等。

课程考核与成绩评定如表 4-3-3 所示。

表 4-3-3　课程考核与成绩评定

目标	毕业要求	考核与评价方式及成绩比例 / %				成绩比例 / %
		平时表现	作业	实验	课程考试	
1	毕业要求 1	2	3	2	10	17
2	毕业要求 2				25	25
3	毕业要求 3			8	20	28
4	毕业要求 4				15	15
5	毕业要求 6	3	2		5	10
	毕业要求 7				5	5
合计		5	5	10	80	100

2. 考核与评价标准

1）作业成绩考核与评价标准

作业成绩考核与评价标准如表 4-3-4 所示。

表 4-3-4　作业成绩考核与评价标准

基本要求	评价标准				比例 / %
	优秀	良好	合格	不合格	
课程目标 1（支持毕业要求 1）	按时交作业；基本概念正确，论述逻辑清楚；层次分明，语言规范	按时交作业；基本概念正确，论述基本清楚；语言较规范	按时交作业；基本概念基本正确，论述基本清楚；语言较规范	不能按时交作业；或者有抄袭现象；或者基本概念不清楚，论述不清楚	50
课程目标 5（支持毕业要求 6 和 7）	按时交作业；能够正确应用相关知识分析解决实际工程问题，论述逻辑清楚，层次分明，语言规范	按时交作业；能够应用相关知识分析解决实际工程问题，论述清楚，语言较规范	按时交作业；基本能够应用相关知识分析解决实际工程问题，论述基本清楚，语言较规范	不能按时交作业；或者有抄袭现象；或者概念不清楚，论述不清楚	50

2）实验成绩考核与评价标准

实验成绩考核与评价标准如表 4-3-5 所示。

表 4-3-5　实验评价标准

基本要求	评价标准				比例/%
	优秀	良好	合格	不合格	
课程目标 3（支持毕业要求 3）	按照要求完成预习；理论准备充分，实验方案有充分的分析论证过程；调试和实验操作非常规范；实验步骤与结果正确；实验仪器设备完好	有一定的预习和理论准备，实验方案有分析论证过程；调试和实验操作规范；实验步骤与结果正确；实验仪器设备完好	实验方案有一定的分析论证过程；调试和实验操作较规范；实验步骤与结果基本正确；实验仪器设备完好	实验方案错误；或者没有按照实验安全操作规则进行实验；或者实验步骤与结果有重大错误；或者故意损坏仪器设备	60
课程目标 4（支持毕业要求 4）	按时交实验报告，实验数据与分析详实、正确；图表清晰，语言规范，符合实验报告要求	按时交实验报告，实验数据与分析正确；图表清楚，语言规范，符合实验报告要求	按时交实验报告，实验数据与分析基本正确；图表较清楚，语言较规范，基本符合实验报告要求	没有按时交实验报告；或者实验数据与分析不正确；或者不符合实验报告要求	40

3）课程考试考核与评价标准

课程考试考核与评价标准如表 4-3-6 所示。

表 4-3-6　课程考试考核与评价标准

目标	评价标准				比例/%
	优秀（0.9~1）	良好（0.7~0.89）	合格（0.6~0.69）	不合格（0~0.59）	
课程目标 1（对应毕业要求 1）	计算机组织体系结构等概念的论述和理解正确；对数据表示、存储结构、指令系统、CPU 控制、流水线和输入输出理解正确；应用理论解决实际问题正确；成果优秀；语言简练	计算机组织体系结构等概念的论述和理解正确；对数据表示、存储结构、指令系统、CPU 控制、流水线和输入输出理解基本正确；应用理论解决实际问题基本正确	计算机组织体系结构等概念的论述和理解正确；对数据表示、存储结构、指令系统、CPU 控制、流水线和输入输出有一定认识	计算机组织体系结构等概念的论述和理解正确；对数据表示、存储结构、指令系统、CPU 控制、流水线和输入输出没有认识	10
课程目标 2（对应毕业要求 2）	对问题的分析正确，选择的表示方法、控制方案正确；方案结合组织结构正确；绘制的图表正确；语言论述正确、精练；实现结果正确	对问题的分析正确，选择的表示方法、控制方案正确；方案结合组织结构基本正确；语言论述基本正确、精练	对问题有认识，可以选择表示方法、控制方案；能够选择方案结合组织结构	对问题没有认识，无法选择表示方法、控制方案；不能够选择方案结合组织结构	25
课程目标 3（对应毕业要求 3）	对问题分析正确，方案合理，有良好的实现结果	对问题分析基本正确，方案合理，有一定的实现结果	对问题分析基本正确，有一定的方案和实现结果	对问题分析错误，或者方案和实现结果错误	20
课程目标 4（对应毕业要求 4）	能正确选择科学方法，对复杂工程问题进行需求分析，并编写文档实现方案，结果正确	能选择科学方法，对复杂工程问题进行初步需求分析，并编写文档实现方案，结果基本正确	能选择科学方法，对复杂工程问题进行初步需求分析	不能选择科学方法，对复杂工程问题无法进行需求分析，无法编写文档实现	15

续表

目标	评价标准				比例
	优秀（0.9~1）	良好（0.7~0.89）	合格（0.6~0.69）	不合格（0~0.59）	/%
课程目标5（对应毕业要求6）	对计算机发展非常清楚，掌握标志性技术革新，能够表达典型技术点	对计算机发展清楚，基本掌握标志性技术革新，能够表达典型技术点	对计算机发展有一定认识	对计算机发展没有认识	10

注：本表包括期中考试和期末考试。表中各课程目标的比例为占最终成绩的比例。

说明：

本课程从基本原理着手描述计算机工作机制，属于核心基础课程。其先导课程"计算机导论"负责从最初形式描述计算机的工作原理，但每一个知识点没有展开。本课程则从"计算机导论"课程作为切入点，对计算机组成知识展开描述。数字逻辑电路也是本课程的先导课程，它为本课程奠定了数字逻辑方面的基础，本课程要用到数字逻辑电路中有关计数器、逻辑化简、加法器、寄存器等方面的内容。本课程的后继课程为"微机系统及接口技术"，该课程从具体微处理器入手给出实际硬件系统的工作过程，重点在于如何利用现有的处理器和接口芯片构成不同形式的输入输出系统。

4.4　编　译　原　理

按照教育部高等学校计算机科学与技术教学指导委员会发布的专业发展战略研究报告，计算机科学与技术专业（简称计算机专业）培养科学性、工程型、应用型的人才。各个学校可以根据自己所设学科、教师、学生的特长以及社会的需求，明确培养目标，并按照确定的培养目标设置毕业要求，组织课程体系，开展教学活动。本课程教学的设计以能力培养为导向，按照培养计算机类专业的工程应用型人才的需要制定，并按照总学时 56（其中理论授课 44 学时，课内实验 12 学时）进行规划。面向其他类型学生培养、不同学时的教学设计可以参照该方案调整。例如，对于未来从事计算机科学研究（科学型）的学生，授课中应该进一步突出对基本原理的研究；对工程类的学生，可以对后 4 章多安排学时。如果有更多的学时，建议用于后 4 章的教学。当然，要想使学生有更好的理解和掌握，安排一个课程设计是很有意义的。

计算机类专业的工程应用型人才需要具有较扎实的基础理论、专业知识和基本技能，具有良好的可持续发展能力。所以特别强调编译原理中抽象和设计形态的内容，淡化推导等理论形态的内容，着力培养学生的系统能力以及理论结合实际的能力，而且要强调对学科基本特征的体现。

4.4.1　课程简介

计算学科以抽象、理论、设计为其学科形态，其问题求解的基本路径是"问题→形式化描述→计算机化"。编译原理涉及抽象层面上的数据变换，既有需要抽象描述的问题，又有较成熟的理论，而且在限定规模下又能实现（设计），是理论和实践结合最好的重要专业技术基础课程之一。对该学科的人才来说，一些基本的问题求解技术、方法和思想极为重要，在每个计算机科技工作者的生涯中，它们都会被反复用到，是计算思维的重要内容。本课程以编译系统的总体结构为主线，选择语言描述、词法分析、语法分析、中间代码生成作为主要内容，讨论编译系统设计与实现及其相关的方法和原理。

"编译原理"的教学内容几乎完全具备《华盛顿协议》关于复杂工程问题的 7 个特征。它包含求解计算机问题和利用计算机技术求解问题的基本原理以及最典型、最基本的方法。"编译原理"课程所涉及的问题都需要进行深入的分析，而且要解决这些问题必须建立恰当的抽象模型，并基于模型进行分析和处理。很多问题需要根据设计开发的实际要求，综合运用恰当的方法，要在多种因素和指标中进行折中，以求全局的优化和良好的系统性能；不仅要设计和实现词法分析器、语法分析器、语义分析器、代码优化器、代码生成器等一系列子系统，还要对它们进行综合和集成，以构成编译系统。所以，该课程不仅使学生掌握基本原理、基本技术、基本方法，还提供了一个使学生经历计算机复杂工程构建过程的机会——构建一个适当规模的教学型编译系统。所以，编译原理是计算机专业甚至是绝大多数计算机类专业培养学生解决复杂工程问题能力的最佳载体之一。Alfred V. Aho 许多年以前就在其编著的《编译原理》的开篇写道："编写编译器的原理和技术具有十分普遍的意义，以至于在每个计算机科学家的研究生涯中，本书中的原理和技术都会反复用到。"

4.4.2　课程地位和教学目标

1. 课程地位

本课程是计算机专业的技术基础必修课，可以作为其他计算机类专业的选修课，属于软件技术系列。本课程旨在继"程序设计""数据结构与算法"等课程后，引导学生在系统级上再认识程序和算法，培养其计算思维、程序设计与实现、算法设计与分析、计算机系统四大专业基本能力。增强学生对抽象、理论、设计 3 个学科形态/过程的理解，学习基本思维方法和研究方法；引导学生从问题出发，通过形式化去实现自动计算（翻译），强化学生数字化、算法、模块化等专业核心意识；除了学习知识外，还要学习自顶向下、自底向上、递归求解、模块化等典型方法，给学生提供参与设计实现颇具规模的复杂系统的机会，培养其工程意识和能力。

2. 教学目标

总的教学目标是：使学生掌握编译原理的基本概念、基本理论、基本方法，在系统级上再认识程序和算法，提升计算机问题求解的水平，增强系统能力，体验实现自动计算的乐趣。该目标分解为以下子目标。

目标 1：使学生掌握本专业人才的职业生涯中反复用到的基础理论和基本方法，以解决难度较大的问题，处理复杂系统的设计与实现。为毕业要求 1 的实现提供支持。

目标 2：培养学生选择适当的模型，以形式化的方法去描述语言及其翻译子系统，将它们用于系统的设计与实现的能力。为毕业要求 2 的实现提供支持。

目标 3：强化学生数字化、算法、模块化等专业核心意识，掌握自顶向下、自底向上、递归求解、模块化等典型方法，培养其包括功能划分、多模块协调、形式化描述、程序实现等在内的复杂系统设计实现能力。为毕业要求 3 的实现提供支持。

目标 4：使学生经历复杂系统的设计与实现，培养他们对多种方法、实现途径、工具、环境的比较、评价和选择的能力。方法选择即选择实现词法、语法分析的方法；实现途径选择即直接设计实现、使用某种自动生成工具设计实现（自学）；工具与环境选择即选择使用的开发语言和环境；比较与评价即在组间相互评价中锻炼评价能力。对毕业要求 5 的实现具有一定的贡献。

目标 5：通过按组完成系统设计与实现培养学生团队协作能力。学生需要在分工、设计、实现、口头和书面报告等环节中相互协调，相互配合。对毕业要求 9 的实现具有一定的贡献。

目标 6：通过实验系统设计实现过程中的组内讨论，验收过程中的报告撰写、陈述发言等，培养专业相关的表达能力。对毕业要求 10 的实现具有一定的贡献。

4.4.3 课程教学内容及要求

下面给出的是本课程要求的基本教学内容，在授课中必须完全覆盖，主讲教师可以根据学生的状况、自身的体会等在某些方面进行扩展和对学生进行引导，适当扩大学生的涉猎面。

第 1 章 引论

教学目的，课程的基本内容，语言发展，基本术语，编译系统的结构，编译程序的生成。以系统的总体结构设计为线索，引导学生站到编译系统的高度考虑问题，划分功能模块。在此过程中，重温自顶向下、自底向上设计、模块化等基本方法，了解工具的开发与利用。

重点：教学目的，课程基本内容，编译系统结构。

难点：编译程序的生成。

本章需要介绍本课程的特点，特别是在人才培养中的作用，包括从哪几个方面能够体现培养学生解决复杂工程问题的能力，以便引起学生的注意。另外，要告知学生在学习中要注意的问题，使学生掌握基本的概念和系统的总体结构，以激发他们的兴趣。要提醒学生注意学习哪些方法。

提醒学生注意阅读参考书，注意在学习的过程中通过实现一个适当规模和复杂度的翻译系统，理解系统的组成与具体的实现。学生不仅在本门课程中要学会解决复杂工程问题需要的基本原理、基本思想和方法，还要有机会去经历复杂编译程序的构建。所以，在介绍总体编译系统结构和各部分的主要功能时，要注意站在系统的高度讨论问题，使学生建立系统的总体模型，深化学生关于模块划分的系统设计思想，让学生再次感受一个由多个子系统构成的系统的设计过程。

另外，还可以通过 T 形图等描述工具使学生体验如何选择和利用工具进行设计、开发等工作。

第 2 章 编译的理论基础

语言及其描述，包括文法、正则（规）语言、上下文无关文法、文法的二义性、语法分析树。这部分内容是选择和设计描述模型的基础部分，涉及问题的提出、归纳、模型化描述以及模型之间的变换（包括自动变换）。

重点：文法，推导与归约，短语与句柄。

难点：文法，推导与归约，短语与句柄，文法的二义性，用文法表示语言。

文法是语言的描述模型，特别是本门课程将处理的正则语言和上下文无关语言，文法将是它们典型的有穷描述。编译程序的构建正是基于包括文法在内的有穷描述才得以完成的。语言的文法描述和有穷状态自动机模型是实现编译程序自动生成的基础。本章要使学生进一步学习如何建立模型，如何基于所建立的模型进行问题的求解等。

文法概念的建立是比较困难的，而相关的概念又是其中的关键，所以它们既是重点，又是难点，要从简单的例子开始，逐渐突破，最后可以考虑完成算术表达式的文法描述。对语言文法的构造不能要求过高，主要是让学生从文法了解语言，掌握文法如何描述的语言。

第 3 章　词法分析

词法分析器的功能，输入输出，文法描述，状态图，词法分析器的实现；如何用正则文法、正则表达式、有穷状态自动机描述单词；如何依据这些描述模型进行系统实现。使学生掌握有穷状态自动机这一设计模型，感受形式化、模型化描述的威力，体验形式化描述和模型建立对自动化的重要意义。

词法分析器的自动生成技术。引导学生查找资料，自我学习和扩展，使学生进一步感受形式化、模型描述的魅力，体验形式化描述和模型建立对自动计算的重要意义。

重点：词法分析器的输入输出，用于识别单词符号的状态转移图的构造，根据状态转移图实现词法分析器。

难点：词法的正规文法表示，正规表达式表示，状态转移图表示，它们之间的转换。

词法分析器的设计与实现基于正规语言的等价描述，但面向工程应用型人才的培养需要瞄准基本表示方法，对它们之间的转化不作要求，对词法分析器设计实现中的缓冲区等相关问题也只作提示，让学生在实验中去体会。注意提醒一些学生利用 lex 解决词法分析器的构建。

第 4 章　语法分析

主要内容包括两类共 4 种语法分析方法。自顶向下分析法：LL（1）分析法、递归下降法；自底向上分析法：算符优先分析法、LR 分析法（其中包括 LR 分析法中的 LR（0）、SLR（1）分析法，LR（1）分析表的构造以及语法分析器的自动生成技术）。自顶向下、自底向上的分析，递归求解，求解模型的建立与描述，系统设计，算法设计与实现等方法的评价与选择。

重点：自顶向下分析的基本思想，预测分析器总体结构，预测分析表的构造，递归下降分析法的基本思想，简单算术表达式的递归下降分析器。自底向上分析法的基本思想，算符优先分析法的基本思想。LR 分析器的基本构造思想，LR 分析算法，规范句型活前缀及其识别器——DFA，LR（0）分析表的构造，SLR（1）分析表的构造。

难点：FIRST 和 FOLLOW 集的求法，对它们的理解以及在构造 LL（1）分析表时的使用。递归子程序法中如何体现分析的结果。求 FIRSTOP 和 LASTOP，算符优先关系的确定，算符优先分析表的构造，素短语与最左素短语的概念，LR（0）项目集规范族，规范句型活前缀及其与句柄的关系。

关于 LL（1）分析法，可以通过讲清楚该方法的基本思想来突破难点，使学生掌握好重点内容。特别注意当某候选式的 FIRST 集中含 ε 时为什么用 FOLLOW 集的问题。

关于递归子程序法，重点讲授处理思想，这种思想在语义分析中构建翻译模式时会再次出现，这里做一些铺垫，不用花太多时间。

关于算符优先分析法，可以通过讲清楚该方法的基本思想来突破难点，通过求 FIRSTOP

和 LASTOP 向学生展示如何将一种想法、需求转换成计算机系统可以实现的过程。

关于 LR 分析法，要剖析算符优先分析法的缺点——回头找素短语的头，从而需要"记忆"分析的过程，从解决这一问题入手引入 LR（0）项目，进一步引入识别所有活前缀的DFA，并用此 DFA 给出其分析过程和所需要的分析表。

这些内容是典型的基于模型进行问题求解的实例，而且它们的处理必须基于最基本的编译理论，没有这些理论的支撑，相关内容是很难理解，更是很难实现的。

第 5 章　语义分析和中间代码生成

语法制导翻译的基本思想，属性文法（综合属性、继承属性、固有属性、属性计算、S_属性文法、L_属性文法），翻译模式，中间代码，说明语句的翻译方案，赋值语句的翻译，控制语句的翻译（if、循环）。与语法分析相对应，语义分析也包括自底向上的和自顶向下的分析方法。语义描述对形式化的追求，根据目标代码结构设计语义动作的目标驱动的设计思想和方法，语义动作的嵌入。

重点： 语法制导翻译的基本思想，属性文法，翻译模式，说明语句的翻译方案，三地址代码，各种语句的目标代码结构，属性文法与翻译模式。

难点： 属性的意义，对综合属性、继承属性、固有属性的理解。属性计算，如何通过属性来表达翻译，布尔表达式的翻译，理解各种语句的目标代码结构、属性文法与翻译模式。

以语法制导为核心讲述有关内容。属性实际上是对翻译目标和获得的中间信息等的抽象，也算是一种新的抽象模型，所以学生掌握起来比较困难，教师要给予足够的重视。在中间代码生成部分，需牢牢掌握源语句结构和目标代码的对应，掌握"语法制导"的要旨，将语法分析与语义分析结合起来，使学生领会如何进行语义分析，如何生成中间代码。这一部分的讲授不能太快，否则学生很难跟上教师的思路。

第 6 章　运行环境

符号表的内容、组织及其查、填方法，分程序结构程序设计语言和分段结构程序设计语言的符号表的管理；静态存储分配，动态存储分配，栈式存储分配，堆式存储分配。

重点： 符号表的内容和组织，过程调用实现，静态存储分配、动态存储分配的基本方法。

难点： 参数传递，过程说明语句的代码结构，过程调用语句的代码结构，过程调用语句的制导翻译定义，栈式存储分配。

注意表的内容。由于过程调用的参数传递（含存储分配需求信息）涉及存储的管理，所以放在这里讨论。由于学时所限，不需对存储分配要求太细，要使学生掌握在编译实现中为了完成过程调用要做什么准备工作，让他们感受自动计算的奥妙。这也是多子系统协调的一个实例。

第 7 章　基本的优化方法

代码优化的任务，算法优化，中间代码优化，目标代码优化，局部优化，全局优化，优化的意识和基本方法。

重点： 代码优化的任务，局部优化和全局优化的基本方法。

难点： 数据流图的分析。

本章的内容是介绍性的，关于优化，使学生了解几种基本的方法即可。对代码生成的内容，可以通过举例向学生展示。通过本章的学习，使学生懂得在系统设计中还要根据相关因素折中和决策。

4.4.4　教学环节的安排与要求

1. 课堂讲授

课堂教学首先要使学生掌握课程教学内容中规定的一些基本概念、基本理论和基本方法。特别是通过讲授，使学生能够对这些基本概念和理论有更深入的理解，使之有能力将它们应用到一些问题的求解中。要注意对其中的一些基本方法的核心思想的分析，使学生能够掌握其关键，并学习如何进行分析。

积极探索和实践研究型教学。探索如何实现教师在对问题的求解中教，学生在对未知的探索中学。从提出问题到求解思路分析，再到用符号表示问题及其求解算法的设计，进一步培养学生抽象表示问题的能力。从系统的角度向学生展示编译系统，同时考虑各子系统的实现与联系以及具体问题求解的计算机实现。通过不同级别对象的抽象和问题的分治，培养学生的系统意识和能力。

使用多媒体课件，配合板书和范例演示讲授课程内容。在授课过程中，可由常用的程序设计语言问题引出概念，自然进入相关内容的讲授。适当引导学生阅读外文书籍和资料，培养自学能力。

2. 实验教学

编译原理实验是本课程的课内实验部分，与理论教学部分是一个整体，占有重要的地位，旨在引导学生深入理解理论知识，并将这些理论知识和相关的问题求解思想和方法用于解决编译系统设计与开发中的问题，培养学生理论结合实际的能力，经历计算机复杂系统的构建，体验实现自动计算的乐趣。需要学生在掌握基本原理的基础上，在总体结构的指导下，通过设计词法分析器、语法分析器，语义分析与中间代码生成器，构建一个限定高级语言的编译器。要求学生完成相关算法和数据结构的设计，自行选择实现语言，每组最后提交规范的实验报告。

引导学生根据系统设计目标选择合适的开发工具和开发环境，依据所给限定语言的描述模型选择适当的开发模型，经历设计和实现编译系统的主要流程，具体体验如何将基本原理用于编译系统设计与实现，加深对理论的理解。同时，通过在系统总体结构的指导下设计开发词法分析、语法分析等模块，并用这些模块构成一个系统，来培养学生的系统观，提升其系统能力。另外，给学生提供机会，使他们在团队合作、资料查阅、工具获取与使用、问题表达等方面得到锻炼。从教学的基本追求来讲，实验主要对毕业要求 3 的达成提供支持，同时对毕业要求 1、2、5、9、10 提供一定的支持。具体目标如下。

目标 1：在理论的指导下，将本专业的典型思想和方法用于系统的设计与实现。具体完成词法分析系统、语法分析系统及其相关的辅助程序的设计与实现，鼓励学生进一步实现语义分析，实现三地址码的生成，并将它们组合在一起，构成一个系统，具体设计实现一个颇具难度的复杂系统，为本专业的毕业要求 3 的达成提供支持。

目标 2：与理论教学部分相结合，促使学生掌握本专业的与"编译原理"相关基础理论知识和问题求解的典型思想与方法，使其可以用于解决复杂的问题，包括要使学生能够理解受限语言的文法描述（文法模型）、语义动作描述（属性文法模型）、翻译系统模型、翻译方法，为本专业毕业要求 1 的达成提供一定支持。

目标 3：与理论教学部分相结合，分析编译系统设计和实现中的相关问题，特别是构建一个较复杂的软件系统时，对系统设计和实现相关的问题进行分析，同时开展相应的实验，表达、分析、总结、展示实验系统和实验的结果，为本专业的毕业要求 2 的达成提供一定支持。

目标 4：提出总体要求和分系统要求，让学生对多种方法、工具、环境进行比较、评价和选择。方法选择包括选择实现词法、语法分析的方法；实现途径选择包括直接设计实现、使用某种自动生成工具设计实现（自学）；工具与环境选择包括使用的开发语言和环境；比较与评价包括在组间相互评价中锻炼评价能力。为本专业的毕业要求 5 的达成提供一定的支持。

目标 5：通过按组完成系统设计与实现培养学生团队协作能力。学生需要在分工、设计、实现、口头和书面报告等环节中相互协调、相互配合。为本专业的毕业要求 9 的达成提供一定的支持。

目标 6：通过实验系统设计实现过程中的组内讨论以及验收过程中的报告撰写、陈述发言等，培养专业相关的表达能力，为本专业的毕业要求 10 的达成提供一定支持。

本课程实验由表 4-4-1 中的 3 个实验组成。

表 4-4-1　实验教学内容安排

序号	实验项目名称	学时 （课内+课外）	每组人数	开放否
1	词法分析器的设计与实现	4+4	4 人	开放
2	语法分析器的设计与实现	4+8	4 人	开放
3	语义分析与三地址代码生成器的设计与实现	4+8	4 人	开放

1）实验 1：词法分析器的设计与实现

本实验作为编译原理课程实验的第一个模块，要求完成该系统的词法分析器的设计与实现，属于必须完成的任务。

其目的在于使学生掌握高级程序设计语言的词法分析器的开发方法，要求将其作为整个编译系统的一个分系统（模块）进行设计、实现，需要基于单词识别的恰当模型，如 DFA 模型、正则表达式模型、正则文法模型。总体上促进学生深入理解理论课中所学的实现词法分析的典型思想和方法。

学生必须根据实现词法分析器的需要，选择、设计出合理的数据结构和相应的算法，站在系统的高度去看程序和算法，强化程序设计与实现能力、算法选择与实现能力，包括系统观、系统设计和开发在内的系统能力，体验实现自动计算的乐趣。

实验内容

选择适当的方法（自行设计、使用 lex 等自动生成工具），设计并实现一个能够分析整数（3 种进制）、标识符、基本运算符和关键字的词法分析器。

基本要求

（1）从键盘或者文件读入数据（字符流）。

（2）返回单词种别。

（3）返回单词属性。

（4）能够剔除无用符号。

（5）能够实现单词的捻接（为处理多行、多语句组成的程序做准备）。

附加要求（可选）

（1）作为一个独立的程序，从源程序文件中读取源程序，将其变换成相应的符号序列，建议用文件的形式存放这一序列。

（2）作为一个独立的子程序，从文件中读取源程序，每调用一次，返回当前的一个单词，建议作为中间结果，同时用文件的形式存放相应的单词序列。

（3）可以将 if、then、else、while、do 等作为保留字处理。

（4）注意构建相应的符号表，记录标识符、常量的有关信息（后面会用得到而现在又能知道的信息）。

2）实验 2：语法分析器的设计与实现

本实验作为编译原理课程实验的第二个模块，需要以第一个实验的完成为基础，要求完成该系统的语法分析器的设计与实现，属于必须完成的任务。

本实验目的在于使学生掌握高级程序设计语言语法分析器的开发方法，要求将其作为整个编译系统的一个分系统（模块）进行设计、实现。需要基于语法的描述模型，依据自己的分析结果，从递归子程序分析法、LL 分析法、算符优先分析法、LR 分析法中选择恰当的方法，完成设计和实现。总体上促进学生深入理解理论课中所学的实现语法分析的典型思想和方法。

学生需要根据实现语法分析器的需要选择、设计出合理的数据结构和相应的算法，再次站在系统的高度去看程序和算法，提升程序设计与实现能力、算法选择与实现能力，包括系统观、系统设计和开发在内的系统能力，进一步体验实现自动计算的乐趣。

实验内容

采用适当的方法（递归子程序法、LL 分析法、算符优先分析法、LR 分析法，使用 yacc 等自动生成工具），设计并实现一个限定语言的语法分析器。

基本要求

完成下列文法描述语言的语法分析：

$S \rightarrow id=E;$

$S \rightarrow if\ C\ then\ S$

$S \rightarrow while\ C\ do\ S$

$C \rightarrow E>E\ |\ E<E\ |\ E=E\ |\ E<>E\ |\ E>=E\ |\ E<=E$

可以选择手工实现方式，也可以使用自动生成方式。如果采用自动生成方式，学生需自己选择恰当的工具，学习要求的形式化描述，自动生成实现，特别是要能够和已经实现的词法分析器构成基本翻译系统。

3）实验 3：语义分析与三地址代码生成器的设计与实现

本实验作为编译原理课程实验的第三个模块，需要以前两个实验的完成为基础。要求实现该系统的语义分析功能，完成三地址代码生成器的设计与实现。其目的在于促使学生学习、应用属性文法实现语法制导翻译，进一步学习如何用模型描述对象，如何实现语义动作，并将其与语法分析器结合起来，构成一个完整的系统。

学生需要根据实现语义分析和三地址码生成的需要选择、设计出合理的数据结构和相应的算法，再次站在系统的高度去看程序和算法，提升程序设计与实现能力、算法选择与实现能力，包括系统观、系统设计和开发在内的系统能力，进一步体验实现自动计算的乐趣。

实验内容

设计实现配套的语义分析和三地址码生成器。

基本要求

在完成第二个实验的基础上，将语法制导翻译的功能嵌入语法分析器中，进而实现一个能够进行语法分析并生成三地址代码的微型编译程序。

根据实现的需要补充基本的语义规则，改写实验 2 完成的语法分析程序，嵌入语法制导翻译的功能，实现语法制导的三地址代码生成器。

4）实验考核与评定

表 4-4-1 中所列的 3 个实验虽然形式上是分离的，实际上需要构成一个完整系统，验收将针对整个系统进行，原则上不单独考核每个分系统。评定的方式既可以是现场验收，也可以是综合验收。成绩评定瞄准本教学环节的主要目标，特别检查目标 1 的达成情况。评定级别分优秀、良好、合格、不合格。

优秀：系统结构清楚，功能完善，系统包括词法分析器、语法分析器、三地址码生成器，并组成一个系统，该系统输入输出形式合理，能够较好地处理异常情况。

良好：系统结构清楚，功能比较完善，系统包括词法分析器、语法分析器，并组成一个系统，输入输出形式合理，有一定的处理异常情况的能力。

合格：系统结构清楚，功能比较完善，系统包括词法分析器、语法分析器，并组成一个系统，运行基本正常，对典型的问题有处理能力，可以输出基本正确的结果。

不合格：未能达到合格要求。

此外，学生必须提交实验报告，参考实验报告给出实验成绩。

实验验收可根据具体的合班情况、课时等采用如下的两种方式之一。

验收方式 1：现场验收。现场验收学生设计实现的系统，并给出现场评定。评定级别分优秀、良好、合格、不合格。如果学生第一次验收中存在一定的问题，应向学生指出，并鼓励他们进行改进，改进后再重新验收。

验收方式 2：综合验收。采取集体报告（制作报告，准备演示内容，每组报告 10～15min）形式，按组、按要求评价其他各组的实验成果；按照要求，撰写并按时提交书面实验报告（电子版）。以小组为单位在课堂上进行 10～15min 的报告，通过此环节训练其实验总结与分析等能力和表达能力。

在综合验收中，各小组的同学根据被评小组的报告，按照词法分析器功能、语法分析器功能、三地址码生成能力、多行多语句处理能力、输入（文件/终端）、错误处理能力、实数处理能力、组织、创意、表达与展示 10 项进行评价，记录其完成的质量（A 为好，B 为中，C 为差，D 为无），最后通过组内商议给出综合评分。各小组不给自己评分。

教师根据自己和学生各组的评分给出各组的综合评分，并根据表现给出每个学生的得分。

本课程实验考核方式及主要考核内容如表 4-4-2 所示。

表 4-4-2　实验考核方式及主要考核内容

考核方式	所占比例/%	主要考核内容
实验整体表现	10	承担的工作，完成的质量，发挥的作用，协作能力，成员间的沟通能力
实验任务完成情况	70	实验任务完成质量。具体从词法分析器功能、语法分析器功能、三地址码生成能力、多行多语句处理能力、输入（文件/终端）、错误处理能力、实数处理能力、组织、创意、表达与展示等方面进行考核
实验报告	20	实验报告的组织、撰写、实验成果的陈述答辩表现

3. 作业

通过课外作业，引导学生检验学习效果，进一步掌握课堂讲述的内容，了解自己掌握的程度，思考一些相关的问题，进一步深入理解扩展内容。

作业的基本要求：根据各章节的情况，布置练习题、思考题等。每一章布置适量的课外作业，完成这些作业需要的知识应覆盖课堂讲授内容，包括基本概念题、解答题、证明题、综合题以及其他题型等。主要支持毕业要求 1、2、3 的实现。

4.4.5　教与学

1. 教授方法

参考 4.4.4 节的"课堂讲授"内容。以讲授为主（44 学时），实验为辅（课内 12 学时）。课内讲授采用研究型教学，以知识为载体，传授相关的思想和方法，引导学生沿着大师们的研究方向前进。实验教学则提出基本要求，引导学生独立（按组）完成系统的设计与实现。

2. 学习方法

养成探索的习惯，特别是重视对基本理论的钻研，在理论指导下进行实践。注意从实际问题入手，归纳和提取基本特性，设计抽象模型，最后实现计算机问题求解——设计实现计算系统。明确学习各阶段的重点任务，做到课前预习，课中认真听课，积极思考，课后认真复习，不放过疑点，充分利用好教师资源和同学资源。仔细研读教材，适当选读参考书的相关内容，从系统实现的角度深入理解概念，掌握方法的精髓和算法的核心思想，不要死记硬背。积极参加实验，在实验中加深对原理的理解。

本课程国家精品资源共享课网站与校内课程网站网址为 http://www.icourses.cn/coursestatic/course_2279.html，该网站上有讲稿、全程录像等。

4.4.6　学时分配

本课程学时分配如表 4-4-3 所示。

表 4-4-3　学时分配

章	主要内容	学　时　分　配					
		讲课	习题	实验	讨论	其他	合计
1	绪论	2					2
2	语言与文法	6					6
3	词法分析	4		4			8

章	主要内容	学　时　分　配					合计
		讲课	习题	实验	讨论	其他	
4	自顶向下的语法分析	6		6			20
5	自底向上的语法分析	8					
6	属性文法	2		0			2
7	语法制导翻译	8					8
8	运行环境	4					4
9	代码优化介绍	2					2
	总结	2		2			4
	合计	44		12			56

注：课内 12 小时的实验时间不足以完成系统的设计与实现，学生还需要利用更多的课外时间。

4.4.7　课程考核与成绩评定

平时成绩占 25%（作业和随常练习占 10%，实验占 15%），期末考试占 75%。实验成绩主要反映学生在所学理论指导下设计和实现一个最终能够生成中间代码的复杂系统的能力：要求掌握语言的描述模型，应用所掌握的方法（自动机模型、自动生成、LL（1）分析法、递归子程序法、LR 分析法、属性分析）设计实现一个限定语言程序的词法、语法分析系统。附加要求是设计并实现一个从限定语言的高级语言程序到三地址码的翻译系统。引导学生发挥潜力，尽量增强系统的功能。培养学生在该复杂系统的研究、设计与实现中的交流能力（口头和书面表达）、协作能力、组织能力。

平时成绩中作业和随常练习的 10%主要反映学生的课堂表现、平时的信息接受、自我约束。成绩评定的主要依据包括课程的出勤情况、课堂的基本表现（含课堂测验）、作业情况。

期末考试是对学生学习情况的全面检验。强调考核学生对编译原理的基本概念、基本方法、基本技术的掌握程度，考核学生运用所学方法设计解决方案的能力，淡化一般知识、结论记忆的考查。主要以对象的形式化（模型）描述、基于形式化描述的处理为主，包括文法及其分析、语法分析、语义分析等。期末考试要起到督促学生系统掌握包括基本思想方法在内的主要内容的作用。

本课程考核方式及主要考核内容如表 4-4-4 所示。

表 4-4-4　课程考核方式及主要考核内容

考核方式	所占比例/%	主要考核内容
作业	5	按照教学的要求，作业将引导学生复习讲授的内容（基本模型、基本方法、基本理论、基本算法），深入理解相关的内容，锻炼运用所学知识解决相关问题的能力，通过对相关作业的完成质量的评价，为教学目标 1、2、3，即毕业要求 1、2、3 达成度的评价提供支持
随堂练习	5	考查学生课堂的参与度，对所讲内容的基本掌握情况，基本的问题解决能力，通过考核学生课堂练习参与度及其完成质量，为教学目标 1、2、3，即毕业要求 1、2、3 达成度的评价提供支持

考核方式	所占比例/%	主要考核内容
实验	15	对学生综合运用编译技术的基本原理、基本方法和已有问题的形式化描述、系统设计方法、程序设计方法等完成较大规模系统设计与实现能力等方面进行检验，通过对实验系统的设计实现质量的优劣的考核，为教学目标4、5、6，即毕业要求5、9、10达成度的评价提供支持，同时对实现教学目标1、2、3，即毕业要求1、2、3达成度的评价也提供有一定参考价值的基础数据
期末考试	75	通过对规定的考试内容掌握的情况，特别是具体的问题求解能力的考核，为教学目标1、2、3，即毕业要求1、2、3达成度的评价提供支持

4.5　操作系统原理

建设创新型国家需要培养大批不同类别、不同层次的创新人才，这就要求各高校针对不同类型的学生提供合适的培养模式，实施分层分类培养，制定人才的知识、能力和素养结构等不同的培养规格，激发兴趣，尊重选择。课程是高等学校实现教育目标的主要载体，专业课程内容应能够支撑专业人才知识结构体系的建构，充分体现课程内容之间的层次性，体现学科前沿动态，并有效支持专业毕业要求的达成。

本课程教学以能力培养为导向，按照培养计算机类专业的工程应用型人才的需要制定，并按照总学时56（其中理论授课40学时，课内实验16学时）进行课程学时规划。面向其他类型学生培养、不同学时的教学设计可以参照该方案调整。例如，对于未来从事计算机科学研究（科学型）的学生，授课中应该进一步突出对操作系统设计开发思想和基本原理的研究；对工程类的学生，除了掌握操作系统的运行机制和设计思想外，更需要增强学生在具体的操作系统下进行编程和应用的能力，可以应用为主线构建课程的教学内容，在讲授基本原理和技术的同时，适当讲一些操作系统实例及其采用的新技术，让学生了解操作系统的最新发展，进一步激发学生的学习热情，以适应社会需要为目标加强实践教学，设计多层次的实验项目。当然，要想有更好的理解和掌握，安排一个课程设计非常必要。

计算机类专业的工程应用型人才需要具有较扎实的基础理论、专业知识和基本技能，具有良好的可持续发展能力。所以特别强调对操作系统基本原理的理解和应用的内容，着力培养学生的系统能力以及理论结合实际的能力，而且要强调对学科基本特征的体现。

4.5.1　课程简介

"操作系统原理"课程是计算类相关专业的专业基础课，其主要任务是使学生掌握操作系统原理中的基本概念、基本原理、基本方法、主要功能及实现技术，学习操作系统的设计和实现技巧，对主流的计算机操作系统能进行基本的操作和使用。重点讲解多用户、多任务操作系统的运行机制，系统资源管理的策略、方法，使学生明确不同方法的特点和适用性，并使学生能联系实际，与已掌握的数据结构与算法、计算机组成原理、编程语言相结合来解决一些实际问题，在系统软件级上使学生系统地受到分析问题和解决问题的训练，从而具备初步的操作系统分析、设计、开发的能力，并为后续课程（如网络操作系统、分布式系统等）奠定坚实的基础。

"操作系统原理"课程的教学内容具备《华盛顿协议》关于复杂工程问题的主要特征。它包含求解计算机问题和利用计算机技术求解问题的基本原理以及最典型、最基本的方法。操作系统原理课程所涉及的问题需要运用工程原理进行深入的分析，而且为了解决这些问题必须建立恰当的抽象模型，并基于模型进行分析和处理。很多问题也需要根据设计开发的实际要求，综合运用恰当的方法，要在多种因素和指标中进行折中，以求全局的优化和良好的系统性能。例如，在分析和设计操作系统时，不仅要设计和实现进程管理、处理机管理、内存管理、磁盘管理和设备管理等一系列子系统，还要对它们进行综合和集成，以构成操作系统。所以，本课程不仅要使学生掌握基本原理、基本技术、基本方法，还需要对不同的技术、方法和工具进行分析、对比并给出评价，同时强化软件系统结构设计和软件工程素养，指导学生从操作系统内部结构与组织的系统视角理解其设计和实现的精髓。所以，操作系统原理课程是计算机科学与技术专业甚至是大多数计算机类专业培养学生解决复杂工程问题能力的最佳载体之一。

4.5.2　课程地位和教学目标

1. 课程地位

本课程是计算机科学与技术专业的学科基础必修课，属于系统软件技术系列。旨在继程序设计、数据结构与算法、计算机组成原理等课程后，引导学生在计算机系统级上再认识操作系统中的基本概念、基本理论、基本方法、主要功能及实现技术，理解多用户、多任务操作系统的运行机制，系统资源管理的策略和方法，使学生系统科学地受到分析问题和解决问题的训练，从而初步具备操作系统分析、设计、开发的能力。

2. 教学目标

本课程应使学生掌握操作系统的基本概念、基本原理、基本方法，在操作系统级的资源管理层面上再认识计算机资源分配的相关工作原理和运行过程，提升计算机问题求解的水平，增强系统分析能力。总的要求如下：

（1）掌握操作系统中进程管理、CPU 管理、存储管理、文件管理、设备管理的基本概念、基本原理、描述模型、资源分配策略、工作机制和算法，能够运用相关知识分析、研究和解决问题。

（2）能够分析不同的策略、算法和工具的异同点，并进行评价和应用。

（3）站在系统软件的高度思考问题，培养系统能力和解决复杂工程问题的能力。

该目标分解为以下子目标：

目标 1：操作系统及其开发问题本身就是复杂工程问题，要求学生深入理解其中复杂的工程原理和理论，并能够应用其解决复杂系统的设计与实现问题。对毕业要求 1 的达成提供支持。

目标 2：学生应具备应用操作系统原理知识分析复杂工程问题的能力。首先启发学生发现问题，选择适当的资源管理模型，并能够运用操作系统中定性和定量的模型去描述问题，将它们用于系统的设计与实现。还应该能对解决问题的不同方法进行评价，指出不同方法的优势和不足。对毕业要求 2 的达成提供支持。

目标 3：在明确了问题之后，学生应有能力设计出应用操作系统知识解决问题的可行方案。要确定复杂工程相关项目应提供的功能、要实现的目标以及可能存在的局限性。然后，确定按照什么样的流程制定问题的解决方案。设计方案时，不能只考虑问题的解决，还要避免在安全和文化方面产生消极影响，也要考虑符合标准的要求。要在考虑多方面因素的基础上确定问题的解决方案。最后，要能够对多种可能的方案进行评价，并落实最终方案。以此强化学生算法、模块化、软件代码分析等专业核心意识和对典型方法的掌握，强化学生功能划分、多模块协调、算法描述、程序实现等在内的复杂系统设计实现能力。对毕业要求 3 的达成提供支持。

目标 4：培养学生对多种方法、工具、环境的比较、评价和选择的能力，为构建复杂工程问题的模拟环境选择和使用合适的技术和工具，对相应技术和工具进行评价并理解其局限性。例如，可对 CPU 调度算法、内存分配算法、文件分配算法、磁盘调度算法进行评价与改进，使学生了解相关开发和调试工具，辅助工程问题的解决。对毕业要求 5 的达成提供一定支持。

目标 5：在复杂工程活动中与非工程人员交流。通过课内实验，在实现过程中与其他学生讨论，以及验收过程中的报告撰写、陈述发言等，培养专业相关的表达能力。对毕业要求 10 的达成提供一定支持。

目标 6：通过课后自己阅读相关开源操作系统的代码，分析和理解开源操作系统的设计方案，培养专业知识的自学能力，同时了解工程技术及其应用的发展变化趋势。对毕业要求 12 的达成提供一定支持。

4.5.3　课程教学内容及要求

本课程要求的基本教学内容，在授课中应完全涵盖，主讲教师可以根据学生的掌握情况、自身的体会等在某些方面进行扩展和引导。具体内容如下。

第 1 章　导论

教学目的，课程的基本内容，从用户的观点和系统的观点掌握操作系统的概念以及系统目标、作用和模型，批处理操作系统、分时操作系统的基本原理，多道程序系统的概念和特征；操作系统的发展过程、特征、服务和功能。

重点：多道程序系统的概念和特征，操作系统的服务和功能，批处理操作系统、分时操作系统的基本原理。

难点：多道程序系统的概念和特征，分时操作系统的基本原理。

本章需要介绍本课程的特点，特别是在人才培养中的作用，包括从哪几个方面能够体现培养学生解决复杂工程问题的能力，以便引起学生的注意。另外，告知学生在学习中要注意的问题，激发他们的兴趣，特别是提醒学生应该注意学习哪些方法。

应提醒学生注意阅读参考书。学习本门课程中解决复杂工程问题有关的基本原理、基本思想和方法，有机会去经历操作系统的构建。在介绍操作系统结构和各部分的主要功能时，要注意站在系统的高度去讨论问题，使学生建立系统的总体模型，深化学生关于模块划分的系统设计思想，让学生感受一个由多个子系统构成的系统的设计。

第 2 章　操作系统结构

双重操作模式的作用及其实现和模式转换，操作系统组成中的进程管理、内存管理、文件管理、输入输出系统管理以及命令解释程序的功能和目标；系统调用的作用及其实现，操作系统虚拟机的特点，操作系统设计与实现的目标、机制和策略。

重点：双重操作模式，操作系统服务，系统调用的实现及其作用，系统结构模型，虚拟机及其特点。

难点：系统调用及其实现。

本章要突出强调操作系统这一庞大的软件系统与其他软件系统的异同，通过程序的编辑、编译与运行过程理解系统调用的作用。

第 3 章　进程

进程的基本概念，进程与程序的区别；进程状态定义及其状态条件；进程控制块的功能和组成；进程调度程序的功能和目标；进程控制的实现原理，进程间通信的几种基本手段。

重点：进程概念和作用，进程状态及其转换，进程控制块，进程间通信。

难点：进程状态及其转换，进程控制。

本章要通过实例使学生充分理解引入进程的背景和必要性，掌握进程的状态转换和控制。

第 4 章　线程

线程的定义及其引入背景，线程与进程的区别，线程模型的实现，用户级线程与内核线程的功能及区别。

重点：线程的定义，线程的实现。

难点：线程实现。

本章可通过布置学生课后自学 Windows 2000 线程、Linux 线程的知识，加深对本章内容的学习。

第 5 章　CPU 调度

CPU 调度的类型，调度队列模型，可抢占式调度，不可抢占式调度；分派程序的定义及其功能，CPU 调度方式和算法的准则；先来先服务、短作业（进程）优先、时间片轮转和优先权调度算法，响应比优先、多级队列调度和多级反馈队列调度算法。

重点：调度的类型，调度算法。

难点：调度算法。

教学过程中不应该仅侧重具体的算法讲解，而应该先从调度算法基本思路着手，使用对比的方法进行讲解，帮助学生弄清楚每个算法的适应范围、优点和缺点。

第 6 章　进程同步

临界资源和临界区，进程同步机制应遵循的准则；同步的软件和硬件实现方法；整型信号量和记录型信号量机制；利用信号量机制解决经典进程同步与互斥问题；进程通信的类型，消息传递系统中的发送和接收原语；管程及其在同步问题中的应用。

重点：临界资源，临界区，同步应遵循的准则，同步的硬件实现方法，利用信号量机制解决经典进程同步问题。

难点：利用信号量机制解决进程同步与互斥问题。

本章的内容是学生学习的一个难点，可通过习题课帮助学生理解和掌握，并辅以适量的课后作业、实验予以强化。

第 7 章　死锁

产生死锁的原因，产生死锁的必要条件；系统的安全状态，死锁预防措施，死锁避免的银行家算法，死锁检测和死锁解除的方法。

重点：死锁产生的原因、必要条件，死锁预防、避免、检测相关算法；能够从预防、避免到检测 3 个层面理解死锁的解决途径。

难点：银行家算法，死锁检测算法。

第 8 章　内存管理

程序装入和链接的方法；单一连续区分配和固定分区分配机制的原理；动态分区的分配和回收算法；碎片的基本概念及产生的原因；分页存储管理的基本方法，地址变换机构和页表机制；分段存储管理的基本原理，分页与分段的主要区别；段页式存储管理方式；内存保护的基本方法。

重点：动态分区及其分配和回收算法，分页存储管理，分段存储管理，地址变换和页表机制。

难点：分页存储管理，地址变换和页表机制。

第 9 章　虚拟内存管理

虚拟内存管理的概念、特征、基本原理和实现方式；请求分页的基本原理及硬件支持，页面分配和置换的策略；最佳置换和先进先出页面置换算法，最近最久未使用置换算法，最少使用和页面缓冲置换算法；抖动产生的原因和预防方法；请求分段的基本原理及硬件支持，分段共享和保护；段页式管理。

重点：虚拟存储器的基本原理，请求分页存储管理，请求分段存储管理，页面置换算法，地址变换，抖动。

难点：地址变换，页面置换算法。

第 10 章　文件系统接口及实现

文件和文件系统的相关概念，文件系统模型和文件操作，文件的逻辑结构，文件访问控制方法，文件系统目录类型，目录结构及实现方法；目录的实现方法；常用的外存分配方法：连续分配，链接分配，索引分配。

重点：文件的逻辑结构，文件访问控制方法，文件系统目录结构，文件共享和保护，文件的物理结构，目录的实现方法，常用的外存分配方法。

难点：文件的逻辑结构，文件的物理结构，常用的外存分配方法。

第 11 章　I/O 系统

I/O 系统的结构和 I/O 设备的类型，设备控制器的功能和组成，I/O 通道，I/O 控制方式；缓冲，单缓冲、双缓冲、循环缓冲以及缓冲池机制；设备分配中的数据结构，设备独立性；SPOOLing 系统的组成和特点；设备驱动程序的功能和特点。

重点：缓冲及其引入原因，SPOOLing 系统的组成和特点，设备独立性。

难点：SPOOLing 系统的组成和特点。

第 12 章　大容量存储器结构

磁盘的结构，磁盘调度的功能，影响磁盘调度的主要因素，各种磁盘扫描算法（FCFS、SSTF、SCAN、C-SCAN）；了解交换空间管理的使用方法。

重点：磁盘的结构，磁盘扫描算法，影响磁盘调度的主要因素。

难点：磁盘扫描算法。

4.5.4　教学环节的安排与要求

1. 课堂讲授

课堂教学首先要使学生掌握课程教学内容中规定的一些基本概念、基本理论和基本方法。特别是通过讲授，使学生能够对这些基本概念和原理有深入的理解，并将它们应用到一些问题的求解中。通过对其中的一些基本方法的核心思想的讲解和分析，使学生能够掌握其关键。

采用实践研究型教学方法。探索如何实现教师在对问题的求解中教，学生在对未知的探索中学。从提出问题，到求解思路分析，再到求解过程设计，层层递进，培养学生系统软件的分析能力，同时考虑各子系统的实现与联系、具体问题求解的计算机实现。通过不同级别对象的抽象和问题的分析，培养学生的系统意识和能力。

使用多媒体课件，配合板书和范例演示讲授课程内容。在授课过程中，通过启发式和探究式教学，揭示知识发生过程，使学生能够掌握知识要点、概念、原理、算法、实现过程，掌握操作系统在资源管理方面所使用的模型结构、实现原理和主要算法，并能够举一反三，加以应用。适当引导学生阅读外文书籍和资料，培养自学能力。

2. 实验教学

1）实验要求

对于培养应用型人才的高校，本课程实验教学的目的是让学生理解、掌握操作系统的基本原理和基本功能，通过实验巩固对操作系统的基本原理和现代操作系统的设计思想和方法的掌握，能够进行实验验证、改进和设计，进一步锻炼学生设计、编写大型软件的动手能力，因此可依据操作系统的五大功能进行实验内容的安排。从教学的基本追求来讲，实验主要对毕业要求 3 的达成提供支持，同时对毕业要求 1、2、5、10 提供一定的支持。具体如下。

目标 1：在理论的指导下，将操作系统的典型的思想和方法用于操作系统功能模块及系统的设计与实现。具体完成进程通信、进程调度、内存分配、文件管理等的设计与实现，鼓励学生进一步研究并将它们组合在一起，构成一个小型操作系统，作为颇具难度的复杂系统的实现实例。为本专业的毕业要求 3 的达成提供支持。

目标 2：与理论教学部分相结合，促使学生掌握与操作系统原理相关的基础理论知识和问题求解的典型思想与方法，使其可以用于解决复杂的工程问题，包括要使学生能够理解进程同步与互斥、进程通信、进程调度算法、内存管理策略、文件分配方法等。为毕业要求 1 的达成提供一定支持。

目标 3：与理论教学部分相结合，学习分析操作系统设计和实现中相关的问题，特别是构建一个复杂的小型操作系统，对系统设计和实现相关的问题进行分析，同时开展相应的实验，表达、分析、总结、展示实验系统和实验的结果。为毕业要求 2 的达成提供一定支持。

目标 4：让学生能够对多种方法、工具、环境进行比较、评价和选择。方法选择包括进程调度算法、页面置换算法、文件分配算法；工具与环境选择包括使用的 Linux 开发环境，虚拟机工具的选择；比较与评价包括在组间相互评价中锻炼评价能力。为毕业要求 5 的达成提供一定的支持。

目标 5：通过实验系统设计实现过程中的组内讨论，验收过程中的报告撰写、陈述发言等，培养专业相关的表达能力。为毕业要求 10 的达成提供一定支持。

2）实验内容

为了能让学生在实验中更好地理解理论知识，教师在设计实验课的内容时不应只定位在验证或检验所学理论知识的基础上，而应该在不同阶段的实验内容中分级分层，从基础到综合，从简单到复杂，最后到设计与创新，因此，根据各高校的不同情况，操作系统课程的实验教学内容可分为以下 3 种类型。

基础验证性实验。第一部分为操作系统验证性的实验。在每一个阶段的原理讲授结束后，结合教学内容安排实验，可涵盖操作系统中进程管理、存储器管理、设备管理和文件管理等重要的知识点，让学生尽快熟悉；缓解学生学习之初的畏难情绪，激发学生的学习兴趣，为理论课程的学习和后续实验打下基础。要求所有学生都要熟练掌握该层次的实验内容。

设计性实验。这是实验中用于拓展基础验证性实验的内容，用以培养学生的设计能力和独立思考的能力。此类实验是对学生应用能力的训练，实验目的是使学生理解操作系统中常用系统调用实现的功能，利用操作系统提供的系统调用接口来编写程序，引导学生运用所学知识分析核心原理如何实现，学会尝试从中发现问题和分析问题。需要注意的是，设计性实验的难度要设计合理，既要留给学生思考的空间，也要让学生有能力完成。例如，在进程创建、撤销、同步、互斥、通信实验中，要求学生自己查阅资料，完成设计。

综合性实验或研究性实验。此类实验的目的是在验证学生掌握知识的基础上，培养学生的自学能力和创新能力。这种实验的难度较大。教师可以事先给出几个这样的实验问题并分组自选，让学生带着问题不断探索、总结，最后自行完成，例如内存管理、文件管理等。教师可以引导他们参考相关书籍，组织学生以小组的形式设计完成，这样学生会更乐于思考。

通过实验系统的设计与实现，具体体验如何将基本的原理用于系统设计与实现，加深对原理、过程和算法的理解；第二是培养学生系统能力（系统的视角，系统的设计、分析与实现）；第三是培养学生的软件系统实现能力（算法、程序设计与实现）；第四是培养学生查阅资料，获取适当工具、使用适当工具的能力；第五是培养学生表达（书面与口头）能力。实验内容及安排如表 4-5-1 所示。

表 4-5-1　实验内容及安排

序号	实验项目名称	学时	人数/组	开放否
1	进程的创建、撤销、控制	4		开放
2	进程间通信	4		开放
3	处理机调度算法的模拟	4		开放
4	页式虚拟存储管理的模拟	4		开放

实验 1　进程的创建、撤销和控制

实验目的：设计、观察、理解 Linux 进程的创建、撤销和控制；理解进程控制块的作用及进程的并发执行；加深对进程概念的理解，明确进程和程序的区别；进一步认识并发执行的实质。

实验内容：设计用于描述进程的数据结构，完成进程的创建、同步和互斥。

实验 2　进程间通信

实验目的：了解和熟悉 Linux 支持的消息通信机制、共享存储区机制；理解和掌握 Linux 中的信号量机制，利用信号量实现线程间同步。

实验内容：设计并实现基于管道、消息队列、共享内存、信号量等进程间交换数据的任务。

实验 3　处理机调度算法的模拟程序设计

实验目的：帮助学生加深了解处理器调度算法的工作原理，掌握调度算法的实现、进程的状态及状态转换。

实验内容：模拟单处理器情况下的先来先服务算法、优先级算法和轮转算法。

实验 4　页式虚拟存储管理的模拟

实验目的：通过分析 Linux 操作系统中内存管理模块的基本框架及数据结构，使学生掌握存储管理的基本原理、地址变换和缺页中断主存空间的分配及分配算法。

实验内容：设计用于描述内存及页面的数据结构和管理内存中页面的链表；用软件实现地址转换过程；用一种常用的页面置换算法来处理缺页中断并研究其命中率。

3）实验考核与评定

评定的方式是现场验收。成绩评定瞄准本教学环节的主要目标，特别检查目标 1 的达成情况。评定级别分为优秀、良好、合格、不合格。

优秀：系统结构清楚，功能完善，输入输出形式合理，能够较好地处理异常情况。

良好：系统结构清楚，功能比较完善，输入输出形式合理，有一定的处理异常情况的能力。

合格：系统结构清楚，功能比较完善，运行基本正常，可以输出基本正确的结果。

不合格：未能达到合格要求。

此外，学生必须提交实验报告，参考实验报告给出实验成绩。

实验的验收可根据具体的合班情况、课时等采用如下的两种方式之一。

验收方式 1：现场验收。现场验收学生设计实现的系统，并给出现场评定。评定级别分为优秀、良好、合格、不合格。如果学生第一次验收中存在一定的问题，应向学生指出，并鼓励他们进行改进，改进后再重新验收。

验收方式 2：综合验收。进行 10~15min 的报告，通过此环节训练其实验总结与分析表达能力。教师给出各组的综合评分，并根据表现给出每个学生的得分。

3. 作业

通过课外作业，引导学生检验学习效果，进一步掌握课堂讲述的内容，了解自己掌握的程度，思考一些相关的问题，进一步深入理解扩展的内容。

作业的基本要求：根据各章节的情况，布置练习题、思考题等。每一章布置适量的课外作业，完成这些作业需要的知识覆盖课堂讲授内容，包括基本概念题、解答题、综合题以及其他题型等。主要支持毕业要求 1、2、3 的实现。

在课后作业中，可以给学生布置一些 Linux 源码分析任务。通过选择开源的 Linux 操作系统作为教学用实例，精心选择部分源代码，通过启发及分组讨论等互动教学方法，指导学生理解系统中所使用的各种数据结构及算法，使学生将抽象的原理学习与实际的操作系统相联系，在系统软件和结构的基础上理解操作系统的设计和实现过程，培养和提高学生的分析能力和创新能力。

4.5.5　教与学

1．教授方法

参考 4.5.4 节中的"课堂讲授"内容。以讲授为主（40 学时），实验为辅（课内 16 学时）。课内讲授可采用研究型教学方法，以知识为载体，传授相关的思想和方法。教师在讲解操作系统基本原理的过程中，要结合具体源代码实现，讲解操作系统原理在实际操作系统中的编码实现，除了功能性的理解之外，可以针对一些常见的编程技巧进行讲解，提高学生的编程素养。实验教学则提出基本要求，引导学生独立完成实验的设计与实现。

2．学习方法

养成探索的习惯，特别是重视对基本理论的钻研，在理论指导下进行实践；注意从实际问题入手，了解基本特性和工作原理。明确学习各阶段的重点任务，做到课前预习，课堂认真听课，积极思考，课后认真复习，不放过疑点，充分利用好教师资源和同学资源。仔细研读教材，适当选读参考书的相关内容，从系统实现的角度深入理解概念，掌握方法的精髓和算法的核心思想，不要死记硬背。注重同学之间的讨论和与授课老师的交流，多问，多想，多练。积极参加实验，在实验中加深对原理的理解。

4.5.6　学时分配

本课程学时分配建议如表 4-5-2 所示。

表 4-5-2　学时分配

章	主要内容	学时分配					合计
		讲课	习题	实验	讨论	其他	
1	导论	2					2
2	操作系统结构	2					2
3	进程	5		3			8
4	线程	2		2			4
5	CPU 调度	3		2			5
6	进程同步和互斥	4		3			7
7	死锁	2					2
8	内存管理			2			6
9	虚拟内存	4		2			6
10	文件系统接口和实现	6		2			8
11	I/O 系统	2					2
12	大容量存储器结构	2					2
	总结与复习	2					2
	合计	40		16			56

4.5.7　课程考核与成绩评定

成绩比例分配如表 4-5-3 所示。

平时成绩占 25%（作业和随堂练习占 10%，实验占 15%），期末考试占 75%。

实验成绩占 15%。通过实验，引导学生发挥潜力，尽量增强系统软件分析和设计的能力，培养学生在复杂系统的研究、设计与实现中的交流能力（口头和书面表达）、协作能力、组织能力。实验考核要求学生回答如下设计性问题并进行评价：解释算法原理、数据结构、设计思路、测试数据设计及其含义，要求学生上机演示，回答问题并进行评价。

作业和随堂练习主要反映学生的课堂表现、平时的信息接受、自我约束等，成绩评定的主要依据包括课堂的基本表现（含课堂测验）、作业完成情况。

期末考试是对学生学习情况的全面检验。考核学生对操作系统基本概念、基本方法、基本技术的掌握程度，考核学生运用所学方法设计解决方案的能力，淡化考查一般知识、结论记忆。要起到督促学生系统掌握包括基本思想、方法在内的主要内容。

表 4-5-3　考核与成绩评定

考核方式	比例 / %	主要考核内容
作业和随堂练习	10	相关作业的完成质量，课堂练习参与度及其完成质量，为毕业要求 1、2、3、5、10、12 达成度的评价提供支持
实验	15	实验系统的设计和实现情况。为毕业要求 5、10、12 达成度的评价提供支持，同时对实现毕业要求 1、2、3、5 达成度的评价也提供有一定参考价值的基础数据
期末考试	75	对规定考试内容掌握的情况，为毕业要求 1、2、3、5 达成度的评价提供支持

4.6　数据库原理

信息时代科学技术的高速发展使计算机技术日新月异，必然带动这一学科的教学内容不断更新。因此讲授数据库原理必须密切关注这个瞬息万变的时代背景。数据库新应用、新技术、新体系架构层出不穷。作为计算机科学与技术专业学生知识结构中的重要组成部分，数据库原理的内容也必须改革与跟进，以反映当前计算机发展的最新成果和技术。在教学过程中，通过培养学生的自学能力、思考能力和理解能力，让学生掌握学习新知识、新技术的一般方法和规律，培养计算机专业学生追踪新技术的能力。同时，通过这门课的讲授使学生树立终身学习的观念，自觉地调整自己的知识结构，拓宽知识面，把学习从学校延伸到整个人生，不断地掌握新知识和应用新技术，提高自己在信息化社会中的生存发展能力。

4.6.1　课程简介

本课程是计算机类专业的学科基础必修课程。数据库的理论和技术是计算机科学和技术的一个重要分支，在数据处理已成为计算机的主要用途的今天，它本身就具有重要的使用价值。此外它还是其他许多技术领域（如信息处理系统、决策支持系统）的基础，也是人工智能系统、办公自动化、软件开发环境等研究方向的有力工具。

　　计算机学科教育对实践技能培养一直十分重视，数据库原理课程更不例外。该课程的实验从数据库的使用到数据库管理方案的设计和实现，从单纯高级语言编程能力的培养到综合运用高级语言、数据库语言的混合编程能力的培养，对实践技能的要求逐步升高。实验涵盖系统的需求分析、数据库的概念结构设计、逻辑结构设计、物理结构设计，再到数据库实现与优化等设计开发过程，最终实现一个较为完整地反映应用需求的管理信息系统。此举培养和提高了学生的系统分析/设计以及研究/开发能力。针对应用需求，要求学生全面科学地考查问题，提出合理的解决方法，偏重于引导学生培养自身的技能运用能力。

4.6.2　课程地位和教学目标

1. 课程地位

　　数据库技术已成为计算机信息系统与应用系统的核心技术和重要基础。数据库原理课程是计算机科学与技术专业的主干课程之一，属于必修课程。

2. 教学目标

　　数据库原理课程以关系数据库系统为核心，完整地讲授数据库系统的基本概念、基本理论和应用技术，并介绍主流数据库管理系统（DBMS）的使用方法，力图使学生对数据库系统有一个全面的了解，为进一步从事数据库系统的研究、开发和应用奠定基础。课程主要讲授内容包括数据库系统概述、关系数据库、关系数据库标准语言 SQL 及数据库编程、数据库安全性、数据库完整性、关系数据理论、数据库设计、关系查询处理和查询优化、数据库恢复技术、并发控制。

　　课程理论授课 48 学时，课程教学目标如下。

　　目标 1：掌握数据库系统的基本概念、关系数据库的基本理论、关系数据库标准语言 SQL 及数据库编程，掌握计算机应用系统的数据库设计方法，对毕业要求 2 的实现提供支持。

　　目标 2：能够合理地组织数据，有效地存储和处理数据。掌握关系数据理论，正确地设计和评价好的关系数据库模式。掌握关系查询处理和查询优化技术，为数据库应用系统提高查询效率和系统性能打下基础，对毕业要求 3 的实现提供支持。

　　目标 3：掌握数据库管理系统的基本知识和数据库系统的设计方法。熟悉数据库恢复技术及并发控制技术，掌握如何保证数据库安全性和完整性的约束描述，对毕业要求 3 的实现提供支持。

4.6.3　课程教学内容及要求

　　本课程由理论授课、上机实验和课外作业 3 个单元构成。课程内容包括绪论、关系数据库、关系数据库标准语言 SQL、数据库安全性、数据库完整性、关系数据理论、数据库设计、数据库编程、关系查询处理和查询优化、数据库恢复技术、并发控制。

　　数据库原理课程总体上由以下知识单元构成。

　　（1）数据库系统的基本理论：包括数据库的发展历程、基本概念、数据模型、数据库系统结构、数据库系统组成、关系模型、关系的完整性、关系代数和关系演算等。这部分内容的特点是概念多，抽象程度高，并用到离散数学的许多知识。它是数据库原理课程的基础，学生必须完全掌握相关内容。教学方式主要采用理论授课、课外作业和课堂练习。

其中，课外作业的量相对较大。

（2）关系数据库标准语言 SQL 及数据库编程：包括 SQL 概述、数据定义、查询、数据更新、视图、数据控制、嵌入式 SQL、存储过程、ODBC 编程。这部分内容是应用数据库技术的基础。学生须熟练掌握 SQL 的数据定义、操纵和控制功能，掌握数据库编程的基本方法。教学方式主要采用理论授课、课外作业和上机实验。以实验为核心，通过动手加深对 SQL 语言的理解，培养开发数据库应用系统的能力。

（3）关系数据理论：包括 1NF、2NF、3NF、BCNF、4NF 范式，模式分解。学生须掌握部分函数依赖、完全函数依赖、传递依赖及各级范式的概念，理解 Armstrong 公理系统、函数依赖集闭包、属性闭包、最小依赖集、无损连接分解、保持函数依赖分解等概念，掌握属性闭包和最小函数依赖集的求解算法。这部分内容为本课程的重点与难点。其中关系模式的范式判断和模式分解更是考验学生的抽象思维能力、分析问题能力和演绎能力的重要环节。教学方式主要采用理论授课、课外作业、习题课以及课堂练习。通过做题加深对范式、函数依赖以及闭包等概念的理解。

（4）数据库设计：包括数据库设计概述、需求分析、概念结构设计、逻辑结构设计、数据库的物理设计、数据库的实施和维护。这部分内容对于开发大型的应用系统来说是非常有用的，但这部分的大部分内容已在软件工程中学过，因此只要求一般性理解。教学方式主要采用理论授课、课外作业和学生自学。

（5）数据库系统：有关数据库安全性、数据库完整性、关系查询处理和查询优化、数据库恢复技术、并发控制方面的基础知识，涉及面广，概念较多，但难度不大，建议略讲，以自学为主。教学方式主要采用理论授课和课外作业来加深对相关知识的理解和掌握。

数据库原理课程的详细核心知识点、扩展性知识点分布如下。

第 1 章　绪论

数据库系统概述，数据模型，数据库系统结构，数据库系统的组成

重点、难点：数据模型、数据独立性及数据库系统和文件系统的特点。

了解数据库原理与技术课程的目的、任务以及在本专业中的地位，该课程的教学计划；了解数据库、数据库管理系统和数据库系统的关系；了解数据管理技术的发展史，掌握数据库系统和文件系统的特点。

掌握数据库的分级结构；掌握数据库的体系结构，即三级结构、两级映射，掌握两级数据独立性。

掌握 DBMS 的主要功能；了解传统数据库技术的局限性和新的应用领域的新需求。

第 2 章　关系数据库

关系数据结构及形式化定义，关系操作，关系的完整性，关系代数，关系演算。

重点、难点：关系代数及 Alpha 语言。

理解相关概念，并能够熟练运用语言完成实际需求的表达。

第 3 章　关系数据库标准语言 SQL

SQL 概述，学生-课程数据库，数据定义，数据查询，数据更新，空值的处理，视图。

重点、难点：视图，完整性约束。

掌握 SQL 的数据定义语言，包括数据库的创建、撤销，基本表的创建、修改和撤销，视图和索引的创建和撤销，完整性约束的定义，了解存储过程和触发器的创建和删除。

第 4 章 数据库安全性

数据库安全性概述，数据库安全性控制，视图机制，审计（Audit），数据加密，其他安全性保护。

掌握数据库保护对象、完整保护、安全保护、访问控制、密码和审计技术；了解数据库被破坏的原因和对数据库保护的分类；了解商用 DBMS 系统安全保证技术。

第 5 章 数据库完整性

实体完整性，参照完整性，用户定义的完整性，完整性约束命名子句，域中的完整性限制，断言，触发器。

重点、难点： 实体及参照完整性约束，触发器。

理解关系模型应普遍遵循的完整性约束及实际应用。

第 6 章 关系数据理论

问题的提出，规范化，数据依赖的公理系统，模式的分解。

重点、难点： 范式及其规范化过程。

理解函数依赖的概念、关系模式的分解，无损连接的分解和保持函数依赖的分解，掌握 1NF、2NF、3NF 以及 BCNF 范式及其规范化过程。

第 7 章 数据库设计

数据库设计概述，需求分析，概念结构设计，逻辑结构设计，物理结构设计，数据库的实施和维护。

重点、难点： E-R 图到关系的转换规则和一些实际的考虑。

了解数据库系统设计基本步骤及每个步骤完成的任务，了解数据库系统多层技术架构，了解 C/S 及 B/S 架构的区别。针对具体应用需求，掌握实体定义原则和方法及 E-R 图到关系的转换规则。了解目前的主流开发方法、技术和工具环境。

第 8 章 数据库编程

嵌入式 SQL，过程化 SQL，存储过程和函数，ODBC 编程，OLEDB 编程，JDBC 编程。

重点、难点： 存储过程，游标，动态 SQL。

理解游标、嵌入式 SQL，了解静态 SQL 和动态 SQL；了解高级语言完成数据库系统的基本方法。

第 9 章 关系查询处理和查询优化

关系数据库系统的查询处理，关系数据库系统的查询优化，代数优化，物理优化，查询计划的执行。

重点、难点： 典型操作的访问例程；基于代价估算的查询优化。

了解数据库查询处理步骤、查询优化的必要性和基本方法。

第 10 章 数据库恢复技术

事务的基本概念，数据库恢复概述，故障的种类，恢复的实现技术，恢复策略，具有检查点的恢复技术，数据库镜像。

重点、难点： 可恢复调度，日志文件。

了解故障的分类，理解可恢复调度、日志文件。

第 11 章 并发控制

并发控制概述，封锁，封锁协议，活锁和死锁，并发调度的可串行性，两段锁协议，封锁的粒度,其他并发控制机制。

重点、难点: 并发不当产生的主要问题,基于锁的并发控制机制。

了解事务的并发执行,掌握并发不当产生的主要问题,掌握调度、串行调度、可串行化调度的定义,理解基于锁的并发控制机制。

4.6.4 教学环节的安排与要求

1. 课堂讲授

在教学内容、教学方法、教学实践等方面,每期授课都结合数据库领域的最新研究成果和应用技术补充新的教学内容,强调学生对原理、方法、实现技术、发展趋势等诸方面的融会贯通;重视实验教学环节的设计,实验内容从使用桌面数据库构建小型 MIS 系统开始,逐步扩展为采用主流数据库管理系统 SQL Server、Oracle 作为基础平台,进行数据库应用开发、DBMS 管理、网络数据库应用开发等。

在教学过程中必须做到详略得当,对于学生已熟悉或掌握的内容不能重复,避免挫伤学生的学习积极性;对学生不了解、迫切渴求的知识讲解透彻,这样才能激发学生学习的积极性,发挥他们的主观能动性,实现学生学习效果的最大化。在对课程内容高度理解和掌握的基础上,对核心内容和基本概念高度概括总结,课堂讲授的内容重点突出,详略得当,利用有限的学时实现知识/方法传授量的最大化。强化系统级的概念,然后结合课程内容将概念放到系统中去讲解,便于学生理解。

关系代数、关系演算和关系数据理论都涉及不少集合论和数理逻辑的知识,理论性强,抽象程度高,学生较难掌握。"案例教学"是一种好的教学方法,通过典型例题说明如何根据题目要求写相应的关系代数表达式和关系演算表达式,通过典型例题说明如何判断一个关系模式属于第几范式。关系数据理论是全书的难点,通过多举一些例子说明各个范式的概念。另外,"边学边练"可及时巩固所学的知识。

SQL 语言是一种高度非过程化的语言,是基于关系代数和关系演算的关系数据库语言,因此学好关系代数和关系演算是理解 SQL 语言的基础。其次,学好 SQL 语言还要多实践,特别是 SQL 语言的查询功能较强,只有多练习才能真正掌握。

本课程概念多,理论性强,实践性强,涉及面广,因此教学采用理论授课、课堂练习和上机实习并重的形式。为加强和落实动手能力的培养,应充分重视实践性教学环节。不仅要做 SQL 语言的各种语句的验证工作,而且要做好综合实验工作,设计和实现一个小型管理信息系统。

2. 实验教学

数据库原理是一门实践性很强的课程,在实验课程体系的总体规划上应既要培养学生分析问题和解决问题的能力,又要重视培养其思维能力和创新能力。为此,在实验教学中,除常规的验证性实验外,还增加了设计性和综合性实验内容。为了培养学生的动手能力和创新能力,使学生由被动学习转为主动学习,在实验教学方式上,有意识地增加学生自行设计、自己动手动脑的机会,培养他们的独立创新能力;在实验内容上,以设计性实验为主;在实验次序上,由简单到复杂,由验证性实验到设计性实验,最后进行有较高难度的综合性实验,由浅入深,循序渐进。

1）实验教学目标及对毕业要求的支持

目标1：通过上机实验，加深对数据库技术的认识，加深对相关知识的理解和掌握；要求理解 SQL 定义功能，熟练掌握 SQL 操纵功能，了解 SQL 数据控制功能；熟练掌握 SQL Server 数据库或 Oracle 数据库的操作，并对二者优劣做出比较分析。对毕业要求 2 的达成提供支持支持。

目标2：熟练掌握 C、C++、C#或 Java 访问数据库的方法，完成相学生通讯录/学生选课及自选题目的管理信息系统的需求分析、设计及开发。对毕业要求 3 的达成提供支持。

2）实验内容

具体实验教学内容如表 4-6-1 所示。

表 4-6-1　实验教学内容安排

序号	实验项目	学时	实验目的及主要内容	实验类型	实验教学目标
1	SQL 定义功能、数据插入	4	1. 熟悉关系数据库管理系统的基本构成 2. 熟悉数据库创建、表创建及数据插入等基本操作	基本验证	目标 1
2	数据查询、修改及删除	4	1. 掌握单表数据查询、修改及删除操作 2. 掌握多表联接查询 3. 掌握多表嵌套查询	基本验证	目标 1
3	视图及授权控制操作	2	1. 理解与熟悉视图的基本操作 2. 设计数据库授权控制策略，理解与熟悉授权控制的基本操作	基本验证	目标 1
4	管理信息系统实现	14	1. 综合运用所学知识，完成系统的需求分析及设计 2. 完成系统开发 3. 理解与熟悉数据库系统实施	需求分析/设计及开发	目标 2

根据初步应用需求，完成系统的需求分析/设计及主要功能开发。系统要求具有数据的增加、删除、修改和查询的基本功能，并尽可能提供较多的查询功能，用户界面要友好。

课程结束前提交实验报告和程序。

3）成绩确定

为了强化实验过程及效果，实验课程单独成课，单独给出成绩及学分。

实验考核形式采用现场检查、问答验收，同步抽问程序及系统结构等相关内容。

实验成绩确定基本原则如下。

- 一般等级：按照给定参照系统原型，完成系统主要功能开发。
- 良好等级：根据实际应用需求，自行确定题目，完成具有一定复杂程度的系统研发。
- 优秀等级：在良好的基础上，根据系统应用需求，针对大数据环境下（基本记录模拟 100 万条）完成了若干系统优化、多层技术架构设计/实现等。

实验考核方式及成绩评定标准如表 4-6-2 所示。

表 4-6-2　实验考核方式及成绩评定标准

实验教学目标	考查点	占比/%	优 4	良 3	中 2	及格 1	不及格 0
目标 1	实验报告，现场演示	40	完成目标 1 对应的全部上机练习要求，现场操作检查熟练	完成目标 1 对应的全部上机练习要求，现场操作检查较熟练	完成目标 1 对应的全部上机练习要求，现场操作检查能完成	基本完成目标 1 对应的上机练习要求，现场操作检查困难	未完成目标 1 对应的上机练习基本要求，现场操作检查困难
目标 2	系统开发，实验代码，实验报告，现场演示	60	完成系统开发（鼓励自行选题完成），系统相对复杂。代码和实验报告规范，能清晰表达实验思路、出现的问题及解决方法	完成系统开发。代码和实验报告规范，能清晰表达实验思路	基本完成系统开发，代码和实验报告规范	基本完成系统开发，代码和实验报告较规范	未能基本完成系统开发，代码和实验报告不规范或未提交

3. 作业

通过课外作业，引导学生检验学习效果，进一步掌握课堂讲述的内容，了解自己掌握的程度，思考一些相关的问题，进一步深入理解扩展的内容。作业的基本要求：根据各章节的情况，布置练习题、思考题等。每一阶段布置适量的课外作业，完成这些作业需要的知识覆盖课堂讲授内容，包括基本概念题、解答题、证明题、综合题以及其他题型等。

结合数据库设计的过程，分阶段布置相应的分析设计题，使学生掌握各个设计环节的基本方法、基本技能和设计要点。学生按照循序渐进布置的作业安排，通过提出数据库应用系统功能需求、应用概念模式绘制 E-R 图、应用逻辑模式给出关系模式、应用关系数据库理论分析所设计的关系模式的优缺点等多个步骤的训练，及时掌握数据库设计开发的基本过程及方法。在综合实验中，通过完成系统分析/设计等报告，很好地综合运用所学知识和技能，达到培养和提高数据库设计能力的目的。

4.6.5　教与学

1. 教授方法

本课程采用理论教学与实践有机结合的方法，理论教学紧密结合应用实际，力求突出数据库技术的应用性、实践性，强化学生的系统的概念，培养学生的分析问题、系统设计/开发解决方案等复杂工程问题的综合实践能力。

2. 学习方法

课后要结合作业消化课堂讲授的原理，同时，必须通过实践理解数据库操作，要做 SQL 语言的各种语句的验证工作，而且要做好综合实验，设计和实现一个小型管理信息系统。

4.6.6　学时分配

学时分配如表 4-6-3 所示。

表 4-6-3　学时分配

章	教学内容	教学环节	课程教学目标
1	绪论	授课，6 学时	课程目标 1、2、3
2	关系数据库	授课，习题课，8 学时	课程目标 1、2
3	关系数据库标准语言 SQL	授课，习题课，8 学时	课程目标 1、2
4	数据库安全性	授课，2 学时	课程目标 2、3
5	数据库完整性	授课，2 学时	课程目标 2、3
6	关系数据理论	授课，习题课，7 学时	课程目标 2、3
7	数据库设计	授课，4 学时	课程目标 1、2
8	数据库编程	授课，3 学时	课程目标 1、2
9	关系查询处理和查询优化	授课，2 学时	课程目标 2、3
10	数据库恢复技术	授课，3 学时	课程目标 2、3
11	并发控制	授课，习题课，3 学时	课程目标 2、3

此外，基于课程理论性、应用性和实践性相结合的原则，课程讲授过程中安排学生完成实验和上机实践，进一步巩固所学的相关理论知识，培养学生运用数据库知识进行有一定综合度的较复杂系统分析、设计及开发的能力，具备掌握数据库应用系统开发、担任数据库管理员（DBA）的技能。

4.6.7　课程考核与成绩评定

课程的考核成绩由两部分组成，闭卷笔试成绩占 70%，平时课堂提问和作业占 30%。

笔试考核的侧重点是数据模型、关系操作及关系代数、SQL 语言、关系数据理论及关系数据库管理系统基本操作，考试内容涵盖本课程的核心知识点。涉及的知识单元分布于本课程讲授内容的 11 个部分。

本课程考核及成绩评定标准如表 4-6-4 所示。

表 4-6-4　课程考核及成绩评定标准

编号	课程教学目标	考查方式与考查点
1	目标 1：掌握数据库系统的基本概念、关系数据库的基本理论、关系数据库标准语言 SQL 及数据库编程	随堂提问，课堂练习，期末考试； 数据库系统基本概念，关系代数，关系演算，SQL 语言，数据库设计步骤
2	目标 2：能够合理地组织数据，有效地存储和处理数据。掌握关系数据理论，正确地设计和评价好的关系数据库模式。掌握关系查询处理和查询优化技术，为数据库应用系统提高查询效率和系统性能打下基础	随堂提问，课堂练习，期末考试； 理解和掌握关系数据库的设计理论，掌握函数依赖、多值依赖、范式、数据依赖的公理系统、模式分解，理解和掌握关系查询处理和查询优化技术
3	目标 3：掌握数据库管理系统的基础知识和数据库系统的设计方法。熟悉数据库恢复技术及并发控制技术，掌握保证数据库安全性和完整性的约束描述	随堂提问，期末考试； 针对具体应用问题，设计 E-R 图并转换为关系模式。理解和掌握数据库恢复技术和并发控制技术、数据库安全标准、自主存取控制方法、强制存取控制方法、关系数据库完整性约束

4.7　计算机网络

计算机网络技术是在数字通信技术、网络节点协同计算技术基础上，实现满足用户对各类复杂网络应用需求的网络协同计算技术。按照教育部高等学校计算机科学与技术教学指导委员会发布的专业发展战略研究报告，计算机类专业培养科学型、工程应用型的人才，根据不同类型人才培养要求，计算机类中不同专业课程体系中的计算机网络课程可以侧重不同的计算机网络知识和能力进行教学，以适应不同专业毕业生未来在社会中从事的与计算机网络相关领域的不同技术工作岗位的需求。计算机网络课程教学设计以网络技术原理的理解和网络技术应用能力培养为导向，本课程是按照培养计算机类专业的工程应用型人才的需要制定，侧重现有网络技术原理理论知识、功能实现的理解掌握及网络技术实践技能训练，按照总学时 72（其中理论授课 54 学时，课内实验 18 学时）进行规划。面向其他类型学生培养、不同学时的教学设计可以参照本方案有针对性地调整，增加与删减部分教学内容。例如，对于未来从事计算机科学研究（科学型）的学生，授课中应该进一步突出对网络新技术的研究以及相关网络技术效率的数学化分析；对工程类的学生，可以对第 4、5、6、7 章中交换机、路由器等网络设备功能学习多安排一些学时。对开发应用型的学生，可以对第 2、3 章中的网络应用服务软件系统、传输层的协议原理多安排一些学时，同时训练网络服务软件的安装配置。要想对网络原理与协议内容有更好的理解和掌握，安排一个网络应用软件课程设计是很有意义的。计算机类专业的工程应用型人才需要具有较扎实的基础理论、专业知识和基本技能，具有良好的可持续发展能力。围绕工程教育培养的问题求解的基本路径"问题→形式化或模型化描述→计算机程序化"的人才培养模式开展，所以计算机网络课程强调在学习相关知识时，分析并提出计算机网络中实际存在的网络技术问题，对问题进行形式化或模型化描述，最后给出计算机程序化的实现方法，着力培养学生的系统能力以及理论结合实际的能力，而且要强调对学科基本特征的体现。

4.7.1　课程简介

计算机网络之所以能够满足用户对各种复杂的网络应用的功能需求，是由于各种类型的网络节点共同遵守规定的复杂网络协议，在连续的节点之间实现大量复杂二进制数据串通信的基础上，各相关节点按照网络协议所规定的要求，完成协同计算，以实现各种复杂的网络应用需求。

计算机网络经多种类型的网络通信链路及多种类型的网络通信节点，支持多种媒体信息表示，以满足不同类型的复杂网络应用。计算机网络采用层次的网络体系结构，解决计算机网络应用中各方面的复杂工程问题。需要对计算机网络中的复杂问题进行形式化或模型化描述，而后用计算机程序化方法进行求解，以培养学生解决复杂工程问题的综合能力，同时还需要对现有计算机网络技术的实践技能进行学习。因此计算机网络课程是理论和实践结合的重要专业技术基础课程之一。

本课程主要以 Internet 的 TCP/IP 体系结构为模型，全面讲述计算机网络基本理论知识和基本原理。以典型的校园网或园区网、抽象浓缩的互联网的网络互联模型为例，介绍计算机网络概况，讲解内容包含网络层次体系结构，应用层服务、应用层体系结构及应用层协议模型，传输层服务、传输层协议、可靠数据传输模型及实现原理，网络层服务、网络层路由模型及实现原理，链路层服务及链路层交换技术原理，物理层服务及物理层通信原理，无线局域网服务及通信原理，网络安全技术概念及各种安全技术组合框架模型，网络管理概念及管理系统模型，交换机与路由器的基本技术原理，交换机与路由器配置的实验内容。通过计算机网络课程学习，可系统地掌握计算机网络的基本概念和基本原理，理解 ISO OSI/RM 和 TCP/IP 体系结构的有关理论，计算机网络的主要协议的设计原理和有关标准，IEEE 局域网标准及其应用，IPv4、IPv6 和网络互联的原理，使学生能掌握并充分运用先进网络管理方法和手段，为 Internet 设计开发与管理、局域网的组建、复杂网络工程规划和管理打下良好基础。

"计算机网络"课程的教学内容几乎完全具备《华盛顿协议》关于复杂工程问题的前 7 个特征。它包含求解计算机网络问题和利用计算机网络技术求解问题的基本原理最典型、最基本的方法。本课程所涉及的复杂问题都需要进行深入的分析，而且这些复杂问题的解决需要建立恰当的形式化或模型化描述，并基于描述进行计算机程序化实现。所以，本课程不仅使学生掌握基本原理、基本技术、基本方法，还提供了一个使学生经历计算机复杂工程构建网络系统过程的机会，即让学生实现一些诸如 Web、FTP、Email、DNS、P2P 即时通信等通用的网络应用服务程序，或者实现一个可靠数据传输系统，或实现基于 SNMP 的简单系统。"计算机网络"课程是计算机专业培养学生解决复杂工程问题能力的最佳载体之一。

4.7.2　课程地位和教学目标

1. 课程地位

本课程是计算机类专业的技术基础必修课，旨在继程序设计、数据结构、操作系统原理等课程后，引导学生理解并掌握计算机网络技术的原理和方法，培养其基于网络的计算机协同计算思维、网络技术形式化描述、网络协议设计与实现等专业系统基本能力以及网络工程规划设计与实现的工程应用技能。增强学生对问题的形式化或模型描述以及一般性问题求解过程的理解，学习基本思维方法和研究方法；引导学生追求从问题出发，通过形式化或模型化实现问题求解，强化学生协同计算、模块化等专业核心意识；除了学习知识外，还要学习自顶向下、自底向上、模块化等典型方法；给学生提供参与设计实现复杂系统的机会，培养其解决工程问题的一般过程的意识和能力。

2. 教学目标

总的教学目标是使学生掌握"计算机网络"中的基本理论、基本方法，学会在网络系统级通过计算机程序化和协同计算解决网络复杂技术问题，提升计算机问题求解的水平，增强系统能力，体验实现协同计算的乐趣。基本要求如下。

- 系统地学习和掌握计算机网络的主要基础知识。
- 掌握计算机网络的层次体系结构及互联网中各层协议的功能与实现原理。
- 掌握计算机网络的基本理论和技术方法、网络协议的原理和分析方法。
- 掌握局域网、基本的交换与路由、广域网等网络技术，培养其具有继续学习、跟踪

IPv6 等网络新技术的能力。

- 掌握网络安全与网络管理技术。
- 掌握计算机网络中相关技术问题发现与提出的基本方法，掌握对问题的形式化或模型化描述方法，掌握网络问题的计算机程序化实现的解决方法。

掌握以计算机网络分层体系结构解决复杂网络问题的思想，掌握各层对所实现的功能的问题描述和实现方法。增强理论结合实际的能力，获得利用已有网络协议设计与实现复杂网络功能的"顶峰体验"，培养学生设计开发网络复杂系统的能力和网络工程规划设计与配置实现的能力。

目标 1： 使学生掌握本专业人才的职业生涯中反复用到的基础理论和基本方法，以用于解决较大的复杂工程问题，处理复杂网络软件系统、网络工程的设计与实现。为毕业要求 1 的达成提供支持。

目标 2： 培养学生理解现有网络技术所建立的模型，以形式化方法描述现有网络协议，通过网络节点协同计算实现现有网络技术功能的思想与方法；能用解决复杂工程问题的方法解决需要协同计算的复杂网络软件系统问题，实现复杂网络工程系统的规划设计与配置。为毕业要求 2 的达成提供支持。

目标 3： 强化学生形式化或模型化、算法、模块化等专业核心意识，掌握自顶向下、自底向上、模块化等典型方法，培养其包括功能划分、多模块协调、多网络节点协调、形式化描述、程序实现等在内的设计实现一个需要协同计算的复杂网络系统的能力。为毕业要求 3 的达成提供支持。

目标 4： 能够基于工程相关背景知识进行合理分析，评价专业工程实践和复杂工程问题解决方案对社会、健康、安全、法律以及文化的影响，并理解应承担的责任。根据所学的网络技术知识，针对客户网络建设需求，利用复杂工程的思想解决客户的复杂网络工程规划设计与配置问题。为毕业要求 6 的达成提供支持。

目标 5： 通过分组完成网络系统软件设计与实现以及复杂网络工程规划设计与配置实现，以培养学生团队协作能力。学生需要在分工、设计、实现、口头和书面报告等环节中相互协调、相互配合。对毕业要求 9 的达成具有一定的贡献。

目标 6： 通过网络系统软件设计实现、网络工程规划设计与配置实现过程中的组内讨论以及验收过程中的报告撰写、陈述发言等，培养专业相关的表达能力。对毕业要求 10 的达成具有一定的贡献。

目标 7： 使学生具有自主学习和终身学习的意识，有不断学习新技术和适应技术新发展的能力。新的网络技术发展太快，本课程只介绍计算机网络的一般原理性知识，而将 IPv6、无线网络、移动互联网等新技术留给学生自主学习，要求学生终生学习以跟上技术发展演变。对毕业要求 12 的达成具有一定的贡献。

4.7.3　课程教学内容及要求

本大纲是按照培养计算机类专业的工程应用型人才的需要制定的，侧重现有网络技术原理的理论知识、网络功能实现的理解及网络技术实践技能的训练。下面给出本课程要求的基本教学内容，在授课中尽量做到全涵盖。面向其他类型学生培养时，主讲教师可以根据学生的状况、自身的体会等在某些方面进行扩展或对学生进行引导，不同学时的教学设计可以参照本方案有针对性地增加与删减部分教学内容。例如，对于未来从事计算机科学研究（科学型）的学生，授课中应该进一步突出对网络新技术的研究以及网络技术效率的数学化分析；对工程类的学生，可以对第4、5、6、7章多安排一些学时，这几章包含较多的网络技术工程应用。

第1章　计算机网络与网络技术概述

教学目的，一般化的复杂工程问题解决的过程引导，引导学生学会发现并提出网络中的技术问题，构建问题模型或问题形式化语言描述，用计算机程序化解决问题的一般方法。

典型的校园网或园区网等计算机网络的拓扑表现形式，抽象浓缩互联网的网络互联表现形式，接入网的几种技术；网络的通信子网部分的作用，资源子网部分的作用，网络互联互通的数据通信过程，数据交换技术，数据路由技术；以典型的校园网或园区网案例为中心，网络通信链路类型，网络通信节点种类，在互联网络上实现的可见与可操作的复杂网络应用，从网络技术原理层面分析。需要解决的复杂技术与复杂工程问题，引出分析复杂工程问题的网络层次体系结构模型；协议概念及协议的要素；分组交换网技术，电路交换网技术；分组交换网的分组时延计算模型；网络安全中的网络攻击形式化模型；网络管理概念与形式化模型。

重点：抽象浓缩互联网的网络互联表现形式，解决复杂网络系统的层次体系结构及其模型化；协议概念及协议的要素；分组交换网的分组时延计算模型；网络安全中的网络攻击形式化模型。

难点：抽象浓缩互联网的网络互联表现形式，解决复杂网络系统的层次体系结构及其模型化；协议概念及协议的要素。

本章介绍计算机网络课程的特点，特别是在人才培养中的作用，包括从哪几方面能够体现培养学生解决复杂工程问题的能力，以便引起学生的注意。另外要告知学生在学习中要注意的问题，使学生掌握基本的概念和网络系统的总体结构，在他们理解后才能激发他们的兴趣。特别是提醒学生应该注意学习哪些方法。另外，要提醒学生注意查阅现有互联网的互联拓扑图，通过多个适当规模和复杂度的网络系统案例，思考网络系统设计所体现的可扩展性与易管理性。学生不仅在本课程中要学会解决复杂工程问题需要的基本原理、基本思想和方法，还要有机会经历复杂网络系统模型的构建。所以，在介绍典型网络与互联网系统结构和各部分的主要功能时，要注意站在网络系统的高度讨论问题，使学生建立系统的总体模型，深化学生关于模块划分的系统设计思想，让学生再次感受一个由多网络子系统构成的系统的设计方法。

第2章　应用层服务及协议

应用层服务，两种应用层体系结构——C/S、P2P。HTTP应用层服务的基本协议，在掌握HTTP基本协议原理的基础上，深入分析基于HTTP的Web服务支持多媒体（文本、语音以及视频）传输协议怎么解决、并行传输怎么解决等问题，Web服务器并行接收大量客户端访问的负载处理问题，促使学生多查资料去深入了解；FTP应用层服务的基本协议及模型，在掌握FTP基本协议原理的基础上，深入分析FTP服务器在传输文件大量内容时，软件适应网络带宽变化的编程方法问题，FTP服务器并行接收大量客户端访问的负载处理问题，促使学生多查资料去深入了解；Email应用层服务的基本协议，在掌握Email基本协议原理的基础上，提出多媒体邮件内容传输、附件传输的协议解决方法问题，邮件内容加密的安全协议处理问题，促使学生多查资料去深入了解；DNS 应用层服务的基本协议及分布式系统模型，在掌握 DNS 基本协议原理的基础上，提出一般网络应用层程序利用 DNS 解析域名的方法问题，DNS 解析过程中出现各种异常情况的容错处理方法问题，DNS 提供高解析服务的效率优化方法问题，现有的 DNS 体系存在哪些弱点问题，促使学生多查资料去深入了解；训练安装一个分布式层次的 DNS 解析系统；P2P 应用层协议，用数学知识构建 P2P 文件传输效率分析的数学公式；基于 Socket 接口的客户机/服务器体系结构的网络应用程序模型，在掌握基本的基于 Socket 接口的 API 函数编程方法及 C/S 体系结构的网络应用程序基本编程流程基础上，在 Linux 系统或 Windows 系统平台下，训练编写基于简单协议交互的 C/S 网络应用程序，比如简单的时间服务器软件、文本聊天软件，或有难度的 HTTP 客户端（浏览器）、HTTP 服务端（Web 服务器）、Proxy 服务器、Mail 客户端。

重点：HTTP 基本协议原理；FTP 基本协议原理；Email 基本协议原理；DNS 基本协议原理；P2P 应用层协议；基于 Socket 接口的 C/S 体系结构的网络应用程序开发。

难点：HTTP 基本协议原理；DNS 基本协议原理；P2P 应用层协议。

通过本章的教学，要训练学生在掌握常见的应用层服务协议基础上，能进一步提出问题并建立模型，并且基于所建立的模型能用计算机程序化求解所提出的问题。

应用层服务是学生容易体验的，也容易入手练习安装配置，同时可测试安装运行效果，可抓包分析协议过程。可以考虑针对某个应用层服务基本协议及实现原理，自己编写一个基本的程序原型，锻炼计算机程序化解决复杂问题的能力。

本章内容基本都是重点，难点在于掌握这些基于标准协议的复杂网络应用服务系统的功能的全部实现原理，一般学校要求学生编程实现基于简单协议交互的 C/S 程序，部分高水平大学可以要求学生编程实现某些有难度的、常见的网络应用服务程序的大部分或全部功能，以培养学生解决复杂网络应用系统开发问题的能力。

第 3 章 传输层服务及协议

传输层在网络体系结构中的服务模型，传输层在网络层提供的服务基础上，为网络节点上的应用进程提供数据传输服务。互联网传输层向应用进程提供的两种服务：可靠数据传输服务与不可靠数据传输服务，提问并讲解设计可靠数据传输服务与不可靠数据传输服务的原因。传输层用端口协议字段对应用进程实现复用与分解数据传输服务，在不可靠的网络层提供的主机间通信服务的基础上，提出并分析可靠数据传输服务向应用进程提供可靠数据传输的复杂工程问题，构建实现可靠数据传输的模型，可靠数据传输模型的有限状态机描述，依据这些描述模型给出解决此复杂工程问题的计算机程序化解决方法。实现可靠数据传输服务的几种方法：停等协议、回退 N 协议和选择重传协议。UDP 的不可靠数据传输服务协议，TCP 的可靠数据传输服务，TCP 的协议结构，TCP 的超时时间加权平均计算方法及数学公式、TCP 的传输层协议的连接管理及有限状态机模型，TCP 传输协议的流量控制算法，TCP 的拥塞控制策略。

使学生掌握用有限状态机描述可以计算机程序化解决的复杂问题的设计模型，感受形式化、模型化描述的威力，体验形式化描述和模型构建的重要意义。引导学生查找资料，自我学习和扩展。

重点：传输层为网络节点上的应用进程提供数据传输服务，在不可靠数据传输基础上解决可靠数据传输的复杂工程问题，可靠数据传输模型的有限状态机描述；TCP 的协议结构，TCP 的超时时间加权平均计算方法，TCP 的可靠数据传输原理，TCP 的流量控制方法，TCP 的拥塞控制策略。

难点：在不可靠数据传输基础上解决可靠数据传输的复杂工程问题，可靠数据传输模型的有限状态机描述，TCP 的可靠数据传输原理，TCP 的拥塞控制策略。

分析不可靠数据传输的网络层所存在的几种不可靠传输的原因，在此基础上，提出实现可靠数据传输技术方法问题，构建在不可靠数据传输网络层上实现可靠传输数据层模型，针对问题用有限状态机描述可靠数据传输模型，此有限状态机模型是实现可靠数据传输的计算机程序化的等价描述，因此理解了有限状态机描述模型的原理，实现就变得较容易了。对面向工程应用型人才的培养，从中应能充分体现复杂工程问题求解的基本路径是"问题→形式化或模型化描述→计算机程序化"。TCP 连接管理的有限状态机模型及其实现又是一个充分例证。通过对于这些问题的处理，可以充分训练学生的系统设计与实现能力。

第 4 章　网络层服务及协议

网络层路由功能，网络层路由转发与路由选择功能，网络层两种路由服务技术——虚电路和数据报，路由器的基本结构与其工作原理，IPv4 数据报格式及其相关协议，IPv4 编址，IPv4 掩码，IPv4 网关，跨网通信原理，DHCP 协议，NAT 协议，ICMP 协议，IPv6 协议基础，两种类型的路由算法：全局的链路状态路由选择算法和局部的距离向量路由选择算法；根据网络互联的拓扑图，提出各种路由选择算法的优劣评价问题和求解花费最少的最短路径的路由选择算法问题；利用数学图论知识，构建基于网络互联拓扑图的图模型，利用图论的推导过程，将其转换成计算机程序化计算花费最少的最短路径的路由选择算法。几种较常用的路由算法——RIP、OSPF 及 IS-IS，层次路由选择，自治系统路由选择，自治系统间路由选择（BGP4），广播与多播路由选择。训练路由选择图模型构建，图模型求解，计算机程序化实现。SDN 软件定义网络技术，数据中心的大量数据交换对交换网络的交换性能的特殊要求。

重点：网络层路由功能，IPv4 数据报格式及其相关协议，全局的链路状态路由选择算法和局部的距离向量路由选择算法，RIP、OSPF 及 IS-IS，自治系统间路由选择（BGP4），多播路由选择。

难点：网络层路由功能，IPv4 数据报格式及其相关协议，全局的链路状态路由选择算法和局部的距离向量路由选择算法，OSPF，自治系统间路由选择（BGP4），多播路由选择，SDN 软件定义网络技术。

关于路由选择算法复杂问题的求解过程，应根据网络互联的拓扑图，利用数学图论知识，构建基于网络互联拓扑图的图模型，利用图论推导过程，将其转换成计算机程序化计算花费最少的最短路径的路由选择算法，重点在于讲授这一问题的复杂工程问题求解一般处理过程，同时要掌握现有的路由选择算法原理。这些内容是典型的基于模型进行复杂问题求解的实例，而且它们的处理必须基于最基本的图论方法，利用图论求解方法，给出了两种路由选择算法。就工程型培养，一些学校可以侧重于规划多种复杂的路由拓扑结构的实验教学，培养此类学生解决复杂工程问题的能力，同时学习现有路由器设备的更多功能。SDN 软件定义网络技术主要用于数据中心的交换网络中，在计算机网络课程中难以深入学习，对 SDN 软件定义网络技术只要求基本理解，引导学生对该技术产生深入探究的兴趣。

第 5 章 链路层服务、协议与局域网

链路层服务，实现链路媒体控制多路访问协议，相邻网络节点间的二进制串帧数据单位传输，网络拓扑结构，链路媒体控制多路协议：信道划分协议（频分复用和时分复用）、随机访问协议（时隙 ALOHA、载波侦听多路访问（CSMA））与轮流协议（轮询协议、令牌传递协议），以太网协议 CSMA/CD，以太网帧格式及协议，MAC 地址及其作用，交换式局域网技术及其交换算法，交换机设备功能与配置实验，交换机的生成树协议计算过程，地址解析协议，虚拟局域网（VLAN）、VLAN 的作用及几种实现方法，链路虚拟化技术，数据中心网络。

重点：链路层服务，链路媒体控制多路协议，包括信道划分协议、随机访问协议与轮流协议（轮询协议、令牌传递协议），以太网协议 CSMA/CD，以太网帧格式及协议，MAC 地址及其作用，交换式局域网技术及其交换算法，交换机设备功能与配置实验（工程型培养可以侧重网络工程项目规划设计及实现的案例教学），交换机的生成树协议计算过程，地址解析协议，虚拟局域网，链路虚拟化技术，数据中心网络。

难点：链路媒体控制多路协议，包括信道划分协议、随机访问协议与轮流协议（轮询协议、令牌传递协议），以太网协议 CSMA/CD，交换式局域网技术及其交换算法，交换机的生成树协议计算过程，地址解析协议，虚拟局域网，链路虚拟化技术。

媒体访问控制协议（科学型可以侧重不同协议效率的数学分析，多分析这些协议存在的缺点，引导学生思考和研究改进）、交换机的连接环路、地址解析协议等知识，教学中应采用提出问题、分析问题、解决问题的思路讲解，以培养解决复杂工程问题的能力。交换机的连接环路可以用图论构建连接图模型，用数学方法求解无环路的最短路径树（称为交换机生成树），最后参考交换机之间的生成树协议，并用计算机程序化实现。工程型培养可以侧重于校园网或者园区网的网络工程建设案例教学，培养学生解决复杂工程问题的能力，同时学习和掌握现有交换机设备的更多功能。

第 6 章 广域网、协议及其相关技术

广域网与局域网的本质区别，广域网拓扑结构，广域网通信协议——PPP 协议、HDLC 协议、X.25 协议、ATM 协议、帧中继协议、光纤通信协议；广域网技术：X.25 公用数据网、ATM 网、帧中继网；局域网和网络互联。

重点：广域网与局域网的本质区别；PPP 协议，HDLC 协议，ATM 协议，帧中继协议。

难点：PPP 协议，ATM 协议。

本章中关于 PPP 协议、ATM 协议的理论知识可以选择性讲解。PPP 协议容易掌握，可以在实验环境中抓包分析 PPP 协议格式。ATM 协议是难点。关于广域网技术可以仅介绍性讲解，有实验条件的学校可以安排帧中继协议组网实验，通过本课程学习可以让学生了解互联网工程中所用到的现有各种网络技术的基本知识。

第 7 章 无线网络和移动网络

无线网络硬件基础设施，无线网络信息传输特征：信号衰减，信号干扰，多路径传播，终端隐藏。无线网络协议——CDMA、WiFi。WiFi 技术的 CDMA/CA 协议：802.11 体系结构，信道与关联方法，CDMA/CA 可靠传输算法，802.11 帧格式及与以太网帧的转换，终端在同 IP 子网内不同 BSS 的移动技术问题，蓝牙和 ZigBee；移动蜂窝通信：蜂窝网体系结构，3G，4G（LTE）；移动管理：移动寻址，移动路由，移动 IP 漫游管理。

重点：无线网络协议，CDMA，WiFi，WiFi 技术的 CDMA/CA 协议可靠传输算法，802.11 帧格式及与以太网帧的转换。

难点：WiFi 技术的 CDMA/CA 协议可靠传输算法，802.11 帧格式及与以太网帧的转换。

科学型培养可以侧重 WiFi 的 CDMA/CA 可靠传输算法的通信效率的数学分析以及 CDMA/CA 可靠传输算法的缺点与改进思考。工程应用型教学可以开展实验，掌握无线网络工程中 AP 布点计算工具软件的应用。蜂窝移动网络的内容是介绍性的，要求学生对移动计算技术与蜂窝网络技术有基本理解，引导学生对移动计算技术或蜂窝网络技术产生深入探究的兴趣。

第 8 章　网络安全

网络攻击的两种方式，主动攻击的几种表现方法与被动攻击的几种表现方法；网络安全存在的范畴，机密性，报文完整性，端点鉴别，信息不可抵赖，服务系统运行的可用性与安全性；密码学原理知识，加密算法，解密算法，密钥；两种加密系统——对称加密、公开密钥加密；对称加密的块密码——DES、3DES、AES；公开密钥加密特性及 RSA 加密原理，利用私钥实现数字签名；报文完整性的要求，密码散列函数功能及其特性要求，密码散列函数实现报文完整性的方法，报文鉴别码及其报文鉴别方法，报文鉴别码的数字签名及验证签名报文方法；公钥认证；电子邮件安全标准 PGP 安全技术框架协议；TCP 连接安全标准 SSL 技术框架模型；网络层安全 IPSec 安全技术框架协议，VPN 技术；无限网络安全技术方法；防火墙与入侵检测系统技术。

重点：加密算法，解密算法，密钥；两种加密系统——对称加密、公开密钥加密；对称加密的块密码——DES、3DES、AES；公开密钥加密特性及 RSA 加密原理，数字签名；密码散列函数与报文完整性，报文鉴别码的数字签名；公钥认证；PGP 安全技术框架协议；TCP 连接安全标准 SSL 技术框架模型及协商协议；网络层安全 IPSec 安全技术框架协议。

难点：加密解密算法，密钥；两种加密系统——对称加密、公开密钥加密；块密码——DES；公开密钥 RSA 加密，数字签名；密码散列函数与报文完整性；PGP 安全技术框架协议； SSL 技术框架模型及协商协议；IPSec 安全技术框架协议。

本章关于安全技术的介绍性概念比较多，具体安全技术理论知识有一定的难度，在计算机网络课程中难以深入涉猎，对一些复杂的安全技术框架的教学要求以达到基本理解为目的，从教学角度难以让学生体验复杂工程问题求解的基本过程。但对于现所应用的对称加解密、公钥加解密技术与散列函数等安全技术构建的安全技术框架模型，则要求学生务必理解，以引导学生对安全技术产生深入探究的兴趣。关于网络安全复杂工程问题的一般化过程"问题→形式化或模型化描述→计算机程序化"的教学培养，一般需要另外开设一门网络安全相关课程。对于应用型培养，在实验上可以要求学生编程实现简单的加密算法、散列函数。对于工程型培养，在实验上可以要求学生完成搭建 VPN 的实验，培养学生解决复杂工程问题的能力。

第 9 章　网络管理

实施网络管理的必要性，网络管理的范畴，网络管理框架：硬件基础设施及软件实体关系，SNMP 协议数据单元格式及类型，网络管理协议 SNMP 的管理数据存储，即 SMI MIB，CMIP 协议基本内容。

重点：SNMP 协议数据单元格式，网络管理协议 SNMP 的管理数据存储（SMI MIB）。

难点：网络管理协议 SNMP 的管理数据存储（SMI MIB），SNMP 协议数据单元格式。

本章的内容是介绍性的，学生可以试着安装网络管理软件，抓包分析 SNMP 协议。对于应用型培养，在实验上可以要求学生试着编写 SNMP 代理软件读取 SNMP 协议数据。

4.7.4 教学环节的安排与要求

1. 课堂讲授

课堂教学首先要使学生掌握课程教学内容中的基本概念、基本理论和基本方法。特别是通过讲授，使学生能够对这些基本概念和理论有深入的理解，有能力将它们应用到一些问题的求解中。要注意对其中的一些基本方法的核心思想的分析，使学生能够掌握其关键所在，并学习如何进行分析。积极探索和实践研究型教学。教师将对问题的求解过程转化成复杂工程问题一般求解过程，学生围绕复杂工程问题一般求解方法进行探索式学习。从提出问题，到求解思路分析，再到用形式化、模型化或其他方式表示问题，再到其求解算法的设计，培养学生抽象表示问题的能力，强化对"一类"问题进行求解的意识。计算机网络从系统性的层次体系结构角度向学生展示网络系统，同时考虑各层的实现与联系，到具体问题求解的计算机程序化实现，培养学生的系统意识和能力。使用多媒体课件，配合板书和范例演示讲授课程内容。在授课过程中，对讲授课程内容，先引出问题，而后自然进入相关内容的讲授。适当引导学生阅读外文书籍和资料，培养自学能力。

2. 实验教学

计算机网络实验是本课程的课内实验部分，与理论教学部分是一个整体，对本课程知识的学习和掌握起到重要作用。计算机网络实验课中安排的相关实验项目侧重对已有网络知识的验证，旨在引导学生深入理解理论知识。在掌握课程中的相关理论知识基础上开展实验过程，更容易预测并理解实验过程中应该出现的现象与结果，这样学习效果会更好。在某些网络构建与配置实验过程中，可能会出现导致实验不能一步成功的各种复杂工程问题，比如构建较复杂的、有特殊功能要求的局域网或多个异构局域网互联，看似完成了正确的配置，但得不到期望的执行结果，其中就需要用解决复杂工程问题的一般化思想解决该实验中遇到的网络复杂工程问题。因此需要学生根据已有理论知识与实践技能经验，并上网查询类似问题的解决办法。

另外，实验以分组方式完成，给学生提供机会，使他们在团队合作、资料查阅、工具获取与使用、问题表达等方面得到锻炼。从教学的基本追求来讲，实验主要对毕业要求 5 的达成提供支持，同时对毕业要求 1、2、9、10 提供一定的支持。具体如下。

目标 1：能够针对复杂工程问题，开发、选择与使用恰当的技术、资源、现代工程工具和信息技术工具，包括对复杂工程问题的预测与模拟，并能够理解其局限性。为毕业要求 5 的达成提供支持。

目标 2：将与理论教学部分相结合，促使学生掌握计算机网络的基础理论知识和问题求解的典型思想与方法，将其应用于解决复杂网络工程规划设计的问题和复杂的网络应用服务程序开发的问题。为本专业毕业要求 1、2 的达成提供一定支持。

目标 3：网络规划设计与配置实验，需要将学生分组，组内人员分工协作，以培养学生团队协作能力。学生需要在分工、设计、实现、口头和书面报告等环节中相互协调、相互配合。为本专业的毕业要求 9、10 的达成提供一定支持。

本实验由表 4-7-1 中的 5 个实验组成。

表 4-7-1　实验内容安排

序号	实验项目名称	学时（课内+课外）	人数/组	开放否
1	标准应用层协议服务器软件的安装与配置（HTTP、FTP、Email、DNS、DHCP、NAT）	6		开放
2	基于 Socket 的网络程序设计	3		开放
3	交换网络构建与交换机设备配置	3		开放
4	网络互联与路由器设备配置	3		开放
5	企业级网络构建与配置实现	3		开放

实验 1：标准应用层协议服务器软件的安装与配置（HTTP、FTP、Email、DNS、DHCP、NAT）

这些内容的实验有助于学生理解计算机网络协议的三要素——语法、语义和时序，因为应用层服务器软件是学生刚开始学计算机网络时摸得着、看得见的应用，最容易理解。同时应用层服务器软件的安装与配置也是今后从事网络技术工作必备的技能之一，这些实验项目属于必须完成的任务。在相关应用层服务器软件安装与配置过程中会遇到各种工程技能问题，需要学生根据已有的计算机知识以及网络应用层协议知识分析并解决相关工程问题。

实验内容：基于 HTTP 协议的 Web 服务器软件的安装、配置与测试，基于 FTP 协议的 FTP 服务器软件的安装、配置与测试，Email 服务器软件安装、配置与测试，DNS 分布式域名解析服务器软件安装、配置与测试，DHCP 服务器软件安装、配置与测试，NAT 服务器软件安装、配置与测试。

基本要求：

（1）成功安装一款 Web 服务器软件。

（2）能配置 Web 服务器软件的相关参数，如主页、文件夹读写权限，增加虚拟主机。

（3）能安装开发语言组件：JSP、ASP、PHP。

附加要求（可选）

（1）能编写静态与动态网页，编写前端程序。

（2）能够优化服务器软件的性能。

实验 2：基于 Socket 的网络程序设计

编写网络程序更能让学生了解一个网络协议实现时需要考虑哪些方面，切身体会计算机网络这样一个庞大的、复杂的系统带给人们便捷高效的各种网络应用是在层次化网络体系结构模型上设计大量复杂的协议并依靠网络节点的协同计算实现的。促进学生深入理解理论课中所学的网络体系结构的重要性、网络协议必备的三要素及相关网络协议的设计思想和方法。让学生站在系统的高度去理解网络程序和算法，提升程序设计与实现能力、算法选择与实现能力以及包括系统观、系统设计和开发在内的系统能力，进一步体验使用计算机网络的乐趣。

实验内容：编写能实现基本功能的 C/S 结构的服务器与客户端两个程序，要求分别用基于 UDP、TCP 传输层协议实现，要求能实现客户机与服务器之间有协议格式规定的数据传输；编写能实现基于 ICMP 协议的 ping 命令或 tracert 命令；程序实现可以在 Windows 或者 Linux 下完成。

基本要求：

（1）必须为客户机与服务器之间传输的数据设计一定的协议格式。

（2）程序会调用一些 Socket 接口函数，要求程序有正确的函数调用错误处理功能。

（3）能成功编写构建 ICMP 包或者解析 ICMP 包的 ping 或 tracert 命令。

附加要求（可选）：

（1）在 Windows 下编写基于窗口界面的程序。

（2）实现具备标准应用层协议功能的程序。

实验 3：交换网络构建与交换机设备配置

本实验要求学生学习并掌握交换机的功能及配置命令。用交换机构建的有一定复杂度的局域网工程有时需要满足局域网的特殊功能需求，因此需要掌握交换机所具有的特殊功能，配置并启用这些功能才能实现局域网的特殊功能需求。

实验内容：交换机接口的带宽、聚合、镜像等属性配置，交换机为避免环路的生成树配置，交换机虚拟局域网的配置，虚拟局域网的规划，三层交换的局域网三层交换功能的配置，VLAN 间路由配置。

基本要求：

（1）对交换机的基本配置要熟练。

（2）特殊要求的局域网需要交换机特殊功能支持，必须熟悉交换机特殊功能的配置。

（3）局域网运行中效率低下或者故障出现时，要能尽快发现问题所在并能调整交换机的相关配置。

实验 4：网络互联与路由器设备配置

本实验要求学生学习并掌握路由器的功能及配置命令，用路由器构建的有一定复杂度的互联网络工程，有时需要满足路由器的特殊功能需求，因此需要掌握路由器所具有的特殊功能，配置并启用这些功能才能实现互联网络的特殊功能需求。

实验内容：路由器的基本配置，RIP 路由协议配置，OSPF 路由协议配置，IS-IS 路由协议配置，BGP 路由协议配置。

基本要求：

（1）对路由器的基本配置要熟练。

（2）特殊要求的局域网互联需要路由器特殊功能支持，必须熟悉路由器特殊功能的配置。

（3）局域网互联后，在运行中如果路由器运行效率低下或者出现故障，要能尽快发现问题所在并能调整路由器的相关配置。

实验 5：企业级网络构建与配置实现

本实验要求学生开展复杂网络工程综合实验，根据企业的网络建设需求，运用计算机网络课程中所学的理论知识与实践技能，用路由器与交换机构建符合企业需求的复杂工程企业级物理网络，并针对交换机、路由器配置实现企业级网络功能；搭建服务器，安装和配置网络服务器软件，完成网络系统软件工程。此类综合实验可以使学生掌握解决复杂工程问题的一般过程与思维。

实验内容：用交换机与路由器构建满足企业需求的复杂物理网络，安装服务器软件，完成复杂网络软件工程。

基本要求：

（1）物理网络要满足企业的功能与性能需求。

（2）网络服务器系统软件要满足企业的功能与性能需求。

实验考核与评定

学生必须提交实验报告，参考实验报告给出实验成绩。评定的方式是：对实验结果要求现场验收，对实验的过程描述与总结过后验收。成绩评定瞄准本教学环节的主要目标，特别要检查目标 1 的达成情况。评定级别分为优秀、良好、合格、不合格。

- 优秀：实验安装和配置顺利，运行故障极少，运行效率高，出现故障能较快地排除，实验过程表达清楚。
- 良好：实验安装和配置顺利，运行故障较少，运行效率较高，出现故障能较快地排除，实验过程表达清楚。
- 合格：实验安装和配置顺利，运行容易出现故障，运行效率一般，出现故障不能较快地排除，实验过程表达较清楚。
- 不合格：未能达到合格要求。

实验验收可根据具体的合班情况、课时等采用如下的两种方式之一。

验收方式 1：现场验收。现场验收学生设计并实现的系统，并给出现场评定。评定级别分为优秀、良好、合格、不合格。如果学生第一次验收中存在一定的问题，应向学生指出，并鼓励他们进行改进，改进后再重新验收。

验收方式 2：综合验收。采取集体报告（制作报告，准备演示内容，每组报告 10～15min）的形式，按组、按要求评价实验成果；按照要求撰写并按时提交书面实验报告（电子版）。以小组为单位在课堂上进行 10～15min 的报告，通过此环节训练其实验总结与分析等能力和表达能力。

教师根据自己和学生各组的评分给出各组的综合评分，并根据每个学生的表现给出得分。

本课程实验部分考核方式及主要考核内容如表 4-7-2 所示。

表 4-7-2　实验考核方式及考核内容

考核方式	所占比例 / %	主要考核内容
实验整体表现	10	承担的工作，完成的质量，发挥的作用，协作能力，成员间的沟通能力
实验任务完成情况	60	实验任务完成质量，包括实验安装配置过程是否顺利，运行是否成功，运行过程中故障多少，排错能力表现，构建网络复杂程度，表达与展示等方面
实验报告	30	实验报告的组织、撰写，实验成果的陈述、答辩表现

3. 作业

通过课外作业引导学生检验学习效果，进一步掌握课堂讲述的内容，了解自己掌握的程度，思考一些相关的问题，进一步深入理解扩展的内容。

作业的基本要求：根据各章节的情况，布置练习题、思考题等。每一章布置适量的课外作业，完成这些作业需要的知识覆盖课堂讲授内容，主要检验学生对课程中知识的掌握情况，或者就某网络技术存在的缺点让学生提出自己的改进方法，不在乎学生的回答好与不好，而要求考查其改进方法的阐述是否有逻辑和道理。主要支持毕业要求 1、2、3 的实现。

4.7.5　教与学

1. 教授方法

参考 4.7.4 节中的"课堂讲授"部分。以讲授为主（54 学时），实验为辅（课内 18 学时）。课内讲授以复杂工程问题一般求解的过程模式进行教学，以知识为载体，传授相关的思想和方法。实验教学则提出基本要求，引导学生独立（按组）完成网络程序系统或网络工程项目的设计与实现。

2. 学习方法

养成探索问题的习惯，特别是重视对基本理论的钻研，在理论指导下进行实践。注意从实际问题入手，设计抽象模型，最后实现网络问题求解——设计实现网络系统或应用服务程序系统，或搭建复杂的局域网或广域网网络工程项目。明确学习各阶段的重点任务，做到课前预习，课中认真听课，积极思考，课后认真复习。仔细研读教材，适当选读参考书的相关内容，从网络系统实现的角度深入理解概念，掌握方法的精髓和算法的核心思想。积极参加实验，在实验中加深对原理的理解。

4.7.6　学时分配

本课程学时分配如表 4-7-3 所示。

表 4-7-3　学时分配

章	主要内容	学时分配					合计
		讲课	习题	实验	讨论	其他	
1	计算机网络与网络技术概述	6					6
2	应用层服务及协议	6		6			12
3	传输层服务及协议	9					9
4	网络层服务及协议	9		3			12
5	链路层服务、协议与局域网	6		3			9
6	广域网、协议及其相关技术	3		3			6
7	无线网络和移动网络	6					6
8	网络安全	6					6
9	网络管理	3		3			6
	合计	54		18			72

4.7.7　课程考核与成绩评定

平时成绩占 20%（作业占 10%，随堂练习占 10%），实验占 20%，期末考试占 60%。实验成绩主要反映学生在所学理论指导下完成复杂的网络应用层服务软件系统安装与配置、复杂网络工程规划设计、效果测试与故障排除、简单的网络系统性程序和网络应用程序开发的情况，培养学生在复杂系统的分析、设计与实现中的交流能力（口头和书面表达）、协作能力、组织能力。

平时成绩中的随堂练习主要反映学生的课堂表现、平时的信息接受、自我约束。作业成绩主要反映作业完成的情况。

期末考试是对学生学习情况的全面检验。强调考核学生对计算机网络基本概念、基本方法、基本技术的掌握程度，考核学生运用所学方法设计解决方案的能力，淡化考查一般知识、结论、记忆。主要以计算机网络技术的形式化（模型）描述、基于形式化描述的实现为主，包括层次体系结构中各层的功能、各层协议知识及功能实现原理，要起到督促学生系统掌握包括基本思想方法在内的主要内容的作用。

本课程考核方式及主要考核内容如表 4-7-4 所示。

表 4-7-4　课程考核方式及考核内容

考核方式	所占比例/%	主要考核内容
作业	10	按照教学的要求，作业将引导学生复习讲授的内容（基本模型、基本方法、基本理论、基本算法），深入理解相关的内容，锻炼运用所学知识解决相关问题的能力，通过对相关作业的完成质量的评价，为教学目标 1、2、3，即毕业要求 1、2、3 达成度的评价提供支持
随堂练习	10	考查学生课堂的参与度，对所讲内容的基本掌握情况，基本的问题解决能力，通过考核学生课堂练习参与度及其完成质量，为教学目标 1、2、3，即毕业要求 1、2、3 达成度的评价提供支持
实验	20	对学生综合运用计算机网络的基本原理、基本方法和相关网络技术问题的形式化描述、网络工程系统设计方法、程序设计方法等完成一定网络应用系统设计与实现能力等方面的检验，通过对网络应用系统安装及配置、局域网搭建及交换机设备配置、多子网构建实验及路由器设备配置、广域网实验构建及配置以及以上实验运行过程中的抓包分析，深入掌握网络技术构建技能与协议分析方法，通过实验质量优劣以及实验分析描述的优劣的考核，为教学目标 4，即毕业要求 6 达成度的评价提供支持，同时为实现教学目标 1、2、5、6，即毕业要求 1、2、9、10 达成度的评价也提供有一定参考价值的基础数据
期末考试	60	通过对规定考试内容掌握的情况，特别是具体的问题求解能力的考核，为教学目标 1～4，即毕业要求 1、2、3、6 达成度的评价提供支持

4.8　软件工程导论

本课程共分 12 章，总学时 54 学时，以课堂教学为主，讲述软件工程的基本过程、方法和模型等基础知识，旨在引导学生树立工程理念，建立工程思路，并且为学生解决复杂软件工程问题奠定理论基础。实践环节为学生提供复杂工程问题求解的机会，该环节通过课外实验完成，需要运用软件工程基本理论深入分析问题、建立抽象模型，创造性地设计解决方案，并最终实现系统和评测。学生通过经历复杂工程问题的求解过程，提高其解决实际问题的能力，进而使学生在应用场景中得到全面的训练。

4.8.1　课程简介

软件工程是用科学知识和技术原理来定义、开发、维护软件的一门学科，是运用工程学的基本原理和方法来组织管理软件的生产、研究、开发、管理、维护的过程、方法和技术。它是一门介于计算机工程、计算机科学、管理学、数学、质量管理、心理学、系统工程学之间的新兴的综合性交叉学科。其目的在于降低软件本身固有的复杂性，即问题域的复杂性、管理开发过程的困难性、软件实现的灵活性以及刻画离散系统行为的复杂性。因此，"软件工程"的教学内容几乎完全符合《华盛顿协议》关于复杂工程问题的 7 个特征。

本课程定位为学生学习软件工程相关知识的入门课程。通过本课程的学习（包括理论教学和实践活动），学生能够了解"软件工程"中的基本概念、基本理论、基本方法。了解传统软件开发方法和面向对象方法的异同；进而从工程的视角对软件和软件设计进行再认识，提升学生解决复杂软件工程问题的能力。

为了实现基础知识的系统性，涉及 IEEE SWEBOK（Software Engineering Body Of Knowledge）V3 中的软件需求、软件设计、软件构造、软件测试、软件维护、软件工程过程和软件工程模型和方法等多个知识域，覆盖了软件工程的基本方法、过程和模型等内容。课程讲授时不仅要注重知识点的讲解，还要强调实践环节。对于工程、应用型学生可以略去第 4 章"形式化说明技术"的讲授。

4.8.2　课程地位和教学目标

1. 课程地位

本课程是计算机科学与技术专业、软件工程专业的核心专业基础课之一。

2. 教学目标

通过本课程的学习使学生了解软件工程的基本原理、概念和技术方法，了解软件开发的一般方法、步骤和过程，为学生今后从事软件开发奠定良好基础；使学生能自觉地使用软件工程的技术与规范参与软件项目活动；初步了解软件开发中常用建模工具的使用，并能综合运用所学基础理论和专业技能解决计算机类学科和专业的实际问题。

本课程应达到如下要求：

（1）学会软件的基本概念，软件危机与软件工程的关系，软件的生存周期、软件生存期模型和软件过程概念。

（2）学会可行性分析过程，掌握相关方法及建模工具。

（3）学会软件需求获取的任务和原则、需求获取的方法，理解结构化分析方法及其功能建模、数据建模、行为建模，了解系统需求规格说明书的质量要求、需求验证及其常见风险，了解需求管理中的需求跟踪和需求变更管理。

（4）学会形式化说明技术在需求分析过程中的作用，掌握形式化说明方法。

（5）学会软件设计的概念及原则、结构化设计的任务，理解软件体系的设计，包括基于数据流方法的设计过程，了解接口设计、数据设计，掌握过程设计方法与工具。

（6）学会程序设计语言的性能、分类和选择，了解程序设计风格及编码规范。

（7）学会软件测试的基本概念，测试的目的、原则、对象，以及测试与软件开发各阶段的关系，掌握白盒测试用例和黑盒测试用例的设计方法，以及软件测试的策略和人工测试方法。

（8）学会软件维护的概念、特点、过程，软件的可维护性，提高软件维护性的方法，软件再工程。

（9）学会面向对象分析的3个模型及5个层次，掌握建立功能模型、对象模型、动态模型的方法。

（10）学会面向对象设计过程与准则，体系结构模块及其依赖性，了解系统分解、问题域设计、人机交互部分设计、任务管理部分设计、数据管理部分设计和对象设计。

（11）学会软件维护的概念、软件维护活动、程序修改的步骤及修改的副作用，了解软件可维护性和提高软件可维护性的方法。

（12）学会软件项目管理概念、目标及涉及的几个方面，掌握项目估算方法，了解风险管理的任务、风险的评估、风险控制，了解进度管理、人员组织、配置管理概念。

本课程定位为专业入门课，具有知识点覆盖广、难度大的特点，因此，主要为毕业要求1～5的实现提供支持。具体教学目标如下：

目标1：使学生掌握软件工程的基本原理、概念和技术方法，了解软件开发的一般方法、步骤和过程，提升解决复杂软件工程问题的能力。为毕业要求1的实现提供强支持。

目标2：使学生学会获取软件需求，分析需求，识别问题，选择适当的方法描述问题，建立软件模型，并能够通过进一步的分析验证需求。为毕业要求2的实现提供中度支持。

目标3：培养学生设计针对复杂软件工程问题的解决方案，设计满足特定需求的软件系统，并能够在设计环节中体现创新，同时考虑社会、安全、法律、文化等多方面因素。为毕业要求3的实现提供中度支持。

目标4：培养学生能够采用科学方法对复杂软件工程问题进行研究，包括设计软件测试、分析与解释测试结果，并通过信息综合和分析得到合理有效的结论，对软件系统进行完善和评估。为毕业要求4的实现提供中度支持。

目标5：培养学生能够针对复杂软件工程问题，开发、选择与使用恰当的技术、资源和工具。为毕业要求5的实现提供中度支持。

4.8.3　课程教学内容及要求

本节给出本课程要求的基本教学内容，主讲老师可以根据学生的状况、自身的体会等在某些方面进行扩展，并对学生进行引导，适当扩大学生的学习范围。

第1章　工程学概述

教学目的，课程的基本内容；软件的基本概念，软件危机与软件工程的关系，软件的生命周期及软件生命周期模型，软件过程概念。

重点：教学目的，课程基本内容，软件的基本概念，软件危机与软件工程学，软件生命周期模型。

难点：软件危机与软件工程学，软件的基本概念，软件生命周期模型。

本章需要介绍本课程的特点和学期安排，告知学生学习方法，在学习中要注意的问题，以及课程的总体结构，并且强调阅读参考书和课外实验的重要性。

另外，需要从解决复杂软件工程问题的高度看待课程的内容安排，通过基本原理、基本思想和方法的课堂教学以及课堂讨论、课下实验等教学手段提高学生对复杂工程问题的认识，要求学生不仅要掌握所需要的知识和思维方式，更重要的是要求他们具有解决复杂工程问题的能力。

第 2 章 可行性研究

可行性研究的任务，可行性研究过程、方法和工具，包括系统流程图、数据流图、数据字典以及成本/效益分析。

重点：可行性分析任务、过程、工具，成本/效益分析。

难点：数据流图与数据字典。

可行性分析研究实质上是一次大大压缩简化的系统分析和设计的过程，也就是在较高层次上以较抽象的方式进行的系统分析和设计的过程；并且如果问题没有可行解，就需要在项目真正实施之前判定它，以减少不必要的资源浪费。因此通过本章的教学，学生得以了解复杂工程问题求解的概貌，即建立模型，分析和设计，给出解决方案，从多个角度（技术、经济、操作、法律等）分析方案的优劣，推荐方案，给出实施计划，书写文档。

第 3 章 需求分析

软件需求获取的任务和原则，需求获取的过程和方法，软件需求分析阶段的任务；结构化分析方法及其功能建模、数据建模、行为建模；系统需求规格说明书的质量要求，需求评审及其常见风险；需求管理中的需求跟踪和需求变更管理。

重点：需求分析的任务，需求获取的方法，功能建模，数据建模，行为建模。

难点：功能建模、数据建模、行为建模的应用。

对复杂软件工程问题的求解，首先需要建立合适的抽象模型，进行问题分析。在软件工程需求分析阶段，需要建立逻辑模型，清晰、无二义性地描述用户的需求，而且这个过程必须与用户反复沟通，不断审查验证，逐步完善，最终才能获取用户对软件的真实需求，建立问题域模型。

第 4 章 形式化说明技术

形式化方法的优缺点，应用准则，有穷自动机，Petri 网，Z 语言。

重点：有穷自动机，Petri 网，Z 语言。

难点：形式化方法的应用。

形式化方法有很多，本章只介绍有穷自动机、Petri 网、Z 语言这 3 种，目的是使学生对它们有初步的、概要的了解。课下还需要研读相关文献，在具体工程实践过程中，根据具体需要学习新的形式化方法。

形式化方法是基于数学手段对系统性质进行严格描述的方法。

第 5 章 软件设计

软件设计的概念及原则，设计的任务；软件体系的设计，包括基于数据流方法的设计过程；接口设计，数据设计；过程设计方法与工具；程序复杂程度的定量度量。

重点：软件设计的概念及原则，描绘软件结构的图形工具，面向数据流的设计方法，结构化程序设计，面向数据结构的设计方法。

难点：结构化程序设计，面向数据流的设计方法，面向数据结构的设计方法。

结构化程序设计作为一种程序设计思想、方法和风格，能显著地提高软件生产率，并降低软件维护代价。面向数据流的设计方法给出设计软件结构的一个系统化的途径，而面向数据结构的设计方法根据数据结构设计程序处理过程。

第 6 章 编码与测试

程序设计语言的性能、分类和选择；程序设计风格及编码规范；软件测试的基本概念，测试的目的、原则、对象，测试与软件开发各阶段的关系；白盒测试用例和黑盒测试用例的设计方法；软件可靠性。

重点：程序设计风格及编码规范，软件测试的基本概念，测试的目的、原则、对象，测试与软件开发各阶段的关系；白盒测试用例和黑盒测试用例的设计方法。

难点：白盒测试用例和黑盒测试用例的设计方法及应用。

学生往往忽视编码风格和软件测试的重要性。按照传统的软件工程方法学，编码是在对软件进行了总体设计和详细设计之后进行的，只不过是把设计结果翻译成用某种程序设计语言书写的程序，因此，程序质量基本上取决于设计的质量。但是，编码的风格也对程序的质量有相当大的影响。软件测试仍然是保证软件可靠性的主要手段，并且也是软件开发过程中最艰巨、最繁重的任务。测试阶段的根本任务是发现并改正软件中的错误。它们是解决复杂软件工程问题中相当重要的环节，影响着最终软件系统的可靠性及可维护性。

第7章　维护

软件维护的概念、特点、过程，软件的可维护性，提高软件维护性的方法，软件再工程。

重点：软件维护过程，软件的可维护性，软件再工程。

难点：软件的可维护性，软件再工程。

软件工程的主要目的就是减少软件复杂度，提高软件的可维护性，从而减少软件维护所需要的工作量，降低软件系统开发的总成本。而实际上决定软件系统可维护性有诸多因素，从需求分析阶段就应该考虑软件的可维护性。软件维护是软件生命周期的最后一个阶段，软件工程生命周期概念的学习到本章完成。

第8章　面向对象方法学

面向对象方法学的基本概念、优点，面向对象模型，包括对象模型、动态模型和功能模型，模型之间的关系。

重点：面向对象方法学的基本概念，面向对象模型。

难点：面向对象模型的表示方法。

面向对象技术已成为当前最好的软件开发技术。面向对象方法描述问题的角度不同于传统的结构化方法学，它以对象分解问题域，使得解空间与问题域结构尽可能一致，从而使面向对象方法学具备许多传统软件开发方法所不具备的优点。因此，学生需要注意两种方法学的本质区别是思维方式，而不是所使用的编程语言。

另一方面，面向对象方法学不是与早期方法断然决裂的。实际上，它建立在以前技术的思想之上，是软件工程方法学逐步演进的必然结果。因此，它与传统方法学也有千丝万缕的联系。本章讲授时需要比较两种方法学的异同。

第9章　面向对象分析

面向对象分析的 3 个模型及 5 个层次，需求陈述，建立对象模型的过程，建立动态模型，功能模型。

重点：面向对象分析的 3 个模型及 5 个层次，需求陈述，建立对象模型的过程，建立动态模型，用例模型。

难点：建立对象模型的过程，建立动态模型。

使用面向对象方法开发软件系统时，分析和设计之间的边界是模糊的，但是每种活动关注的重点是不同的。在分析时，关注的重点是分析面临的问题域，从问题域的词汇表中发现类和对象。需求陈述、应用领域的专业知识以及客观世界的常识是建立对象模型的主要信息来源。

可以将基于用例驱动的对象模型的构建方法作为一种建立对象模型的有效途径进行介绍。

第 10 章　面向对象设计

面向对象设计过程与准则，软件重用，系统分解，问题域设计，人机交互部分的设计，任务管理部分的设计，数据管理部分的设计和对象设计。

重点：面向对象设计过程与准则，软件重用，系统分解，问题域设计。

难点：系统分解，问题域设计。

在进行面向对象设计时需要一些抽象和机制，权衡各种因素，从而使系统在整个生命周期中的总开销最小。传统的软件设计的几条基本原理在进行面向对象设计时仍然成立，但是增加了一些与面向对象方法密切相关的新特点。

软件工程师在设计比较复杂的应用系统时普通采用"分而治之"的策略。采用面向对象方法设计软件系统时，面向对象分析模型可以由 5 个层次、4 个子系统组成。在不同的软件系统中，这 4 个子系统的重要程度和规模可能相差很大。

第 11 章　面向对象实现

面向对象程序设计语言，程序设计风格，测试策略和测试用例的设计。

重点：测试策略和测试用例的设计。

难点：测试用例的设计及应用。

面向对象测试和传统软件测试的目标相同。但是，面向对象程序中特有的封装、继承和多态等机制也给面向对象测试带来一些新特点，增加了测试和调试的难度。测试的焦点从传统模块转向对象类。

第 12 章　软件项目管理

软件项目管理的概念、目标及涉及的几个方面，项目估算方法，风险管理的任务，进度管理，甘特图、时标网状图和 PERT 图，需求管理，人员组织，配置管理，质量管理。

重点：软件项目管理概念，项目估算方法，进度管理，人员组织，配置管理，质量管理。

难点：项目估算方法，进度管理。

软件工程包括技术和管理两个方面，是技术与管理紧密结合的产物。只有在科学而严格的管理之下，才能保证复杂软件工程项目的成功。

4.8.4　教学环节的安排及要求

本课程是软件工程专业的入门课程，也是计算机科学与技术专业的专业基础课，课程内容覆盖软件工程多个知识域，而且比较抽象，课堂讲授需要结合实践开发案例，将内容讲解得通俗易懂，才可以将学生领入门。通过课外习题及课程讨论培养学生的基本技能，根据课程进度，布置与课程内容相关的阅读、习题和课外实验。

1. 课堂讲授

在教学方法与手段方面，教学方法采用启发式、讨论式、研究式、互动式等授课方式，充分发挥学生的主体作用。学生也可以在课堂提出问题，与老师、同学进行讨论。

2. 课外实验

课外实验是课堂教学的辅助环节，旨在引导学生深入理解理论知识，并将这些理论知识和相关的问题求解思想和方法用于实际的软件工程开发过程。并且通过讨论课和课外实验让学生初步掌握在分析、设计和测试环节中用到的一些常用工具，如 Rose 建模工具、Runner 测试工具，培养学生解决复杂软件工程问题的能力，即在软件项目过程中的分析、设计和测试能力等。另外，给学生提供机会，使他们在团队合作、查阅资料、工具获取和使用、问题表达等方面得到锻炼。课外实验安排如表 4-8-1 所示。

表 4-8-1　课外实验安排

序号	实验项目名称	人数/组	开放否	时间
1	结构化方法——需求分析	3～10	开放	4 个星期
2	结构化方法——软件设计	3～10	开放	2 个星期
3	结构化方法——编码与测试	3～10	开放	3 个星期
4	面向对象方法——需求分析与设计	3～10	开放	4 个星期
5	面向对象方法——编码与测试	3～10	开放	2 个星期

课外实验中，学生自由组合，每组人数 3～10 人，具体实验项目的内容自由选择，其目的是使学生将课堂所学理论应用于实践，获得实际软件工程开发经验。通过各个小组间的讨论和比较，激发学生主动思考开发过程中各种因素、技术以及各种妥协方案对项目的影响。

实验 1　结构化方法——需求分析

实验内容：选择适当的软件项目进行需求获取与分析，掌握获取需求的各种方法，最终撰写软件需求规格说明书。

基本要求：

（1）使用数据流图建立功能模型，使用数据字典和 E-R 图建立数据模型，使用状态图建立行为模型。

（2）撰写软件需求规格说明书，文档应遵循国家标准。

附加要求（可选）：

（1）使用形式化方法描述需求。

（2）使用快速原型获取需求。

实验 2　结构化方法——软件设计

实验内容：在前一个实验所获得的"软件需求规格说明书"基础上，进行软件总体设计和详细设计。

基本要求：

（1）使用面向数据流的设计方法，获得软件系统的软件结构。

（2）给出每个模块 IPO 表（图）、关键算法的描述（流程图、PAD 图或者伪码）。

（3）撰写软件设计文档，文档应遵循国家标准。

附加要求（可选）：数据库设计。

实验 3　结构化方法——编码与测试

实验内容：在实验 2 所获得的"软件设计文档"基础上，完成编码和测试。

基本要求：

（1）按照设计进行编码，实现系统。

（2）使用白盒测试和黑盒测试方法设计测试用例；并对软件可靠性进行评估。

（3）撰写测试文档，文档应遵循国家标准。

（4）完成确认测试。

附加要求（可选）：

（1）撰写用户使用手册，文档应遵循国家标准。

（2）注意编码风格。

（3）掌握编程与测试工具的使用。

实验 4　面向对象方法——需求分析与设计

实验内容：为了对比传统软件方法和面向对象方法，使用前期实验的软件项目，但是需要使用面向对象方法进行需求分析与设计。

基本要求：

（1）建立对象模型、动态模型和功能模型。

（2）设计时需要充分利用面向对象的多态机制。

（3）完成数据管理、任务管理、问题域、人机交互 4 个子系统的设计。

（4）撰写软件需求规格说明文档和设计文档；文档遵循国家标准。

附加要求（可选）：UML 建模工具的使用。

实验 5　面向对象方法——编码与测试

实验内容：在实验 4 所获得的设计文档基础上，选择一种面向对象语言编码实现，并进行测试。

基本要求：

（1）按照设计进行编码，实现软件系统。

（2）设计测试用例，测试系统并对系统可靠性进行评估。

（3）撰写测试文档，文档应遵循国家标准。

（4）提交传统软件方法与面向对象方法比较的心得体会。

附加要求（可选）：注意编码风格。

教师根据各组在每个实验阶段的实施情况，给出各组的综合评分，并依此给出每个学生的得分，具体如表 4-8-2 所示。

表 4-8-2　实验考核评分

考核方式	所占比例 / %	主要考核内容
实验整体表现	10	承担的工作量，完成的质量，协作能力
实验任务完成情况	70	项目的难度和完成质量
文档撰写	20	文档撰写是否标准、详实

3. 习题课

通过习题课，根据课后作业所出现的问题和教学重点内容进行讲解，对难点进行解答，对同学的做法进行点评和讨论。

作业基本要求：根据各章节的情况，布置课后习题、思考题等。每一章布置适量的课外作业。完成这些作业需要的知识覆盖课堂讲授内容。主要支持毕业要求 1、2、4、5 的实现。

4. 课堂讨论

在讨论课中，主要根据课后作业和课外实验所出现的问题，结合教学重点内容，以专题的形式进行分组讨论。可以分为以下几个专题进行讨论：

- 软件生命周期模型的特点及相关问题。
- 软件需求获取及需求分析相关问题。
- 测试与软件开发各阶段的关系。
- 面向对象分析的 3 个模型及 5 个层次。
- 软件项目管理相关问题。

4.8.5 教与学

1. 教授方法

采用多媒体教学，课件中尽量多采用图片、案例来表达和解释课程内容。课堂教学主要给学生讲解软件工程的基本原理、基本概念和基本方法，使学生能够了解软件开发的一般方法、步骤和过程。

2. 学习方法

做到课前预习，课中认真听讲，积极思考，课后认真复习，充分利用学校的各种学习资源。仔细研读教材，大量选读参考教材的相关内容，从多个角度深入理解概念，掌握传统软件工程和面向对象软件工程的异同。切勿死记硬背。独立完成作业，积极参与课后实验，在实践中加深对原理和方法的理解，提高对软件工程的认识。

4.8.6 学时分配

本课程的学时分配可参考表 4-8-3。

表 4-8-3 学时分配表

章	主要内容	学时分配			小计
		理论课	习题讨论课	课外实验	
1	软件与工程的概述	3	1		4
2	可行性研究	3			3
3	需求分析	3	1		4
4	形式化说明技术	4			4
5	软件设计	5			5
6	编码与测试	5	1	3	9
7	维护	2			2
8	面向对象方法学	4	1		5
9	面向对象分析	4			4
10	面向对象设计	4			4
11	面向对象实现	2		3	5
12	软件项目管理	4	1		5
	合计	43	5	6	54

4.8.7　课程考核与成绩评定

课程考核及成绩评定方式应该能体现对毕业要求达成的支持。

总成绩由以下几部分组成：期末考试成绩占 70%，平时成绩占 30%（其中作业占 10%，随堂讨论占 5%，课外实验占 15%）。

考核方式及成绩评定如表 4-8-4 所示。

表 4-8-4　考核方式及成绩评定

考核方式	所占比例/%	主要考核内容
作业	10	按照教学的要求，作业将引导学生复习讲授的内容（基本概念、基本原理、基本方法），深入理解相关知识，锻炼运用所学知识解决相关问题的能力，通过相关作业的完成质量评价，为毕业要求 1、2、4、5 达成度的评价提供支持
随堂讨论	5	考查学生课堂的参与度，对所讲内容的基本掌握情况，为对毕业要求 1～5 达成度的评价提供支持
课外实验	15	考查学生综合运用软件工程的基本原理、基本方法和工具，系统地、较全面地参与完成一个软件工程开发过程的能力。通过对学生从问题定义到系统实现整个过程的考核，为毕业要求 1～5 达成度的评价提供一定的参考数据
期末考试	70	通过对规定考试内容掌握的情况，特别是具体的问题求解能力的考核，为毕业要求 1、2、4、5 达成度的评价提供支持

期末考试要求如下：

- 考试题型：理论知识题 40 分，理论应用题 30 分，综合分析题 30 分。
- 考试方法：闭卷，笔试。
- 考试时间：120 分钟。
- 记分方式：百分制，满分 100 分，占课程总成绩的 70%。

第5章 专业基础与专业课程

5.1 人 工 智 能

人工智能（AI）课程试图通过了解智能的本质，并对人的意识、思维的信息过程进行模拟，最终能生产出一种新的、与人类智能相似的智能机器，其研究领域包括知识表示与推理、搜索、机器视觉、自然语言处理等。人工智能课程是对本科阶段所学知识的综合应用，本课程的要旨就是培养复杂工程问题的解决能力，本课程的案例、课后作业及思考题、课程设计，无一不是对学生综合能力的培养、训练和提升。人工智能经典教材包含的内容较多，各学校可根据所在学科、教师、学生的特点，明确培养目标，并按照确定的培养目标组织教学计划，开展教学活动。本课程设计以综合问题解决能力的培养为导向，按照培养计算机专业的工程应用型人才的需要制定，设计的总学时为 72 学时，其中理论授课 54 学时，实验课 18 学时（用于完成课程设计）进行规划。针对不同的学制和要求，可参照本方案加以修改。例如，授课时可进一步突出基本原理，或加强项目引导，学数时可灵活。为了更好地理解和掌握 AI 的基本原理和实际的应用，可专门安排有一定挑战性的课程设计。

计算机专业的工程应用型人才需要具有较扎实的基础理论、专业知识和基本技能，具有良好的可持续发展能力。学时充裕的学校，除培养学生解决问题（系统方面）的能力外，还应强调学生知识结构中的逻辑基础和自动机相关基础理论。总之，人工智能是强调思考和动手实践的一门课程。教学实践中，可尝试基于问题驱动的教学方式，或以翻转课堂的方式进行教学。

5.1.1 课程简介

关于"智能"，图灵测试给出了很好的定义。现代社会中"智能"的含义在不同场景有不同的体现。AlphaGo Zero 体现了惊人的学习能力；称为人工智能发展里程碑之一的 IBM Waston 在智力抢答节目中胜出，体现了驾驭自然语言处理的能力和正确回答问题的智能；无人驾驶汽车、Amazon 无人机、法律/法规/政策咨询中的对话机器人也具有一定的智能。

人工智能课程涉及或将要解决的问题都具有较高乃至很高的综合性，并包含多个相互关联的子问题，智能性活灵活现地体现在程序（机器）灵巧、具有鲁棒性、与人类在相关领域可以匹敌或更胜一筹等方面。当然，现阶段的人工智能并不都是十全十美，还有很大的发展、提升的空间。但我们也要看到，人工智能的学习能力非常惊人。通过不断地自我学习，AlphaGo Zero 可以在 3 天内无师自通，达到大师级别，其他领域的例子也不胜枚举。因此，在课程讲授中，老师要注意讲透彻这一点。而对如何让机器进行"学习"的问题，则可将"机器学习概述"作为选修课，使学生进一步理解人工智能。总的来说，经典的人工智能基本内容均可包括在本课程中，同时建议增加课程设计，让学生理解什么是智能，如何实现智能，以及智能化给社会带来的变革和对经济的促进作用。希望老师们同时也要简单介绍人工智能时代的安全意识。

5.1.2 课程地位和教学目标

1. 课程地位

本课程是计算机科学与技术专业的学科专业课，是综合运用所学知识的课程之一，旨在继程序设计、数据结构与算法等课程后，引导学生在理论和实践方面进阶，培养其严密的计算思维、程序设计与实现、算法设计与分析等专业基本能力，特别是高度综合能力。强化学生解决问题的能力，给学生提供较为复杂的课程设计，如特定领域的人机对话、图像理解等系统的开发（分为不同级别和阶段），这不仅有助于学生理解所学知识，还能培养其工程意识和能力。

2. 教学目标

总的教学目标是使学生掌握人工智能中的基本概念、基本理论、基本方法，综合利用所学知识，设计并实现智能系统，解决实际问题。通过学习使学生最终达到如下目标。

目标 1：使学生掌握本专业的基础理论和基本方法，用于解决较大的复杂工程问题，设计和实现智能系统。为毕业要求 1 的达成提供支持。

目标 2：培养学生理解现有智能系统的知识表示方法，搜索技术和机器学习方式，用于分析现实复杂工程问题。为毕业要求 2 的达成提供支持。

目标 3：学生能够对问题进行分解，针对分解的各子问题选择合适的求解问题，并提出解决整体问题的智能求解方案。为毕业要求 3 的达成提供支持。

目标 4：学生能够使用恰当的工具和软件，进行工程问题的实验设计和分析，并对理论和结果进行分析和评价，提升现代工具的使用能力。为毕业要求 5 的达成提供一定支持。

目标 5：通过智能系统的分析设计和实现，以及报告撰写、陈述发言等，培养专业相关的表达能力。为毕业要求 10 的达成提供一定支持。

5.1.3 课程教学内容及要求

第 1 章 绪论

人类智能与人工智能的含义，人工智能的发展和应用领域，人工智能的内涵。

重点：人工智能的定义、发展及其应用领域。

难点：对人工智能内涵的理解。

在介绍人工智能概念的基础上，使学生了解本课程所涉及知识的重要意义，以及人工智能的应用现状和应用前景。对人工智能的研究与应用领域进行概括性的介绍，并阐明人工智能对人类的影响。

第 2 章 谓词逻辑、知识表示与推理

谓词逻辑及其推理方法，知识表示及其推理。

重点：基于一阶谓词逻辑和产生式规则的推理模式。不确定性知识的表示及其推理。

难点：不确定性知识的表示及其推理。

需要学生了解知识表示的基本概念；理解和掌握常用知识表示方法，包括一阶谓词逻辑、产生式规则、框架和语义网络的基本原理和语言实现；理解不确定性知识的表示及其推理方法。

第 3 章　基于图搜索的问题求解

问题的状态图、与或图表示，图搜索技术。

重点：状态图搜索常用算法和问题的状态图表示；与或图搜索常用算法和问题的与或图表示。

难点：问题的状态图、与或图表示。

图搜索技术是人工智能中的核心技术之一，需要学生掌握状态图的基本概念、状态图搜索基本技术和状态图问题求解的一般方法，包括穷举式搜索、启发式搜索、加权状态图搜索和 A 算法、A*算法等；掌握与或图的基本概念、与或图搜索基本技术和与或图问题求解的一般方法；理解一些经典规划调度问题（如迷宫、八数码、梵塔、旅行商、八皇后等问题）的求解方法。

第 4 章　机器学习与知识发现

机器学习的 3 类学习方法，包括符号学习、连接学习以及进化计算，并介绍近年在工业界成功应用的机器学习算法，如深度学习算法。

重点：符号学习中的归纳学习；神经网络学习；进化计算。

难点：BP 神经网络及其学习举例。

学生需通过学习，理解符号学习的基本原理，包括记忆学习、演绎学习、类比学习、示例学习、发现学习等；理解连接学习的基本原理，包括人工神经网络的概念和类型、神经网络学习方法等；了解知识发现与数据挖掘的概念、对象、任务和基本方法等；理解进化计算的基本原理，包括遗传算法、粒子群算法、蚂蚁算法、差分进化、协同进化等。

第 5 章　专家系统

专家系统的概念、结构，专家系统的设计与实现。

重点：专家系统的概念和结构；专家系统的设计与实现。

难点：专家系统的设计与实现。

专家系统亦称专家咨询系统，它是一种智能计算机系统。学生需要了解专家系统的发展，理解专家系统的概念和结构，并初步掌握专家系统设计与实现方法。

第 6 章　智能系统

介绍各智能系统的设计及实现，同时引导学生思考目前仍面临的问题及可能的改进。

重点：实现框架的复杂度与算法有效性的均衡，以智能检索、智能识别、智能跟踪、智能问答等系统为例，在应用中扩展部分功能，具体实现可以体现为智能设备（如穿戴设备的智能化信息获取、管理）、智能程序、智能机器人的认知、目标跟踪等部分。

难点：知识的综合应用，学生需要有全面的知识和学习的能力。

学生将有机会在本章中独立完成智能系统的设计和开发。

5.1.4　教学环节的安排与要求

1. 课堂讲授

课堂教学首先要使学生掌握课程教学内容中的基本原理和方法。通过讲授，使学生能够理解人工智能对信息进行智能处理的原理及其方法，掌握智能系统的设计方法和实现原理。通过对原理的深入理解，并借助适当工具，使之能针对具体问题去构建恰当的智能系统。结合翻转课堂式教学方式，鼓励学生提前预习，事先设定好教学目标，采用案例驱动（提供二维码、音视频等）作为导入，学生用移动端（智能手机）扫码学习所设计的案例。鼓励师生之间、学生之间在课堂上互动，包括答疑解惑、案例分析、实际问题的解决等，着力打造全面、互动的教学模式。

积极探索和实践研究型教学。将课程的内容与社会、生活或科学中的实际问题联系起来，以学生为中心，在教师的帮助下按照科学研究的模式来分析构建智能系统所需要的功能模块，逐一探究各模块的功能设计与实现，最终使学生获取知识，提高解决复杂问题的能力。

使用多媒体课件，配合板书和范例演示讲授课程内容。在授课过程中，可由当今互联网大数据以及机器学习的广泛应用引出智能系统概念，自然进入相关内容的讲授。适当引导学生阅读外文书籍和资料，培养自学能力。

2. 实验教学

人工智能实验是本课程的课内实验部分，与理论教学部分相辅相成，占有重要的地位，旨在引导学生深入理解理论知识，并将这些理论知识和相关的问题求解思想和方法用于智能系统的设计与开发，培养学生理论结合实际的能力，构建智能系统，体验解决现实问题的乐趣。

人工智能对信息进行智能处理分为两种方式：建立专家系统进行知识推理和模拟人脑工作方式建立神经网络模型。基于此，一方面需要学生在掌握专家系统基本原理的基础上，在专家系统总体结构的指导下，通过设计专家系统的状态空间知识表示、搜索策略和推理技术，构建出完整的专家系统；另一方面，需要学生理解前馈神经网络的工作原理和学习规则，实现前馈神经网络。实验环节要求学生完成相关算法和数据结构的设计，自行选择实现语言，最后提交规范的实验报告。

引导学生根据系统设计目标选择合适的开发工具和开发环境，依据所给限定语言的描述模型选择适当的开发模型，经历设计和实现系统的主要流程，具体体验如何将基本的原理用于智能系统的设计与实现，加深对理论的理解。同时，通过在智能系统总体结构的指导下，将各个功能模块嵌入一个复杂的系统，来培养学生的系统观，提升其系统能力。对人工智能中涉及的核心算法，如神经网络算法、进化算法，分别设计必做题和选做题，如污损号牌识别、基于云资源的调度优化、学习系统中的中/英文翻译、基于知识的自动问答系统等题目，开拓学生的视野，提高学生学习的积极性。

另外，给学生提供课后拓展阅读的机会，针对人工智能的最新进展和取得的非凡成就，课堂上积极分析讨论，激发学生的兴趣，使他们在资料查阅、工具获取与使用、问题表达等方面得到锻炼。

从教学的基本追求来讲，实验主要对毕业要求 3 的达成提供支持，同时对毕业要求 1、2、5、10 提供一定的支持。具体如下：

目标 1：在理论的指导下，将本专业的典型思想和方法用于系统的设计与实现。具体完成智能系统各功能模块的设计与实现，并将它们组合在一起形成一个完整的智能系统，具体设计实现一个颇具难度的复杂系统，为本专业的毕业要求 3 的达成提供支持。

目标 2：与理论教学部分相结合，促使学生掌握本专业与人工智能相关的基础理论知识和问题求解的典型思想与方法，使其可以用于解决复杂的问题，包括要使学生能够理解状态空间迁移过程、启发式搜索、正反向推理、神经网络学习规则，为本专业毕业要求 1 的达成提供一定支持。

目标 3：与理论教学部分相结合，学习智能系统设计和实现中相关的问题，特别是构建一个较复杂的智能系统，对系统设计和实现相关的问题进行分析，同时开展相应的实现、表达、分析、总结，展示实验系统和实验的结果，为本专业的毕业要求 2 的达成提供一定支持。

目标 4：提出总体要求和系统各模块要求，让学生对多种方法、工具、环境进行比较、评价和选择。方法包括知识表示、搜索策略、推理技术、神经网络更新的方法；工具与环境包括所使用的开发语言和环境；比较与评价包括学生相互评价中锻炼评价能力。为本专业的毕业要求 5 的达成提供一定支持。

目标 5：通过智能系统设计实现及验收过程中的报告撰写、陈述发言、问题答复等，培养专业相关的表达能力，为本专业的毕业要求 10 的达成提供一定支持。

本实验由表 5-1-1 中的 5 个实验组成。

表 5-1-1　实验内容安排

序号	实验项目名称	学时	方式	开放否
1	知识表示实验	3	独立完成	开放
2	搜索策略实验	3	独立完成	开放
3	推理技术实验	3	独立完成	开放
4	神经网络实验	3	独立完成	开放
5	进化计算实验	6	独立完成	开放

实验 1：知识表示实验（专家系统的状态空间的设计和实现）

本实验作为人工智能课程实验的第一个模块，要求完成智能系统中各个状态空间的知识表示的设计并实现状态之间的迁移过程，属于必须完成的任务。

状态空间表示法是人工智能领域最基本的知识表示方法之一，也是进一步学习状态空间搜索策略的基础。本实验要求学生通过求解牧师与野人渡河问题，强化对知识表示的理解和应用，为人工智能后续环节的学习奠定基础。

学生必须根据实现智能系统中各个状态的需要，选择、设计出合理的数据结构和相应的算法，站在系统的高度去考虑程序和算法，强化程序设计与实现能力、算法选择与实现能力，包括系统分析、系统设计和开发在内的整体能力。

实验内容：有 n 个牧师和 n 个野人准备渡河，但只有一条能容纳 c 个人的小船，为了防止野人侵犯牧师，要求无论在何处，牧师的人数不得少于野人的人数(除非牧师人数为 0)，且假定野人与牧师都会划船。试设计一个算法，确定他们能否渡过河去，若能，则给出小船来回次数最少的最佳方案。

基本要求：

（1）用三元组（X_1，X_2，X_3）表示渡河过程中的状态。并用箭头连接相邻状态以表示迁移过程：初始状态→中间状态→目标状态。

（2）写出算法的设计思想和源程序。

（3）以图形用户界面实现人机交互，进行输入，输出结果。

实验 2：搜索策略实验（专家系统的搜索策略的设计与实现）

本实验作为人工智能课程实验的第二个模块，需要以第一个实验的完成为基础，要求完成智能系统的搜索策略的设计与实现，属于必须完成的任务。

在专家系统中要快速获得问题解甚至是最优解，需要借助搜索策略完成，包括非启发式搜索算法和启发式搜索算法。前者是按照预定的控制策略进行搜索，而后者则是在搜索中加入与问题有关的启发式信息用于指导搜索。本实验通过实现九宫格重排问题，目的在于强化学生对启发式搜索算法的理解与应用，为人工智能后续环节的课程奠定基础。

学生需要熟悉和掌握各个启发式搜索的定义、评估函数的设计，理解启发式搜索算法求解流程和搜索顺序，同时能比较算法间的性能差异。另外，还应站在系统的高度去考虑程序和算法，强化程序设计与实现能力、算法选择与实现能力，包括系统分析、系统设计和开发在内的整体能力。

实验内容：给定九宫格的初始状态，要求在有限的操作内使其转化为目标状态，且所得到的解是代价最小解（即移动的步数最少）。

基本要求：

（1）表示九宫格的初始状态和目标状态。

（2）输出重排的过程，即九宫格的状态变化过程。

实验 3：推理技术实验（专家系统的设计与实现）

本实验作为人工智能课程实验的第三个模块，需要以第一、二个实验的完成为基础。要求完成专家系统的建造并进行推理，属于必须完成的任务。

专家系统是人工智能的重要研究内容和组成部分之一，本实验通过设计一个简单的专家系统，加深学生对专家系统的组成结构和构造原理的理解，并能转化为具体的应用。学生可以先运行已有的专家系统，同时可以更改其规则库或（和）事实库，进行正反向推理，了解其推理过程和机制。然后自己建造专家系统，包括输入规则库和事实，并基于这种规则和事实进行推理。

学生需要熟悉和掌握专家系统的运行机制，掌握基于规则推理的基本方法。同时，还应站在系统的高度去考虑程序和算法，强化程序设计与实现能力、算法选择与实现能力，包括系统分析、系统设计和开发在内的整体能力。

实验内容：设计一个简单的专家系统，可根据属性的输入值自动识别事物的具体类别，内容自拟。

基本要求：

（1）在前两个实验的基础上，将推理技术嵌入专家系统，进而实现一个解决实际问题的专家系统。

（2）可以分别尝试专家系统的正向与反向推理，更深刻地理解系统运行机制。另外，可以根据需要修改规则库和事实库，观察系统运行差别。

实验 4：神经网络实验（前馈神经网络的设计与实现）

本实验作为人工智能课程实验的一个重要模块，要求完成前馈神经网络模型的设计与实现，属于必须完成的任务。

神经网络作为人工智能最重要的分支之一，其信息加工处理方式与专家系统有本质区别，本实验的目的在于学生通过对前馈神经网络各项参数的不同设置，观察神经网络的学习效果，观察比较神经网络拓扑结构及其他各项参数变化对于训练结果的影响。总体目标在于促进学生深入理解神经网络的学习规则。

实验内容：利用人工神经网络识别手写数字。实验提供 MNIST 手写数字数据集（http://yann.lecun.com/exdb/mnist/），学生可自行下载。可利用开源社区的神经网络平台或在 Matlab 上编程实现。

基本要求：

（1）通过构建神经网络实例，理解网络的结构和原理。

（2）掌握网络学习规则，观察其对神经元的训练过程、算法和模型。

实验 5：进化计算实验（实现决策优化）

实验内容：这是一个实际问题的简化版，解决观光出游乘坐公共交通工具（飞机、高铁、火车、轻轨、公共汽车）的优化利用问题（如时间短、花费少、直达（不住店或少住店））。利用 Matlab 或高级程序设计语言实现。

基本要求：

（1）理解计算机程序如何体现"适者生存，物竞天择"的原理。

（2）（根据具体的问题）掌握染色体的定义、编码及适应函数的定义。

（3）进化计算的收敛条件。

实验考核与评定

对于表 5-1-1 中所列的 5 个实验，验收时将分别对各个实验结果完成情况进行考核，评定方式为现场验收与小组/个人报告相结合（例如，以小组为单位在课堂上进行 10min 左右的报告，通过此环节训练其实验总结与分析等能力和表达能力）。成绩评定瞄准本教学环节的主要目标，特别检查目标 1 的达成情况。评定级别分优秀、良好、合格、不合格。

优秀：各个智能系统结构清楚，功能完善，输入输出形式合理，能够较好地处理异常情况。

良好：各个智能系统结构清楚，功能比较完善，输入输出形式合理，有一定的处理异常情况的能力。

合格：各个智能系统结构清楚，功能比较完善，对典型的问题有处理能力，可以输出基本正确的结果。

不合格：未能达到合格要求。

此外，学生必须提交实验报告。参考实验报告给出实验成绩。

现场验收学生设计实现的系统时，需要给出现场评定。如果学生第一次验收中存在一定的问题，应向学生指出，并鼓励他们进行改进，改进后再重新验收。

3. 作业

通过课外作业，引导学生检验学习效果，进一步掌握课堂讲述的内容，了解自己掌握的程度，思考一些相关的问题，进一步深入理解扩展的内容。

作业的基本要求：根据各章节的情况，布置练习题，思考题等。每一章布置适量的课外作业，完成这些作业需要的知识覆盖课堂讲授内容，包括基本概念题、解答题、证明题、综合题以及其他题型。主要支持毕业要求 1、2、3 的实现。

5.1.5 教与学

1. 教授方法

课内讲授推崇翻转课堂模式,以问题为驱动,寻求解决思路和实现方法,引导学生综合利用开源资源,在"巨人的肩膀上"开始自己的设计和实现。实验教学则提出具体要求,引导学生独立/分组完成智能系统的设计与实现。

2. 学习方法

因材施教,一直把兴趣的培养放在首位,培训学生的自学能力。明确学习各阶段的重点任务,做到课前预习,课中认真听课,积极思考,课后认真复习,不放过疑点,充分利用好教学资源,包括网上的公开课资源。考核中,可侧重实验部分,鼓励大家积极参与。

5.1.6 学时分配

学时分配如表 5-1-2 所示。

表 5-1-2 学时分配

章	主要内容	理论学时分配	实验学时分配	合计
1	绪论	3		3
2	谓词逻辑,知识表示与推理	6	3	9
3	基于图搜索的问题求解	12	3	15
4	机器学习与知识发现	15	3	18
5	专家系统	6	3	9
6	智能系统	12	6	18
	合计	54	18	72

5.1.7 课程考核与成绩评定

平时成绩占 10%,实验占 40%,期末考试占 50%。

平时成绩主要反映学生的课堂基本表现(含课堂测验)、自我控制、积极参加课堂讨论、积极参加论坛的讨论等。

实验包括课程设计、实验报告、口头报告等环节,主要反映学生综合应用知识,针对具体问题,设计和实现一个智能系统(或一部分)的能力。从工程实现、设计与实现、团队合作、口头和书面表达、组织等几个方面考查学生的能力。

期末考试占 50%。期末考试是对学生学习情况的全面检验。应淡化考查死记硬背的知识。主要比照毕业要求,反映 7 个特点,以知识表示及推理、搜索、智能系统、多智能体、自然语言理解的实现为主。

5.2 计算机体系结构

本课程需要跟踪国际计算机系统研究和实现的最新发展动态,结合最新科研成果,突出学术性、研究性,保持教学内容与学科前沿的紧密结合,进行教学模式和教学方法改革,改进作业设计和考核方式。

各学校可以根据自己所在学科、教师和学生的特长以及社会的需求，明确培养目标，并按照确定的培养目标组织教学计划，开展教学活动。本课程以能力培养为导向，按照培养计算机工程应用型人才的需要制定，课程学时数为 48 学时，其中讲授 36 学时，实验 10 学时，考试 2 学时。面向其他类型学生培养的不同学时的教学设计可以参照本方案进行调整。计算机专业的工程应用型人才需要具有较扎实的基础理论、专业知识和基本技能，具有良好的可持续发展能力，着力培养学生的系统能力以及理论结合实际的能力，而且要强调对学科基本特征的体现。

5.2.1　课程简介

计算机体系结构是计算机科学与技术一级学科的核心课程，具有概念多、内容抽象、基础知识要求宽、内容发展变化快、知识结构变化快、与工程和产品结合紧密等特点，是公认的体现本学科水平的课程。保证本课程的建设和授课质量，对提高计算机科学与技术学科本科生培养的水平和质量有非常重要的意义。

通过本课程的学习，使学生掌握定量评估方法、存储层次、指令级并行、数据级并行、线程级并行等计算机系统结构设计方法和评估方法，了解当前主流计算机体系结构关键技术。

本课程强调从总体结构、系统分析这一角度来研究计算机系统。通过学习本课程，学生应能把在"计算机组成原理""数据结构""操作系统"等课程中所学的软硬件知识有机地结合起来，从而建立起计算机系统的完整概念。

本课程的内容包括：计算机体系结构的基本概念，评价计算机系统性能的基本方法，CPU 流水线的结构和设计方法，开发指令级并行的软硬件技术，计算机系统的存储层次结构，多核/众核体系结构及典型实例（如 GPU），在多核/众核体系平台开发粗粒度并行（线程级、进程级并行）的基本方法，机群系统等。上述教学内容基础性与先进性并重，既有计算机体系结构的经典理论，如评价计算机系统性能的 Amdahl 定律、CPU 性能公式、Cache 性能公式，又有反映体系结构研究最新进展的多核/众核结构及相应的线程级并行开发方法。

通过本课程的学习，应该掌握定量评估方法、存储层次、指令级并行、数据级并行、线程级并行等计算机系统结构设计方法和评估方法，了解当前主流计算机体系结构关键技术。在基本理念的指导下，跟踪学科发展，顺应教学改革趋势，完成如下任务：以流水线、存储层次、并行处理等计算机体系结构经典技术为主线，以定量分析为主要方法，逐步掌握计算机体系结构的设计技术和系统评价方法，通过对当前主流计算机体系结构关键技术的讲解，了解计算机体系结构的最新发展。

本课程强调实例讲解，强调实践应用，在使用过程中学习提高。计算机体系结构技术始终是计算机学科发展的支撑技术之一，通过课程的教学使学生树立"系统全局"的认知思维方式，强调平衡和折中的系统设计思想和量化的思考方法，这样有助于确立系统、全面思考问题的科学方法。授课过程中注意实例为主，讨论为先，培养学生开放思维的习惯。

本课程是理论和实践结合得最好的重要学科基础课程之一。除了相应的知识对该学科的人才非常重要外，一些基本的问题求解技术、方法和思想也极为重要，以至于在每个计算机科技工作者的生涯中，它们都会被反复用到，是计算思维的重要内容。本课程的教学内容包含求解计算机问题和利用计算机技术求解问题的基本原理和最典型、最基本的方法；本课程所涉及的问题都需要进行深入的分析，这些问题的解决必须建立恰当的抽象模型，并基于模型进行分析和处理；很多问题需要根据设计开发的实际，综合运用恰当的方法，要在多种因素和"指标"中进行折中，以求全局的优化和良好的系统性能。所以，本课程不仅使学生掌握基本原理、基本技术、基本方法，还提供了一个使学生经历计算机复杂工程构建过程的机会。所以，体系结构是计算机科学与技术专业甚至是绝大多数计算机类专业培养学生解决复杂工程问题能力的最佳载体之一。

5.2.2 课程地位和教学目标

1．课程地位

本课程是计算机科学与技术专业的学科基础必修课，可以作为其他计算机类专业的选修课，属于系统课程系列。除了学习知识外，还要学习量化分析、系统设计、系统分析等典型方法；给学生提供参与设计实现较具规模的复杂系统的机会，培养其工程意识和能力。

2．教学目标

本课程总的教学目标是：使学生掌握计算机体系结构中的基本概念、基本理论、基本方法，在系统级上再认识计算机，提升计算机系统分析和设计能力，增强系统能力。

- 掌握量化分析基本概念和方法以及问题描述和处理方法。
- 学习"量化分析→系统优化→并行处理"的问题求解过程。
- 增强理论结合实际能力，获得实现量化分析在内的更多"顶峰体验"。
- 培养系统能力和面向系统设计实现的交流和团队协作能力。

该目标分解为以下子目标。

目标 1：使学生掌握本专业人才的职业生涯中反复用到的基础理论和基本方法，以用于解决难度较大的问题，处理复杂系统的设计与实现。为毕业要求 1 的实现提供支持。

目标 2：培养学生选择适当的模型，以量化的方法分析系统，将它们用于系统的设计与实现的能力。为毕业要求 2 的实现提供支持。

目标 3：强化学生系统化、优化、并行化等专业核心意识，对量化分析、系统设计、系统分析等典型方法的掌握，培养其包括功能划分、系统优化、并行分析、程序实现等在内的复杂系统设计实现能力。为毕业要求 3 的实现提供支持。

目标 4：使学生经历复杂系统的设计与实现，培养他们对多种方法、工具、环境的比较、评价和选择的能力。方法选择是指选择实现量化、优化分析的方法；实现途径选择包括直接设计实现和使用某种自动生成工具设计实现（自学）；工具与环境选择涉及使用的开发语言和环境；比较与评价则是在组间相互评价中锻炼评价能力。对毕业要求 5 的实现具有一定的贡献。

目标 5：通过按组完成系统设计与实现培养学生团队协作能力。学生需要在分工、设计、实现、口头和书面报告等环节中相互协调，相互配合。对毕业要求 9 的实现具有一定的贡献。

目标 6：通过实验系统设计实现过程中的组内讨论，验收过程中的报告撰写、陈述发言等，培养专业相关的表达能力。对毕业要求 10 的实现具有一定的贡献。

5.2.3 课程教学内容及要求

课堂教学首先要使学生掌握课程教学内容中规定的一些基本概念、基本理论和基本方法。特别是通过讲授，使学生能够对这些基本概念和理论有更深入的理解，使之能够将它们应用到一些问题的求解中。要注意对其中的一些基本方法的核心思想进行分析，使学生能够掌握其关键。积极探索和实践研究型教学，探索如何实现教师在对问题的求解中教，学生在对未知的探索中学。从系统的角度向学生展示计算机体系结构，同时考虑各子系统的实现与联系、具体问题求解的计算机实现。通过不同级别对象的抽象和问题的分治，培养学生的系统意识和能力。使用多媒体课件，配合板书和范例演示讲授课程内容。在授课过程中，可由常用的程序设计语言问题引出概念，自然进入相关内容的讲授。适当引导学生阅读外文书籍和资料，培养自学能力。

这里给出的本课程要求的基本教学内容，在授课中必须完全涵盖，主讲教师可以根据学生的状况、自身的体会等在某些方面进行扩展和对学生进行引导，适当扩大学生的涉猎面。

培养方案中规定计算机科学与技术、网络工程、软件工程等专业"计算机体系结构"课程的教学内容、重点和难点如下。

第1章 计算机体系结构的基本概念

计算机体系结构的概念，计算机体系结构的发展，计算机系统设计和分析。

重难点：计算机系统结构的基本概念，计算机技术发展的趋势与定量分析方法。

理解计算机体系结构基本概念与发展趋势、性能评价方法和定量分析方法的基本原理。

除了上述内容，还需要介绍本课程的特点，特别是在人才培养中的作用，包括从哪几个方面能够体现培养学生解决复杂工程问题的能力，后续内容的学习是如何培养这些能力的，以便引起学生的注意。另外，要告知学生在学习中要注意的问题，使学生掌握计算机体系结构的基本概念和影响计算机体系结构发展的主要因素，以激发他们的兴趣。要着重介绍计算机体系结构的主要研究方法，特别提醒学生应该注意学习哪些方法。

第2章 指令系统

指令系统结构的分类，寻址方式，指令系统的设计和优化，指令系统的发展和改进，操作数的类型和大小，MIPS 指令系统结构。

重难点：计算机指令系统结构，设计和优化。

理解计算机指令系统结构、发展趋势和改进。

除了介绍指令系统设计必须考虑的关键问题，如寻址方式、数据表示、指令格式和编码等，还有一个问题需要向学生强调，即如何通过定量分析方法来解决这些问题。通过学习，学生不仅能够掌握指令系统的基本设计方法，还可以掌握定量分析方法的应用。一般是以真实的指令系统（通常是 MIPS，近年来也有用 ARM 的）为例，通过分析典型基准程序的测试结果来决定指令系统的设计方案，并通过与其他指令系统的性能比较来说明设计方案的优势。

第3章 流水线技术

流水线的基本概念，MIPS 的基本流水线，流水线中的相关，流水线计算机实例分析（MIPS R4000），向量处理机。

重难点：计算机流水线的基本概念，设计和优化。

理解计算机流水线结构、向量处理机的发展趋势和改进。

软硬件协同是计算机系统设计的重要思想之一，这一思想在指令流水线的设计和使用中体现得非常明显，因此一定要向学生重点介绍这一设计理念，并且使学生掌握这一理念。简单地说，这个理念可以描述为：确定流水线的结构并实现该结构属于硬件设计，但流水线中的相关会限制流水线的性能，因此需要借助软件（如编译器）来减少这些相关带来的性能损失。教学时可以以真实 CPU（如 MIPS R4000）中的流水线为例来进行介绍。

第 4 章 指令级并行

指令级并行的概念，指令的动态调度，控制相关的动态解决技术，多指令流出技术。

重难点：指令级并行概念，基本编译优化技术，典型实例。

掌握指令级并行的基本概念和基本的编译优化技术，了解常用的指令级并行技术及其局限性，了解典型指令级并行实例。

介绍多种开发指令级并行的方法，有硬件方法也有软件方法，但在实际的计算机系统设计中，需要考虑哪些方法用软件实现，哪些方法用硬件实现，以获得更好的综合性能。这就是软硬件折中。软硬件折中是计算机系统设计的另一个重要思想，应该向学生介绍，并使学生掌握这一理念。教学时可以对各种方法的特点进行归纳对比，也可以通过实例进行介绍。

第 5 章 存储层次

存储器的层次结构，Cache 基本知识，降低 Cache 失效率的方法，减少 Cache 失效开销，减少命中时间，主存，虚拟存储器，虚存保护和虚存实例，综合例子——AMD Opteron 存储层次。

重难点：Cache 优化方法，虚存与虚拟机。

理解存储层次设计的任务和工作原理，掌握 Cache、存储器优化技术，理解虚存与虚拟机原理，掌握存储层次设计方法，理解典型存储层次。

Cache 是重要的存储层次，Cache 性能公式和优化方法也是本章的重点，教学时会先帮助学生建立 Cache 性能公式，然后从影响 Cache 性能的 3 个主要因素出发，分别介绍 Cache 的优化策略。这种性能分析和优化的方法在计算机系统的设计和优化时应用得很广。通过学习，应使学生掌握这种方法。其他存储层次（主存和辅存）的设计中也能体现出这一方法。此外，虚实地址转换是由硬件和操作系统共同完成的，这一设计以及为什么要采用这样的设计也应向学生强调。

第 6 章 输入输出系统

外部存储设备，I/O 系统性能分析与评测，I/O 系统的可靠性及可用性和可信性，廉价磁盘冗余阵列 RAID，I/O 设备与 CPU/存储器的连接——总线、通道、I/O 与操作系统。

重难点：计算机 I/O 系统性能分析与评测的基本概念，设计和优化。

理解计算机 I/O 系统性能分析、设计与评测的方法和发展。

除了介绍经典的 I/O 系统结构外，本章还会从另外一个角度向学生介绍定量分析方法。首先，I/O 系统与之前的指令系统、存储层次具有不同的性能指标，可靠性成为 I/O 系统关注的重要指标。其次，定量分析的方法也不完全相同，除了模拟外，模型方法也被较多地应用到 I/O 系统的设计中。

第7章 多处理机

对称式共享存储器体系结构，分布式共享存储器体系结构，互连网络，同步，同时多线程，并行处理器的性能评测，多处理机实例。

重难点：线程级并行概念，多核结构。

掌握线程级并行的基本概念，理解多处理机系统的结构和工作原理，了解多核体系结构及工作原理。

讨论如何在计算机系统中开发粗粒度并行（包括进程级和线程级并行），以及计算机系统为开发粗粒度并行提供了哪些支持。如果说开发进程级并行是多机系统的经典问题，随着多核/众核体系结构的发展，开发线程级并行成为近年来的一个热点问题。共享存储结构、Cache 一致性问题、进程/线程同步等都是多机系统、多核/众核体系结构设计必须考虑的关键问题，应使学生了解这些问题的重要性，并掌握基本的设计方法。

第8章 机群计算机

机群的基本概念和结构，机群的特点，机群的分类，典型机群系统简介。

重难点：机群的概念、特点和分类。

掌握机群的基本概念、特点和分类。

机群是当前构建高性能计算机系统时最常用的结构，因此重点将放在对机群结构、工作原理、应用的介绍上。如果条件和时间允许，可以让学生参与搭建一个小型的 PC 机群，使他们对机群的理解更加深刻。

5.2.4 实验教学

随着知识更新速度的加快和技术复杂性的增加，越来越要求学生加强动手能力，从实践中理解原理，掌握技术，弄清方法，发现创新。国外一流大学相关专业中，课程实验部分的更新速度远远快于教授内容的更新速度，也反映了对这一趋势的积极应对。因此，在课程建设过程中，也要着力加强实验建设：一方面，在每项实验中，都按照难易程度划分明确的子任务，为学生建立阶梯型的目标；另一方面，充分依托实验室条件，为高年级本科生提供从事实践课题研究的全方位服务。

体系结构课内实验是本课程内容的组成部分，与理论教学形成一个整体，占有重要的地位，旨在引导学生深入理解理论知识，并将这些理论知识和相关的问题求解思想和方法用于解决计算机系统的设计与开发，培养学生理论结合实际的能力，经历计算机复杂系统的构建。

要求学生完成相关算法和数据结构的设计，自行选择实现语言，每组最后提交规范的实验报告。引导学生根据系统设计目标，选择合适的开发工具和开发环境，经历设计和实现系统的主要流程，加深对理论的理解，以培养学生的系统观，提升其系统能力。另外，给学生提供机会，使他们在团队合作、资料查阅、工具获取与使用、问题表达等方面得到锻炼。从教学的基本追求来讲，实验主要对毕业要求3的达成提供支撑，同时对毕业要求1、2、5、9、10提供一定的支撑。具体目标如下。

目标1：在理论的指导下，将本专业的典型思想和方法用于系统的设计与实现。具体完成5个实验内容，并将它们组合在一起，构成一个CPU流水线系统，经历设计并实现一个颇具难度的复杂系统的过程。为本专业的毕业要求3的达成提供支持。

目标 2：与理论教学部分相结合，促使学生掌握本专业与体系结构相关的基础理论知识和问题求解的典型思想与方法，使其可以用于解决复杂的问题，包括要使学生能够理解指令集结构设计、流水线技术、指令级并行、存储层次、输入输出系统、并行处理、机群系统。为本专业毕业要求 1 的达成提供一定支持。

目标 3：与理论教学部分相结合，学习分析体系结构设计和实现中相关的问题，特别是构建一个较复杂的计算机系统时，对系统设计和实现相关的问题进行分析，同时开展相应的实验，表达、分析、总结、展示实验系统和实验的结果。为本专业的毕业要求 2 的达成提供一定支持。

目标 4：提出总体要求和分系统要求，让学生对多种方法、工具、环境进行比较、评价和选择。方法选择包括选择实现计算机性能量化分析方法；实现途径选择包括直接设计实现、使用某种自动生成工具设计实现（自学）；工具与环境选择包括使用的开发语言和环境；比较与评价包括在组间相互评价中锻炼评价能力。为本专业的毕业要求 5 的达成提供一定的支持。

目标 5：通过按组完成系统设计与实现培养学生团队协作能力。学生需要从分工、设计、实现、口头和书面报告等环节中相互协调，相互配合。为本专业的毕业要求 9 的达成提供一定支持。

目标 6：通过实验系统设计实现过程中的组内讨论，验收过程中的报告撰写、陈述发言等，培养专业相关的表达能力，为本专业的毕业要求 10 的达成提供一定支持。

本课程实验教学内容由以下 5 个实验组成。以下实验可以采用 Python、C、Verilog、HDL 等语言完成描述实现，并在对应的平台上进行验证、运行和测试。实验可以根据学生情况选择以个人或者 2 到 3 人分组的形式进行。

实验 1：描述实现主存和寄存器文件

（1）主存的结构和功能。

主存一般被组织成按字节寻址的线性地址空间，并以字节为单位进行读写，即一次从主存中读出一个字节，或向主存中写入一个字节。当然，主存也可以按照半字（2 个字节）、字（4 个字节）、双字（8 个字节）为单位访问。为了提高访问效率，指令和数据一般会按地址对齐的方式存放在主存中。

主存有两个功能：读访问，即读出存放在某个主存单元中的数据；写访问，即将数据写入主存中的特定单元。要实现这两个功能，必须明确以下信息：①被读或写访问的主存单元的起始地址，地址一般是一个无符号整数；②要读出或写入的数据类型，如有符号/无符号字节（byte/ubyte）、有符号/无符号半字（halfword/uhalfword）、有符号/无符号字（word/uword）、单精度浮点（float）、双精度浮点（double）等。

（2）描述寄存器文件。

寄存器位于 CPU 内，是存储层次中最高的一层。现代 CPU 中都会提供多个寄存器，并将其组织为寄存器文件。请参照主存，描述一个通用寄存器文件，其基本结构和功能如下：

- 通用寄存器文件含有 32 个 32 位的通用寄存器，每个通用寄存器可以被独立访问。
- 数据可以在通用寄存器和主存单元之间传输，但主存单元中的数据必须先被转换为 32 位，才能保存在通用寄存器内，转换的方法为：对于无符号字节或半字数据，应进行零扩展，如无符号字节数据 0x80，应被扩展为 0x00000080；对于有符号数，应进行符号扩展，如有符号字节数据 0x80，应被扩展为 0xFFFFFF80；字数据不必扩展。

- 在将通用寄存器内的数据写回主存单元之前，应先按照数据类型进行截断操作，如 0xffff8057 可以被转换为半字数据 0x8057 或字节数据 0x57。字数据不必进行截断。

实验 2：描述实现 MIPS 指令集

将这个问题划分为以下几个子问题：从存储器中读出一条指令；指令译码；实现指令的功能。

（1）MIPS 指令集的基本特点。

MIPS 是典型的 RISC 结构，是寄存器-寄存器型的指令集。MIPS 指令集中只有 load 和 store 类型的指令可以访问存储器。

MIPS 指令为 32 位，有 3 种格式，R 类型、I 类型和 J 类型。

MIPS 指令能够完成的功能有整数运算、浮点运算、存储器访问（load、store）、数据移动（move）、分支和跳转。

（2）从主存读出一条指令。

MIPS 的每条指令都是 32 位，可以用一个 32 位无符号整数（unsigned int）表示。直接调用 read_mem_uword 函数（从存储器中读出一个无符号字）就从存储器中读出一条 MIPS 指令。

（3）指令译码。

MIPS 采用固定字段译码技术，即译码时不考虑指令类型，而是同时得到指令所有字段的值。指令执行时根据指令类型选择并使用相应的字段。

用位操作和移位操作就可以得到指令所有字段的值。

（4）MIPS 指令的功能。

每条 MIPS 指令的功能都可以用一个函数实现。一共有 118 条指令，其中 I 型指令 48 条，J 型指令 4 条，R 型指令 66 条。

（5）完成指令功能的描述后，编写测试程序，测试结果的正确性。

实验 3：描述实现 Cache 行为

（1）判断访问 Cache 是否命中。

描述数据 Cache 的读访问和写访问过程。

（2）命中的处理。

如果是读访问，且访问 Cache 命中，只需要更新 Cache 块的 trdy 项，将其置为当前时间即可。如果是写访问，且访问 Cache 命中，除了更新 trdy，还需要将 Cache 块的状态（status）表示为 dirty 状态。

（3）不命中的处理。

与命中时相比，访问 Cache 不命中时的处理要复杂很多。仍然按照读和写两种情况来分析。

当读访问不命中时，应将对应的数据块从主存中调入 Cache，并更新对应的标识和状态记录。如果发生了替换，还需要将被换出的块的信息放入写缓冲；并且数据有效的时刻还要往后推，因为在完成读之前，必须先把被换出的块写回主存。

（4）写缓冲

写缓冲的作用是缓存被换出 Cache 的脏块，直至它们被写回 Cache。为了提高效率，写缓冲还支持写合并，即将对同一个脏块的多个写操作合并为一个。

（5）正确性测试。

实验 4：描述实现 MIPS 的延迟分支

MIPS 处理器在指令译码段完成分支/跳转指令的处理（判断分支转移是否成功，且计算出分支转移成功时的目标地址），因此它们有一个分支延迟槽。

有 3 种方法可以选择指令填充分支延迟槽，即从前调度、从目标处调度和从失败处调度。实际上，还可以将分支延迟槽中的指令设为 NOP，这是最简单的一种方法，但它的性能也最低。

（1）MIPS 的分支和跳转指令。

以分支指令 BEQZ 为例，介绍分支指令的功能。BEQZ 指令所在行的"功能描述"单元格说明了这条指令的功能。

（2）测试分支和跳转指令。

实验 5：描述实现 MIPS 指令流水线

（1）多周期 MIPS CPU。

为了便于理解和实现 MIPS 指令流水线，首先将单周期 MIPS CPU 改造为多周期 MIPS CPU。每条 MIPS 指令的执行分为 5 个阶段：取指令（IF）、指令译码（ID）、执行指令（EX）、访存（MEM）和结果写回（WB）。每个阶段应完成的工作请参考教材相关内容。

判断一个操作是否是访存操作的方法很简单，检测指令的操作码是否是访存操作操作码之一即可。这属于指令译码的一部分，在指令执行的 EX 段、MEM 和 WB 段都会用到。

（2）流水线 MIPS CPU。

① 流水线寄器文件。

在 MIPS 基本流水线中，每个时钟周期都要用到其所有的流水段，一个流水段中的所有操作都必须在一个时钟周期内完成。特别是要使数据通路完全流水，就必须保证从一个流水段到下一个流水段的数据都被保存在寄存器文件中。

如果在流水过程中仅使用之前多周期数据通路中的一些寄存器，那么当这些寄存器中保存的临时值还在被流水线中某条指令所用时，就有可能被流水线中其他的指令所重写，从而导致错误的执行结果。因此要在相邻的每两个流水段之间设置流水线寄存器文件。流水线寄存器文件保存着从一个流水段传送到下一个流水段的所有数据和控制信息。随着流水过程的进行，这些数据和控制信息从一个流水线寄存器文件复制到下一个流水线寄存器文件，直到不再需要为止。

流水线寄存器文件由与它们相连的流水段的名字来标记。当一条指令流水线执行时，在各个时钟周期之间用来保存临时值的所有寄存器也都包含在相应的寄存器文件中，每个寄存器被看作是相应寄存器文件的一个域，我们也称这些寄存器为流水线寄存器。

位于流水线的 ID 和 EX 段之间有站间寄存器文件。由于 ID 段完成指令译码（准备源操作数和处理分支指令），因此这个寄存器文件中保存了指令的译码结果。

流水线的 EX 和 MEM 段之间也有站间寄存器文件。

最后一个寄存器文件记录了要写回通用/浮点寄存器文件的数据。

EX 周期将完成算逻运算（ALU）指令的执行并将运算结果保存在流水线寄存器中。

MEM 周期性地完成 load 和 store 指令的访存，并根据它们访问 Cache 是否命中修改全局时钟变量。

WB 周期性地将算逻指令和 load 指令的结果写回寄存器文件。

② 流水线 CPU。

在引入了流水线寄存器并实现了相应 CPU 的描述之后，就可以实现 MIPS 指令流水线了。

考虑到不同流水段对流水线寄存器文件的先读后写访问特点，指令流水线的每个周期都从 WB 段开始工作，即：

- 若有指令等待写回，则将其结果写回到目的寄存器中。
- 若 MEM 段的指令已经执行完毕，将其结果写到流水线寄存器文件中。
- 根据访问数据 Cache 是否命中，可以确定 load/store 指令的执行延迟；结合当前的时钟，可以进一步判断 MEM 段的指令是否执行完。
- 若 EX 段的指令已经执行完毕，将其结果写到流水线寄存器文件中。
- 根据 ALU 指令的执行延迟，结合当前的时钟，可以判断 ALU 段的指令执是否行完。
- 若 ID 段的指令已经读取了全部源操作数，将其源操作数写到流水线寄存器文件中。
- 若 IF 段的指令已经取出，将其写到流水线寄存器文件中；若 IF 段没有正在执行的取指令操作，则开始从 PC 处取指令。

根据访问指令 Cache 是否命中，可以确定取指令操作的执行延迟；结合当前的时钟，可以进一步判断 IF 段的指令是否执行完。

实验考核与评定

上面给出的 5 个实验虽然形式上是分离的，实际上需要构成一个完整系统，验收将针对整个系统进行，原则上不单独考核每个分系统。评定的方式既可以是现场验收，也可以是综合验收。成绩评定瞄准本教学环节的主要目标，特别检查目标 1 的达成情况。评定级别分优秀、良好、合格、不合格。

- 优秀：系统结构清楚，功能完善，组成一个 CPU 指令流水线系统，该系统输入输出形式合理，能够较好地处理异常情况。
- 良好：系统结构清楚，功能比较完善，组成一个 CPU 指令流水线系统，输入输出形式合理，有一定的处理异常情况的能力。
- 合格：系统结构清楚，功能比较完善，组成一个 CPU 指令流水线系统，运行基本正常，对典型的问题有处理能力，可以输出基本正确的结果。
- 不合格：未能达到合格要求。此外，学生必须提交实验报告，参考实验报告给出实验成绩。

实验的验收可根据具体的分组情况、课时等采用如下的两种方式之一。

验收方式 1：现场验收。现场验收学生设计实现的系统，并给出现场评定。评定级别分优秀、良好、合格、不合格。如果学生第一次验收中存在一定的问题，应向学生指出，并鼓励他们进行改进，改进后再重新验收。

验收方式 2：综合验收。采取集体报告（制作报告、准备演示内容，每组报告 10～15min）、按组、按要求评价实验成果；按照要求，撰写并按时提交书面实验报告（电子版）。以小组为单位在课堂上进行 10～15min 的报告，通过此环节训练其实验总结与分析等能力和表达能力。

在综合验收中，各小组的同学根据被评小组的报告，按照功能和性能测试进行评价，记录其完成的质量（A—好、B—中、C—差、D—无），过后通过组内商议给出综合评分。本组不给自己评分。

教师根据自己和学生各组的评分给出各组的综合评分，并根据表 5-2-1 给出每个学生的得分。

表 5-2-1　实验考核与评定

考核方式	所占比例/%	主要考核内容
实验整体表现	10	承担的工作，完成的质量，发挥的作用，协作能力，成员间的沟通能力
实验任务完成情况	70	实验任务完成质量。所有功能都应该实现并测试通过
实验报告	20	实验报告的组织、撰写，实验成果的陈述答辩表现

课外作业

通过课外作业，引导学生检验学习效果，进一步掌握课堂讲述的内容，了解自己掌握的程度，思考一些相关的问题，进一步深入理解扩展的内容。作业的基本要求是，根据各章节的情况，布置练习题、思考题等。每一章布置适量的课外作业，完成这些作业需要的知识覆盖课堂讲授内容，包括基本概念题、解答题、证明题、综合题以及其他题型。主要支持毕业要求 1、2、3 的实现。

5.2.5　教与学

1. 教授方法

以讲授为主（36 学时），实验为辅（课内 10 学时）。课内讲授提倡研究型教学，以知识为载体，传授相关的思想和方法，引导学生踏着大师们的研究步伐前进。实验教学则提出基本要求，引导学生独立（按组）完成系统的设计与实现。

教学团队需要探索多元化的教学模式。例如，引入归纳教学法，相对于传统教学中先讲概念，再讲方法，最后介绍实例的演绎式教学模式，在一些背景知识清晰、边界明确的技术问题讲解中，使用先进行实例分析，再总结技术方法，最后给出概念内涵的方式，这一模式可以调动学生分析问题的积极性，避免了抽象问题空洞阐述的情况，可以取得良好效果。再如，在课堂中引入游戏学习的互动教学环节，针对复杂数据一致性协议问题，让学生分角色"扮演"CPU、存储器、存控等，在自主互动中运行协议，发现和解决问题，总结协议规律，取得深刻的记忆效果。引入限选和任选研究题目相结合、引导教学和自主研究相结合的思路，采用小组讨论、分组报告、专题竞赛、互助点评等多种形式实践研究型教学方法。

本课程强调实例讲解，强调实践应用，在使用过程中学习提高。计算机体系结构技术始终是计算机学科发展的支撑技术之一，通过课程的教学使学生树立"系统全局"的认知思维方式，强调平衡和折中的系统设计和量化分析方法，这样有助于确立系统、全面思考问题的科学方法。授课过程中注意实例为主，讨论为先，培养学生开放思维的习惯，保护学生对计算机技术的兴趣和认同。

2. 学习方法

要逐步养成探索的习惯，尤其要重视对基本理论的掌握，在理论指导下进行实践；注意从实际问题入手，归纳和提取基本特性，最后实现计算机问题求解——设计实现计算系统。必须明确学习各阶段的重点任务，做到课前预习，课中认真听课，积极思考，课后认真复习，不放过疑点，充分利用好教师资源和课程网站等其他资源。着重研读教材，适当选读参考书的相关内容，从系统实现的角度深入理解概念，掌握方法的精髓和算法的核心思想，并且通过实验加深对原理的理解。

5.2.6 学时分配

具体学时分配如表 5-2-2 所示。

表 5-2-2 学时分配

教学内容	学时安排											
	讲授学时	实践学时										小计
		拓展学习	实践探索	课题研究	论文撰写	小班研讨	实验	上机	野外作业	自主学习	其他	
第1章	2											2
第2章	5							2				7
第3章	6							2				8
第4章	6							2				8
第5章	5							2				7
第6章	4							2				6
第7章	6											6
第8章	2											2
小计	36							10				46

注：课内的实验时间不足以完成系统的设计与实现，学生还需要用更多的课外时间。另外期末考试还需要 2 学时。

5.2.7 课程考核与成绩评定

平时成绩占 25%（作业和随常练习占 10%，实验占 15%），期末考试占 75%。

实验成绩主要反映学生在所学理论指导下掌握系统分析和设计方法的情况以及应用所掌握的方法设计实现一个 CPU 指令流水线系统的能力。培养学生在复杂系统的研究、设计与实现中的交流能力（口头和书面表达）、协作能力、组织能力。

作业和随常练习主要反映学生的课堂表现、平时的信息接受、自我约束。成绩评定的主要依据包括课程的出勤情况、课堂的基本表现（含课堂测验）、作业情况。

期末考试是对学生学习情况的全面检验。强调考核学生对计算机体系结构基本概念、基本方法、基本技术的掌握程度，考核学生运用所学方法设计解决方案的能力，要起到督促学生系统掌握包括基本思想方法在内的主要内容的作用。

考核方式及主要考核内容如表 5-2-3 所示。

表 5-2-3　考核方式及考核内容

考核方式	所占比例 / %	主要考核内容
作业	5	按照教学的要求，作业将引导学生复习讲授的内容（基本模型、基本方法、基本理论、基本算法），深入理解相关的内容，锻炼运用所学知识解决相关问题的能力，通过对相关作业的完成质量的评价，为毕业要求 1、2、3 达成度的评价提供支持
随堂练习	5	考查学生课堂的参与度，对所讲内容的基本掌握情况，基本的问题解决能力，通过考核学生课堂练习参与度及其完成质量，为对毕业要求 1、2、3 达成度的评价提供支持
实验	15	对学生综合运用量化分析、系统设计、并行分析方法等完成较大规模系统设计与实现能力等方面的检验，通过对实验系统的设计实现质量优劣的考核，为毕业要求 5、9、10 达成度的评价提供支持，同时对实现毕业要求 1、2、3 达成度的评价也提供一定参考
期末考试	75	通过对规定考试内容掌握的情况，特别是具体的问题求解能力的考核，为毕业要求 1、2、3 达成度的评价提供支持

5.3　算法设计与分析

"算法设计与分析"课程是计算机类专业的一门重要课程，掌握该领域知识有助于学生进一步学习和掌握专业基本理论知识，学好计算机应用开发技术，适应更广泛的社会需求挑战。

通过"程序设计语言"和"数据结构"等先导基础课程学习，学生们已掌握了基本程序控制结构和常用的数据结构。但是还需要使学生做到综合运用已有数学知识和程序设计技能，理论与实践紧密结合，编写出解决实际问题的优良的程序，并具有创造性地解决问题的能力。

本课程教学的设计以能力培养为导向，着力培养学生的算法设计与分析能力以及理论结合实际的能力。本课程按照总学时 64（其中理论授课 32 学时，课内实验 32 学时）进行规划。

5.3.1　课程简介

软件的效率和稳定性取决于软件中所采用的算法。"算法设计与分析"是软件开发人员专业必修课，是计算机类本科生重要的专业基础课。通过本课程学习，能够理解和掌握算法设计的主要方法，培养对算法的计算复杂性进行正确分析的能力，可以开阔编程思路，编写出优质程序。

本课程的教学内容符合《华盛顿协议》关于复杂工程问题 7 个特征中的 3 个特征：

（1）必须运用深入的工程原理经过分析才可能解决。

（2）需要通过建立合适的抽象模型才能解决，在建模过程中需要体现出创造性。

（3）不是仅靠常用方法就可以完全解决。

本课程内容包含求解计算机问题和利用计算机技术求解问题的基本原理以及最典型、

最基本的方法，所涉及的问题都需要进行深入的分析，而且这些问题的解决必须建立恰当的抽象模型，并基于模型进行算法设计、分析和实现。很多问题需要根据设计开发的实际，综合运用恰当的方法，要在多种因素中进行折中，以求全局的优化和良好的算法性能。所以，本课程不仅使学生掌握基本原理、基本技术、基本方法，还提供了让学生解决复杂工程问题的机会。

5.3.2　课程地位和教学目标

1. 课程地位

本课程是计算机科学与技术专业、软件工程专业的核心专业课之一。在学生掌握了编程的基本技术以及数据结构的基本知识、理论的基础上，通过对算法概念、算法复杂度分析、常用且有代表性的算法设计策略的学习，让学生理解并掌握一定的算法设计方法，培养学生分析算法复杂度的初步能力，锻炼逻辑思维能力和想象力，并了解算法理论的发展；提高学生理论联系实际的能力，在解决实际问题时，对于较复杂的工程问题能抽象出问题的数学模型，设计出有效的算法，为今后从事系统软件和应用软件的研究与开发提供扎实的算法理论基础。

2. 教学目标

本课程应达到的要求如下：

（1）掌握算法的概念及特性，理解算法与程序的区别。

（2）学会算法复杂度分析及渐进性态的数学表达方式。

（3）学会递归的概念，掌握有效的分治算法策略，通过范例学习分治策略的设计方法。

（4）学会动态规划算法的概念，熟悉动态规划算法的基本要素；掌握设计动态规划算法的步骤，通过范例学习动态规划策略的设计方法。

（5）学会贪心算法的概念，熟悉贪心算法的基本要素；熟悉贪心算法与动态规划算法的差异，理解贪心算法的一般理论；掌握通过范例学习贪心算法策略的设计方法。

（6）学会回溯法的深度优先搜索策略，掌握用回溯法解题的算法框架；熟悉利用剪枝手段提高搜索效率的技巧；掌握通过范例学习回溯法策略的设计方法。

（7）学会分支限界法的宽度优先搜索策略，熟悉分支限界与回溯法的异同；熟悉利用剪枝手段提高搜索效率的技巧；掌握通过范例学习分支限界法策略的设计方法。

（8）学会随机化算法的基本思想，了解几类随机化算法的设计思想。

上述要求归纳为对应毕业要求的 3 个教学目标。

目标 1：通过学习算法分析与设计的相关方法和技术，让学生掌握计算机算法的基本理论和方法。为毕业要求 1 的达成提供支持。

目标 2：通过学习算法分析与设计的相关方法和技术，掌握计算机算法设计过程中所使用的思想和方法。能独立地以计算的视角分析具体问题，通过计算机算法设计问题的解决方案，包括判定、求解及优化等方面的解决方案。为毕业要求 2 的达成提供支持。

目标 3：具有针对复杂工程问题进行分析与建模、设计实验的能力。为毕业要求 3 的达成提供支持。

5.3.3　课程教学内容及要求

1．课堂教学内容

第 1 章　算法概述

算法的概念，计算算法时间和空间复杂度的方法，算法复杂度的渐进性态的数学表达方式，算法复杂度在渐进意义下的阶。

重点：分析算法的时间复杂度。

了解算法分析与设计的关注点，算法评价的一般方法；掌握算法、算法复杂度的基本概念；掌握算法空间及时间复杂度的估算方法。

第 2 章　递归与分治策略

掌握递归的概念，学会用递归方法解决实际问题；熟练掌握利用分治法解决问题的基本思想；会用高级语言对算法进行描述，并对算法复杂度（时间和空间）进行分析。

递归的概念，分治算法的基本思想，二分搜索技术，大整数的乘法、棋盘覆盖、快速排序和线性时间选择等问题的分治策略的设计方法。

重点：设计问题的分治算法策略。

第 3 章　动态规划

熟练掌握利用动态规划方法解决问题的基本思想；学会如何将问题化为多阶段图的方法；能对具体问题写出正确的递推公式

动态规划的概念，动态规划算法求解问题的两个重要性质，设计动态规划算法的步骤，矩阵连乘问题、最长公共子序列、最大子段和、电路布线、0-1 背包等问题的动态规划策略的设计方法，动态规划算法复杂度分析方法。

重点：设计问题的动态规划算法策略。

第 4 章　贪心算法

掌握利用贪心算法解决问题的基本思想；能够识别问题的贪心性质，并能设计出贪心策略；能对算法的复杂度、可靠性进行分析。

贪心算法的概念，贪心算法设计的基本要素，贪心算法与动态规划算法的差异，最优活动安排、最优装载、赫夫曼编码、邮局选址等问题的贪心算法策略的设计方法，贪心算法的复杂度分析方法。

重点：设计问题的贪心算法策略。

第 5 章　回溯法

掌握利用回溯法解决问题的基本思想；能准确地分析回溯法的效率；能准确地分析回溯法的稳定性。

回溯法的深度优先搜索策略，用回溯法解题的算法框架，利用剪枝函数提高搜索效率的技巧；0-1 背包、批处理作业调度、N 皇后、图 M 着色、圆排列等问题的回溯算法策略的设计方法，回溯法复杂度分析方法。

重点：设计问题的回溯法策略。

第 6 章　分支限界法

掌握利用分支限界法解决问题的基本思想；能用多种不同方法求解同一问题，并分析各方法的效率。

分支限界法的宽度优先搜索策略，分支限界法与回溯法的异同，利用剪枝函数提高搜索效率的技巧，应用队列式分支限界法和优先队列式分支限界法求解布线问题、八数码难题等问题的设计方法。

重点：设计问题的分支限界法策略。

第 7 章　随机化算法

利用随机化算法解题的基本思想和基本特征；产生伪随机数的算法；数值随机化等几类随机化算法的设计思想。

重点：随机化算法解题的基本方法。

2. 实验内容

算法设计与分析的实验部分，与理论教学部分是一个整体，占有重要的地位，旨在引导学生深入理解算法设计策略方法，并将这些理论知识运用到实际问题，设计较优算法，分析算法复杂性，并编程加以实现，以培养学生解决复杂问题的能力。

根据本课程特点，实验按 3 个阶段来培养学生解决复杂问题的能力。第一阶段有 6 个实验，目标是考查学生对各个算法策略的理解和运用；第二阶段有两个实验，目标是考查学生选择较优算法来解决实际问题的能力；第三个阶段有两个实验，目标是考查学生面对一个复杂的问题时，如何建模，分析和理解问题，如何选择解决问题的算法策略，以培养学生进一步解决复杂问题的能力。

实验 1：整数排序问题

本实验考查学生对时间复杂度的理解。

问题描述：任意输入 N 个整数，请用选择排序和堆排序两种方法进行排序，并比较时间复杂度。

实验 2：邮局选址问题

本实验考查学生对分治算法的掌握。

问题描述：在一个按照东西和南北方向划分成规整街区的城市里，n 个居民点散乱地分布在不同的街区中。用 x 坐标表示东西向，用 y 坐标表示南北向。各居民点的位置可以由坐标（x,y）表示。街区中任意两点（x_1,y_1）和（x_2,y_2）之间的距离可以用数值 $|x_1-x_2|+|y_1-y_2|$ 来度量。居民们希望在城市中选择建立邮局的最佳位置，使 n 个居民点到邮局的距离总和最小。

实验 3：最长公共子序列问题

考查学生对动态规划算法的掌握。

问题描述：一个给定序列的子序列是在该序列中删除若干元素后得到的序列。给定两个序列 X 和 Y，当另一序列 Z 既是 X 的子序列又是 Y 的子序列时，称 Z 是序列 X 和 Y 的公共子序列。给定两个序列 $X=\{x_1,x_2,\cdots,x_m\}$ 和 $Y=\{y_1,y_2,\cdots,y_n\}$，找出 X 和 Y 的最长公共子序列。

实验 4：汽车加油问题

本实验考查学生对贪心算法及数学应用能力的掌握。

问题描述：一辆汽车加满油后可行驶 n 公里。旅途中有若干个加油站。设计一个有效算法，在哪些加油站停靠加油，使沿途加油次数最少。对于给定的 n（$n\leqslant5000$）和 k（$k\leqslant1000$）个加油站位置，编程计算最少加油次数。

实验 5：最大团问题

本实验考查学生对回溯算法及优化处理能力的掌握。

问题描述：给定一个无向图 $G=(V, E)$。若 $U \subseteq V$，且对任意的 $u,v \in U$，都有边 $(u, v) \in E$，则称 U 是图 G 的一个完全子图。G 的完全子图 U 是一个团，当且仅当 U 不包含在 G 的更大的完全子图中。G 的最大团是指包含顶点数最多的团。对给定的无向图，找出最大团中顶点的个数。

实验 6：电路板布线问题

本实验考查学生对分支界限算法处理能力的掌握。

问题描述：印刷电路板将布线区域划分成 $n \times m$ 个方格。精确的电路布线问题要求确定连接方格 a 的中点到方格 b 的中点的最短布线方案。在布线时，电路只能沿直线或直角布线。为了避免线路相交，已布了线的方格做了封锁标记，其他线路不允许穿过被封锁的方格。

对给定的电路板，找出最短的布线路径。

实验 7：0-1 背包问题

本实验考查学生如何选择较优算法的能力。

问题描述：有 n 个物品，它们有各自的重量和价值。现有给定容量的背包，如何让背包里装入的物品具有最大的价值？

实验 8：最大字段和问题

本实验考查学生选择较优算法的能力。

问题描述：给定 n 个整数（可能为负数）组成的序列 $a[1], a[2], \cdots, a[n]$，求该序列如 $a[i]+a[i+1]+\cdots+a[j]$的子段和的最大值。当所给的整数均为负数时，定义子段和为 0。

例如，当 $(a[1], a[2], a[3], a[4], a[5], a[6]) = (-2,11,-4,13,-5,-2)$ 时，最大子段和为 20。

实验 9：山区道路

本实验考查学生解决复杂问题的能力。

问题描述：某山区的孩子们上学必须经过一条凹凸不平的土路，每当下雨天，孩子们非常艰难。现在村里走出来的 Dr. Kong 决定募集资金重新修建这条路。由于资金有限，为了降低成本，对修好后的路面高度只能做到单调上升或单调下降。

为了便于修路，将整个土路分成 N 段，每段路面的高度分别 $A_1, A_2, \cdots, A_n$。由于将每一段路垫高或挖低一个单位的花费成本相同，修路的总费用与路面的高低成正比。

现在 Dr. Kong 希望找到一个恰好含 N 个元素的不上升或不下降序列 $B_1, B_2, \cdots, B_n$，作为修过的路路段的高度。要求：$|A_1-B_1| + |A_2-B_2| +\cdots+ |A_n-B_n|$最小。

【标准输入】

第一行： T 表示有 T 组测试数据。

接下来对每组测试数据：

第 1 行： N 表示整个土路分成了 N 段

第 2~N+1 行： $A1$ $A2$ $A+N$ 表示每段路面的高度

【标准输出】

对于每组测试数据，输出占一行：$|A_1-B_1| + |A_2-B_2| +\cdots+ |A_n-B_n|$的最小值。

【约束条件】

$2 \leq k \leq 10$ $0 \leq A_i \leq 10^7$ $0 \leq N \leq 200$ $(i=1, 2, \cdots, N)$

所有数据都是整数，数据之间有一个空格。

数据保证$|A_1-B_1|+|A_2-B_2|+\cdots+|A_n-B_n|$的最小值不会超过$10^9$。

实验 10：供给系统

本实验考查学生解决复杂问题的能力。

问题描述：外星人指的是地球以外的智慧生命。外星人长的是不是与地球上的人一样并不重要，但起码应该符合我们目前对生命基本形式的认识。比如，我们所知的任何生命都离不开液态水，并且都是基于化学元素碳（C）的有机分子组合成的复杂有机体。

42 岁的天文学家 Dr. Kong 已经执著地观测 ZDM-777 星球十多年了，这个被称为"战神"的红色星球让他如此着迷。在过去的十多年中，他经常有一些令人激动的发现。ZDM-777 星球表面有着明显的明暗变化，对这些明暗区域，Dr. Kong 已经细致地研究了很多年，并且绘制出了较为详尽的地图。他坚信那些暗区是陆地，而亮区则是湖泊和海洋。他一直坚信有水的地方一定有生命的痕迹。Dr. Kong 有一种强烈的预感，觉得今天将会成为他一生中最值得纪念的日子。

这天晚上的观测条件实在是空前地好，ZDM-777 星球也十分明亮，在射电望远镜中呈现出一个清晰的暗红色圆斑。还是那些熟悉的明暗区域和极冠，不过，等等！Dr. Kong 似乎又捕捉到曾看到过的东西若隐若现，那是什么？他尽可能地睁大了眼睛，仔细地辨认。哦，没错，在一条直线上，又出现了若干个极光点连接着星球亮区，几分钟后，极光点消失。

Dr. Kong 大胆猜想，ZDM-777 星球上的湖泊和海洋里一定有生物。那些极光点就是 ZDM-777 星球上的供给系统，定期给这些生物提出维持生命的供给。

不妨设那条直线为 X 轴，极光点就处在 X 轴上，N 个亮区 P_1, P_2, $\cdots$, P_n 就分布在若干个极光点周围。

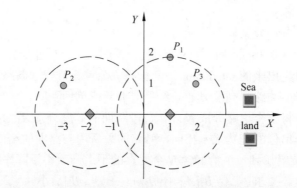

接着，Dr. Kong 又有惊人的发现，所有的亮区 P_i 都处在某个半径为 R 的极光点圆内。去掉一个极光点就会使得某些亮区 P_j 不处在覆盖区域内。

Dr. Kong 想知道，至少需要多少个极光点才能覆盖所有的湖泊和海洋。

【标准输入】

第一行：K 表示有多少组测试数据。

接下来对每组测试数据：

第 1 行：N R

第 2~N+1 行：X_i Y_i （$i=1,2,\cdots,N$）

【标准输出】

对于每组测试数据，输出一行：最少需要的极光点个数。

【约束条件】

$2 \leqslant M \leqslant 5$　　$1 \leqslant R \leqslant 50$　　　$1 \leqslant N \leqslant 100$　　$-100 \leqslant X_i, Y_i \leqslant 100$　　$|Y_i| \leqslant R$

数据之间有一个空格。

3. 习题讨论课内容

习题解答及讨论一：递归与分治算法策略中的相关问题及应用。

习题解答及讨论二：动态规划算法策略中的相关问题及应用。

习题解答及讨论三：回溯法算法策略中的相关问题及应用。

5.3.4　教学环节及学时分配

课程教学环节及学时分配如表 5-3-1 所示。

表 5-3-1　课程学时分配

章	课程内容	理论课	实验	习题及讨论课	小计
1	算法概述	2	2		6
2	递归与分治策略	4	2	2	10
3	动态规划	6	4	2	12
4	贪心算法	4	4		10
5	回溯法	4	4	2	12
6	分支限界法	4	4		12
7	随机化算法	2			2
	综合实验 1		6		
	综合实验 2		6		
总　　计		26	32	6	64

5.3.5　教与学

"算法设计与分析"课程要求学生具有一定的计算学科和软件工程基础理论，针对复杂应用问题能够进行算法策略分析与建模，能够设计出较优的算法，编程上机实现的能力。

课堂教学中，课堂讲授采用传统教学与多媒体教学相结合的方法，同时增加了讨论习题课。浅显易懂的采用多媒体，难以理解的则使用板书讲解加深学生的印象。教学过程中采用回忆式复习、理解式提问、应用式提问、专题讨论等方法，积极引导学生主动思考，培养学生良好的学习习惯；积极鼓励学生向老师提问题，以更好地理解算法的设计思想和分析方法。

实验教学中，通过布置一些经典应用题上机实验，让学生能够利用高级程序设计语言把算法转化为程序。通过数据测试和程序运行使学生能够进一步理解算法设计策略及一些设计技巧，提高运用学到的算法知识解决实际问题能力。

另外，学生可以利用课间休息时间和邮件等随时提问答疑。教师根据批改作业时发现的问题增加习题课进行讲解，交流讨论。

5.3.6　课程考核与成绩评定

课程考核及成绩评定方式应该能体现对毕业要求 1、2 和 4 达成的支持。

（1）成绩评定方法：总成绩=期末考试成绩+上机成绩。

（2）成绩构成比例如表 5-3-2 所示。

表 5-3-2　成绩构成比例

考试总成绩/%	期末卷面成绩/%	上机成绩/%
100	50~80	20~50

（3）所支持的毕业要求在考试的各种考核形式中的占比如表 5-3-3 所示。

表 5-3-3　毕业要求在各种考核形式中的占比

毕业要求	在各种考核形式中的占比/%	
	期末卷面成绩	上机成绩
毕业要求 2	60	40
毕业要求 4	30	70

（4）期末考试。

考试题型：理论知识题 30 分，算法设计题 30 分，应用实现题 40 分。

考试方法：闭卷，笔试。

考试时间：120 分钟。

记分方式：百分制，满分 100 分，占课程综合成绩的 60%。

（5）实验考核。

程序运行+实验报告。

5.3.7　本课程对毕业要求指标点达成的实现途径

根据本专业本科培养方案中的毕业要求，本课程支持毕业要求 1、2 和 4 的达成。

本课程中支撑毕业要求达成的具体实现途径如下。

（1）课堂教学的安排支持毕业要求 2 的达成。

算法设计问题是一个复杂软件问题，具有较高的综合性，涉及多方面的算法策略和技术，仅靠常用方法不能解决，需要通过分析、建立合适的抽象模型才能解决。

通过本课程的学习，使学生能够掌握算法设计的基础理论知识，针对问题能够设计出求解的算法策略，对特定的算法能够进行时间复杂度分析。针对一些实际问题，学生能够运用所学的各类算法策略思想，设计出一个较优的求解方法，为今后从事系统软件和应用软件的研究与开发提供一个较为扎实的专业工程基础。

（2）讨论课的安排支持毕业要求 1、2 和 4 的部分达成。

在讨论课上，对具体应用问题进行分析、讨论并设计出相应的数学模型，根据算法策略找到求解方法，通过算法的时间及空间复杂度的分析，引导学生设计出更优的算法策略。

同时，在讨论课上，还应针对学生上机出现的问题进行讲解、分析。通过多次的反馈，再学习，再设计，再实现，力求提高学生分析问题的能力以及设计、开发软件的能力。

（3）上机实验支持毕业要求 4 的达成。

上机实验，要求学生面向一些实际问题，能够运用所学的各类算法策略思想分析、设计出一个较优的求解方法。通过用 C 语言编写程序并调试、运行来验证自己是否掌握了算法设计的理论知识、算法复杂度分析方法以及真正解决问题的能力。

其中，毕业要求 2 是具有将计算学科和软件工程基础理论用于问题分析的能力，毕业要求 4 是具有针对复杂工程问题进行分析与建模、设计实验的能力。

5.4　数字电路与逻辑设计

本课程的教学设计以能力培养为导向，按照培养计算机类专业的工程应用型人才的需要制定，并按照总学时 67（其中理论授课 48 学时，课内实验 19 学时，实验按照 2 个学时=1 个教学学时计算）进行规划。面向其他类型学生培养、不同学时的教学设计可以参照本方案进行调整。

计算机类专业的工程应用型人才需要具有较扎实的基础理论、专业知识和基本技能，具有良好的可持续发展能力，所以本课程特别强调数字逻辑基本原理的内容，着力培养学生的系统能力以及理论结合实际的能力，而且要强调对学科基本特征的体现。

5.4.1　课程简介

数字逻辑是计算机类专业和电子信息类专业的一门重要硬件基础课程，是现代电子技术、计算机硬件电路、通信电路、信息与自动化技术等学科的基础。本课程在介绍数制与编码、逻辑代数等基本知识的基础上，结合生活实例，全面介绍组合逻辑电路的分析和设计、触发器基本原理和应用以及时序逻辑电路的分析和设计；最后，以应用为驱动讲授常用的中大规模集成电路及其应用方法。本课程强调工程应用，具有较强的理论性和实践性。

5.4.2　课程地位和教学目标

1. 课程地位

本课程是计算机类专业的基础必修课，属于硬件技术基础类课程，旨在通过对数字电路基础知识的学习和数字系统分析与设计方法的理解，培养学生解决复杂问题的工程能力，提高学生的逻辑思维和逻辑设计能力。

2. 教学目标

使学生系统地掌握数字电路的基本概念、基本原理，理解逻辑设计的基本内涵；掌握常用数字电路的一般分析方法和设计方法，具备一般电路的分析和设计能力；掌握数字集成电路数据手册的阅读方法、常用数字集成电路的应用方法和应用注意事项，具备利用集成电路设计复杂电路的能力；了解 EDA 的基本概念，掌握 EDA 在电路设计中的应用方法，能用 EDA 工具完成简单电路系统设计和验证。

具体课程目标如下。

目标 1：掌握数字电路的基本概念、基本原理，理解逻辑设计的基本内涵。为毕业要求 1 的实现提供支持。

目标 2：掌握常用数字电路的一般分析方法和设计方法，具备一般电路的分析和设计能力。为毕业要求 3 的实现提供支持。

目标 3：掌握数字集成电路数据手册的阅读方法、常用数字集成电路的应用方法和应用注意事项，具备利用集成电路设计复杂电路的能力。为毕业要求 3 的实现提供支持。

目标 4：了解 EDA 的基本概念，掌握 EDA 在电路设计中的应用方法，能用 EDA 工具完成简单电路系统设计和验证。对毕业要求 5 的实现具有一定的贡献。

5.4.3　课程教学内容及要求

第 1 章　引言

数字电路与逻辑设计课程的教学目的，基本内容，数字电路的发展，数字电路的测试工具以及数制表示方法和常用编码，包括常用数制（二、八、十、十六进制数）的表示方法与相互转换方法；常用编码（8421BCD 码、5421BCD 码、余 3 码、格雷码等）的表示方法。

重点：进制表示，常用进制——二进制，十六进制。

难点：十进制到其他进制的转换方法，格雷码。

本章介绍本课程的特点以及在计算机系列课程和人才培养中的作用，包括从哪几个方面能够体现培养学生解决复杂工程问题的能力，以便引起学生的注意。告知学生在学习中要注意的问题，使学生掌握基本的概念和数字系统的设计方法，以激发他们的兴趣。

本章支持毕业要求 1 "工程知识" 中的 "掌握电子信息类工程基础知识，并能够用于理解计算机体系结构"。数制和编码是信息技术最基础的部分，是数字系统描述的基本元素，也是学习后续许多课程的基础。

第 2 章　逻辑代数基础

逻辑代数的基本运算，基本定律和规则，复合逻辑，逻辑函数的常用表达式，逻辑函数的标准形式及其相互转换方法，卡诺图的定义及其填写方法，逻辑函数的代数和卡诺图化简方法，非完全描述逻辑函数的表示方法及化简方法。

重点：逻辑代数的基本定律和规则，逻辑函数的两种标准形式及卡诺图的基本概念。

难点：5 种表达式的相互转化，卡诺图及基于卡诺图的逻辑化简。

本章内容是学好数字电路的关键，也是本课程的基础和重点，本章从最简单的与、或、非逻辑出发，逐渐深入，使学生能够掌握数字逻辑运算的基本概念、基本原理和基本分析方法。

第 3 章　集成逻辑门

集成逻辑门是实际数字电路设计中经常使用的集成电路，本章将讲解典型 TTL 与非门的基本工作原理，掌握其主要外特性和参数，集电极开路门和三态门的主要特点，MOS 逻辑门（以 CMOS 为主）的主要特点和使用方法，以及实际应用中不同集成工艺门电路使用时的注意事项。

重点：集成逻辑门应用问题。

难点：集电极开路门。

集成逻辑门是最简单的集成数字电路，通过本章的学习，可以简单了解门电路的内部结构以及不同结构对门电路电器特性的影响，学会选择门电路和查阅资料，从简单电路出发，由浅入深地提高硬件系统设计与开发能力。

第 4 章　组合逻辑电路

以门电路为基础，学习组合逻辑电路的分析方法和设计方法，常用的中规模组合逻辑器件（MSI），包括编码器、译码器、加法器、多路选择器及各种器件的典型应用，了解实际组合逻辑电路中可能存在的竞争和冒险。

重点：组合逻辑电路的分析和设计方法，一般步骤。

难点：中规模集成组合逻辑电路芯片及其应用。

本章内容支持毕业要求 3"设计/开发解决方案"中的"具备基本的硬件系统设计与开发能力"。学生通过知识的学习，掌握电路设计和分析的一般方法，具备基于门电路或 MSI 进行电路系统设计的能力，具备对简单门电路和 MSI 构成的电路系统进行分析的能力；了解如何将用语言描述的问题通过分析转化为用逻辑函数描述，最终通过集成门电路或者集成组合逻辑器件解决问题。本章以二进制加法器为原型，讲述 ALU 中的主要部件——加法器的构成原理，为解决复杂工程问题打下基础。

第 5 章　触发器

组合逻辑电路没有记忆功能，而在实际应用中很多场合需要电路具有记忆功能。触发器是具有记忆能力的最简单、最基础的元件。本章从交叉反馈连接的两个与非门构成的基本 RS 触发器出发，讲述触发器的基本概念、工作原理及多种功能描述方法：状态表、特征方程、状态转换图、激励表、波形图。从多个 RS 触发器状态转换时间的不一致性引出时钟控制触发器，并介绍几种时钟控制触发器的基本原理及功能，进而引出边沿触发的（D、T、JK）触发器的逻辑功能及其功能描述。

重点：触发器的基本原理，触发器的功能描述方法。

难点：主从 JK 触发器的一次翻转，触发器构成电路的分析及波形图绘制。

本章知识点支持毕业要求 1"工程知识"中的"掌握电子信息类工程基础知识，并能够用于理解计算机体系结构"以及毕业要求 3"设计/开发解决方案"中的"具备基本的硬件系统设计与开发能力"。通过学习，使学生掌握时序逻辑电路的基本概念和时序逻辑电路的基本构件——触发器掌握，触发器分析所需要的特征方程、状态真值表、状态图，初步认识时序的概念和分析方法，初步了解一个系统的设计和分析方法。

第 6 章　时序逻辑电路

时序逻辑电路是常见的复杂逻辑电路，数字系统中常用的微控制器包含多种时序逻辑电路模块，因此本章内容对于计算机学科的学生理解计算机硬件组织具有重要的意义。本章从时序逻辑电路的基本概念、结构、特点、分类以及功能描述方法出发，逐步引出同步、异步时序电路的概念，同步时序逻辑电路的分析步骤、方法，典型同步时序逻辑电路的设计步骤、方法，以及典型 MSI 时序逻辑部件（74LS161、74LS194 等）的逻辑功能、扩展方法及应用；以 MSI 为主的典型同步时序电路的分析方法与设计方法，包括任意模值计数器、移位型计数器、序列码发生器等。

重点：时序逻辑电路的分析和设计方法原理、思路、步骤，MSI 时序逻辑部件的逻辑功能及应用。

难点：电路自启动功能，状态化简，组合 MSI+时序 MSI 的时序电路的设计。

本章知识点支持毕业要求 1 "工程知识"中的"掌握电子信息类工程基础知识，并能够用于理解计算机体系结构"以及毕业要求 3 "设计/开发解决方案"中的指标点 3.2 "具备基本的硬件系统设计与开发能力"。通过学习，学生能够掌握时序逻辑电路基本概念、基本原理，掌握时序逻辑电路的分析和设计方法、步骤，掌握典型 MSI 器件的功能及基于 MSI 的电路系统的设计方法。

第 7 章　脉冲波形的产生与整形

本章将了解脉冲产生电路的基本概念、原理，为数字系统设计提供基准。要求学生了解脉冲产生电路基本概念及一般分析方法，了解 555 定时器的基本工作原理及典型应用，了解晶体振荡器、施密特单稳态集成电路的基本原理及使用方法。

重点：555 定时器原理及应用。

难点：振荡电路原理。

本章知识点支持毕业要求 1 "工程知识"中的"掌握电子信息类工程基础知识，并能够用于理解计算机体系结构"以及毕业要求 3 "设计/开发解决方案"中的"具备基本的硬件系统设计与开发能力"。通过学习，学生能够掌握脉冲产生的基本原理、振荡电路的基本原理、555 定时器及其应用。

5.4.4　教学环节的安排与要求

1. 课堂讲授

课堂教学 48 学时。

2. 实践教学

数字电路实验是本课程的主要部分，与理论教学部分是一个整体，占比较重要的地位，旨在引导学生提高学习兴趣，深入理解理论知识，并将这些理论知识和相关的问题求解思想和方法用于解决数字系统设计与实现中的问题，培养学生理论联系实际的能力。需要学生在掌握基本原理的基础上，通过转换、化简等设计方法，设计基本电路模块，从而构成较大模块的设计，完成从小系统到大系统的设计，每组最后要提交书面的实验报告。

目标 1：通过与理论教学部分结合，掌握数字电路的基本概念、基本原理，理解逻辑设计的基本内涵。为毕业要求 1 的实现提供支持。

目标 2：使用常用数字电路的一般分析方法和设计方法，完成一般电路的分析和设计。为毕业要求 3 的实现提供支持。

目标 3：与理论教学部分结合，利用常用数字集成电路完成复杂电路的设计与实现。为毕业要求 3 的实现提供支持。

目标 4：掌握 EDA 在电路设计中的应用方法，使用 EDA 工具完成简单电路系统设计和验证。对毕业要求 5 的实现有一定的贡献。

本课程实验由表 5-4-1 中的多个实验组成。

实验 1　主要包括基本逻辑门电路的验证及不同类型的门电路的传输特性测试，从而使学生加深对数字电路基本概念、基本原理等的掌握，以及采用不同器件互连需要注意的问题。

实验 2　通过测试基本器件的逻辑功能，完成一些比较简单的组合逻辑电路设计。

（1）完成对 74LS138、74LS83 等器件的逻辑功能测试。

表 5-4-1　实验内容安排

实验序号	实验内容	学时
1	基本逻辑门实验	4
2	组合逻辑电路部件实验	8
3	时序电路设计	6
4	数字小系统实验	6
5	基于 VHDL 的基本逻辑电路设计	6
6	数字系统综合实验	8

（2）完成 4 位全加器、2-4 译码器、4-1 数据分配器、1-4 数据选择器、4 位比较器、交通灯等电路 R 设计与实现。

实验 3　通过对基本触发器的测试，使学生对其功能有进一步了解，从而完成对基本时序电路的设计。

（1）完成对 74LS74、74LS76、74LS161 等器件的测试。

（2）使用 D 触发器完成十六进制计数器（同步）的设计与实现，将该（设计的）十六进制计数器改为十进制计数器，将十六进制计数器改为模 100 的计数器。

（3）完成循环移位寄存器设计。

实验 4　结合实验 2、3 的内容完成本实验，从而使学生实现从小模块到大模块的挺进。

（1）设计并实现一位 BCD 加法器，并把结果通过数码管显示，包括 BCD 译码器、BCD加法器、寄存器等设计。

（2）完成 10 秒定时器设计，包括秒时钟、计数器、显示模块、提示模块等设计。

实验 5　主要介绍 EDA 软件的使用，完成基本逻辑电路设计。

（1）基本组合电路（门电路、译码器、比较器等）。

（2）基本时序电路（计数器、寄存器等）。

实验 6　在完成上述实验后，使学生能够结合理论教学完成复杂电路设计。

数字实时钟设计与实验可以采用 EDA 工具与集成电路完成，主要模块包括分频器、计数器、译码器、数据选择器、数据比较器等。

完成计时、对时、闹铃等主要功能。

5.4.5　课程考核与成绩评定

1. 考核与评价方式

最终成绩由平时成绩、期末考试成绩等组合而成。各部分所占比例如下：

平时成绩占 15%，主要考核对每堂课知识点的复习、理解和掌握程度，主要形式是作业。

期末考试成绩占 85%，主要考核数字电路基础知识的掌握程度，采用书面考试形式。题型为选择题、填空题、分析题、设计题、判断题等。

课程考核与评价方式如表 5-4-2 所示。

表 5-4-2　课程考核与评价方式

目标达成	平时表现	课程实验	课程设计	作业	课程考试	比例/%
目标 1 支撑毕业要求 1	1			3	30	34
目标 2 支撑毕业要求 3	4			7	55	66

2．考核与评价标准

1）平时成绩考核与评价标准

平时成绩包括平时表现成绩和平时作业成绩两部分，分别按 100%计，最后再乘以各自所占的比例。平时表现成绩考核与评价标准如表 5-4-3 所示，平时作业成绩考核与评价标准如表 5-4-4 所示。

表 5-4-3　平时表现成绩考核与评价标准

目标	优秀	良好	合格	不合格
课程目标 1（支撑毕业要求 1）	按时到堂听课；对基本知识、基本原理理解清楚，能与计算机系统结构等产生关联	按时到堂听课；掌握基本知识和基本原理，对课堂内容有很好理解	按时到堂听课；了解基本知识和基本原理	不能按时听课；基本概念不清楚，不能正确回答问题
课程目标 2（支撑毕业要求 3）	按时到堂听课；发现设计和分析中的问题	按时到堂听课；掌握分析和设计方法	按时到堂听课；了解分析和设计方法	不能按时听课；不能掌握课堂知识
课程目标 3（支撑毕业要求 3）	按时到堂听课；对系统设计有清晰理解	按时到堂听课；理解集成电路及电路系统设计	按时到堂听课；基本了解集成电路及电路系统设计	不能按时听课，不能清晰了解集成电路应用思路

表 5-4-4　平时作业成绩考核与评价标准

目标	优秀	良好	合格	不合格
课程目标 1（支撑毕业要求 1）	按时交作业；基本概念正确、论述逻辑清楚；层次分明，语言规范	按时交作业；基本概念正确、论述基本清楚；语言较规范	按时交作业；基本概念基本正确、论述基本清楚，语言较规范	不能按时交作业；有抄袭现象或者基本概念不清楚、论述不清楚
课程目标 2（支撑毕业要求 3）	按时交作业；分析和设计正确，有新意	按时交作业；分析和设计正确。	按时交作业；分析和设计基本正确	不按时交作业；有抄袭现象或过程/结论错误
课程目标 3（支撑毕业要求 3）	按时交作业；分析和设计正确、严谨，有新意	按时交作业；分析和设计正确、严谨，有新意	按时交作业；分析和设计基本正确，电路理解无误	不按时交作业；有抄袭现象或过程/结论错误
课程目标 4（支撑毕业要求 5）	按时交作业；实验正确，实验设计有新意或有新见解	按时交作业；实验设计正确	按时交作业；实验设计完整	不按时交作业；有抄袭现象或过程/结论错误

2）课程期末考试评价标准

课程期末考试评价标准如表 5-4-5 所示。

表 5-4-5　课程期末考试评价标准

目标	优秀（0.9～1）	良好（0.7～0.89）	合格（0.6～0.69）	不合格（0～0.59）
目标 1 对应毕业要求 1	数字电路基础知识掌握扎实。具备解决实际复杂工程问题的理论基础	数字电路基础知识掌握扎实。基本具备解决实际复杂工程问题的理论基础	基本掌握数字电路基础知识。有解决复杂电路问题的初步思路	对数字电路基础知识掌握不牢。面对电路系统无思路

续表

目标	优秀 （0.9～1）	良好 （0.7～0.89）	合格 （0.6～0.69）	不合格 （0～0.59）
目标 2 对应 毕业要求 3	深入理解电路分析和设计的一般方法。能够正确进行电路的分析和设计，有新意。深入理解集成电路的学习方法。能够正确应用，应用方式有新意	深入理解电路分析和设计的一般方法。能够正确进行电路的分析和设计。了解集成电路的学习方法。能够正确应用	基本掌握电路分析和设计的一般方法。能够进行电路的分析和设计。了解集成电路的学习方法，基本了解集成电路应用方法	对电路分析和设计的一般方法缺乏理解。不能正确进行电路的分析和设计。对如何学习集成电路资料没有思路，缺乏应用思路

注：该表格中比例为期末考试试卷成绩比例。

5.5 数 据 挖 掘

5.5.1 课程简介

数据中蕴藏着重要价值，而挖掘出这种价值的重要技术手段就是数据挖掘。随着数据规模、存储与计算能力等各方面的快速发展，数据挖掘任务需要不断适应大数据环境的新要求。数据挖掘已在各个领域展现出强大的能力和广阔的前景。

本课程主要介绍数据挖掘的基本概念、原理方法以及相关应用。具体包括数据的预处理、关联挖掘、预测、聚类分析和相关应用等。通过深入理解数据挖掘任务中各步骤对应的基本概念、主要方法及其思想，掌握数据挖掘的核心知识。同时，结合热门前沿课题和经典应用案例，了解数据挖掘技术的发展趋势，初步掌握将现实任务进行抽象并运用数据挖掘技术解决问题的能力。

5.5.2 课程地位和教学目标

1. 课程地位

本课程是计算机类专业的一门专业选修课程。数据挖掘技术经过长期的发展已经形成较为成熟和系统的知识结构。而随着大数据时代来临，数据挖掘技术在众多应用领域也发挥着关键作用。因此本课程对提高学生的理论知识和实践技能都有显著意义，是计算机及相关专业的重要课程之一。

2. 教学目标

本课程主要为毕业要求第 1、2、3 的实现提供支持。主要指标点包括：①能够将数学、自然科学、工程基础和专业知识等用于解决计算机领域复杂工程问题，能够判别计算机系统的复杂性，分析计算机系统优化方法；②能够针对一个系统或者过程进行抽象分析与识别，选择或建立一种模型抽象表达，并进行推理、求解和验证；③在充分理解计算机软硬件及系统的基础上，能够设计针对计算机领域复杂工程问题的解决方案，设计或开发满足特定需求的软硬件系统、模块或算法流程，并能够进行模块和系统级优化。

具体教学目标如下。

目标 1：使学生掌握数据挖掘中的基本概念，掌握数据预处理、关联挖掘、分类回归、聚类分析等经典算法。为毕业要求 1 的实现提供支持。

目标 2：使学生能够针对具体问题进行抽象，在多种可选方案中，根据问题的约束条件，选择或建立相应的数据挖掘模型，并进行建模实验。为毕业要求 2 的实现提供支持。

目标 3：使学生能够结合具体应用案例，合理选择和改进经典的数据挖掘算法，使学生针对具体应用能够对算法进行有效分析和评价。为毕业要求 3 的实现提供支持。

5.5.3　课程教学内容及要求

下面给出的是本课程要求的基本教学内容，主讲教师可以根据学生的状况、自身的体会等在某些方面进行扩展和对学生进行引导。

第 1 章　引论

教学的目的与要求，课程的基本内容，数据挖掘基本概念，发展历史，主要应用，与其他相关课程的关系。

重点：课程教学目的与要求，课程基本内容，数据挖掘的基本概念。

难点：数据挖掘的基本概念。

本章需要介绍本课程的基本内容与特点，强调课程在大数据时代的地位以及解决实际应用问题中的作用，激发学生兴趣。

大数据是一个热门但又比较模糊的概念，应当引导学生对这个概念产生严谨深刻的理解，有能力辨识概念炒作与严谨科学的区别。数据挖掘在大数据环境中能做的事情非常多，应注意举例说明数据挖掘已经在众多领域发挥了重要作用，并讲解相关概念，让学生对课程的轮廓有大概了解，从而激发学生的学习兴趣。

数据挖掘与机器学习、数据库等多个相关课程紧密联系。应详细阐述它们之间的联系与区别。此外，数据挖掘领域处于高速发展阶段，提醒学生应该在课程教学基础上，结合自身兴趣广泛阅读相关参考文献和最新学术论文，把握领域的发展动向，培养独立解决问题的能力。

第 2 章　数据及数据处理

数据的基本概念，数据类型，特征表示，特征类型以及不同类型之间的转换，降维，特征选择等。

重点：不同数据类型的特点以及相互之间的转换方法；不同降维技术及各自的特点；不同类型的特征选择技术及适用场景。

难点：PCA、LDA 等降维方法的原理与实现；不同特征选择算法的原理与适用场景。

数据是数据挖掘分析的原料，数据的质量往往直接决定了数据挖掘的效果。高质量的数据体现在量大、无噪声等，还需要经过一系列预处理技术以便更适合后续的分析挖掘。需要让学生重视数据预处理在数据挖掘过程中的重要性。

数据的特征表示对挖掘任务的最终效果影响显著，但是提取好的特征表示往往依赖于对任务领域知识的掌握和相关经验，可以通过实际例子让学生形成不同属性特征带来显著分析结果差异的印象。基于原始特征进行的预处理也是数据挖掘的必要和重要的环节。不同算法对数据类型也有不同的要求，因此属性特征类型之间的转换技术能够扩展分析任务的算法适应性。

大数据环境下数据常常出现高维特性，一方面影响挖掘分析性能，另一方面也不便于结果的呈现和理解。降维和特征选择等技术是解决这一问题的主要途径。该方面的技术方法很多，需要兼顾经典算法与前沿技术，让学生重点掌握不同算法的思想共性和特性，并熟悉不同算法的适用场景。

第 3 章　关联规则挖掘

关联规则挖掘的动机，基本概念和主要原理；关联规则重要算法的思想与实现以及在实际问题中的应用。

重点：项集、频繁项集、支持度、置信度等概念，A-Priori 等关联规则挖掘的经典算法及改进等。

难点：关联规则挖掘基本概念，算法效率的瓶颈，经典算法的基本原理与步骤，一系列改进算法的核心思想。

关联规则挖掘是数据挖掘中的一个重要任务，也是其区别于机器学习等的标志性任务之一。关联规则挖掘的讲授往往依托于购物篮问题以及"啤酒和尿布"等经典案例，但应当注意避免学生思维固化。应强调关联规则挖掘应用的广泛性，特别要强调项集与项之间的包含关系并非物理上的。

A-Priori 等经典算法的各个步骤较为繁杂，应当结合实例讲解细节，并通过练习让学生掌握各个步骤之间的承接关系，并理解相关操作在查找频繁项集上提升效率的原理与思想。

寻找频繁项集任务中最关键的一步在于找出频繁二项集，因此提升寻找频繁二项集的效率也是关联规则挖掘算法的关键所在。可结合此处讲解求解实际问题时进行深入分析、找出问题关键的重要性。

第 4 章　预测

预测任务的基本概念与应用场景；分类、回归常见算法的基本思想与原理；泛化能力等概念与基础理论等。

重点：分类与回归的基本概念，不同类型算法的原理与实现，各类算法的区别和特点；性能检验、模型选择等实用技术。

难点：分类与回归的各类算法的原理与实现；泛化能力等学习理论基础。

预测任务是数据挖掘中最常见的分析任务之一，也是科学研究的重点，相关算法非常多。在讲授该部分内容时应突出代表性算法，考虑覆盖面和循序渐进性。

在讲授分类与回归算法的基础上，适当介绍学习理论方面的基础内容，适当介绍泛化误差、VC 维、过拟合等概念，启发学生理解算法设计背后一般性的理论基础，有助于学生从更深刻和本质的角度了解算法工作的原理。此部分内容涉及数学推导较多，应当尽量将数学符号的含义解释清楚，便于学生掌握公式的真实意义。

预测任务是与实际动手能力结合较为容易的一部分内容，应突出强调运用相关算法求解实际问题的能力，特别是掌握将实际任务抽象和形式化为对应的分类和回归问题的能力。同时注意引入实验分析、结果呈现等相关介绍，适当培养学生进行创新性科研的基本技能。

第 5 章　聚类

聚类的基本概念，聚类分析的主要应用场合；各种聚类算法的原理与实现及应用。

重点：聚类的基本概念，代表性的聚类算法，聚类的应用。

难点：各类聚类算法的工作原理、特点与应用场景。

聚类算法种类繁多，包括层次式、基于密度的、基于中心点的以及基于模型的等，在介绍相关算法时应注意尽量覆盖各个类别，且选取具有代表性的方法。重点分析各类算法之间的异同与优劣，分析各自的应用场景。

聚类结果的评价具有一定的主观性，同样的数据进行人工聚类也会产生不同的结果。虽然有一些客观的评价指标可用来衡量聚类结果质量，但是也应强调结合当前任务的目标进行评价。

同样的数据，使用同样的聚类算法，仅改变参数，将产生截然不同的结果。而聚类问题中的参数选择往往非常困难。应结合可视化的例子让学生形成印象，了解算法参数对聚类结果的影响，同时了解不同算法的不同参数在实质上的贯通性。

第6章 大数据前沿与应用

主要内容包括大数据的前沿热门课题以及最新应用情况介绍。

重点： 大数据前沿课题介绍，如深度学习、社交网络分析、流数据挖掘、隐私保护挖掘等；部分大数据应用案例介绍。

难点： 数据挖掘前沿课题介绍。

大数据是目前最热门的话题之一，数据挖掘技术也处于蓬勃发展阶段。了解相关前沿课题有利于学生把握该方向的发展趋势，培养学生进行科研创新的视野和品味。在介绍相关前沿课题时，应当注重分析其研究动机和背景，阐述创新性工作的价值来源。

前沿介绍内容的选择具有一定的开放性。不同学生的兴趣也不相同。在内容选择上应注重覆盖面广，在内容介绍上则突出思想原理，弱化细节。强调学生的主观性，鼓励学生在了解基本思想后结合自己兴趣进行自主选择性深入探索。

大数据应用介绍一方面应当注重应用效果的显著性和示范性，吸引和激发学生进一步自我探索；另一方面也应当体现课程前述内容的运用，强调理论知识在实际问题求解中的重要性和灵活性。

5.5.4 教学环节的安排与要求

1. 课堂讲授

本课程的教学内容主要包括数据挖掘中的预处理、关联分析、分类、回归、聚类、前沿课题等。这些内容往往涉及较多的数学知识，符号描述较为复杂，并且各项任务之间具有较大的差异。因此如何将众多的概念、复杂的算法讲授清楚，并将各项内容有效串联和组织是本课程教学的难点。

为了解决这一问题，讲授过程中应当注意策略。首先，应采取先宏观再细节的教学策略。对于涉及复杂数学符号的概念和算法，先从直观上介绍核心的思想，从宏观上了解了概况之后再讲解细节，用直观的理解辅助细节的掌握，避免学生陷入符号细节中难以把握整体框架。其次，通过引入实例来串联各项任务。实例的引入能够帮助学生掌握各项内容在数据挖掘中所扮演的角色，避免各章内容之间的脱节，此外也能帮助学生理解抽象内容。

2. 课程作业

课程作业主要包括每次课后的小作业和两个大作业。

课后小作业主要以延伸阅读为主。提供高质量的科研论文作为学生拓展知识面的额外材料。这类作业有利于培养学生自主学习的能力，并鼓励学生结合自己的兴趣进行选择性的拓展。

大作业分为两个。第一个要求学生选择数据挖掘的某一个子方向，阅读大量的相关文献，进行梳理，并写成一篇综述论文。该项作业侧重培养学生自我探索、文献阅读和知识梳理的能力，使其能够对数据挖掘某项技术发展现状进行深入了解并形成自己的见解。此外对英文文献的检索、阅读和分析等能力的培养也起到重要作用。这些能力是进行创新的必备技能，是支撑学生后续发展的重要条件。第二个大作业要求学生从关联挖掘、分类、回归和聚类等中选择一种数据挖掘任务，围绕该任务选择 3 种以上算法进行实现，并在实际数据集上进行实验验证，对实验结果做出分析和总结。该项作业侧重培养学生的动手能力，并通过动手实现加深其对数据挖掘主要算法核心思想及关键步骤的掌握，以及对关键知识点的灵活运用和抽象并解决实际问题的能力等。

3. 报告讨论

报告讨论内容主要安排在"大数据前沿与应用"部分。鼓励学生以团队形式合作完成文献查阅、报告内容组织以及课题汇报和讨论。各个环节需要分工合作，在选题、内容组织、报告形式上均会影响最终的报告效果，应通过互相讨论和评价来鼓励学生之间的互相学习。该项教学手段重点培养学生在文献阅读、表达、团结协作等方面的能力。

5.5.5　教与学

1. 教授方法

以讲授为主，布置课程作业为辅，鼓励课堂讨论。课内讲授兼顾知识基础性和前沿性。一方面注重思想原理的讲解，另一方面结合实际案例促进理解。强调抽象内容的具体化。

2. 学习方法

培养自主学习习惯。在课程作业、报告讨论等环节给予学生充分的选择自由，鼓励学生在课程框架范围内结合自身兴趣，自主探索。强调动手能力，学习将实际问题抽象成可解问题并进行实现、分析、改进。鼓励团队协作，进行互补学习。

5.5.6　学时分配

本课程学时分配参见表 5-5-1。

表 5-5-1　学时分配

章	主要内容	学时分配					合计
		讲课	习题	实验	讨论	其他	
1	绪论	4					4
2	数据及数据处理	4					4
3	关联规则挖掘	6					6
4	预测	10					10
5	聚类	4					4
6	大数据前沿与应用	2			2		4
	合计	30			2		32

5.5.7　课程考核与成绩评定

平时成绩占 50%（课后小作业占 5%，两次大作业各占 15%，随堂表现占 15%），期末考试占 50%。平时成考核主要依据包括课堂的基本表现、作业情况。

期末考试是对学生学习情况的全面检验。强调考核学生对编译基本概念、基本方法、基本技术的掌握程度，考核学生运用所学方法设计解决方案的能力，淡化考查一般知识、结论、记忆。

本课程考核方式及主要考核内容如表 5-5-2 所示。

表 5-5-2　考核方式及考核内容

考核方式	所占比例 / %	主要考核内容
课程作业	35	按照教学的要求，作业将引导学生复习讲授的内容，深入理解相关的内容，锻炼运用所学知识解决相关问题的能力
随堂表现	15	考查学生课堂的参与度，对所讲内容的基本掌握情况，基本的问题解决能力
期末考试	50	考查学生对课堂内容掌握的情况，特别是具体内容的理解以及问题求解能力

5.6　云计算技术

本课程教学的设计按照总学时 32（其中理论授课 26 学时，课内实验 12 学时，实验按照 2 个学时=1 个教学学时计算）进行规划。

计算机类专业的工程应用型人才需要具有较扎实的基础理论、专业知识和基本技能，具有良好的可持续发展能力，需要掌握云计算基础知识和概念，理解云计算的基本原理和知识体系，了解云计算技术及最新发展。本课程着力培养学生的云计算环境设计能力和理论结合实际的能力，强调对学科基本特征的体现。

5.6.1　课程简介

云计算（Cloud Computing）是继大型计算机到客户/服务器架构的转变之后计算方式的又一巨变，是基于互联网的相关服务的增加、使用和交付模式，通常涉及通过互联网来提供动态、易扩展且经常是虚拟化的资源。云计算的核心思想是统一管理和调度计算资源池中的资源并向用户提供服务。计算资源池由大量通过网络连接的计算资源构成，提供资源的网络被称为云，云中的资源在使用者看来是无限的、随时扩展的，并且可以随时获取、按需使用和付费。

云计算给信息产业带来了巨大的影响，将使信息技术整体结构发生改变，今后更多的软件会逐步转移到云计算环境中，更多的用户也将受益于云计算服务。随着云计算的研究深入和应用发展，它将成为未来主流应用模式。由于云计算技术起源于企业界而非学术界，计算机相关专业学生需要理解云计算的概念、云计算的产生背景和动力、云计算系统架构、主流云计算方案的技术原理、云计算技术基本研发和数据管理、云计算未来发展方向等问题，因此设置"云计算技术"课程。

本课程介绍云计算基本原理与技术，使学生了解具有代表性的几种云计算技术原理和方法，并结合实验进行教学。要求学生在了解和熟悉云计算技术相关的概念、原理和技术等的基础上，能够搭建云计算环境，并能选择合适的云计算平台进行应用开发，为后续开展相关的工程应用和科学研究奠定基础。本课程的教学内容与复杂问题的特征相呼应，包括云计算基本概念、原理与技术，使学生必须通过深入分析才能建立起云计算的原理模型，并利用流行的云计算架构搭建云计算环境。在此过程中，必须结合教学内容给出的原理并运用云计算虚拟化技术、资源部署方法等知识，达到基本云计算应用环境的设计、使用的目标，充分体现了复杂工程的构建过程。

5.6.2　课程地位和教学目标

1. 课程地位

本课程是计算机专业的技术基础选修课，是一门理论性和实用性兼备的课程，需要软件工程、数据库原理、分布式数据库等先修课程的知识，也为后续能力培养环节中的综合工程和毕业设计等提供基础支撑。其目的是使学生更加系统、深入地掌握云计算的相关知识，为今后从事相关研究与应用打下坚实的基础。同时，使学生学会用科学的、系统的方法分析和解决实际问题，培养学生的探索、创新精神。云计算技术是一门发展很快的技术，教学不可能涵盖所有的方面，因此需要让学生在课余自主学习相关资料并进行一定的实践，以便更好地跟紧技术发展趋势。

2. 教学目标

本课程应使学生学习和熟悉云计算的基本理论、技术、方法、应用和具体的云计算系统，包括云计算架构设计、云计算关键技术以及最新研究方向等。该目标分解为以下子目标。

目标 1： 掌握云计算技术的基本理论以及问题描述和处理方法。为毕业要求 1 提供支持。

目标 2： 增强理论结合实际能力，了解云计算领域新知识、新技术、发展现状与趋势。为毕业要求 2 提供支持。

目标 3： 培养系统能力和面向系统构建的交流和团队协议能力。为毕业要求 3 提供支持。

目标 4： 培养自主学习意识，发展不断学习的能力。为毕业要求 4 提供支持。

目标 5： 了解云计算发展历史和现状，掌握云计算发展过程的标志性技术革新，了解移动云计算、云计算安全等新技术的应用情况。为毕业要求 6 提供支持。

5.6.3　课程教学内容及要求

第 1 章　云计算概述

云计算的概念，发展现状，实现机制，与相关概念的关系，发展环境，成本优势，对行业的影响等。

重点： 云计算的特点，服务类型。

难点： 云计算技术体系结构。

通过本章的学习，使学生建立起云计算的整体认识，包括发展简史、服务类型和主流体系等。通过图片或视频等使学生对课程学习产生兴趣，了解云计算的特点以及与网格计算、大数据、物联网的异同和关系，掌握云计算的服务类型、体系结构层次。

引导学生课外阅读云计算及应用场景的介绍性资料。

第 2 章　Google 云计算

Google 云计算主要技术,包括 Google 文件系统 GFS、分布式计算编程模型 MapReduce、分布式锁服务 Chubby、分布式结构化数据表 Bigtable、分布式存储系统 Megastore、分布式监控系统 Dapper、Google 应用程序引擎等。

重点：GFS，MapReduce，Chubby，Bigtable，Megastore。

难点：一致性算法、可靠性机制。

熟悉 GFS、Chubby、Bigtable、Megastore，了解 Dapper、Google 应用程序引擎,掌握 MapReduce 核心思路,阅读 Google 云计算技术资料。

第 3 章　Amazon 云计算服务

Amazon 云计算 AWS 主要技术,包括 Amazon 平台基础存储架构 Dynamo、弹性计算云 EC2、简单存储服务 S3、简单数据库服务 SimpleDB、简单队列服务 SQS、弹性 MapReduce 服务、内容推送服务 CloudFront、电子商务服务 DevPay 和 FPS 等。

重点：Dynamo，S3，SimpleDB，SQS，弹性 MapReduce。

难点：一致性算法,可靠性机制。

熟悉 Dynamo、S3、SimpleDB、SQS、弹性 MapReduce,了解 RDS、DevPay、FPS、CloudFront、Router53 等其他 Amazon 云计算服务,掌握 EC2 基本架构及核心技术思路,阅读 Amazon 云计算服务技术资料。

第 4 章　微软云计算服务

微软云计算 Windows Azure 主要技术,包括微软云计算平台体系架构、微软云操作系统 Windows Azure、微软云关系数据库 SQL Azure、Windows Azure AppFabric、Windows Azure Marketplace 等,结合实验和实际操作对学习内容进行强化。

重点：微软云操作系统 Windows Azure、微软云关系数据库 SQL Azure、Windows Azure AppFabric。

难点：Windows Azure Table。

熟悉微软云计算平台体系架构、Windows Azure、SQL Azure、Windows Azure AppFabric,了解 Azure Marketplace,掌握 Windows Azure 中 5 个部分的内容,阅读微软云计算服务技术资料。

第 5 章　VMware 云计算

VMware 云计算主要技术,包括 VMware 云计算架构、VMware vSphere 架构、vSphere 中的云管理平台 vCenter、云架构服务提供平台 vCloud Service Director、VMware 的网络和存储虚拟化等。

重点：VMware 云计算架构,VMware vSphere 架构,vCenter 结构和功能,vCloud Service Director 功能。

难点：可靠性组件 FT 和 HA,VMware 的网络和存储虚拟化。

熟悉 VMware 云计算架构、VMware vSphere 架构、vCenter、vCloud Service Director,了解 VMware 的网络和存储虚拟化,掌握虚拟机迁移的核心思路,阅读 VMware 云计算服务技术资料。

第 6 章　Hadoop

结合讲授和实际操作学习 Google 云计算的开源实现 Hapdoop，包括 Hadoop 介绍、Hadoop 分布式文件系统 HDFS、分布式数据处理 MapReduce、分布式结构化数据表 HBase、Hadoop 安装、HDFS 使用、HBase 安装和使用、MapReduce 编程等。

重点：HDFS，HBase。

难点：Hadoop 安装，HDFS 使用，HBase 安装和使用，MapReduce 编程等。

熟悉 Hadoop 组成、HDFS 技术、VMware 云计算架构、VMware vSphere 架构、vCenter、vCloud Service Director，了解 VMware 的网络和存储虚拟化，掌握 Hadoop 等的安装和使用。完成 Hadoop 下 MapReduce 编程上机实践，阅读 Hadoop 技术资料，撰写课程学习报告。

第 7 章　其他开源云计算

其他开源云计算及特点，包括 Eucalyptus、Cassandra、Hive、VoltDB 等。

重点：其他开源云计算的技术思路。

难点：与之前介绍的主要云计算技术思路的异同。

了解其他开源云计算及其特点，阅读其他云计算服务技术资料。

第 8 章　云计算仿真器

云计算仿真器 CloudSim 主要技术，包括体系结构、技术实现等。

重点：CloudSim 体系结构，技术实现。

难点：CloudSim 的使用。

了解 CloudSim 的体系结构、技术思路、用法，熟悉和了解 CloudSim 等云计算仿真器。

第 9 章　云计算热点技术

云计算热点技术，包括云计算体系结构、虚拟化技术、数据存储技术、能耗管理技术、移动云计算、云安全及应用等。

重点：虚拟化技术，能耗管理技术。

难点：云系统分类。

了解云计算热点技术，熟悉虚拟化技术等关键技术，掌握云系统分类。阅读云计算最新技术进展和热点技术资料，撰写云计算新技术调研报告。

5.6.4　教学环节的安排与要求

总学时 26+12 学时，其中讲授 26 学时，实验（上机、综合练习或多种形式）12 学时。

云计算技术是计算机科学与技术专业的一门重要的专业课，要求在加强学生知识教育的同时，注重对学生能力素质的综合培养。

1. 课堂讲授

课堂教学首先要使学生掌握课程教学内容中基本概念、基本理论和方法。通过讲解，使学生能够对这些概念和理论有深入的认识，进而有能力将这些知识点应用到实际的问题解决中。在关键知识部分，要有问题的提出、问题的分析和解决方法以及效果评估等内容，使学生能够掌握核心部分，并有分析能力。充分利用现代化多媒体、互联网等工具直观展示各种知识点，用形象的方式描述使学生有深刻印象。引导学生阅读英文原著，培养自我学习能力。

2. 实验教学

本实验课程是计算机科学与技术等相关专业的专业选修课——云计算随堂实验，主要学习云计算基本模型、服务类型、体系架构及工作原理和应用机制等，课程注重基础知识与新技术的融合、理论到实践的转化。实验教学应达到使学生实际掌握关于虚拟化、分布式存储等关键知识点的目标，培养具有创新和实际动手能力、真正理解和掌握云计算基本结构和原理，掌握云计算系统初步设计技术的人才。具体实验内容可根据本校具有的云计算实验环境（实际环境或远程虚拟环境）进行选取和设定。

实验由 3 个部分组成，每部分 4 学时。

实验 1：微软云计算体验

本实验目的是使学生通过体验微软的云计算服务，加深理解云计算的服务模型和部署形式。

具体要求学生通过创建账号，体验现有商用云计算服务中的微软云计算，体验它的服务与 SPI 服务模型如何对应，了解微软云计算提供的 PaaS 服务的特点。微软云计算服务可以支持部署模型。

实验 2：Hadoop 单机配置

本实验目的是使学生通过在单机上搭建和配置 Hadoop，了解 Hadoop 的基本安装步骤，掌握 Hadoop 单机安装和配置的基本技巧。

具体要求学生安装 CentOS，安装和配置 SSH、Java 环境，安装 Hadoop 2.0 并运行简单实例。

实验 3：Hadoop 单机伪分布式配置

本实验目的是使学生通过在单机上搭建和配置模拟分布式的 Hadoop，了解单机伪分布式 Hadoop 的基本安装和配置步骤，掌握 Hadoop 单机伪分布式安装、配置和使用的基本技巧。

具体要求学生安装 Hadoop 2.0，开启并查看 NameNode 和 Datanode，简单使用 HDFS，并运行简单实例。

5.6.5　教与学

1. 教授方法

课堂讲授以探究型教学为主，依托知识载体，传授相关的思想和方法，引导学生探索技术前沿，激发学生的学习兴趣。

2. 学习方法

重视对基本理论的钻研，并将理论和实验结合。训练发现问题、解决问题的能力。明确学习各个阶段的任务，认真听课，积极思考，高质量地完成作业。通过教材和参考资料强化对知识点的认识。积极参加实验，在实验中加深对原理的认识。

5.6.6　学时分配

本课程学时分配如表 5-6-1 所示。

表 5-6-1　学时分配

章	课程内容	学时	教学方式
1	云计算概述	2	讲授
2	Google 云计算服务	6	讲授
3	Amazon 云计算服务	4	讲授
4	微软云计算服务	3 + 4	讲授+实验
5	VMware 云计算	2	讲授
6	Hadoop	2 + 8	讲授+实验
7	其他开源云计算	2	讲授
8	云计算仿真器	2	讲授
9	云计算热点技术	3	讲授
	合计	26+12	

5.6.7　课程考核与成绩评定

1. 考核成绩构成

最终成绩由平时成绩（含课堂成绩和实验成绩）、期末大作业成绩组合而成。各部分所占比例如下：

课堂成绩占 10%。主要考核学生对每堂课知识点的复习、理解和掌握程度和到课情况。主要反映学生的课堂表现、平时的信息接受、自我约束。成绩评定的主要依据包括课程的出勤情况、课堂的基本表现（含课堂测验）、作业情况。

实验成绩占 10%。主要考核计算机运用能力、获取整理信息的能力以及理论联系实际的能力。学生可根据自己的专业方向及研究兴趣自拟题目或选用任课教师提出的题目，进行云计算平台搭建和使用，并给出一定形式的结果及说明。培养学生在复杂系统的研究、设计与实现中的交流能力（口头和书面表达）、协作能力、组织能力。

期末大作业占 80%。主要考核云计算技术相关理论知识的掌握程度，发现、分析和解决问题的能力，以及语言及文字表达能力。学生可自拟题目或根据任课教师提出的题目完成一项云计算平台的搭建和开发使用并提交报告，或者撰写课程学习论文，最后根据报告或论文的完成质量评定期末课程大作业成绩。

课程考核与评价方式如表 5-6-2 所示。

表 5-6-2　课程考核与评价方式

课程目标	支撑毕业要求	考核与评价方式及成绩比例 / %					成绩比例 / %
		平时表现	课程实验	课程设计	作业	课程考核	
1	1	2	2		3	10	17
2	2					25	25
3	3		8			20	28
4	4					15	15
5	6	3			2	5	10
	7					5	5

2. 考核与评价标准

1）课堂成绩考核与评价标准

课堂成绩考核与评价标准如表 5-6-3 所示。

表 5-6-3　课堂成绩考核与评价标准

目标	优秀	良好	合格	不合格	比例/%
目标 1（支撑毕业要求 1）	按时交作业；基本概念正确，论述逻辑清楚；层次分明，语言规范	按时交作业；基本概念正确，论述基本清楚；语言较规范	按时交作业；基本概念基本正确，论述基本清楚；语言较规范	不能按时交作业；有抄袭现象，或者基本概念不清楚、论述不清楚	50
目标 2（支撑毕业要求 6）	按时交作业；能够正确应用相关知识分析解决实际工程问题，论述逻辑清楚；层次分明，语言规范	按时交作业；能够应用相关知识分析解决实际工程问题，论述清楚，语言较规范	按时交作业；基本能够应用相关知识分析解决实际工程问题，论述基本清楚，语言较规范	不能按时交作业；有抄袭现象，或者概念不清楚、论述不清楚	50

2）实验成绩评价标准

实验成绩评价标准如表 5-6-4 所示。

表 5-6-4　实验成绩评价标准

目标	优秀	良好	合格	不合格	比例/%
目标 3（支撑毕业要求 3）	按照要求完成预习；理论准备充分，实验方案有充分的分析论证过程；调试和实验操作非常规范；实验步骤与结果正确；实验仪器设备完好	有一定的预习和理论准备，实验方案有分析论证过程；调试和实验操作规范；实验步骤与结果正确；实验仪器设备完好	实验方案有一定的分析论证过程；调试和实验操作较规范；实验步骤与结果基本正确；实验仪器设备完好	实验方案错误；或者没有按照实验安全操作规则进行实验；或者实验步骤与结果有重大错误；或者故意损坏仪器设备	60
目标 4（支撑毕业要求 4）	按时交实验报告，实验数据与分析翔实、正确；图表清晰，语言规范，符合实验报告要求	按时交实验报告，实验数据与分析正确；图表清楚，语言规范，符合实验报告要求	按时交实验报告，实验数据与分析基本正确；图表较清楚，语言较规范，基本符合实验报告要求	没有按时交实验报告；或者实验数据与分析不正确；或者实验报告不符合要求	40

3）课程大作业考核与评价标准

课程大作业考核与评价标准如表 5-6-5 所示。

表 5-6-5　课程大作业考核与评价标准

目标	优秀	良好	合格	不合格	比例/%
目标 1（对应毕业要求 1）	云计算技术概念、原理和技术的论述和理解正确；对搭建云计算环境和选择合适的云计算平台进行应用开发理解正确；应用理论解决实际问题正确，成果优秀；语言简练	云计算技术概念、原理和技术的论述和理解正确；对搭建云计算环境和选择合适的云计算平台进行应用开发理解正确；应用理论解决实际问题基本正确	云计算技术概念、原理和技术的论述和理解正确；对搭建云计算环境和选择合适的云计算平台进行应用开发有一定认识	云计算技术概念、原理和技术的论述和理解正确；对搭建云计算环境和选择合适的云计算平台进行应用开发没有认识	10

续表

目标	优秀	良好	合格	不合格	比例/%
目标 2（对应毕业要求 2）	对问题的分析正确，选择的表示方法、控制方案正确；方案结合组织结构正确；绘制的图表正确；语言论述正确、精练；实现结果正确	对问题的分析正确，选择的表示方法、控制方案正确；方案结合组织结构基本正确；语言论述基本正确、精练	对问题有认识，可以选择的表示方法、控制方案；能够选择方案结合组织结构	对问题没有认识，无法选择的表示方法、控制方案；不能够选择方案结合组织结构	25
目标 3（对应毕业要求 3）	对问题分析正确，方案合理，有良好的实现结果	对问题分析基本正确，方案合理，有一定的实现结果	对问题分析基本正确，有一定的方案和实现结果	对问题分析错误，或者方案和实现结果错误	20
目标 4（对应毕业要求 4）	能正确选择科学方法，对复杂工程问题进行需求分析，并编写文档实现方案，结果正确	能选择科学方法，对复杂工程问题进行初步需求分析，并编写文档实现方案，结果基本正确	能选择科学方法，对复杂工程问题进行初步需求分析	不能选择科学方法，对复杂工程问题无法进行需求分析，无法编写文档实现	15
目标 5（对应毕业要求 6 和 7）	对云计算发展非常清楚，掌握标志性技术革新，能够表达典型技术点	对云计算发展清楚，基本掌握标志性技术革新，能够表达典型技术点	对云计算及发展有一定认识	对云计算及发展认识不足	10

说明：

（1）与相关课程的分工衔接

云计算技术是一门理论性和实用性兼备的学科，需要软件工程、数据库原理、分布式数据库等先修课程的知识，也为后续能力培养环节中的综合工程和毕业设计等提供基础支持。

（2）其他说明

云计算技术是一门发展很快的技术，教学不可能涵盖所有的方面，因此需要让同学们在课余主动学习相关的资料并动手实践，才能更好地跟紧技术发展的趋势。

5.7　软件体系结构

软件体系结构（Software Architecture）是软件系统的蓝图，是系统的高层抽象，勾画出系统的骨架由哪些部分构成。在软件开发过程中，软件架构介于需求分析与软件设计之间，是早期最重要的设计决策的集合，一旦确定，后期改变会对开发进程产生重大影响。研究软件的体系结构，基于构件进行软件开发，使得软件可以像硬件产品一样进行零部件组装式的开发，是软件工程的最新发展阶段。本课程主要介绍软件体系结构的原理、方法与实践。

5.7.1　课程简介

本课程讲述软件体系结构的概念、建模方法、风格分类、描述语言、评估方法、基于体系结构的软件开发、软件产品线等内容，为软件开发中体系结构的设计提供原理和方法的指导。本课程强调理论与实践相结合，通过案例讲解软件体系结构的原理与方法，在实验中对具体的软件系统进行体系结构的分析与建模，并进行简单的程序实现。

软件体系结构的设计很好地体现了复杂工程问题的求解过程。对于一个复杂的软件系统，体系结构就是骨架和本质，要想弄清楚问题的本质，需要从不同的角度进行分析，这正是体系结构建模的多视图思想。体系结构把软件系统分解成不同的构件，把软件开发简化为组装构件的过程。

5.7.2 课程地位和教学目标

1. 课程地位

本课程是计算机类学科的专业课，旨在继"软件工程"课程之后，引导学生对复杂软件开发中的体系结构设计进行学习和认识，并能够结合实际案例加以运用，培养学生对复杂工程问题进行分析建模的能力。课程实践部分涉及主流的体系结构风格及框架等内容，可为学生即将从事的软件开发工作打下一定的基础。

2. 教学目标

通过本课程的学习，使学生掌握软件体系结构的基本概念；能利用 UML 对软件体系结构进行多视图建模；掌握主流软件体系结构风格的思想、原理、特点及典型案例，尤其要掌握云计算背景下面向服务的体系结构（SOA）的相关知识与技术；了解软件体系结构的描述方法，熟悉典型的体系结构描述语言，包括 UML 和 XML；理解各种软件质量属性的含义，掌握软件体系结构的评估方法；理解基于体系结构的软件开发思想，熟悉常见的设计模式及中间件技术；理解软件产品线的概念，理解软件产品线的体系结构及其演化。

本课程的教学目标为毕业要求 1、2、3、5、10 的达成提供支持，具体表现如下。

目标 1：理解和掌握"4+1"视图模型，能对一个软件系统的体系结构进行分析与建模，并用 UML 语言及工具来实现，为毕业要求 1、3 的达成提供支持。

目标 2：理解和掌握典型的软件体系结构风格，能够分析一个软件系统的体系结构风格，并使用体系结构描述语言进行描述，为毕业要求 2 的达成提供支持。

目标 3：理解和掌握云计算背景下最常用的面向服务的软件体系结构风格，并能够搭建简单的 Web 服务系统，为毕业要求 3 的达成提供支持。

目标 4：框架是软件体系结构的实现，是适用于软件产品线的重用技术，是目前软件开发的主流技术，理解和掌握 MVC 软件体系结构风格及相应的主流框架，能够基于框架搭建简单的应用，为毕业要求 5 的达成提供支持。

目标 5：通过分组实验，学生分工协作，培养团队意识和协作精神；通过课堂汇报与系统演示，培养沟通能力；实验中涉及的实现技术需要学生主动学习，通过互联网等途径获取资料，在做中学，这些都为毕业要求 10 的达成与评价提供保障。

5.7.3 课程教学内容及要求

第1章 软件体系结构概论

对于没有大型项目经验的学生而言，他们往往只知道软件开发中的需求、设计、编码、测试等阶段，而不知道软件架构。本课程从软件危机讲起，介绍软件构件、软件重用的基本概念，阐述软件体系结构的意义、发展和应用现状。

构件与软件重用，软件体系结构的兴起与发展，软件体系结构的应用现状。

重点：软件危机的本质和处理，软件体系结构的概念和发展，构件模型，构件管理和软件重用。

难点：软件体系结构的定义，软件构件和软件重用的含义。

掌握软件体系结构的概念和发展历史；熟悉构件模型、构件管理和软件重用的含义；了解软件体系结构的应用现状。

第 2 章　软件体系结构建模

软件体系结构建模是为了解决软件体系结构的表示问题，核心思想是从不同的角度来刻画软件的体系结构，即软件体系结构表示的多视图模型，常用的建模手段是统一建模语言（UML）。

软件体系结构建模概述，"4+1"视图模型，UML 多视图模型，软件体系结构的核心模型、软件体系结构的生命周期模型。

重点：UML 表示的"4+1"视图模型，软件体系结构的核心模型。

难点：UML 表示的"4+1"视图模型。

掌握如何表示软件体系结构、"4+1"视图模型、软件体系结构的核心模型；熟悉软件体系结构的模型分类、软件体系结构的生命周期模型。

第 3 章　软件体系结构风格

软件体系结构风格又称软件体系结构模式，是不同的软件系统体系结构规律的总结，包括经典的软件系统（如操作系统、数据库系统等）的体系结构风格，也包括分布式系统的体系结构风格，这些风格可以为具体软件系统的体系结构设计提供参考。

软件体系结构风格概述，经典软件体系结构风格，客户/服务器风格，三层 C/S 结构风格，浏览器/服务器风格，公共对象请求代理体系结构，正交软件体系结构，基于层次消息总线的体系结构风格，异构结构风格，互连系统构成的系统及其体系结构，特定领域软件体系结构。

重点：经典软件体系结构风格，客户/服务器风格，三层 C/S 结构风格，浏览器/服务器风格，公共对象请求代理体系结构。

难点：三层 C/S 结构风格，浏览器/服务器风格，公共对象请求代理体系结构。

掌握管道和过滤器、数据抽象和面向对象组织、基于事件的隐式调用、仓库系统、解释器、分层系统等经典软件体系结构风格、客户/服务器风格、三层 C/S 结构风格、浏览器/服务器风格、公共对象请求代理体系结构；熟悉正交软件体系结构、基于层次消息总线的体系结构风格、异构结构风格；了解互连系统构成的系统及其体系结构、特定领域软件体系结构。

第 4 章　软件体系结构描述

软件体系结构描述方法，软件体系结构描述框架标准，体系结构描述语言，典型的体系结构描述语言，基于 UML 的软件体系结构描述，基于 XML 的软件体系结构描述。

重点：软件体系结构描述语言的构成要素，基于 UML 的体系结构描述方法。

难点：基于 UML 的体系结构描述方法，基于 XML 的体系结构描述方法。

在目前通用的软件开发方法中，对软件体系结构的描述通常采用非形式化的图形和文本，这种描述方式存在一定的缺陷，而形式化的、规范化的体系结构描述对于体系结构的设计和理解都非常重要。本章主要介绍常用的体系结构描述语言 ADL 以及基于 UML、XML 的体系结构描述。要求熟悉软件体系结构描述方法、体系结构描述语言的构成要素，了解常用的体系结构描述语言及其支持工具，了解基于 UML 的体系结构描述方法，了解基于 XML 的体系结构描述方法。

第5章　面向服务的体系结构

SOA 概述，SOA 关键技术，SOA 实现方法 Web Service，服务描述语言 WSDL，统一描述、发现和集成协议 UDDI，消息封装协议 SOAP，REST 风格，Web Service 案例。

重点： SOA 思想，Web Service 工作原理。

难点： Web Service 的工作原理及服务搭建。

SOA 是当前云计算背景下最流行的软件体系结构风格，Web Service 是 SOA 的一种实现，涉及一系列的标准、协议和关键技术。要求熟悉 SOA 思想、Web Service 工作原理，了解 WSDL、UDDI、SOAP、REST 等概念，会调用 Web Service，能搭建简单的 Web Service。

第6章　软件体系结构评估

质量属性，体系结构评估概述，软件体系结构评估的主要方式，ATAM 评估方法，SAAM 评估方法。

重点： 体系结构的质量属性，ATAM 评估方法，SAAM 评估方法。

难点： ATAM 评估方法，SAAM 评估方法。

软件体系结构的选择是一个软件系统能否成功开发的关键，评价所选用的软件体系结构是否恰当主要是看软件的质量属性是否达标，评价方法主要有 ATAM 和 SAAM 两种。要求掌握软件体系结构评估的主要方式、ATAM 评估方法、SAAM 评估方法，熟悉软件体系结构的质量属性，了解体系结构评估方法的优缺点。

第7章　基于体系结构的软件开发

面向对象设计原则，设计模式中的常见模式，中间件技术。

重点： 工厂方法模式，抽象工厂模式，观察者模式，中间件技术。

难点： 模式的理解与运用。

基于体系结构的软件开发首先要确定一个恰当的软件体系结构风格；其次是设计模式，提高代码的重用性；中间件技术也是基于体系结构的软件开发的主要技术。要求熟悉面向对象设计原则、工厂方法模式、抽象工厂模式、观察者模式、中间件技术。

第8章　软件产品线体系结构

软件产品线的出现和发展，软件产品线概述，框架和应用框架技术，软件产品线基本活动，软件产品线体系结构的设计，软件产品线体系结构的演化。

重点： 软件产品线体系结构及其演化，主流框架的体系结构。

难点： 主流框架的体系结构分析。

软件产品线是一个适合专业软件开发组织的软件开发方法，其中的软件产品族之间共享体系结构和一组可重用的构件，可以降低开发和维护成本。框架是体系结构的实现，是适用于软件产品线的软件重用技术。要求理解软件产品线的概念、软件产品线体系结构的特点及演化规律，了解主流框架的体系结构。

5.7.4　教学环节的安排与要求

1. 课堂讲授

原理与方法的讲授要结合案例，这样学生才更容易理解与把握。结合一个真实的需求或软件系统来讲解软件体系结构建模过程。每一种软件体系结构风格都结合一个具体的软件系统来讲述。鼓励学生积极参与课堂讨论。当作业或实验项目完成后，学生在课堂上汇报完成情况，老师进行点评，其他学生参与讨论。

2. 实验教学

软件体系结构是一门理论与实践密切结合的课程，通过实验，一方面加深了学生对软件体系结构原理与方法的理解，另一方面也训练了学生针对实际问题进行软件设计和开发的能力，同时也增强了团队意识与协作精神。

实验环节包括 4 个实验内容，分别是软件体系结构建模、软件体系结构风格分析、面向服务的体系结构系统搭建以及主流框架的体系结构分析及应用。实验为团队项目，学生首先分成 4 人一组的团队，分工合作完成实验内容。实验 1 共 16 个学时，每个实验 4 学时，具体安排如下：

实验 1：建模

选择一个软件系统，分析系统的体系结构，利用 UML 构建"4+1"视图模型。

实验 2：风格分析

选择一个软件系统，分析系统的体系结构风格，从构件、连接件、配置 3 个方面描述体系结构。

实验 3：面向服务的体系结构系统搭建

理解 Web 服务的原理，实现一个简单的 Java Web Service 程序，包括服务端和客户端。

实验 4：使用框架搭建 MVC 风格的系统并分析框架的体系结构及其演变

理解框架与架构的关系，基于主流框架 Spring MVC 或 Struts 构建一个简单的 MVC 风格的软件系统，体会基于构件的软件开发方法，分析框架的体系结构及其演化。

5.7.5　教与学

1. 教授方法

课堂讲授与实验教学密切结合，讲授完原理与方法后，进行实验验证，在课堂上汇报与研讨实验结果。教师要做好充分的准备工作，包括案例的收集与分析，在实践部分要提前进行一定的设计与编码工作，对学生的汇报进行点评等。

2. 学习方法

本课程是在软件开发相关课程基础上的提高，需要对已经掌握的知识和技能有一个自我总结，例如曾经参与过哪些软件项目，这可以作为后续体系结构建模、体系结构风格分析的项目基础。要主动学习，做好团队协作。实践环节牵涉到的知识和技能较多，不可能每个人都全部从头学起，可以尝试做好分工，每个人主攻一部分，然后再教给其他人。团队项目要求分工协作，在完成实验的同时，使得每个人都有所贡献，因为最后的成绩要看实验完成情况及个人贡献。

5.7.6　学时分配

学时分配如表 5-7-1 所示。

表 5-7-1　学时分配

章	课程内容	理论课	实验	习题及讨论课	小计
1	软件体系结构概论	2			2
2	软件体系结构建模	2	4	2	8
3	软件体系结构风格	6	4	2	12
4	软件体系结构描述	4			4
5	面向服务的体系结构	4	4		8
6	软件体系结构评估	2			2
7	基于体系结构的软件开发	2			2
8	软件产品线体系结构	4	4	2	10
总　计		26	16	6	48

5.7.7　课程考核与成绩评定

考核项目包括平时成绩、实验成绩及课程总结，所占比例如表 5-7-2 所示。

表 5-7-2　考核方法

考核方式	所占比例/ %	考核内容
平时成绩	10	考勤、课堂参与情况，为毕业要求 1、2、3 达成度的评价提供支持
实验 1	20	使用体系结构建模方法"4+1"视图模型、UML 建模语言及工具分析软件系统的体系结构并建模，团队协作、课堂汇报，为毕业要求 1、2、3、5、10 达成度的评价提供支持
实验 2	20	分析软件系统的体系结构风格，并使用体系结构描述语言进行描述，团队协作，课堂汇报，为毕业要求 1、2、3、5、10 达成度的评价提供支持
实验 3	20	对面向服务的体系结构原理的理解及代码实现，主动学习，团队协作，课堂汇报，为毕业要求 1、2、3、5、10 达成度的评价提供支持
实验 4	20	理解基于构件的软件开发方法，理解 MVC 体系结构风格，会用主流框架，分析框架的体系结构及其演变，主动学习，团队协作，课堂汇报，为毕业要求 1、2、3、5、10 达成度的评价提供支持
课程总结	10	对课程内容的理解和总结，对学习情况的自我评价，为毕业要求 1、2、3 达成度的评价提供支持

5.8　软件过程与管理

"软件过程与管理"课程的设计以能力培养为导向，按照软件工程专业的工程应用型人才培养的需要制定，总学时 64，其中理论授课 32 学时，课内实验 32 学时。

计算机专业的工程应用型人才除了需要具有扎实的基础理论、专业知识和基本技能，还应具备在复杂应用环境下的综合分析能力。本课程着重强调软件过程和管理的重要性，引导学生理解并关注工程开发的复杂性。同时，本课程通过具体软件过程模式及其方法的讲解和实践，深化学生对软件过程的理解，提高学生应用工程原理解决问题的能力，着力培养学生的综合实践能力。

5.8.1 课程简介

计算机技术的迅速发展使得软件产业迅速壮大，但随之而来的软件危机严重阻碍了软件产业的发展。由于软件产品不断向各个领域渗透，导致现代软件产品受行业、市场等诸多外部环境因素制约而变得日益复杂。如何在市场许可的期限和有限资源条件下，不断推出满足用户需求的产品，日益成为人们关注的重点。软件过程其实就是对以往软件开发的成功经验的总结和研究。本课程涉及个体软件过程（PSP）、能力成熟度模型（CMM）过程体系、统一软件过程（RUP）、敏捷过程和微软过程这些主流过程模式，同时涵盖了用例驱动开发、架构为中心的设计和测试驱动开发等多种软件开发方法。本课程以软件过程管理和过程改进的思想为主导，介绍了 CMM 过程体系、统一软件过程、敏捷过程和微软过程模式。除了要求掌握基础知识外，更注重学生工程开发能力的培养，引导学生关注软件工程开发的复杂性，培养学生建立过程管理的理念。

软件过程与管理课程几乎完全符合《华盛顿协议》中关于复杂工程问题的 7 个特征。软件过程模式本身就是为解决复杂的软件开发而设计的，软件项目过程模式和方法的选择以及项目开发计划的建立都需要学生综合考虑多方面的因素，除了要用到本课程中讲授的软件过程及其管理的知识，还需要用到程序设计语言、系统设计和分析、数据库设计等多门专业课的知识。学生需要综合考虑需求涉及的多方面技术和其他影响因素，制定可行的项目计划，并对开发过程进行跟踪和分析。本课程通过案例分析让学生认识复杂性工程问题，同时以分组实验的方式培养学生在实践中解决复杂工程问题的能力。

因此，对于软件工程专业或计算机类的相关专业来讲，本课程是培养学生解决复杂工程问题能力的理想载体之一。

5.8.2 课程地位和教学目标

1. 课程地位

本课程是计算机科学与技术专业和软件工程专业的专业技术课程，属于软件技术系列。本课程为"程序设计"和"软件工程"课程的后续专业课程，在学生对软件工程和程序设计有了基本认识之后，本课程将指导学生进一步了解软件过程和过程管理的方法，培养其过程管理和过程改进的理念。本课程可以增强学生对软件需求分析、设计、实现、测试和管理各个活动的理解，引导学生对比分析不同过程模式和软件方法的优势和局限，培养其分析和研究能力。同时，本课程通过实验为学生提供解决复杂工程问题的机会，培养其工程意识和能力。

2. 教学目标

总的教学目标是使学生了解软件过程模式的主要内容，熟悉 CMM 过程体系和统一软件过程、敏捷过程、微软过程的思想和相关方法，掌握个体软件过程管理、程序质量评估、用例驱动开发、架构为中心的设计和测试驱动等方法。同时，引导学生在实践中关注软件工程开发的复杂性，熟悉不同软件过程模式的特点和适用场合，理解软件过程改进的思想及其重要性。该目标可以分解为以下要求：

（1）掌握软件过程的基本概念。

（2）掌握能力成熟度模型 CMM 过程体系、个体软件过程、统一软件过程、敏捷过程和微软过程的基本内容，理解其指导思想。

（3）掌握个体软件过程的过程管理和质量管理、质量评估的方法。

（4）掌握用例驱动开发、以架构为中心的设计等主要软件开发方法。

（5）增强理论结合实际的能力，培养解决实际问题的综合分析能力。

（6）培养团队协作能力和报告交流能力。

与毕业要求相对应，归纳为如下目标。

目标 1：软件过程是一个包含软件生命周期、人员、方法和产品多个要素的相互关联的有机整体，本课程要求学生掌握除专业知识外的工程管理方法，还应具备过程监控的能力和过程改进的意识。为毕业要求 11 的实现提供支持。

目标 2：本课程要求学生具备对项目背景的综合分析能力，以及根据需求设计合理解决方案的能力。为毕业要求 3 的实现提供支持。

目标 3：课程通过实验培养学生对多种方法、工具、环境的比较和选择能力。对毕业要求 5 的实现具有一定贡献。

目标 4：分组实验要求学生具备团队协作能力。学生需要在分工、计划、设计、实现和报告中相互协调，相互配合，共同完成项目。对毕业要求 9 的实现有一定贡献。

目标 5：课程中的组内讨论、验收报告和讨论课等环节可以从一定程度上增强学生的交流和表述能力。对毕业要求 10 的实现有一定贡献。

5.8.3　课程教学内容及要求

本节给出的课程要求为基本教学内容，在授课中应当完全涵盖，如果课程中部分内容已在其他课程上讲授，主讲教师可以根据情况适当删减。本课程是一门与实践联系紧密的课程，主讲教师可以根据自身的开发经验对某方面内容进行扩展，并引导学生讨论以加深对软件工程理论的理解。

第 1 章　软件过程概述

教学目的，课程的基本内容，现代软件产业的困境和软件生命周期的局限性，软件过程模式的定义、主要内容和研究意义。

重点：软件过程模式的定义和研究意义。

难点：理解软件过程的研究意义。

本章首先介绍课程的特点，同时简要介绍课程的主要内容和课程安排，告知学生在学习过程中可以采用的学习方法，提醒学生准备相应的参考书。由于课程的实验需要用到前序课程的专业知识和一些课外知识，需要学生提前准备，因此在介绍课程时，应说明并提醒学生注意需要课下完成的工作。

本章应注意通过 IT 产业当前项目开发的数据和典型案例的介绍，使学生认识到现代软件产业所面临的问题，引导学生理解软件过程研究的意义，认识软件工程问题的复杂性，从工程项目的角度考虑开发中的问题。由于先序课程——"软件工程"课程中已经对软件生命周期模型做了详细阐述，本章只做简单回顾，重点应放在不同软件生命周期模型所解决的主要问题和其局限性上，并通过软件生命周期的局限性引出软件过程的概念和主要内容。

第 2 章　个体软件过程 PSP

SEI 的个体软件过程（PSP）、团队软件过程（TSP）和软件能力成熟度模型（CMM）体系的基本内容及关系，PSP 过程改进思想和 PSP 的程序开发过程，PSP 的缺陷管理和质量成本的计算方法。

重点：PSP 项目计划总结表及其脚本，PSP 缺陷管理和质量成本评估方法。

难点：理解个体软件过程管理和改进的思想。

本章首先概要介绍 PSP、TSP 和 CMM 体系及其关系，使学生了解 PSP 和 CMM 之间的关系，然后分别从时间管理和质量管理两个主要方面使学生掌握个体软件过程管理的主要内容和方法。

本章的内容可操作性强，学生在掌握了程序设计的基本方法后均可以实施。因此建议配合本课程所设计的第一部分实验展开学习，使学生在实践中掌握 PSP 的个体程序过程管理方法，并在此基础上理解过程管理和过程改进的思想，鼓励学生在实验中应用这种思想分析和改进 PSP 原有的工具表格，并评估改进效果。掌握 PSP 的质量成本评估方法，结合实验分析其合理性，引导学生理解软件质量和软件过程之间的关系。

第 3 章　软件能力成熟度模型

CMM 的基本概念，CMM 的基本理论，CMM 的 5 级模型和不同成熟度等级的差异，CMM 的结构和 CMM 的应用，CMM 的软件过程，软件过程成熟度和软件过程的改进框架。

重点：CMM 的基本理论和 5 级模型。

难点：CMM 的软件成熟度和软件过程改进框架。

本章旨在使学生通过学习 CMM 的基本理论，了解当前国际上实用的、流行的软件生产过程标准和软件企业成熟度等级认证标准，使学生初步了解评价软件承包能力并帮助其改善软件质量的方法。本章在讲授过程中，应注意引导学生关注软件开发过程的管理与改进的方法，以及工程能力提高的方法。

考虑课时安排，本章并不对 CMM 中的 6 个关键过程域中的具体细节做更多讲解，可以为学生选择参考书供学生自主学习。但本章学习应让学生了解软件开发过程中项目管理的国际规范和行业标准，并可以通过讲授一些软件过程管理和改进的新进展来激发学生的学习与研究兴趣，从而培养学生在该领域的知识创新意识。

第 4 章　Rational 统一软件过程

RUP 的概念和涉及的相关术语解释，统一过程规范中包含的生命周期、人员、方法与产品四大要素及其相互关系，RUP 的特点，RUP 的实施策略，RUP 的优势和局限性，RUP 中用例驱动、架构为中心、迭代和增量等开发方法。

重点：RUP 的二维生命周期结构，RUP 的用例驱动、架构为中心、迭代和增量的方法。

难点：配置 RUP。

RUP 是一个比较完整的过程模式，本章通过 RUP 的学习让学生进一步认识软件过程所涉及的内容。RUP 的内容非常庞杂，因此在课堂上主要从软件过程的生命周期、人员、方法与产品这 4 个方面简要介绍 RUP 所涉及的内容,对 RUP 的具体细节不需要详细讲解,可以让学生参考 RUP2007 规范自主学习。授课时应注重引导学生理解 RUP 过程模式的指导思想以及 RUP 在开发中的优势,通过具体实施案例引导学生分析其所解决的问题。

本章重点放在 RUP 二维生命周期结构、用例驱动、架构为中心的分析和设计方法。由于生命周期模型是学生在“软件工程”课程上比较熟悉的,可以让学生对比 RUP 的生命周期模型和传统的生命周期模型,分析其优势和适用场合。此外,RUP 过程的裁剪也是这部分的难点,可以结合实验和案例帮助学生理解掌握。用例驱动、架构为中心的分析和设计方法是重要的开发手段,有利于增强学生的系统分析和设计能力。

第 5 章　敏捷过程

敏捷过程概述,敏捷过程的价值观与原则,敏捷过程的特点,XP 极限编程和其他敏捷过程的简要介绍,敏捷过程的实施策略。

重点:通过敏捷过程的价值观与原则理解敏捷过程的思想本质,掌握 XP 的有效实践方法(例如测试驱动、站立会议、简单设计等)。

难点:测试驱动开发。

本章要求学生通过对敏捷过程基本内容的学习深入理解敏捷过程的原则和价值观。本章开始可以由案例或者问题引入,让学生认识到敏捷过程出现的背景、原因和意义。敏捷过程作为一个并不完整的软件过程,却对软件过程的发展有着巨大的影响,在修订后的 RUP 过程中也加入了 XP 的部分。在讲授过程中应当注意和 RUP 比较,分析敏捷过程中这些方法的优势和局限性,考虑其适用范围。由于敏捷过程更适合小团队应用,因此鼓励学生在实验中使用敏捷过程的部分方法,并分析其使用效果。

本章将 XP 极限编程作为敏捷过程的典型方法重点介绍,其他过程,如 SCRUM、DSDM、FDD 等,不做详细介绍,可以作为学生课外阅读内容。XP 测试驱动开发的方法需要学生有软件测试基础,会写测试用例,掌握至少一种测试工具,如果学生不具备这些基础则无法完成实验,教师可视具体情况安排。

第 6 章　微软过程

微软过程概述和相关术语,微软过程基本原则,微软过程的特点,微软过程的实施策略。

重点:微软过程基本原则,微软过程的特点。

本章主要介绍微软的解决方案框架 MSF 中关于软件过程的内容。作为一个成功的过程模式,微软过程中既有和统一过程类似的部分,比如二维的生命周期模型,也有和敏捷过程思想相和的方法,比如 Daily Build。因此,教学中应当注重引导学生和已经学过的过程模式比较,思考微软过程方法的优势和局限性。

5.8.4　教学环节的安排与要求

1. 课堂讲授

课堂教学的首要任务是使学生掌握课程内容中要求的基本概念和基本方法。通过课堂教授,使学生能够掌握软件过程模式中的基本内容和方法,并将其应用于问题的求解和系统开发中。在讲授各种软件过程模式的时候,应当注意对其中的方法特点和适用性的分析,使学生在遇到实际问题的时候能够通过分析选择适合的方法。

积极探索和实践研究型教学。本课程和工程实践结合紧密,在授课过程中可以结合开发案例引入问题，思考解决方案，自然进入相关内容的讲授，并通过案例分析一些软件方法的局限性，引导学生认识工程问题的复杂性，深入思考软件过程的意义和发展。在课堂教学中适当安排讨论课，和学生一起分析实验中的问题或案例，加深学生对课堂讲授内容的理解，调动学生探索研究的积极性。

使用多媒体课件，适当配合板书。本课程包含多个软件过程模式的内容，课堂上更多的是关注其主要方法和思想，对于没有展开讲解的内容可以为学生提供参考资料，引导学生查阅相关资料，培养学生的自学能力。

2. 实验教学

软件过程与管理实验是本课程的课内实验，与理论教学部分是一个整体，占有重要地位，旨在引导学生深入理解理论知识，并将这些理论知识与相关问题求解思想和方法相结合，用于解决软件开发过程中遇到的实际问题，培养学生理论结合实际的能力。

实验主要分为两部分。实验第一部分要求学生理解个体软件过程和过程改进的方式，掌握 PSP 的个体软件过程改进方法，能够将 PSP 的方法应用于个体程序过程的管理，并解决个人开发中的问题，提高开发质量。实验第二部分是分组项目开发实践，要求学生分组完成一个较为完整的软件项目，通过开发过程来理解 CMM、RUP 和 AP 过程模式的主要思想，在实践中掌握用例驱动、增量和迭代的开发方法。理解敏捷过程的价值观和原则，掌握结对编程、测试驱动开发等方法及其应用。通过对不同方法的实践，要求学生思索软件过程模式之间差别和过程改进的方式。通过对实验过程的记录，培养学生在实践中总结分析的能力。同时，在项目开发过程中培养学生的工程开发能力以及发现、分析、解决开发过程中问题的能力，增强学生的专业实践能力，锻炼、培养学生的协作精神和创新能力。

实验能够对毕业要求 3、11、5、9、10 的达成提供一定支持，具体如下：

目标 1：为本专业的毕业要求 3 的达成提供一定支持。实验第二部分需要学生使用课程中的方法分析系统需求，并设计合理的系统解决方案，解决方案的设计需要考虑团队人员能力、选题、需求等多方面问题，能够在实践中培养学生解决复杂工程问题的能力。

目标 2：为本专业的毕业要求 11 的达成提供一定支持。通过项目工程实践中计划、分工、进度控制等，可以培养学生在实际项目中的工程管理能力。

目标 3：为本专业的毕业要求 5 的达成提供一定支持。实验中没有指定程序设计语言、开发环境、建模工具和测试工具，学生可以选择课堂上教师演示所用的工具，也可以自由选择。建议学生比较和评价不同工具，根据团队实际情况选择合适的开发工具。

目标 4：为本专业的毕业要求 9 的达成提供一定支持。通过按组完成项目开发培养学生团队协作能力。学生需要在分工、设计、实现、口头和书面报告等环节中相互协调，相互配合。

目标 5：为本专业的毕业要求 10 的达成提供一定支持。通过分组项目中开展的组内讨论和检查、验收过程中的报告撰写、陈述发言等活动，可以培养学生专业相关的表达能力。

实验主要分为两部分。第一部分是个体软件过程实践，要求学生理解个体软件过程改进的方式方法，养成良好的工程开发习惯。第二部分是分组项目开发实践，要求学生通过分组开发进一步理解软件过程和过程管理的主要内容和基本思想，通过实践掌握 RUP 中用例驱动、增量和迭代、架构为中心的设计等主要方法以及敏捷过程中测试驱动开发等常用方法。

实验内容包括 5 个必做实验,在规定的 32 学时内完成,实验课程安排如表 5-8-1 所示。

表 5-8-1　实验课程安排

实验序号		实验名称	课内学时	人数/组
第一部分:个体软件过程实践	实验 1	PSP 开发过程记录	4	1
	实验 2	PSP 程序估算	4	
第二部分:项目开发实践	实验 3	制定项目初始计划	4	6
	实验 4	用例驱动的迭代开发	12	
	实验 5	敏捷过程方法应用	8	

1)第一部分:个体软件过程实践

第一部分实践由学生个人独立完成。

实验 1:PSP 开发过程记录

(1)实验目的。

了解 PSP 的过程记录方法,掌握 PSP 的时间记录日志、作业编号日志和缺陷记录日志的使用。

(2)实验内容。

使用 Java 语言完成下列程序的开发,并将开发时间和程序的功能、规模以及测试缺陷详细记录在 PSP 相关表格中。

程序 1:判断随机整数是否是素数,产生 100 个 0～999 的随机整数,然后判断这 100 个随机整数中素数的个数和出现频率。

程序 2:输入年份和月份,输出该月份有几天。

程序 3:输入 10 个数和一个整数 K,输出 10 个数中第 K 个最大和最小值。要求有输入错误判断及相应的错误信息。

程序 4:对于任意输入的一段英文,统计并输出 26 个英文字母(不区分大小写)的出现次数以及出现概率(出现次数/总字母数),注意文章中的空格忽略不计。

备注:该实验也可以使用 C 语言或者 C++等其他高级语言,程序的内容也可以由授课教师自行调整,但不应过于复杂,应当保证大多数学生在 4 学时内可以完成。

(3)实验要求。

个人独立完成程序,测试至没有缺陷。

在编码前做简单设计,并将设计表达记录在实验报告中。

将程序开发中出现的缺陷记录在缺陷记录日志中。

将程序开发时间记录在时间记录日志中,并在作业标号日志中总结。

实验 2:PSP 程序估算

(1)实验目的。

理解 PSP 的过程管理方式和主要思想,掌握 PSP 的开发过程和程序估算方法,能够使用 PSP 项目计划总结表进行估算、总结和分析。

(2)实验内容。

使用 Java 语言完成下列程序的开发,并将开发时间和程序的功能、规模以及测试缺陷详细记录在 PSP 相关表格中。

在程序编码前先估算程序的时间和规模，再完成程序的开发。实验后对比估算和实际的差别，并考虑这种估算方式的应用效果。

程序 1：输入年份和月份，输出该月份的日历表。

程序 2：产生 100 个 0～999 的随机整数，统计该组随机数中各位数字的出现次数。例如，0 出现多少次，1 出现多少次……

程序 3：假定根据学生的 3 门学位课程的分数决定其是否可以拿到学位。对于本科生，如果 3 门课程的平均分数超过 60 分即表示通过；而对于研究生，则需要平均超过 80 分才能够通过。根据上述要求，请完成以下 Java 类的设计：

设计一个基类 Student 描述学生的共同特征。

设计一个描述本科生的类 Undergraduate，该类继承并扩展 Student 类。

设计一个描述研究生的类 Graduate，该类继承并扩展 Student 类。

设计一个测试类 StudentDemo，分别创建本科生和研究生这两个类的对象，并输出相关信息。

备注：该实验也可以使用 C 语言或者 C++等其他高级语言，程序的内容也可以由授课教师自行调整，但不应过于复杂，应当保证大多数学生在 4 学时内可以完成。

（3）实验要求。

个人独立完成程序，测试至没有缺陷。

在编码前做简单设计，并将设计表达记录在实验报告中。

将程序开发中出现的缺陷记录在缺陷记录日志中。

将程序开发时间、规模和缺陷等数据记录在 PSP 项目计划总结表中。

第一部分实验验收

第一部分两个实验主要考查的是学生对个体软件过程方法的掌握和理解，两个实验虽然形式上分离，然而，实际上第二个实验中程序的估算需要依赖第一个实验的结果，因此可以将两个实验合在一起综合验收评定。验收内容包括程序和实验报告两部分，现场验收程序，并要求学生提交纸质实验报告供课后验收。

评定依据为程序和实验报告，主要考查目标 1、2 的达成情况。评定级别分为优秀、良好、合格、不合格。

- 优秀：程序设计合理，均能正确运行，无缺陷。实验记录完整正确。
- 良好：程序设计基本合理，均能正确运行，无缺陷。实验记录完整，项目估算和总结基本正确。
- 合格：程序有完整的设计表达，程序基本能够运行，能够显示正确结果。实验记录基本完整，项目估算和总结有少量错误。
- 不合格：程序存在大量缺陷，无法运行。或者仅程序能运行，但没有任何实验记录和分析。

2）**第二部分：项目开发实践**

该部分需要学生分组完成一个给定的实际项目的开发，分组以 6 人为一组。

要求实验中记录实际的项目开发过程，包括开发过程中的主要活动、持续时间和参与人员，并注意保留开发过程中产生的中间文档（如讨论记录、分析模型等）。

备注：因为开发任务量较大，条件允许的情况下建议和面向对象程序设计、数据库设计的分组项目合并，统一使用一个题目，协同完成实验。

实验 3：制定项目初始计划

（1）实验目的。

理解 RUP 的二维生命周期结构和用例驱动思想。

（2）实验内容。

根据选题分析项目业务，建立业务用例，确定项目范围，基本达到 RUP 先启阶段的要求。

制定初步项目计划，包含阶段、完成期限和人员分工。

（3）实验要求。

建立业务用例模型，明确产品范围。

有详细的产品项目计划，要求项目计划时间具体到天（注意，项目第一次迭代时间控制在 6 周之内）。

实验 4：用例驱动的迭代式开发

（1）实验目的。

理解用例驱动、增量和迭代的思想，初步掌握用例驱动开发的方法，掌握 UML 建模技术。

（2）实验内容。

通过用例驱动的方式细化需求，完成项目第一次迭代。

第一次迭代需要获得一个通过测试的可运行产品版本，应当实现产品中相对完整的一两个功能点。时间应当控制在 6 周之内。可以根据实际情况定义该次迭代的具体过程。

（3）实验要求。

需要提交开发过程中建立的模型、主要模型的标准和说明。

本次迭代也应当制定详细的阶段计划，并跟踪和记录开发过程的实际情况和遇到的问题。

产品测试需要有简单的测试说明，可以包含测试方法、测试用例说明和测试结果。

实验 5：敏捷过程方法应用

（1）实验目的。

理解敏捷过程的原则和价值观，掌握极限编程的结对编程和测试驱动开发等有效实践方法。

（2）实验内容。

开始项目的第二次和第三次迭代，尝试采用敏捷过程的小交付周期，将一次迭代定义为 1~2 周，可以尝试迭代 2~3 次完成产品的后续功能。

开发过程中可以使用结对编程、测试驱动开发，简单设计等有代表性的敏捷过程方法，建议至少使用两种方法，应用时要注意使用某种方法时至少需要持续一次迭代。

（3）实验要求。

每次迭代需要一个简单的计划，应当包含功能点、时间和方法的简单说明。

迭代完成后要有总结报告，报告中应当包含完成情况和某种敏捷方法的使用分析。

第二部分实验验收

第二部分的 3 个实验共同完成了一个系统的开发，因此建议作为一个整体进行验收评价。由于第二部分实验内容较多，跨越时间较长，因此建议使用实验过程检查和最终综合验收相结合的方式。在每次实验完成后进行过程检查，及时发现学生实验中的问题，督促学生积极开展后续工作。

第二部分实验成绩评定以小组成绩为基准，可以根据个人工作量和报告情况做适当浮动。该部分是对实验目标 1、2、3、4、5 的综合考查。成绩评定级别分为优秀、良好、合格、不合格。该部分成绩评定具体标准可以参考表 5-8-2。

表 5-8-2　第二部分实验成绩评定标准

成绩级别	系统完成情况（40%）	项目总结报告（40%）	演示报告（20%）
优秀	系统功能结构合理，能够解决实际问题，系统设计有一定创新意识。系统能够正常运行，基本无缺陷	报告条理清晰，编排有序，内容充实。报告符合指定格式要求	演示报告思路清楚，讲解有条理，逻辑性强。回答问题正确，有独立见解。PPT 制作精良
良好	系统功能结构基本合理，能够解决实际问题，主要业务可以正常运行	报告编排有序，内容较充实。报告符合指定格式要求	演示报告讲解有条理，能说明主要工作。回答问题基本正确。PPT 制作简洁清楚
合格	系统功能结构基本合理，核心业务可以正常运行。	报告编排有序，内容基本完整。报告基本符合格式要求	演示报告讲解充分，能说明主要工作。回答问题基本正确。PPT 内容明确、清楚
不合格	系统功能结构混乱，无法正常运行	报告内容缺失严重。报告不符合格式要求	演示报告不能说明主要工作。不能回答基本原理问题。无演示 PPT 或过于简单

在课程最后对第二部分实验所完成的系统进行综合验收，以学生报告演示为主，以项目总结报告和现场提问为辅，检查系统的完成情况和工程管理的实施情况。每小组需要提交一份项目总结报告、一份演示 PPT 和最终的产品。总结报告需要按照给定格式组织。每个小组需要准备 10～15min 的演示报告，现场演示报告由组长（也可以是指定报告人）做主要陈述，但应保证每个组员到场并有简短个人总结。

5.8.5　教与学

1. 教授方法

在教学方法上，本课程采用电子教案授课，以知识点讲解为主，结合学生讨论，并通过实践加强学生对基本方法的掌握和理解。

课堂教学中，在讲解基本概念的同时引入案例供学生分析和讨论，注重学生对不同软件过程模式思想的理解和把握。授课中注意引入前沿思想、方法和观点，扩大学生视野，培养学生的分析研究能力和自主学习能力。

课堂讨论以实验问题分析为主，可以辅以适当案例，使学生能够及时了解实验中存在的问题并积极改进，同时加深学生对软件过程思想的理解。课程讨论应当注意与学生的互动，鼓励学生自己总结该阶段发现的问题，并列举一些可行的方法，培养学生的分析和总结能力。在理论课讲授和实验期间，鼓励学生发现问题及时提问，可以利用课余时间答疑，或在课下使用邮件、微信等方式答疑。

实验教学中，将实验安排为两部分。第一部分使用小程序帮助学生理解软件过程概念和过程管理方法。第二部分采用分组形式完成指定项目的开发，使学生能够在实践中理解并掌握课程中讲授的软件过程和过程管理的思想和方法，同时进一步培养学生的工程实践能力，为今后实际项目开发打下基础。实验共 32 学时，但需要学生利用更多的课余时间来完成实验。

2. 学习方法

本课程注重学生分析和研究能力的养成。在学习过程中，学生应当能够类比不同过程模式中生命周期、人员、方法和工具的异同，分析每种方法的适用场合，以便能够在实践中灵活使用所学方法解决复杂的工程问题。在项目实验中，学生应当能够在理论指导下从实际问题入手，分析项目目标和制约因素，设计合理解决方案。由于每个过程模式实际涉及的内容比较多，因此学生应当做好课前预习，听课过程中要把握重点内容，注意过程思想的理解，掌握其方法的精髓和核心思想，不要死记硬背，对于一些不重要的细节内容做到了解即可。学生应当养成自主学习的能力，能够查阅资料获取所需知识。

5.8.6 学时分配

本课程的学时分配可以参考表 5-8-3。为调动学生积极性，保证教学效果，课堂教学中安排了 4 学时的讨论课，主讲教师也可根据情况调整（例如，适当安排随堂讨论）。同时，应注意表中的实验学时并不足以支撑学生完成项目，学生还需要更多的课余时间完成实验。

表 5-8-3 学时分配

章	课程内容	理论课	实验	习题及讨论课	小计
1	软件过程概述	2	0	0	2
2	个体软件过程	4	8	2	14
3	能力成熟度模型	6	0	0	6
4	Rational 统一过程	10	16	2	28
5	敏捷过程	4	8	0	12
6	微软过程	2	0	0	2
	总　　计	28	32	4	64

5.8.7 课程考核与成绩评定

成绩评定方法：总成绩=平时成绩+实验成绩+期末笔试成绩。

成绩构成比例：平时成绩占 10%，实验成绩占 30%，期末笔试成绩占 60%

本课程各部分的考核内容可以参考表 5-8-4，成绩比例是按照考核内容的工作量权衡的，主讲教师可以根据实际情况调整。

表 5-8-4 课程考核内容

考核方式	比例/%	主要考核内容
平时表现	10	主要考查学生课堂和实验的参与度，对所学内容的基本掌握情况和表述能力。通过课堂和实验考勤、课堂提问、讨论课发言等方式评定该部分成绩。对毕业要求 10 和 11 达成度的评价提供一定支持

续表

考核方式	比例/%	主要考核内容
实验	30	对学生综合应用个体软件过程管理的方法、统一过程的方法和敏捷过程的方法进行考查,对学生系统分析和设计能力、程序设计能力、过程控制和管理能力进行检验。通过实验项目的完成度、实验过程检查、实验过程记录分析和实验总结报告综合评价该部分成绩。为毕业要求 3、5、9、10、11 达成度的评价提供一定支持
期末笔试	60	期末测试以开卷笔试方式考核,主要通过笔试考核学生对课程规定内容的理解和掌握情况。试卷通过案例分析类题型综合考查学生对具体工程问题的求解能力和对工程管理原理的认识和理解。为毕业要求 3、11 达成度的评价提供支持

5.9 互联网协议分析与设计

本课程教学的设计以能力培养为导向,按照培养计算机类专业的工程应用型人才的需要制定,并按照总学时 32(其中理论授课 24 学时,课内实验 16 学时)进行规划。面向其他类型学生培养、不同学时的教学设计可以参照本方案进行调整。例如,对于未来从事计算机科学研究(科学型)的学生,授课中应该进一步突出对基本原理的研究;对工程类的学生,可以对第 2~5 章多安排一些学时。特别是如果有更多的学时,建议用于第 2~5 章的学习,要想使学生有更好的理解和掌握,安排一个课程设计是很有意义的。

计算机类专业的工程应用型人才需要具有较扎实的基础理论、专业知识和基本技能,具有良好的可持续发展能力。所以本课程特别强调课程中抽象和设计形态的内容,淡化推导等理论形态的内容,着力培养学生的系统能力以及理论结合实际的能力,而且要强调对学科基本特征的体现。

5.9.1 课程简介

"互联网协议分析与设计"课程涉及比较适当的抽象层面上的数据变换,既有需要抽象描述的问题,又有较成熟的理论,而且在限定规模下又能实现(设计),是理论和实践结合的重要专业技术基础课程之一。协议是计算机网络技术的核心内容之一,互联网及应用无处不在,对网络协议的深入分析与理解是网络大规模应用的前提。互联网协议设计与分析是计算机科学与技术专业甚至是绝大多数计算机类专业培养学生解决复杂工程问题能力的最佳载体之一。本课程依据学生的特点,以互联网协议原理与应用为主线,选择协议概述、协议设计、协议形式化描述、协议验证、协议一致性测试作为主要内容,讨论互联网协议设计与分析的相关方法和原理。

本课程的教学内容符合《华盛顿协议》关于复杂工程问题的 7 个特征。它包含求解计算机问题和利用计算机技术求解问题的基本原理以及最典型、最基本的方法。本课程所涉及的问题都需要进行深入的分析,而且这些问题的解决必须建立恰当的协议描述模型,并基于模型进行分析和处理。很多问题需要根据设计开发的实际,综合运用恰当的方法,在多种因素和指标中进行折中,以求全局的优化和良好的网络性能,协议具体内容包括设计过程、协议工作原理、协议正确性分析与验证、协议开发中常见的设计技术、形式化描述技术和协议工程学的基本理论等。

5.9.2　课程地位和教学目标

1. 课程地位

本课程是计算机专业的技术基础必修课，可以作为其他计算机类专业的选修课。课程旨在继计算机网络、网络程序设计、算法原理等课程后，引导学生在系统级上再认识程序和算法，培养其计算思维、程序设计与实现、算法设计与分析、计算机系统 4 大专业基本能力。增强学生对抽象、理论、设计 3 个学科形态/过程的理解，学习基本思维方法和研究方法；在"计算机网络原理"课程的基础上，就网络协议的基础理论、体系结构、性能特性、技术方法和实现细节等方面进行扩展教学。其目的是使学生更加系统、深入地掌握现代计算机网络协议的相关知识，为今后从事计算机网络通信方面的研究与应用打下坚实的基础。同时，使学生学会用科学的、系统的方法分析和解决实际问题，培养学生的探索、创新精神。

2. 教学目标

总的教学目标是使学生掌握互联网协议分析与设计中的基本概念、基本理论、基本方法，在系统级上再认识程序和算法，提升计算机问题求解的水平，增强系统能力，培养系统性网络协议分析与设计的能力。该目标分解为以下子目标。

目标 1：掌握互联网协议设计的基本概念以及问题描述和处理方法，掌握协议开发中常见的设计技术、形式化描述技术和协议工程学的基本理论。为毕业要求 1 提供支持。

目标 2：培养"问题→形式化描述→计算机化"这一典型的问题求解过程，具备综合运用基础理论和技术手段分析并解决问题的能力。为毕业要求 2 提供支持。

目标 3：培养系统能力和面向系统构建的交流和团队协议能力。为毕业要求 3 提供支持。

目标 4：能够基于工程相关背景知识进行合理分析，增强理论结合实际的能力。为毕业要求 4 提供支持。

目标 5：了解互联网协议发展历史和现状，掌握互联网协分析与设计发展过程的标志性技术革新，了解互联网协议分析与设计技术的应用情况。为毕业要求 6 和 7 提供支持。

5.9.3　课程教学内容及要求

本课程要求的以下基本教学内容，在授课中必须完全涵盖，主讲教师可以根据学生状况和教学实施要求等在某些方面进行扩展和加强，适当扩大学生知识面。

第 1 章　网络协议概述

协议的定义，协议的标准化，协议工程。

重点：协议的定义及协议开发的过程。

难点：对协议开发过程的理解。

掌握协议的定义；了解协议的标准化组织及标准化的过程；熟悉协议开发的过程，包括协议的设计、描述、验证、实现和测试。

第 2 章　协议设计

协议的分层模型，协议的设计概述，协议功能及提供的服务，协议 6 个元素的设计，协议设计的原则及方法。

重点：理解协议的 6 个关键元素，掌握用流程图描述协议时序的方法，分析协议的差错模型，确定协议的流量控制策略。

难点：对协议的 6 个关键要素的理解。

理解协议的分层模型，掌握协议的 6 个元素：协议提供的服务、协议的运行环境、协议的语法、协议的格式、协议的时序。理解协议提供的服务、协议的运行环境、协议的语法、协议的格式、协议的时序等元素的设计方法，熟悉协议的差错模型，确定协议的纠错及编码算法。熟悉流量控制中的窗口策略和拥塞避免策略，了解协议设计的原则及方法。

第 3 章　协议形式化描述

有限状态机概述，有限状态机的扩展，有限状态机的应用，Petri 网概述及扩展，Petri 网的应用，SDL 语言。

重点：掌握利用有限状态机及 Petri 网进行协议建模。

难点：利用有限状态机及 Petri 网进行协议建模。

掌握有限状态机的概念及基本原理，能够利用有限状态机对协议进行建模，掌握 Petri 网的概念及基本原理，能够利用 Petri 网对协议进行建模，熟悉 SDL 语言，能够利用 SDL 描述协议。

第 4 章　协议的验证

协议的性质，协议的可达性分析，SPIN 验证工具。

重点：掌握协议的性质与可达性分析方法，使用 SPIN 等工具。

难点：协议的性质与可达性分析方法。

理解协议验证的基本概念，掌握协议的性质与可达性分析方法，会利用 SPIN 等工具验证协议的正确性。

第 5 章　协议的一致性测试

测试要求，测试模型，测试流程，测试方法，TTCN。

重点：掌握协议的一致性测试模型和方法。

难点：协议的一致性测试模型和方法。

理解协议的一致性测试的基本概念、要求及流程，掌握协议的一致性测试模型和方法；了解 TTCN。

5.9.4　教学环节的安排与要求

1. 课堂讲授

课堂教学首先要使学生掌握课程教学内容中的基本概念、基本理论和方法。通过讲解，使学生能够对这些概念和理论有深入的认识，进而有能力将这些知识点应用到实际的问题解决中。在关键知识部分，要有问题的提出、问题的分析和解决方法以及效果评估等内容，使学生能够掌握核心部分，并有分析能力。充分利用现代化多媒体、互联网等工具直观展示各种知识点，用形象的方式加以描述，使学生有深刻印象。引导学生阅读英文原著，培养自我学习能力。

2. 实验教学

本实验课程是互联网协议分析与设计的随堂实验。主要学习互联网协议分析和设计的的原理、基本方法和设计技术。实验教学可达到实际掌握形式化描述、一致性测试、协议验证等关键知识点的目标，实现培养具有创新和实际动手能力、真正理解和掌握验证协议一致性测试等综合设计技术的人才的任务。

实验共 4 个，每个 4 学时，安排如下。

实验 1：SPIN 工具的使用

本实验的目的是学会在 Windows 环境下安装 SPIN 工具并进行配置，熟练掌握 PROMELA 语法。

具体要求是按照 SPIN 文档的要求安装 XSPIN、TCL 和 Dev C++工具包，配置必要的环境变量，完成 PROMELA 例程的编写和运行。

实验 2：AB 协议的验证

本实验的目的是巩固协议验证工具 SPIN 的 PROMELA 语法，通过对 AB 协议运行过程的描述认识协议验证的重要性，并能够发现简单协议的漏洞。

具体要求是写出 AB 协议的 PROMELA 描述文件，通过 SPIN 执行、调试该文件，得到协议运行的序列图、一般性验证结果、进展及循环验证结果。

实验 3：GO-BACK-N 协议的验证

本实验的目的是通过对 GO-BACK-N 协议的 PROMELA 描述，熟悉复杂协议的验证过程，并通过验证结果发现协议缺陷。

具体要求是写出 GO-BACK-N 协议的 PROMELA 描述文件，通过 SPIN 执行、调试该文件，得到协议运行的序列图、一般性验证结果、进展及循环验证结果，并能够发现人为加入的特定错误类型。

实验 4：自动回叫系统协议设计与验证

本实验的目的是通过对自动回叫系统的需求进行分析，给出该系统的 SDL 模型设计，并对该设计进行 SPIN 工具验证，发现所设计的协议存在的问题。

具体要求是给出该系统的 SDL 语言描述，包括系统、功能块和进程 3 个要素，通过编写 PROMELA 描述文件，利用 SPIN 工具给出验证结果，并找到所设计的协议存在的问题。

5.9.5 教与学

1. 教学方法

参考 5.9.4 节中的"课堂讲授"部分。课内讲授推崇研究型教学，以知识为载体，传授相关的思想和方法，引导学生对知识体系的深刻理解。实验教学则提出基本要求，引导学生独立（按组）完成系统的设计与实现。

2. 学习方法

养成探索的习惯，特别是重视对基本理论的钻研，在理论指导下进行实践。注意从实际问题入手，归纳和提取基本特性，设计抽象模型，最后实现计算机问题求解——设计实现网络应用协议。明确学习各阶段的重点任务，做到课前预习，课中认真听课，积极思考，课后认真复习，不放过疑点，充分利用好教师资源和同学资源。仔细研读教材，适当选读参考书的相关内容，从系统实现的角度深入理解概念，掌握方法的精髓和算法的核心思想，不要死记硬背。积极参加实验，在实验中加深对原理的理解。

5.9.6　学时分配

本课程学时分配参见表 5-9-1。

表 5-9-1　学时分配

章	课程内容	学时	教学方式
1	网络协议概述	2	讲授
2	协议设计	6	讲授
3	协议形式化描述	8	讲授
4	协议的验证	4+16	讲授+实验
5	协议的一致性测试	4	讲授

5.9.7　课程考核与成绩评定

1．考核方式

最终成绩由作业成绩、期末考试成绩和实验成绩组合而成。各部分所占比例如下：

（1）作业成绩占 10%，主要考核对每堂课知识点的复习、理解和掌握程度。主要反映学生的课堂表现、平时的信息接受、自我约束。成绩评定的主要依据包括课程的出勤情况、课堂的基本表现（含课堂测验）、作业情况。

（2）期末考试成绩占 70%，主要考核协议分析与设计知识的掌握程度，采用书面考试形式，题型为选择题、填空题、问答题和计算题等。考核学生对基本概念、基本方法、基本技术的掌握程度，考核学生运用所学方法设计解决方案的能力，淡化考查一般知识、结论记忆。

（3）实验成绩占 20%，主要考核发现、分析和解决问题的能力以及理论联系实际的能力，学生可根据自己的专业方向及研究兴趣自拟题目或选用任课教师提出的题目，通过自学使用模型检测工具 SPIN，并熟练使用 SPIN，进行协议分析，给出一定形式的分析结果及说明。培养学生在复杂系统的研究、设计与实现中的交流能力（口头和书面表达）、协作能力、组织能力。

本课程考核方式如表 5-9-2 所示。

表 5-9-2　考核方式

课程目标	支撑毕业要求	考核与评价方式及成绩比例/%					小计/%
		平时表现	课程实验	课程设计	作业	课程考核	
1	1	2	4		3	10	19
2	2					20	20
3	3		8			15	23
4	4		8			15	23
5	6	3			2	5	10
	7					5	5
合计		5	10		5	70	100

2. 成绩评定标准

1）作业成绩评定标准

作业成绩评定标准如表 5-9-3 所示。

表 5-9-3　作业成绩评定标准

	优秀	良好	合格	不合格	比例/%
目标 1（支撑毕业要求 1）	按时交作业；基本概念正确，论述逻辑清楚；层次分明，语言规范	按时交作业；基本概念正确，论述基本清楚；语言较规范	按时交作业；基本概念基本正确，论述基本清楚；语言较规范	不能按时交作业；有抄袭现象；或者基本概念不清楚，论述不清楚	50
目标 5（支撑毕业要求 6 和 7）	按时交作业；能够正确应用相关知识分析解决实际工程问题，论述逻辑清楚；层次分明，语言规范。	按时交作业；能够应用相关知识分析解决实际工程问题，论述清楚，语言较规范	按时交作业；基本能够应用相关知识分析解决实际工程问题，论述基本清楚，语言较规范	不能按时交作业；有抄袭现象；或者概念不清楚，论述不清楚	50

2）实验成绩评定标准

实验成绩评定标准如表 5-9-4 所示。

表 5-9-4　实验考核与评价标准

	优秀	良好	合格	不合格	比例/%
目标 3（支撑毕业要求 3）	按照要求完成预习；理论准备充分，实验方案有充分的分析论证过程；调试和实验操作非常规范；实验步骤与结果正确；实验仪器设备完好	有一定的预习和理论准备，实验方案有分析论证过程；调试和实验操作规范；实验步骤与结果正确；实验仪器设备完好	实验方案有一定的分析论证过程；调试和实验操作较规范；实验步骤与结果基本正确；实验仪器设备完好	实验方案错误；或者没有按照实验安全操作规则进行实验；或者实验步骤与结果有重大错误；或者故意损坏仪器设备	60
目标 4（支撑毕业要求 4）	按时交实验报告，实验数据与分析详实、正确；图表清晰，语言规范，符合实验报告要求	按时交实验报告，实验数据与分析正确，图表清楚，语言规范，符合实验报告要求	按时交实验报告，实验数据与分析基本正确；图表较清楚，语言较规范，基本符合实验报告要求	没有按时交实验报告；或者实验数据与分析不正确；或者实验报告不符合要求	40

3）期末考试成绩评定标准

期末考试成绩评定标准如表 5-9-5 所示。

表 5-9-5　期末考试成绩评定标准

	优秀	良好	合格	不合格	比例/%
目标 1（对应毕业要求 1）	对互联网协议设计的基本概念理解正确，对协议开发中常见的设计技术、形式化描述技术和协议工程学基本理论理解正确；应用理论解决实际问题正确，成果优秀；语言简练	对互联网协议设计的基本概念理解正确，对协议开发中常见的设计技术、形式化描述技术和协议工程学基本理论理解正确；应用理论解决实际问题基本正确	对互联网协议设计的基本概念理解正确，对协议开发中常见的设计技术、形式化描述技术和协议工程学基本理论有一定认识	对互联网协议设计的基本概念理解正确，对协议开发中常见的设计技术、形式化描述技术和协议工程学基本理论没有认识	10

	优秀	良好	合格	不合格	比例/%
目标 2 （对应毕业要求 2）	对问题的分析正确，选择的表示方法、控制方案正确；方案结合组织结构正确；绘制的图表正确；语言论述正确、精练；实现结果正确	对问题的分析正确，选择的表示方法、控制方案正确；方案结合组织结构基本正确；语言论述基本正确、精练	对问题有认识，可以选择的表示方法、控制方案；能够选择方案结合组织结构	对问题没有认识，无法选择的表示方法、控制方案；不能够选择方案结合组织结构	25
目标 3 （对应毕业要求 3）	对问题分析正确，方案合理，有良好的实现结果	对问题分析基本正确，方案合理，有一定的实现结果	对问题分析基本正确，有一定的方案和实现结果	对问题分析错误，或者方案和实现结果错误	20
目标 4 （对应毕业要求 4）	能正确选择科学方法，对复杂工程问题进行需求分析，并编写文档实现方案，结果正确	能选择科学方法，对复杂工程问题进行初步需求分析，并编写文档实现方案，结果基本正确	能选择科学方法，对复杂工程问题进行初步需求分析	不能选择科学方法，对复杂工程问题无法进行需求分析，无法编写文档实现	15
目标 5 （对应毕业要求 6 和 7）	对互联网协议发展非常清楚，掌握标志性技术革新，能够表达典型技术点	对互联网协议发展清楚，基本掌握标志性技术革新，能够表达典型技术点	对互联网协议发展有一定认识	对互联网协议发展没有认识	10

注：本表中比例为目标占最终成绩的比例。

说明：计算机网络原理和计算机通信技术是本课程的先修课程，协议分析与设计都要用到计算机网络原理和计算机通信技术中的基础知识，例如 TCP/IP 协议与 Internet 等方面的知识。本课程旨在向学生讲授如何利用已学的计算机网络相关原理与知识对网络协议进行分析，理解协议设计的原理和方法，侧重培养学生分析和设计网络协议的能力。

5.10　物联网通信技术

本课程按照培养物联网工程专业人才的要求，遵循以能力培养为导向的指导思想，总学时为 32，以理论授课为主，配合交互型和反转型课堂设计等辅助手段。根据要求，物联网工程专业的工程应用型人才需要具有较扎实的基础理论、专业知识和基本技能，具有良好的可持续发展能力，所以本课程特别强调物联网通信中理论归纳、应用分析和算法研究等内容。特别是不同的通信技术因为不同的应用环境导致了技术细节处理、算法设计特点等方面的不同，这些是本课程需要注意的重点，所以本课程淡化了数学推导等理论形态的内容、报文格式等规范性定义，着力培养学生的分析能力以及理论结合实际的能力，而且要强调对学科基本特征的体现。

5.10.1　课程简介

物联网及其通信是当前研究的热点，体现了通信方面的巨大变革，逐渐成为各国信息化的基础设施之一，对于越来越多的物联网应用起着重要的支撑作用。

本课程采用"应用驱动"的思路，以案例为主要出发点之一，在讲述一个技术的时候会穿插一些应用案例，让学生自己体会、领悟该技术的特点、应用的需求、技术的适用性，进行物联网通信模块设计方法与实现技术的讨论。在此基础上，力求突出对学生工程规划能力、分析能力的培养，为学生今后的研究、开发及进一步的深造打下必要的基础。

课程以 ISO/OSI 参考模型为教学的一条主线，首先回顾 ISO/OSI 参考模型各个层次的功能、作用和主要的协议；然后，针对每一种物联网通信技术，都根据 ISO/OSI 模型进行归纳和定位，讲述其中的关键算法，完成对通信技术的挖掘和讲授。通过课堂教学，使得学生能够掌握物联网通信的相关知识和算法，了解物联网通信发展的热点，并能够进行简单的网络应用设计。

物联网技术对于整个社会的影响非常深远，改变了很多人的工作方式和生活方式，但物联网也存在一定的局限性或负面影响。在课程教学过程中，要对学生进行关于正确认识、利用物联网通信技术的职业道德教育，并且让学生对物联网技术的局限性或负面影响有充分的认识。

5.10.2　课程地位和教学目标

1. 课程地位

本课程是物联网工程专业的必修课，本课程的先修课程是"数据结构"和"计算机网络"。学生通过学习上述课程，应当熟练掌握算法的基础、网络的架构和基本工作原理。只有掌握了先修课程的基本理论和方法，才能更好地了解物联网通信的原理，为以后的工程规划能力、分析能力等的培养打下基础。

2. 教学目标

总的教学目标是：使学生掌握物联网通信技术中的基本概念、基本理论、基本方法，在体系结构层面上重新认识通信网络和计算机网络，提升学生系统能力。目标如下：

目标 1：通过学习，理解物联网的抽象模型，知道物联网应用可以很简单，也可以是一个复杂的工程问题。为毕业要求 1 的达成提供支持。

目标 2：对分布式计算建立基本的概念，能够初步把握分布式算法的基本原理。能够对实际应用加以分析，对通信技术进行规划和选择，增强学生在实践中发现问题、分析问题的能力。为毕业要求 2 的达成提供支持。

目标 3：让学生深刻领会到，在一个具体的物联网应用中可能涉及多种通信技术。各种通信技术的作用和所处的环节是不同的，把握各种通信技术的特点以及各自的应用场合，明确它们所承担的作用和所处的环节，为毕业要求 3 的达成提供支持。

5.10.3　课程教学内容及要求

这里给出的本课程要求的基本教学内容，在授课中必须完全涵盖，主讲教师可以根据学生的状况、自身的体会等在某些方面进行扩展和对学生进行引导，适当扩大学生的涉猎面。

第1章　概述

物联网及其通信的概念，包括发展、分类等内容。物联网应用环节的划分，介绍接触网、末端网、接入网等通信环节。通过本章的讲授，可以让学生对于通信技术是如何应用在物联网中的以及通信技术所起到的作用，有深入的理解。计算机网络体系结构，简单回顾 ISO/OSI 参考模型的体系结构，分析物联网通信可能涉及的体系。从应用角度出发，进行物联网体系结构的分析。简单讲述物联网对社会的影响以及不安全的因素。

难点：要让学生对于多种通信技术在物联网应用中的作用和地位有清楚认识。可以让学生找一找身边的物联网应用，确定其中涉及了哪些通信技术，分析这些通信技术的作用和地位是否相同，和教材所讲述的通信环节进行联系和映射。

第2章　接触环节的通信技术

射频标签（RFID）技术，包括 RFID 概述、RFID 工作原理、RFID 通信协议、防止冲突算法等；无线电导航技术，包括概述、GPS、北斗卫星导航系统等；激光制导技术，包括激光制导原理、激光制导编码等。

难点：让学生转变观念，了解通信技术不一定只是为了数据通信，有时也是为了感知外界事物，这是一类特殊的通信应用。

第3章　末端网通信技术——有线通信技术

串行接口通信，USB 总线通信，现场总线通信。

第4章　末端网通信技术——无线通信底层技术

超宽带（UWB），包括脉冲无线电、多频带 OFDM 等；IrDA 红外连接技术，包括 IrDA 协议栈、IrLAP 工作原理、应用协议等；水下通信，包括水声网络、物理层技术、MAC 层技术。

第5章　末端网通信技术——Ad Hoc 网络（自组织网）通信技术

自组织网的概念、演化、体系结构等；传统 Ad Hoc 网络，主要是路由协议；无线传感器网络的概念和路由协议；机会网络，包括机会网络体系结构及路由技术、车载自组织网络等；蓝牙，包括蓝牙协议的体系结构、微微网与散射网、传输技术、散射网拓扑形成和路由算法；ZigBee 概述，ZigBee 的组网，ZigBee 的体系结构，ZigBee 的路由。

难点：让学生从传统的通信思维中跳出来，接受自组织这个新事物。为此，需要老师对这类通信的应用场景多加举例和分析，对这种通信技术与传统技术的不同多加分析；从简单的路由技术开始，引导学生探索更加复杂完善的路由技术。

第6章　接入网通信技术

无线光通信，包括光调制技术、信道编码/差错控制方法、复用技术、卫星激光通信、可见光通信系统等；IEEE 802.11 无线局域网、WiFi 系统组成、IEEE 802.11 的 MAC 协议；无线 Mesh 网络，包括 WMN 结构、WMN 路由；蜂窝通信，主要是 LTE 的系统架构、LTE 及 LTE-A 相关技术。

5.10.4　教学环节的安排与要求

1. 课堂讲授

课堂教学首先要使学生掌握课程内容中规定的一些基本概念、基本理论和基本方法。特别是通过讲授，使学生能够对这些基本概念和理论有更深入的理解，便于后面的研究和分析。例如，使之有能力进行最合理的分析和选型，从而将最恰当的通信技术应用到指定的应用需求中。这就需要让学生注意每一种通信技术的出发点、算法的核心思想等，使学生能够掌握其关键。

难点：物联网通信所涉及的各种技术极其繁杂，体系结构不统一，名词繁多，可以按照应用环节来组织内容进行讲解，让学生知道技术可能的应用场合和所处的地位。在讲解时要保持每一个通信技术的相对独立性，即便学生对一个技术理解不深，也不影响对其他技术的学习。

2. 讨论

- 还有哪些接触环节需要用到通信技术。
- RFID 的冲突算法的改进遵循了什么思想。如果自己想要在这个思路上进一步发展，应该如何做。引导学生向提高效率方面去思考，可以向并行方面发展。
- 无线通信中一个重要的思想是什么。引导学生向利用随机数、减少冲突方面考虑。
- 为什么无线通信发展到 Ad hoc 技术必须引进网络层。引导学生认识到，无线环境下，目前不太可能做到精确的点到点通信，一般都是通过广播进行数据传输，这种情况下，如果所有节点都进行广播，效率和功耗是严重的问题，引入网络层可以有效提高效率，降低功耗。
- 为什么在接入网中也逐步接受了 Ad hoc 技术。引导学生向使用便利方面考虑。

3. 作业

通过课外作业，引导学生检验学习效果，进一步掌握课堂讲述的内容，了解自己掌握的程度，思考一些相关的问题，加强分析的能力。

5.10.5　教与学

以讲授为主（32 学时）。在讲授过程中，以算法思想和过程为核心，所以，课程和教材特意摈弃了一些需要记忆的内容，如帧格式等。对于这些内容，学生完全可以在使用的过程中自己查找资料。

课堂布置相关作业，锻炼其查找资料的能力、对资料的驾驭能力以及对于相关技术进行分析和选型的能力。

积极探索和实践研究型教学。在一部分算法教学过程中，要求学生在课堂上对算法进行自行理解，根据其特点和应用，与教材提供的案例进行印证。还要积极鼓励学生针对算法的不足提出问题和自己的见解，以完善算法，从而培养学生基于实践的研究分析能力。

5.10.6　学时分配

本课程分为 6 章进行授课，学时分配如表 5-10-1 所示。

表 5-10-1　学时分配

章	教学内容	教学环节
1	概述	授课 4 学时
2	接触环节的通信技术	授课 3 学时，讨论 1 学时（讨论 1）
3	末端网通信技术——有线通信技术	授课 3 学时，讨论 1 学时（讨论 2）
4	末端网通信技术——无线通信底层技术	授课 5 学时，讨论 1 学时（讨论 3）
5	末端网通信技术——Ad Hoc 网络通信技术	授课 9 学时，讨论 1 学时（讨论 4）
6	接入网通信技术	授课 3 学时，讨论 1 学时（讨论 5）

5.10.7　课程考核与成绩评定

本课程的考核成绩包括两部分：闭卷笔试成绩（70%），平时课堂提问和作业练习（30%）。

笔试考核的侧重点是对通信环节的把握和对各种通信算法的掌握，并能够根据应用需求，对于具体通信技术加以分析后纳入通信环节中。

具体的课程考核与成绩评定方式如表 5-10-2 所示。

表 5-10-2　考核与成绩评定方式

课程教学目标	考查方式与考查点	占比/ %
目标 1：通过学习，理解物联网的抽象模型，知道物联网应用可以很简单，也可以是一个复杂的工程问题	随堂提问、作业、期末考试（问答题）。让学生针对不同的情况进行举例	5
目标 2：通过学习，对分布式计算建立基本的概念，能够初步把握分布式算法的基本原理	随堂提问、讨论：考查对于分布式算法的理解，了解分布式算法与单机算法的不同	10
目标 3.1：让学生深刻领会到，在一个物联网应用中，可能涉及多种通信技术。各种通信技术的作用和所处环节是不同的	随堂提问、作业、期末考试（问答题）。给出相关物联网案例，能够分析其中所涉及的通信技术所处的环节和作用	10
目标 3.2：深刻理解物联网应用中所涉及的多种通信技术	随堂提问、作业、期末考试（问答题）。对于算法的理解进行考核	40
目标 3.3：把握各种通信技术的技术特点以及各自的应用场合，明确它们所承担的作用和所处的环节	随堂提问、期末考试（问答题）。要求学生对于各种通信技术的应用进行分析，对于通信技术的归类进行考查	20
目标 3.4：通过相关学习和作业、研讨，能够对实际应用加以分析，对通信技术进行规划和选择，增强在实践中发现问题、分析问题的能力	随堂讨论、作业。结合安全案例，随堂进行提问和讨论，并通过作业进行评估	15

5.11　物联网控制技术

本课程的教学设计以培养学生解决复杂工程问题能力为导向，根据物联网工程专业的工程应用型人才的培养需要制定，按照理论授课 40 学时进行课程教学规划。此外，面向不同类型学生的培养，可以参照本方案给出不同学时的教学设计。例如，面向科研人才培养，授课中应该进一步突出对基本原理和基本方法的学习研究；面向工程人才培养，授课中应突出理论知识在解决实际问题中的应用，可以对第 6、7 章多安排一些学时。要想使学生有更好的理解和掌握，安排后续的专业实践教学环节（必修实践课、课程设计）是很有意义和必要的。

5.11.1　课程简介

"物联网控制技术"课程是物联网工程专业的专业必修课，通过本课程的学习，学生将做到：

- 了解物联网控制技术的基础知识，了解物联网控制的基本概念、原理和方法。
- 掌握物联网控制系统的体系结构、输入控制和输出控制、信号检测与处理、过程通道、控制算法、微控制器、外部设备、通信、可靠性设计、应用开发。
- 通过了解和掌握基本知识，使学生理解物联网控制的基础理论和关键技术，为从事物联网控制系统的软硬件结合设计与应用研究奠定良好的基础。

本课程的内容涉及物联网控制的技术框架与软硬件系统组成、控制理论与控制算法、微控制器体系结构与片上接口技术、外部设备的驱动与控制技术、信号的检测与处理技术、物联网控制系统的可靠性设计、开发流程、应用实例等。

通过本课程的学习，使学生掌握物联网控制技术的基础理论知识，培养学生解决物联网控制系统的软硬件协同设计这一复杂工程问题的能力，掌握运用微控制器主系统及传感器受控单元进行控制电路、控制算法、软件编程、测量调试的软硬件结合设计与应用的方法，并使其具有物联网控制系统的架构分析能力和初步设计能力，能够运用微控制器及其相关器件完成物联网控制系统的基本设计，掌握物联网控制系统产品研制的工程化设计与开发方法，为从事物联网控制系统的软硬件协同设计与应用开发打下坚实的基础。

5.11.2　课程地位和教学目标

1. 课程地位

本课程是物联网工程专业的专业教育必修课，可以作为其他计算机类专业的选修课，属于计算机软硬件结合技术系列。本课程旨在继计算机组成原理、计算机系统结构、微机原理与接口技术等课程后，引导学生在系统级上认识物联网控制技术的基本概念、基本原理、基本方法及物联网控制系统的工程化设计与实现技术，培养其计算机系统结构、软件工程、控制系统、物联网工程的专业基本能力。增强学生对理论、分析、建模、设计、验证的学科形态/过程的理解，学习基本思维方法和研究方法。引导学生追求从问题出发，通过网络化系统实现输入和输出控制，强化学生系统化、工程化的专业核心意识。除了学习知识外，还要学习 PID 控制、微控制器及片上接口、外部设备的驱动与控制、信号检测控制、可靠性控制等典型方法和关键技术，给学生提供参与设计实现颇具规模的复杂系统的机会，培养其工程意识和能力。

2. 教学目标

总的教学目标是：使学生理解、掌握物联网控制技术的基本理论、基本知识和基本技能，采用理论与实践相结合的方法，培养学生的物联网控制系统设计能力和自主学习能力，利用启发式教学方式，逐步培养学生解决物联网控制系统的软硬件协同设计这一复杂工程问题的能力，训练学生概括问题的能力，注重培养学生的创新能力，使学生完成本课程的学习任务之后，能够综合运用物联网控制技术解决实际应用问题，以及结合经济、环境、社会、法律等因素，综合运用所学知识分析物联网控制系统的软硬件协同设计这一复杂工程问题的初步能力。在课程教学实践中，注重创新精神、实践能力的培养，获得"较强专业能力的计算机科学研究、计算机系统开发与应用"的训练，为学生进一步学习新理论、新知识、新技术打下扎实的基础。

通过实施相应的教学环节，本课程的教学应实现以下目标。

目标 1：了解物联网控制的内涵及应用领域，以及物联网控制技术的新成就、新知识和新技术。具有物联网控制系统应用产品创新的初步能力。在物联网控制系统开发过程中能够考虑经济、健康、文化、环境等非技术因素。了解物联网控制应用领域相关的职业和行业的技术标准、重要法律法规及方针政策，了解物联网控制技术在数字家庭、定位导航、城市管理、食品安全控制、现代物流管理、零售、数字医疗、防入侵系统等领域应用的基本知识。为毕业要求 3、6 的达成提供支持。

目标 2：掌握物联网控制算法、微控制器和外部设备的信号处理与通信应用程序接口的基本设计方法，能够针对特定需求使用编程语言设计物联网控制系统的软件程序。为毕业要求 3 的达成提供支持。

目标 3：理解物联网控制硬件系统的基本架构与工作原理，掌握物联网控制系统的微控制器体系结构、中断系统及接口，能够针对特定需求完成物联网控制系统的硬件相关模块设计与实现。为毕业要求 3、4 的达成提供支持。

5.11.3　课程教学内容及要求

第 1 章　物联网控制技术概述

物联网控制系统的基本概念、定义、特点。物联网控制系统的输入控制方式；物联网控制系统的输出控制方式；物联网控制系统的可靠性与容错技术；物联网控制系统的数据集成技术；物联网控制系统的误差分析方法；物联网控制系统的发展史；物联网控制系统的发展趋势；物联网控制的新成就、新知识和新技术；物联网控制系统设计中涉及的相关问题和因素；知识产权保护、创新设计等问题，经济、管理、社会、健康、安全、法律、文化、环境等因素；物联网系统的应用；物联网控制技术在数字家庭、城市管理、防入侵系统等领域应用的基本知识。

知识点：物联网控制技术的概念、定义、组成、方式、方法，物联网控制系统的发展史、发展趋势、应用，物联网控制系统设计中涉及的非技术因素、知识产权保护、创新设计等问题，物联网控制的新成就、新知识和新技术。

重点：物联网控制技术的定义、组成、方法，物联网控制系统设计中涉及的非技术因素、知识产权保护、创新设计，物联网技术在数字家庭、城市管理、防入侵系统等领域应用的基本知识。

难点：物联网控制系统的组成、控制方式与控制技术。

本章的课程教学应使学生了解物联网控制系统的概念、特点，物联网控制技术的基本要素；掌握物联网控制系统的组成——微控制器主控系统、外部设备受控单元、输入控制方式、模拟量信号、数据集成、可靠性与容错、误差分析；理解物联网控制系统的体系结构、硬件系统和软件系统的概念；掌握物联网控制系统的组成；了解物联网控制技术的新成就、新知识和新技术；了解物联网控制技术在数字家庭、城市管理、防入侵系统等领域应用的基本知识；了解物联网控制技术在领域应用中涉及的法律、法规、标准；了解物联网控制系统工程设计中需要考虑的经济、环境等非技术因素；了解物联网控制系统创新设计方法。

本章的课程教学应使学生具有运用现代信息技术获取与物联网控制技术相关的信息、新知识、新技术的能力；查阅与物联网控制技术相关的外文资料能力；物联网控制系统设计中非技术因素分析能力；运用物联网控制技术思想进行应用领域创新的思维能力。

本章的教学内容、教学模式、教学方法主要支持毕业要求 6。需要介绍本课程的特点，特别是在人才培养中的作用，包括从哪几个方面能够体现培养学生解决复杂工程问题的能力，以典型实例的技术性介绍讲解激发学生的学习兴趣，站在系统的高度去讨论问题，使学生建立物联网控制系统的总体设计模型。

第 2 章　物联网控制的相关理论与方法

采样过程，采样定理，采样控制系统；PID 控制方法，包括 PID 控制的基本概念、比例控制、积分控制、比例积分控制、微分控制、比例积分微分控制；智能控制方法，包括智能控制的基本概念、模糊控制系统、人工神经网络控制系统、专家控制系统。

知识点：反馈原理，自动控制系统的分类方法，系统的传递函数及结构图，系统的方框图，系统模型与信号流图，反馈扰动补偿方法，采样控制系统，采样过程及其数学描述，香农采样定理，PID 控制的基本概念，比例控制，积分控制，比例积分控制，微分控制，比例积分微分控制，智能控制的基本概念，模糊控制系统，人工神经网络控制系统，专家控制系统。

重点：反馈原理，采样过程，采样定理，PID 控制的基本概念，智能控制的基本概念，模糊控制系统。

难点：反馈原理及其证明方法，采样定理及其证明方法，采样过程的应用方法，PID 控制的比例控制、积分控制、微分控制及其应用方法，模糊控制原理及系统组成。

本章的课程教学应使学生理解物联网控制技术的相关数学模型；理解采样过程；理解采样定理的含义；了解采样控制系统的特点；理解 PID 控制方法的基本概念，了解 PID 控制的原理；理解智能控制的基本概念，了解模糊控制系统的定义。

本章的课程教学应使学生具有物联网控制的数学建模与问题分析能力；物联网控制方法的基本概念、定理、原理的分析能力；运用数学模型、控制原理与方法设计智能控制系统的能力。

本章的教学内容、教学模式、教学方法主要支持毕业要求 3，使学生具有解决物联网控制系统的软硬件协同设计这一复杂工程问题所需的理论和技术。需要通过建立合适的抽象模型，学习物联网控制技术的相关理论与方法，为培养学生解决复杂工程问题能力奠定坚实的理论基础。

第 3 章　典型的控制算法及微控制器

PID 控制的算法及实现，包括基本 PID 控制算法、改进的 PID 控制算法；数字 PID 控制器的工程实现，包括给定值处理、被控量处理、偏差处理、PID 计算、控制量处理、自动手动切换、PID 控制参数设定；预测控制，包括预测控制的基本原理、动态矩阵控制、动态矩阵控制的工程设计；模糊控制，包括模糊集合、模糊控制系统的组成、模糊控制规则、模糊关系与合成、模糊推理与模糊决策、模糊控制算法的工程实现；微控制器体系结构与片上接口，包括总体结构、存储器、时序与执行方式、中断系统、并行口及应用、定时器/计数器及应用、串行口及应用。

知识点：基本的 PID 控制算法流程，改进的 PID 控制算法流程，数字 PID 控制器的工程实现过程，预测控制的基本原理与工程设计，模糊控制系统及其工程实现，模糊控制算法，MCS-51 单片机硬件结构及引脚，8051 的存储器结构，MCS-51 单片机线外部引脚，MCS-51 单片机的工作方式，MCS-51 单片机的取指/执行时序和访问片外指令的时序，8051 中断系统及中断处理过程，并行口结构、功能特点及其读写方式，定时器/计数器的工作原理、控制方式、工作方式、初始化编程，串行通信的基本概念、异步/同步串行通信的概念和特点，串行口内部结构，特殊功能寄存器，发送与接收，工作方式，波特率与定时器的使用，串行口多机通信流程。

重点：数字 PID 控制器的给定值处理、被控量处理、偏差处理、PID 计算、控制量处理、PID 控制参数设定，模糊控制系统的组成，模糊控制算法的工程实现，MCS-51 单片机的体系结构；存储器结构；特殊功能寄存器；I/O 接口；定时器/计数器；取指/执行时序；中断处理过程，并行口的读写方式；定时器/计数器的工作原理、控制方式、工作方式、初始化编程；串行通信的基本概念、异步/同步串行通信的概念和特点；串行口的特殊功能寄存器、工作方式；串行口多机通信流程。

难点：改进的 PID 控制算法，模糊控制算法，微控制器的工作方式，定时器/计数器的工作原理、控制方式、工作方式、初始化编程。

本章的课程教学应使学生掌握 PID 控制算法的原理,掌握数字 PID 控制器的工程实现,掌握微控制器及其片上接口的基本设计原理与工作方式。

本章的课程教学应使学生具有物联网控制算法的分析、设计和工程实现能力,运用微控制器及其片上接口进行物联网控制系统硬件设计的能力,运用微控制器及其片上接口进行物联网控制系统软件设计的能力。

本章的教学内容是典型的基于抽象模型进行问题求解的实例,主要支持毕业要求 3,在教学模式、教学方法上,应注重使学生掌握物联网控制系统的基本架构与工作原理及软件开发技术,针对特定需求,初步完成计算机硬件系统或模块、软件系统或模块的设计与实现。控制算法、微控制器及片上接口的应用设计必须运用深入的工程原理经过分析才可能解决。需求涉及多方面的技术、工程和其他因素,并可能相互有一定冲突,需要通过建立合适的抽象模型才能解决,在建模过程中需要体现出创造性。本章内容具有较高的综合性,包含多个相互关联的子问题。通过学习本章,学生在控制算法设计、微控制器及其接口的设计应用方面应具备解决复杂工程问题的能力。

第 4 章　外部设备的驱动与控制技术

模拟量输入通道，包括模拟量输入通道的构成、模拟量输入信号调理、多路转换器、A/D 转换器、CPU 与 A/D 转换电路之间的 I/O 控制方式；模拟量输出通道，包括 D/A 转换器、D/A 转换器的主要技术指标、D/A 转换器与微处理器接口、模拟信号的功率放大；数字量输入输出通道，包括数字量输入输出通道的构成、数字量输入调理通道、数字量输出驱动；开关量输出与驱动；检测设备和执行机构，包括传感器和变送器、过程控制中常用的执行器、运动控制中常用的执行机构；控制电机，包括控制电机概述、步进电动机、伺服电动机、直流电机、微型同步电动机、测速发电机。

知识点： 输入接口与过程通道，模拟量输入通道的构成，模拟量输入信号调理，多路转换器，A/D 转换器，CPU 与 A/D 转换电路之间的 I/O 控制方式，输出接口与过程通道，模拟量/数字量（A/D）转换、数字量/模拟量（D/A）转换，A/D 转换器及其接口技术，D/A转换器及其接口技术，检测设备和执行机构的基本概念，控制电机的工作原理及应用。

重点： 模拟量输入通道，模拟量输入信号调理，多路转换器，A/D 转换器，CPU 与 A/D转换电路之间的 I/O 控制方式，过程输入输出通道组成与功能，逐位逼近式 A/D 转换的工作原理，A/D 转换和 D/A 转换的原理、特点和适用范围，输入输出通道的采样保持和多路开关的原理，直流伺服电机、步进电机、同步电机的工作原理，直流电动机的脉宽调制调速（PWM）原理。

难点： CPU 与 A/D 转换电路之间的 I/O 控制方式，逐位逼近式 A/D 转换的工作原理，输入输出通道的采样保持和多路开关的原理，直流电动机的脉宽调制调速（PWM）原理。

本章的课程教学应使学生掌握输入控制的基本原理与工作方式、模拟量输入通道的构成、模拟量输入信号调理、多路转换器、A/D 转换器、CPU 与 A/D 转换电路之间的 I/O 控制方式，掌握 A/D 转换的工作原理，理解开关量输出与驱动的控制方法，理解检测设备和执行机构的含义，掌握典型控制电机的工作原理。

本章的课程教学应使学生具有外部受控单元的硬件系统分析能力，使用外部设备实现物联网控制系统的受控对象驱动与控制的工程设计能力，物联网控制算法的分析、设计和工程实现能力，运用微控制器及其片上接口进行物联网控制系统硬件设计的能力，运用微控制器及其片上接口进行物联网控制系统软件设计的能力。

本章的教学内容、教学模式、教学方法主要支持毕业要求 3、4，使学生能够基于科学原理并采用科学方法对物联网控制系统的软硬件协同设计这一复杂工程问题进行设计实验和验证实验，制定实验方案，搭建计算机软硬件环境，针对特定需求，初步完成物联网控制系统的计算机硬件系统的设计与实现。硬件系统设计具有较高的综合性，包含多个相互关联的子问题，必须运用深入的工程原理经过分析才能解决，教师应通过典型实例的讲解，从实际问题入手，归纳和提取基本特性，最后实现外部设备驱动与控制问题求解。通过学习本章，学生在物联网控制系统的外部设备驱动与控制的设计方面应具备解决复杂工程问题的能力。

第 5 章　信号的检测与处理技术

模拟信号的检测技术，包括检测系统的特性与性能指标、模拟信号检测系统的结构组成、模拟信号的检测方法、模拟信号调理电路；数字信号的检测技术，非电量参数的检测；输入数据预处理和抗干扰技术，包括线性化处理、数值滤波、抗干扰技术；多传感器信息融合技术，包括数据集成的原理与结构、数据集成的基本方法。

知识点： 信号处理与估计理论，包括小波变换、加权平均、最小二乘法、卡尔曼滤波、等线性估计技术、扩展卡尔曼滤波、高斯和滤波等非线性滤波技术以及基于随机采样的粒子滤波、马尔可夫链等非线性估计技术；统计推断方法，包括经典推理、贝叶斯推理、证据推理、随机集理论、支持向量机理论；信息论方法，包括信息熵方法、最小描述长度方法；决策论方法；人工智能方法，包括模糊逻辑、神经网络、遗传算法、专家系统，检测系统的特性与性能指标；模拟信号检测系统的结构组成，模拟信号的检测方法，模拟信号调理电路，非电量参数的检测；信息数据的数值处理，信息数据的非数值处理，信息数据的标度变换，数据集成模型分类。

重点：模拟信号的检测，检测系统的特性与性能指标的定标，模拟信号检测系统的结构组成，模拟信号的检测方法，模拟信号调理电路，输入数据的预处理方法，线性化处理，数值滤波，信息数据的数值处理，信息数据的非数值处理，数据集成的原理与结构，信息数据的标度变换，数据集成模型分类。

难点：模拟信号的检测，输入数据预处理，异构数据集成。

本章的课程教学应使学生了解信号处理与估计理论；了解模拟信号检测系统的结构组成和模拟信号的检测方法，理解模/数转换器的体系结构和工作模式；了解数字信号与非电量参数的检测，掌握信息数据的数值处理、非数值处理、标度变换；掌握输入数据线性化处理、数值滤波、抗干扰技术等数据预处理技术；熟悉数据集成的基本方法，能够进行异构数据集成应用设计。

本章的课程教学应使学生具有物联网控制系统的模拟信号检测的工程设计能力，物联网控制系统数字信号与非电量参数的检测的工程设计能力，物联网控制系统复杂信息数据预处理的工程设计能力，物联网控制系统异构数据集成的工程设计能力，综合运用专业理论、技术方法和领域知识进行物联网控制系统信号检测与处理的工程设计能力。

本章的教学内容、教学模式、教学方法主要支持毕业要求 3、4，使学生能够基于科学原理并采用科学方法对物联网控制系统的软硬件协同设计这一复杂工程问题进行设计实验和验证实验，制定实验方案，搭建计算机软硬件环境，针对特定需求，初步完成物联网控制系统的信号处理系统的设计与实现。教师应通过典型实例的讲解，从实际问题入手，归纳和提取基本特性，设计抽象模型，最后实现输入输出的信号检测与处理问题求解。通过学习本章，学生在物联网控制系统的数据获取与处理技术的设计方面应具备解决复杂工程问题的能力。

第 6 章　物联网控制的可靠性设计

可靠性定标，包括物联网控制系统故障分析、表征控制可靠性的特征量；抗干扰技术，包括硬件抗干扰措施、软件抗干扰措施；可靠性措施，包括系统硬件的可靠性措施与容错技术、系统软件设计的避错与容错技术；低功耗设计，包括硬件低功耗设计、软件低功耗设计、动态电源管理、低功耗系统设计。

知识点：故障分析，包括系统故障、硬件故障、软件故障；特征量，包括可靠度、故障率、平均故障间隔时间、维修度、平均修复时间；容错技术，包括静态冗余、动态冗余、混合冗余，软件设计的避错技术、容错技术；过程通道的抗干扰措施，空间感应的抗干扰措施，电源系统的抗干扰措施，看门狗电路，干扰滤波技术；硬件低功耗设计，包括低功耗处理器的选择、外围模块的设计、系统电压的选择、系统内电压转换系统的设计，包括软件低功耗的设计，包括查询频率、运算量；动态电源的管理；低功耗系统设计，包括传感器节点模块结构设计、传感器节点的电源系统、传感器节点的低功耗运行机制。

重点：可靠性定标，特征量的定义和计算模型，系统软硬件的容错技术，软硬件低功耗设计技术。

难点：物联网控制系统软硬件的容错设计。

　　本章的课程教学应使学生了解可靠性设计的定标原则；掌握故障分析方法，熟悉特征量的含义；掌握硬件抗干扰设计措施；掌握系统硬件设计的可靠性措施与容错技术；掌握系统软件设计的避错与容错技术；掌握物联网控制系统的低功耗设计技术。

　　本章的课程教学应使学生具有物联网控制系统软硬件可靠性设计的需求分析能力，物联网控制系统硬件抗干扰设计可靠性设计基本能力，物联网控制系统软硬件可靠性的工程设计能力，降低物联网控制系统功耗的工程设计能力，综合运用专业理论、技术方法和领域知识进行物联网控制系统可靠性设计的基本能力。

　　本章的教学内容主要支持毕业要求3，在教学模式、教学方法上要使学生掌握物联网控制系统的基本架构与工作原理和软件开发技术，针对特定需求，初步完成计算机硬件系统或模块、软件系统或模块的设计与实现，具有解决物联网控制的可靠性问题的创新意识和初步能力，能够从物联网控制系统可靠性角度权衡相关因素，提出解决方案，完成系统设计和开发。物联网控制系统的可靠性设计需求涉及多方面的技术、工程和其他因素，并可能相互有一定冲突，不是仅靠常用方法就可以完全解决的，问题中涉及的因素可能没有完全包含在专业规范和标准中，问题相关各方利益不完全一致，需要考虑利益均衡与折中，局部优化和全局优化，局部服从于全局。在理论授课的基础上，教师应通过典型实例的讲解，从实际问题入手，归纳和提取基本特性，设计抽象模型，最后实现控制的可靠性问题求解。通过学习本章，学生在物联网控制系统的可靠性设计方面应具备解决复杂工程问题的能力。

第7章　物联网控制系统的设计

　　物联网控制系统设计方法，包括物联网控制系统的设计原则、物联网控制系统的设计步骤、物联网控制系统的调试；基于网络的物联网控制方法，包括传感器与传感器之间的通信控制技术、传感器与主机之间的通信控制技术、主机与主机之间的通信控制技术，物联网控制系统的结构设计；典型的物联网控制系统实例，包括智能家居系统、自动挡车器、安保门禁系统。

　　知识点：物联网控制系统的总体设计原则，包括可靠性、操作性、实时性、通用性、经济性；总体设计步骤，包括系统总体控制方案设计、控制算法设计、系统硬件设计与开发、系统软件设计与开发；系统软硬件调试，模拟调试，现场在线调试；物联网控制系统的应用设计原则，包括开放性与分散性、实时性、设备兼容性、可靠性、环境适应性、网络安全性；传感器与传感器之间的通信，传感器与主机之间的通信，主机与主机之间的通信，物联网控制系统的结构设计。

　　重点：系统体系结构设计，系统硬件设计，系统软件设计，软硬件结合设计，基于网络的物联网控制，物联网控制系统的结构设计。

　　难点：系统硬件设计与开发，系统软件设计与开发，系统软硬件调试，基于网络的物联网控制，物联网控制系统的结构设计。

　　本章的课程教学应使学生全面理解和掌握物联网控制系统的设计原则，物联网控制系统的设计和开发流程，需求分析、成本管控、体系结构设计、系统硬件设计和开发、系统软件和开发、软硬件结合设计和开发、系统集成和测试，基于网络的物联网控制设计，物联网控制系统的结构设计。

　　本章的课程教学应使学生具有物联网控制系统设计开发的基本能力，物联网控制系统的装置设备、开发平台和开发工具的选择能力，复杂物联网控制系统软硬件结合的系统工程设计能力，物联网控制系统的工程化结构设计能力，综合运用专业理论、技术方法和领域知识解决复杂工程问题的能力。

本章的教学内容、教学模式、教学方法主要支持毕业要求第 3、4、6，使学生能够针对特定需求，完成计算机硬件系统或模块、软件系统或模块的设计与实现。物联网控制系统的软硬件协同设计问题具有较高的综合性，包含多个相互关联的子问题，需求涉及多方面的技术、工程和其他因素，并可能相互有一定冲突，不是仅靠常用方法就可以完全解决的。要使学生灵活地、综合地、创新性地运用所学知识、方法和技术，既能够设计满足功能实现需求的软件系统，又能设计满足实际运行需求的硬件系统，同时能够在设计实现一个物联网控制系统的过程中独立解决遇到的软硬件协同设计问题。在理论授课的基础上，教师应通过典型实例的讲解，从实际问题入手，归纳和提取基本特性，设计抽象模型，最后实现计算机问题求解——设计实现物联网控制系统。鼓励学生从实践中学习。通过学习本章，学生在物联网控制系统的综合设计方面应具备解决复杂工程问题的能力。

5.11.4　教学环节的安排与要求

1. 课堂讲授

课堂教学首先要使学生掌握课程教学内容中规定的基本概念、基本原理和基本方法，通过讲授使学生能够对于课程的理论知识有更深入的理解，使其具有将理论知识应用于问题求解的能力。特别是对于其中的一些基本方法的核心思想要作深入分析，使学生能够掌握其关键，并学会如何分析求解问题。

教师需要探索如何实现从问题入手，教师在对问题的求解中教，学生在对问题的求解中学。从系统的角度向学生展示如何设计物联网控制应用，同时考虑系统各模块之间的联系、控制可靠性、具体问题求解的计算机实现，培养学生的系统意识和能力。

使用多媒体课件，配合板书和范例演示讲授课程内容。在授课过程中，可由常用的物联网控制应用问题引出概念，自然进入相关内容的讲授。适当引导学生阅读中外文书籍和资料，培养独立解决问题的能力。

2. 作业

通过课堂作业和课外作业，引导学生检验学习效果，进一步掌握课堂讲述的内容，了解自己掌握的程度，思考一些相关的问题，进一步深入理解扩展的内容。

作业的基本要求：根据各章节的情况，布置练习题、思考题等。每一章布置适量的课堂作业或课外作业，完成这些作业需要的知识覆盖课堂讲授内容，包括基本概念题、解答题、设计提、综合题以及其他题型。

5.11.5　教与学

1. 教授方法

参考 5.11.4 节中的"课堂讲授"部分。以讲授为主（40 学时），课上答疑和课后答疑讨论为辅。课堂讲授推崇研究型教学，以知识为载体，传授相关的思想和方法，引导学生踏着大师们的研究步伐前进。通过作业提出基本要求，引导学生独立完成或分组讨论合作完成系统的设计与实现。教学方法是教学过程中教师与学生为实现教学目的和教学要求所采取的行为方式。选择合适的教学方法和教学手段，有助于课程教学目标的有效达成。主讲教师可依据教学内容特点、学生实际情况、教师自身优势、教学环境条件来选择和确定具体的教学方法，并对相应的教学方法进行优化组合与综合运用，在教学过程中充分关注学生的参与性。

2. 学习方法

养成带着问题学习的探索习惯，特别是重视对基本理论和应用实践的钻研，在理论指导下进行实践。注意从实际问题入手，归纳和提取基本特性，设计模型算法，最后实现问题求解，设计并实现物联网控制系统。明确学习各阶段的重点任务，做到课前预习，课中认真听课，积极思考，课后认真复习，不放过疑点，充分利用好教师资源和同学资源。仔细研读讲义课件和参考教材，适当选读参考书的相关内容，从系统实现的角度深入理解概念，掌握方法的精髓和算法的核心思想，不要死记硬背。课下积极参加实验实践，在实践中加深对原理的理解。

本课程推荐的教学方法主要有讲授法、讨论法、练习法、任务驱动法、自主学习法。

（1）讲授法主要用于课堂教学。通过叙述、描绘、解释、推论来传递信息、传授知识、阐明概念，引导学生分析和认识问题。运用讲授法的基本要求是：重视教学内容的科学性和思想性；注意培养学生的学科思维；具有启发性；语言清晰、准确、简练。采用的教学手段主要是多媒体 CAI 教学，扩展的教学内容和实例可采用板书教学。

（2）讨论法主要用于课外指导和课堂教学。针对学生提出的问题，通过讨论或辩论，各抒己见，使学生获得知识或巩固知识，旨在培养学生的口头表达能力、分析问题能力和归纳总结能力。运用讨论法的基本要求是：提出有吸引力的问题；启发引导学生自由发表意见；让更多的学生有发言机会。采用的教学手段主要是语言交流。

（3）练习法主要用于课堂测验和课外作业。通过教师的指导和提出有针对性的问题，使学生巩固知识、运用知识，旨在培养学生的书面表达能力以及运用知识解决问题的能力。采用的教学手段主要是课堂测验和布置课外作业题目。

（4）任务驱动法主要用于课外作业。通过给学生布置探究性的学习任务，使学生掌握查阅资料、整理知识体系的基本方法，旨在培养学生分析问题、解决问题的能力，培养学生独立探索及合作精神。采用的教学手段主要是布置目的明确的任务内容。

（5）自主学习法主要用于课外作业。通过给学生留思考题或针对复杂工程问题让学生利用网络资源自主学习的方式寻找答案，提出解决问题的方案或措施并进行评价，旨在扩展教学内容，拓展学生的视野，培养学生的学习习惯和自主学习能力，锻炼学生提出问题、解决问题和科技写作能力。采用的教学手段主要是布置有探索性、综合性的研究题目和内容，同时建议学生以分组讨论合作方式，至少两人一组，通过课后查阅资料、讨论与合作来完成作业，教师以适当加分等方式鼓励学生合作完成作业，目的在于促进学生通过团队协作解决复杂工程问题的能力。

本课程的教学形式主要包括课堂教学、课堂测验、课外作业、课外指导等。

（1）课堂教学应尽量利用学生已掌握的计算机基础知识，力求避免与计算机组成原理、计算机系统结构、微机原理与接口技术等课程不必要的重复。

（2）课堂测验宜精选一些能培养学生分析和解决问题基本能力、巩固所学知识的题目，根据教学进程可安排 2～3 次课堂测验。

（3）课外作业应围绕教学要求，尽量布置一些既能培养学生分析和解决问题能力、巩固所学知识，又能结合应用实际、激发学生学习兴趣的作业，对于综合性的作业，要求学生掌握资料检索方法，对与物联网控制技术相关的环境、社会、法律、管理、经济等问题进行有一定深度的分析，并阐述自己的观点，根据教学进程可安排 3～5 次作业。

（4）课外指导主要是课后对学生进行辅导和答疑，以及开展第二课堂，原则上每讲授 4 学时，安排 1 次答疑。辅导答疑可采取以下方式：简单问题课后、课间进行，并充分利用语音通讯、电子邮件、短信、微信、QQ 互动等现代通信方式；难度较大的单独约时间地点答疑；普遍性问题作集体辅导。

5.11.6 学时分配

课程理论教学 40 学时。教学内容、学时分配建议如表 5-11-1 所示。

表 5-11-1 学时分配

章	主要内容	学时
1	物联网控制技术概述	2
2	物联网控制的相关理论与方法	4
3	典型的控制算法及微控制器	10
4	外部设备的驱动与控制技术	8
5	信号的检测与处理技术	4
6	物联网控制的可靠性设计	4
7	物联网控制系统的设计	8

5.11.7 课程考核与成绩评定

平时成绩占 20%（课外作业占 10%，课堂测验占 10%），期末考试占 80%。

平时成绩主要反映学生的课堂表现、平时的信息接受、自我约束。成绩评定的主要依据包括课堂的基本表现（含课堂测验）、作业情况、课程的出勤情况。

期末考试是对学生学习情况的全面检验。强调考核学生对物联网控制的基本概念、基本方法、基本技术的掌握程度，考核学生运用所学方法设计解决方案的能力，淡化考查一般知识、结论记忆。主要选择典型的控制算法应用、微控制器与外部设备的驱动控制及接口、物联网控制系统的软硬件协同设计问题、控制的可靠性等问题。期末考试要起到督促学生系统掌握包括基本思想方法在内的主要内容的作用。

考核要求包括知识考核与能力考核。知识考核涵盖每个章节的知识点，能力考核在每章中有不同的要求，详见 5.11.3 节。

考核方式包括平时考核和期末考核两种方式。平时考核以能力考核为主，知识考核为辅，素质考核贯穿始终。平时考核内容包括章节知识点掌握情况，特别是涉及不易在限定时间内完成，需要查阅相关资料，需要考虑非技术因素，需要考虑复杂物联网控制技术工程环境，需要综合运用相关知识的技术方法、应用领域、文献研究、功能实现、产品开发的分析与设计。平时考核评价依据包括课外作业、课堂测验等教学材料。期末考核以知识考核为主，能力考核为辅。期末考核内容覆盖各章知识点，突出章节重点，加大章节重点内容的覆盖密度。期末考核试题主要有简答、阐述、分析、综合设计等题型。期末考核评价依据主要是期末考试试卷。

本课程考核方式及主要考核内容如表 5-11-2 所示。

表 5-11-2　考核方式及考核内容

考核方式	所占比例/%	主要考核内容
作业	10	按照教学的要求，作业将引导学生复习讲授的内容（基本原理、基本方法、基本理论、基本算法、基本模型），深入理解相关的内容，锻炼运用所学知识解决相关问题的能力，通过对相关作业的完成质量的评价，为毕业要求 3、4、6 达成度的评价提供支持
课堂测验	10	考查学生课堂的参与度，对所讲内容的基本掌握情况，基本的问题解决能力，通过考核学生课堂练习参与度及其完成质量，为毕业要求 3、4、6 达成度的评价提供支持
期末考试	80	通过对规定考试内容掌握的情况，特别是具体的问题求解能力的考核，为毕业要求 3、4、6 达成度的评价提供支持

说明： 任课教师在教学过程中可以根据培养方案的修订，针对学生整体学习能力，结合课程持续改进的措施，跟踪物联网控制技术的发展，吸纳校企评估专家的建议，关注社会经济领域的需求，对各章节的内容与学时、知识要求、能力要求、考核方式酌情进行动态调整。

例如，课程总评成绩=平时考核成绩×20%+期末考核成绩×80%，满分 100 分。期末考试采用闭卷形式，考试时间为 2.5 小时。

课程成绩为 0～59 分，表明学生未能实现本课程的毕业要求，需要重新学习。

课程成绩为 60～69 分，表明学生基本实现本课程的毕业要求，达成度刚刚满足要求，后续学习中可能会出现"不能达成"情况，需重点关注，加强学习。

课程成绩为 70～79 分，表明学生能实现本课程的毕业要求，但达成度一般，需加强后续学习。

课程成绩为 80～89 分，表明学生能良好地实现本课程的毕业要求，达成度较高，为后续课程学习提供了较好的支持。

课程成绩为 90～100 分，表明学生非常好地实现了本课程的毕业要求，达成度高，可以顺利完成后续课程的学习。

5.12　物联网应用系统分析

5.12.1　课程简介

物联网应用系统分析与设计是物联网工程专业的一门专业课。本课程涉及物联网应用系统分析与设计的基本思想和方法，主要内容包括物联网应用系统概论、物联网应用系统分析方法与过程、物联网应用系设计方法与过程、物联网应用系统案例分析与设计实例等。

通过学习本课程，学生可以初步掌握物联网应用系统的分析、设计的基本思想和方法，包括系统与过程、可行性分析、需求分析、系统概要设计、系统详细设计等，为今后从事物联网应用系统的研究与开发打下良好的基础。

物联网应用系统的分析与设计属于典型的复杂工程问题，涉及物联网应用系统感知层、网络层和应用层的硬件、网络以及软件分析与设计。与本课程同期开设的物联网应用系统综合实践课程中，学生将在开发实践中综合运用物联网应用系统分析与设计方法，完成相关的系统开发与实现。

5.12.2　教学目标

本课程教学目标是使学生理解物联网应用系统的基本概念，掌握物联网应用系统设计的基本方法，初步具备物联网应用系统的设计能力，为今后从事物联网工程开发奠定良好基础。为此本课程的教学分别从知识和能力两方面对学生提出要求。

目标 1：了解物联网应用系统的概念、定义和发展历程，了解物联网应用系统结构的复杂性和多样性。为毕业要求 1 的达成提供支持。

目标 2：掌握物联网系统结构模型，熟悉物联网应用系统分层设计的基本思想；熟悉物联网应用系统的分析过程，包括可行性分析与需求分析，以及相关文档规范。为毕业要求 3 的达成提供支持。

目标 3：掌握物联网应用系统的各层（包括感知层、网络层和应用层）的设计内容与步骤，熟悉相关设计文档的规范。为毕业要求 3 的达成提供支持。

目标 4：结合实际案例，使学生掌握对典型的物联网应用系统进行系统分析与设计的基本能力。为毕业要求 3 的达成提供支撑。

5.12.3　课程教学内容及要求

本课程主要支撑物联网工程专业本科培养方案中的以下培养要求：系统掌握物联网专业的基础理论和专业知识，理解基本概念、知识结构、典型方法，理解物理世界与数字世界的关联，具有感知、传输、处理一体化的物联思维意识；掌握物联网技术的基本思维方法和研究方法，具有良好的科学素养和一定的工程意识，并具备综合运用所掌握的知识、方法和技术解决复杂工程问题的能力。

第 1 章　物联网应用系统设计概论

教学内容：物联网基本概念与定义，物联网体系结构模型，物联网应用系统分析概述，物联网应用系统设计概述。

主要知识点：物联网的概念、定义以及发展历程，物联网体系结构模型，物联网应用系统可行性分析与需求分析，物联网感知层、网络层和应用层设计。

重点：物联网体系结构模型，物联网应用系统分析与设计方法及过程。

要求：了解物联网的基本概念及定义，掌握物联网三层及五层体系结构模型，熟悉物联网应用系统的分析与设计的主要内容。

第 2 章　物联网应用系统可行性分析与需求分析

教学内容：物联网应用系统可行性分析方法，物联网应用系统需求分析方法。

主要知识点：经济可行性，技术可行性，法律可行性，风险分析与对策，用户需求分析，性能需求分析。

重点：可行性分析方法与过程，需求分析方法与过程。

要求：熟悉可行性分析方法和过程以及可行性报告的格式和内容；掌握需求分析的方法和过程以及需求分析报告的格式和内容。

第 3 章　物联网感知层设计

教学内容：感知层节点硬件设计，感知层网络设计，感知层节点嵌入式软件设计，感知层安全设计。

主要知识点：总线技术，短距无线通信协议和标准，感知层节点路由计算，嵌入式软件设计方法。

重点：感知层网络设计，节点嵌入式软件设计。

要求：熟悉常见感知层节点硬件类型，熟悉常见传感器与总线技术；熟悉感知层网络拓扑类型与适用范围，熟悉常见的 WSN 路由算法；掌握嵌入式软件设计方法与过程，熟悉相关设计文档规范；能够运用感知层网络设计方法、感知层节点嵌入式软件设计方法解决实际问题。

第 4 章　物联网网络层设计

教学内容：逻辑网络设计，物理网络设计，物联网数据中心设计，网络层安全设计。

主要知识点：网络拓扑与层次结构设计，布线设计与网络设备选型，异构网络聚合，资源存储管理。

重点：物联网数据中心设计的主要内容。

要求：了解逻辑网络设计与物理网络设计的方法及内容；熟悉物联网数据中心的设计方法和过程；具有运用物联网数据中心设计方法解决实际问题的能力。

第 5 章　物联网应用层设计

教学内容：数据库设计，数据建模方法与分析处理工具，软件开发工具与平台的分析、比较和选择，应用层软件架构设计，应用层软件设计，应用层安全设计。

主要知识点：数据库表设计与关联，数据建模方法与工具选择，主流开发工具的分析，应用层安全威胁与应对措施，应用层软件设计规范，开源软件与敏捷开发方法。

重点：应用软件设计方法与设计规范。

要求：熟悉物联网应用层设计需要考虑的多种因素，能够分析权衡各种因素对应用效果的影响，能够根据应用需求进行数据库设计，能够对数据进行建模、分析处理及呈现，能够采用恰当的安全措施强化应用层的安全性，掌握应用软件的设计方法与设计规范。

第 6 章　物联网应用系统案例分析与设计实例

教学内容：物联网应用系统典型案例分析，物联网应用系统设计实例。

重点：结合实际应用进行案例分析，针对具体应用进行物联网应用系统设计。

要求：熟悉典型物联网应用系统的分析与设计，包括 RFID 图书馆、RFID 智能货架、ETC 收费系统、WSN 环境监测、智能家居系统、智慧农业系统等；能够综合运用物联网设计方法，对典型的物联网应用系统进行分析与设计。

5.12.4　学时分配

本课程学时分配建议如表 5-12-1 所示。

表 5-12-1　学时分配

章	主要内容	建议学时	
		16 学时	32 学时
1	物联网应用系统设计概论	2	2
2	物联网应用系统可行性分析与需求分析	2	4
3	物联网感知层设计	2	4
4	物联网网络层设计	2	4
5	物联网应用层设计	4	8
6	物联网应用系统案例分析与设计实例	4	10

5.12.5　教与学

本课程的教学形式主要为课堂教学。为了进一步提高学生的积极性和参与程度，本课程将适当采用课堂讨论的教学方式，安排学生在完成一定的调研工作基础上，在课堂上介绍自己所做的物联网应用系统分析和设计方案，锻炼学生口头表达和归纳总结能力，并培养学生运用所学知识分析问题、解决问题的能力。

5.12.6　课程考核与成绩评定

考核要求包括知识考核与能力考核。知识考核涵盖每个章节的知识点，能力考核在每个章节中有不同的要求，具体要求分解到每个章节，详见 5.12.3 节。

考核方式包括平时考核和期末考核。

（1）平时考核评价依据主要为作业完成情况、课堂讨论情况等。

（2）期末考核内容覆盖各章知识点，突出章节重点，加大章节重点内容的覆盖密度。期末考核评价依据主要是期末考试试卷。期末考试采用开卷形式，考试时间为 2 小时。

课程成绩采用百分制。课程成绩由平时考核成绩和期末考核成绩组成。

（1）平时考核成绩满分 100 分，占课程成绩的 40%。

（2）期末考核成绩满分 100 分，占课程成绩的 60%。

课程成绩=平时考核成绩×40% + 期末考核成绩×60%，满分 100 分。课程成绩及格分数线为 60 分，表明达到本课程在知识和能力方面的基本要求。

5.13　信息安全数学基础

随着现代社会日益信息化、数字化与网络化，人们对信息安全技术的需求越来越广泛和深入，信息安全技术的应用领域从传统的军事、政治部门逐步扩展到社会经济生活的各个角落，信息安全产品成为整个社会良性运转的重要保障。信息安全技术历来是捍卫国家安全的有力武器，目前信息与通信技术十分发达，通信交互过程变得十分频繁和复杂，如果没有可靠的信息安全机制，那么重要的军事、政治信息将在各种通信渠道中泄露出去，从而对国家安全造成严重的危害。由于互联网的普及，网络生活成为社会生活的一部分，电子商务和电子政务将极大地便利人们的生活，而信息安全技术则是这两种业务健康发展的基础。目前，网络媒体产业的发展也十分迅速，网络电视、网络游戏等各种互动娱乐服务纷纷蓬勃发展，但是如何在网络媒体业务中保护数字内容的著作权以及消费者和运营商的关键信息与经济利益是需要解决的突出问题，而信息安全技术是解决这些问题的唯一有效途径。

信息安全人才培养是我国国家信息安全保障体系建设的基础和先决条件，信息安全学科建设则是信息安全高层次创新人才培养的基础平台。信息安全学科是研究信息获取、信息存储、信息传输和信息处理领域中的安全威胁和信息安全保障的一门新兴学科，是综合计算机、电子、通信、数学、物理、生物、管理、法律和教育等学科发展演绎而形成的交叉学科。信息安全学科已经形成了自己的理论、技术和应用，并服务于信息社会，归属于工学。

信息安全专业的培养目标是培养德智体等全面发展，掌握自然科学、人文科学基础和信息科学基础知识，系统掌握信息安全学的基本理论、技术和应用知识，并具备科学研究和实际工作能力的信息安全高级专门人才。按照教育部《信息安全类专业指导性专业规范》，社会需求的信息安全专业人才分为理论研究人才、技术开发人才和信息安全管理服务人才。在人才培养模式上，以国家本科教育质量工程和国家新工科建设为导向，积极推进教学创新，改革理论课程教学体系和实践环节教学方式，改革教学内容，实施了"宽口径、厚基础、高素质、强能力"的创新人才培养方案。以"基础学科拔尖学生培养计划"的实施为契机，在教学过程中积极推行"以学生为主体、鼓励创新思维"的教学模式，强调发挥学生的学习主动性和创造性，实施"一、二年级强调专业基础，三、四年级加强专业实践能力的培养"的总体框架，初步建立本科生三级创新能力训练体系。

课程体系和教学内容决定着人才培养对象所具有的知识、能力和素质的结构和内涵，因此，需要构建科学合理的课程体系并改革教学内容，以满足信息安全专业人才创新能力培养的需要。满足信息安全专业人才培养需要的课程体系和教学内容应该具有 4 个方面的价值取向，即满足培养目标需要的根本价值，体现学科专业领域整体的继承和发展价值，反映参与高校人才培养的特色价值以及体现学生主体发展的最终价值。通过研究制定出一套符合当今社会需要的本科培养计划。该培养计划坚持知识、能力、素质协调发展和综合素质全面提高的原则，使学生在德智体美等方面得到更好的全面发展；充分体现整体优化的原则，科学地处理好各培养环节之间的关系；坚持加强实践教学，突出创新能力培养的原则，培养学生解决复杂工程问题的能力；坚持特色专业的办学思想，使信息安全专业人才教育的特色更加鲜明，优势更加突出。

"信息安全数学基础"是信息安全专业的理论基础，本课程教学的设计以能力培养为导向，按照培养信息安全类理论和技术应用人才的需要制定，总学时 72 学时。不同类型学生的培养可以参照本方案给出培养计划和内容。

5.13.1　课程简介

信息安全数学基础是信息安全专业的理论基础之一，主要有代数、数论、概率统计、组合数学、逻辑学和博弈论等。本课程作为信息安全专业的一门非常重要的基础课程，保留着突出的理论特性，但是也有别于其他的数学课程，更接近于实际的应用。目前，大部分学校开设了本课程，但主要还是以课堂教学为主，偏重于理论知识的介绍，缺乏实践和实验内容的讲授。由于信息安全是一个实用性很强的学科，迫切需要将课程的理论知识与实践相结合，达到学以致用、用以促学的效果，通过让学生参与实践和科研过程来促进对其创新能力和解决复杂工程问题能力的培养。

本课程理论涵盖内容广泛，不可能在本科阶段都掌握，因此讲授内容的设置必须考虑学生的知识背景、实践能力等，同时应本着基础性、重点性、系统性、前沿性等要求设置讲授内容。

（1）基础性是指注重基本概念的理解，为培养学生的研究能力和创新能力提供理论和方法上的保障。

（2）重点性是指对信息安全的重要和核心技术涉及的相关数学理论和方法作重点阐述，特别是将该理论和方法作适当扩展和深度挖掘。

（3）系统性是指让学生了解信息安全涉及的数学分支的内容和用途，为以后的应用奠定信息基础。

（4）前沿性是指在教学内容中应该涉及国家有关部门的科研项目中的某些关键技术问题，保持教学内容的先进性，培养学生的创新能力。

本着上述原则以及学生在本科阶段的课程设置计划，确定课程内容包括 3 个模块：初等数论、近世代数、椭圆曲线论。初等数论主要包括整数的特性、同余、欧拉定理、欧式算法、素数检验等内容；近世代数包括群、环和域的概念与性质，尤其是 Galois 域；椭圆曲线论主要包括椭圆曲线基础知识和加法原理；讲授过程中重点阐述数学理论和其在信息安全中的使用方法，使得学生既掌握数学理论，又能将数论、代数和椭圆曲线三方面的知识系统化，并结合工程实践将相关的抽象概念具体化。

5.13.2　课程地位和教学目标

1. 课程地位

经过十多年的学科建设和发展，信息安全专业的成熟模式也逐渐凸显出来。它一般以密码学为核心内容，围绕密码学理论及保护信息不被非授权访问等展开系列课程。众所周知，数学是一切研究内容的基础，没有很好的数学基础作为支撑，很难推进后续的发展。密码学涉及的数学基础广泛而抽象，数学基础成为奠定该专业基础的必修课程。所以各大高校都开设了"信息安全数学基础"课程，作为专业的基础必修课程。它是一门新兴的数学课程，同样保留着突出的理论特性，但是也有别于其他的数学课程，那就是它更接近于实际的应用。它的诞生就是为了满足信息时代大量数据安全存放、传输、网络密码安全等的需要，所以"信息安全数学基础"可以称为一门更为实用的数学课程。

数学课程是信息安全专业的必修课程之一，然而如何选择适合信息安全专业的数学教学内容至今都存在争议。目前相关信息安全建设效果突出的院校先后出版了自己的信息安全数学教材，这些教材的共同点是包括初等数论、近世代数、组合数学、椭圆曲线论等。但是即使作为数学专业的基础课程，也至少需要两个学期的授课时间，只能给出计算安全密码体系建立的基本数学原理，尚不能满足信息安全专业对数学的要求。"信息安全数学基础"是一门独立的新兴课程，同时也是一门不断发展变化的数学课程。信息安全的相关技术是在不断地发展变化的，所以信息安全专业的基础数学课程也需要不断地演变。它是近世代数和初等数论两门课程的融合，既然融合成一门课程，就涉及它们能不能融合以及怎么融合的问题。例如整除和同余既是数论的开端，也是近世代数的预备知识；又如某些结论（费马定理）等可以由近世代数导出，也可以由数论导出。

信息安全的教育不仅是知识教育，还是一种创新素质教育。教师在讲解课程基本知识的同时，应结合学科前沿，及时补充信息安全领域产生的最新数学成果及应用，注重培养学生利用所学数学知识进行密码算法设计与分析、构建信息安全模型的意识和能力。

2. 教学目标

通过本课程的学习，使学生了解初等数论、代数学和椭圆曲线论的基本知识，包括同余、欧几里得算法、中国剩余定理、二次剩余、原根、连分数、群、环、域和椭圆曲线等，从而为学习密码学、网络安全、信息隐藏等课程打下坚实的基础。为毕业要求 1 的达成提供支持。

5.13.3　课程教学内容及要求

本课程的理论知识更接近于实际应用数学，与其他数学课程相比有其特殊性，所以在课程内容的设置上不能仅仅局限于书本知识进行讲授。目前的教学内容以初等数论、近世代数中群、环、域的知识、椭圆曲线论等为主，所以应该从密码学的基本思想引入相关概念，然后以数学特有的结构层层深入，讲清楚支撑密码算法的数学理论及其推理过程。应该让学生了解信息安全所涉及的数学分支的内容和用途，为以后的应用奠定基础。同时在课程内容的讲授过程中还应注重知识的前沿性，在教学内容中涉及国家有关科研项目中的某些关键技术问题，保持教学内容的先进性。

下面给出的是本课程要求的基本教学内容，在授课中必须完全涵盖，主讲教师可以根据学生的状况、自身的体会等在某些方面进行扩展和对学生进行引导，适当扩大学生的涉猎面。

第 1 章　整除与欧几里得除法

整除，欧几里得除法，数的表示，最大公因数与最小公倍数，整除的性质，辗转相除法，算术基本定理，素数与因数分解。

重点： 最大公因数与最小公倍数，整除的性质。

难点： 素数与因数分解。

在整数集合中，整除是一种非常重要的二元关系，伴随着整除的性质，有余数定理、素数、最大公因数、最小公倍数和算术基本定理这些基本概念。这些概念和性质是研究整数集合中另外一种二元关系——同余关系的基础。

本章需要介绍本课程的特点，特别是在人才培养中的作用，包括从哪几个方面能够体现培养学生解决复杂工程问题的能力，以便引起学生的注意。另外，要告知学生在学习中应注意的问题，使学生掌握基本的概念和性质，以激发他们的兴趣。特别要提醒学生应该注意哪些学习方法。

其次是提醒学生注意阅读参考书，注意在学习的过程中通过实现一个具体的密码算法，关注密码系统的组成、安全性能和具体的实现。在整除的性质讲解过程中，可以结合一些习题来巩固知识点的掌握，使学生得到基本能力的提升。对于素数定理，可以适当讲解素数定理的证明方法和发展变化情况，增强学生了解素数的兴趣。素数模型和因数分解是现代密码学安全性能的一个重要方面，可以适度结合现代密码学的发展以及 RSA 的安全性能展开分析讨论。在"整除的性质"的教学中，对应整除的 6 个性质，可以将学生分成 6 组，每组通过了解案例材料并讨论发现整除的一个性质，然后按照同组人员第二次分组不在一组的原则进行重新分组，分组后组内成员互相讲解整除的性质，使学生在小组讨论和其他同伴的讲解中能够完整学习整除的 6 个性质。值得注意的是，在学生互动的过程中，教师要进行过程控制，不断了解学生的准备情况，审查准备的内容，并指导学生分析问题，进行互相间的评价分析，拓宽学生的知识面，深化对所学知识的理解，提高学生发现问题和解决问题的能力。

第 2 章 同余

同余的概念，同余类，剩余系，简化剩余系，欧拉函数，费马小定理，欧拉定理，模的重复平方算法，RSA 系统。

重点：同余的概念，欧拉定理，模的重复平方算法。

难点：简化剩余系，RSA 系统。

同余的概念来自日常生活，一个星期分为 7 天，每个星期六和星期日休息，这里面就含有同余的概念，所用的模为 7。我国古代的干支纪年中每隔 60 年循环一次所用的模为 60。可以让学生讨论计算任意一天的星期数的公式如何实现，在解决问题的过程中，学生会面临数据预处理、闰年的理解和函数数值处理方面的一些技巧，通过讨论学习，学生在解决问题方面会增加很多经验。

同余理论在密码学中有重要的应用，在古代经常使用的置换密码、代替密码和代数密码都以同余理论为基础，在军事和战争中发挥着十分重要的作用。而现代密码学中，无论是公开密钥密码还是秘密密钥密码更是将同余理论发挥到了极致，它的功能也从军用走向了商用，为人们的日常生活带来了方便。

在模运算中还有一类问题，常常要对大整数模 n 和大整数 m，计算

$$a^m \bmod n$$

如果按照普通的递归运算：

$$a^m \bmod n = ((a^{m-1} \bmod n) \cdot a) \bmod n$$

对于大整数 m 而言比较费时，须做 $m-1$ 次乘法，可以对其使用加速算法。常用的加速算法有两种，一种是减少乘法的次数，另一种是优化每次的乘法运算。可以结合蒙哥马利算法和加窗模幂算法来介绍大整数模幂运算技巧，同时可以适当介绍侧信道攻击中如何抵抗能耗分析，以此来激发学生学习信息安全数学的兴趣。同时对 RSA 系统可以重点讲述安全性能分析，让学生在课外科研活动中知道安全性应该如何分析。

第 3 章 同余方程

同余方程的概念，一次同余方程组，中国剩余定理（CRT），带 CRT 结构的差分注错攻击，一般同余方程的解。

重点：中国剩余定理，一般同余方程的解。

难点：带 CRT 结构的差分注错攻击。

关于一般同余方程的求解，如果能够证明该定理，则对递推公式就能够记得比较清楚。该阶段目的是吸引学生的注意力，帮助学生专注在即将要介绍的课堂内容。例如在孙子定理的教学中，可采用程大位在《算法统宗》（1592 年）中以诗的形式给出的算法口诀"三人同行七十稀，五树梅花廿一枝，七子团圆正半月，余百零五便得知"作为课堂引入材

料。可以从几个方面完成中国剩余定理的证明，从而对 CRT 解的结构了解得比较清楚。记 $N=p \cdot q$，在 CRT 中有一个公式

$$q \cdot q^{-1} \bmod p + p \cdot p^{-1} \bmod q = N+1$$

由此，在 CRT 中，经常使用公式

$$S=[S_p + p \cdot p^{-1} \bmod q \cdot (S_q - S_p)] \bmod N$$

上述性质在实际芯片设计中经常使用，而且在很多密码体制的改进中也经常使用。在计算 $S= m^d \bmod N$ 的时候，令

$$d_p=d \bmod (p-1), \quad d_q=d \bmod (q-1)$$

计算

$$S_p= m^{d_p} \bmod p$$
$$S_q= m^{d_q} \bmod q$$

从而由中国剩余定理可以计算出 S 的值：

$$S= (q \cdot q^{-1} \bmod p \cdot S_p + p \cdot p^{-1} \bmod q \cdot S_q) \bmod N$$

(m, S) 即为签名值。

在计算过程中，如果对 S_p 进行干扰，得到一个错误的 S'_p，然后依然对这个错误的值与正确的 S_q 进行 CRT 的计算得到 S'，从而得到签名值(m, S')。注意，此时应该有 $q|(S-S')$，即存在整数 k，使得 $S'=S+kq$。一般情况下，$S \neq S'$，而 $S^e \bmod N= m^{ed} \bmod N=m$，所以 $S'^e \bmod N \neq m$。

但是，

$$(S'^e - m) \bmod N=((S+kq)^e - m) \bmod N$$
$$=(S^e + k'q - m) \bmod N=(k'q) \bmod N$$

于是有

$$q=\gcd((S'^e - m) \bmod N, N)$$

从而通过攻击获得了 q。

通过实际应用的分析可以激发学生对信息安全的兴趣。

第 4 章　二次同余式与平方剩余

一般二次同余式，模为奇素数的平方剩余与平方非剩余，勒让德符号，二次互反律的证明，模 p 平方根，雅可比符号，合数的情形、$x^2 + y^2 = p$。

重点：勒让德符号，模 p 平方根。

难点：雅可比符号。

二次同余式在同余理论中占有非常重要的地位。一方面，它的理论基础很完备，在密码学中应用非常广泛，有一种非常重要的公开密钥密码——Rabin 密码体制就是通过求解二次同余式来解密的，而且针对求解二次同余式而引入的一些工具对一些安全产品的生产、优化和加速会带来帮助；另一方面，它是研究高次同余式的基础，从某种意义上说，它是最特殊的高次同余式。

在讲述 Rabin 密码体质过程中，解密所得的明文有 4 个，不能确定究竟是哪个。针对这种缺陷，Hugh Willams 重新定义了一个体制来克服这些缺陷。在证明解密过程中，学生会明白雅可比符号在这里起到什么作用，同时了解中国剩余定理中的性质 $q \cdot q^{-1} \bmod p + p \cdot p^{-1}$

mod $q=N+1$ 在这里的应用。

在讲述模 p 平方根时，当 $p=4k+1$ 时的求解公式比较复杂，学生难以理解。如果用探索求解的方式引入平方非剩余，跟学生一起完成该求解方法的证明，学生肯定更容易理解，同时在算法实现时也不会出错。

第 5 章　原根与指标

指数及其基本性质，原根存在的条件，指标及高次剩余的求解。

重点：指标及高次剩余的求解。

难点：原根存在的条件。

在密码协议和身份验证体制中都使用了原根这个概念。一方面，原根是解高次同余式的基础；另一方面，使用原根会提高安全性。

对任意的整数 $b(b \bmod p \neq 0)$ 和素数 p 的一个原根 a，存在唯一的整数 i，$1 \leqslant i \leqslant p-1$，使得：

$$b \equiv a^i \pmod{p}$$

则 i 称为 b 以 a 为基模 p 的指数（离散对数），记作 $\mathrm{ind}_{a,p} b$。

已知 a、i、p，计算 b 的值是很容易的（可以使用模的重复平方算法）；但是，已知 a、b、p，要计算 i 的值一般来说是很困难的，这就是著名的 3 个数学难题中的离散对数问题。根据这个困难性问题，Diffie 和 Hellman 提出了一种密钥交换算法，该算法允许两个用户安全地交换一个秘密信息，用于后续的通信过程，算法的安全性依赖于计算离散对数的难度。在 ElGamal 密码体制中，对这个密钥交换协议做了一点变形。学生通过对密码协议和加密体制的学习，了解到原根和高次同余式在安全中起到的作用。利用原根和简化剩余系的结构可以把高次同余式 $x^n \equiv a \pmod{m}$ 的求解问题转化成一次同余式的求解问题。

第 6 章　连分数

有限连分数，无限连分数，周期连分数以及连分数攻击。

重点：有限连分数，无限连分数。

难点：连分数攻击。

从 17 世纪以来，就有许多数学家研究连分数，直至今天，它仍是一个值得研究的课题。连分数的理论在数学中有着重要作用，它是数论及线性方程研究中的一个重要工具。连分数与概率论、级数递归、函数逼近、工程技术和计算机科学等也有联系。连分数有一些经典的应用，比如用连分数来解一次方程不定式，用连分数来计算古代历法，用连分数作密码分析。

Wiener 算法是一种利用连分数计算低解密指数的算法，是 RSA 的连分数攻击算法中的典型代表。当 RSA 应用于智能卡时，由于智能卡的运算能力有限，一般建议选择较小的私密指数 d，以减少额外的运算。但是 Wiener 指出：若私密指数 $d<n$（14），且公开指数 $e<N$ 时，利用连分数攻击法可以解出私密指数 d。为了减少解密的计算量，针对密文 C，利用中国剩余定理，解出原明文，这种方法大约可以加快 4～8 倍的速度。很明显，选择较小的 $d(p)$ 和 $d(q)$ 将大大地降低指数运算的时间，进而加快智能卡的解密速度。

第 7 章　群和群的结构

群和同态，群的分解，商群，有限群，循环群，置换群。

重点：群的定义，群同态基本定理。

难点：循环群。

对于群基本概念的课堂，可以有 3 个学习目标："能描述群的定义""能列出 3 种以上常见的群""在给定一个集合及运算下，能判断集合关于该运算是否是构成群"。在介绍交换群的概念后，可以问学生："循环群是否一定是交换群？"让学生举手回答；也可以发给学生一张便笺纸，让学生在便笺纸上写出几种常见的交换群。另外一种则是让学生互动，这个阶段可以有多种形式：如将学生分成小组来讨论问题；或者让学生合作解决某个问题；或者设计模拟情境，将课堂参与者都拉入互动的情境中；或者由学生提问题，其他同学给出解决方案并进行讨论、评价等。

为了加深对群的概念和循环群的理解，可以让学生分别构造 4 个元素的群和 6 个元素的群，看看这些集合上的运算具有什么特点。学生在构造的过程中一定能够对群的定义有所理解，同时了解到 Klein 群和三元对称群的特点，对第一个非交换群印象深刻。

第 8 章 环

环和环同态，理想，环的分解，商环，局部化，多项式环和形式级数，多项式环中的分解。

重点：多项式环。

难点：环同态和多项式环中的分解。

对于"辗转相除法"的教学，可以有两个目标："能描述辗转相除法的过程"和"给定两个多项式，会用辗转相除法计算其最大公因式"。通过这种以学生为主体的清晰、可量化、易评测的学习目标，学生很容易了解教学的目的，并能评估自己是否达到了要求。对于"环的基本概念"教学，可以用"请描述群和半群的定义"作为先测，如果发现学生没有达到教学要求，可以回顾复习群和半群；对于"域上不可约多项式"的教学，可以用"什么是实数上不可约多项式"作为先测来了解学生对于中学数学中不可约多项式的熟悉程度；对于每一个课堂先测，采用的形式也可以多样化，一般可以通过课堂小测验、非正式提问、开放式问题、头脑风暴等活动来完成。

第 9 章 域和 Galois 理论

域的扩张，基本定理，可分域，代数闭包（代数基本定理），多项式的 Galois 群，有限域，可分扩张和有限域的构造。

重点：有限域和有限域的构造。

难点：有限域的性质和最小多项式。

域是一类有良好的运算性质，而且应用非常广泛的代数结构。在线性代数中所学的矩阵、向量空间以及线性变换等理论都是在常用的数域——实数域、复数域或有理数域上讨论的。这些数域的特点就是可以在其中自由地进行加、减、乘、除（只要除数不为 0）运算。在计算机、通信理论、编码学及密码学中，一类重要的域——有限域发挥着重要作用。信息安全专业的本科生应较好地掌握有限域的基本性质、有限域中的运算以及有限域的构造方式。

有限域的构造方式可以以集合 $\{0, 1, 2, \cdots, 15\}$ 为基础，在上面构造加法和乘法运算，使得该代数系统成为有限域。在这个实际构造中，要用到前面学过的群和环的概念，同时不可约多项式的定义和判断方式也非常重要，这个方法与数论部分的素性检测可以结合起来考虑，让学生仔细了解这些内容之间的联系。多项式环和商环的概念和性质对有限域的构造方式会带来帮助。

第 10 章 椭圆曲线密码

了解有限域上的椭圆曲线密码体制的加法原理、双线性对、有限域上的椭圆曲线、椭圆曲线离散对数问题和椭圆曲线加密体制的安全性分析以及攻击方法。

重点： 椭圆曲线密码体制的理论基础。

难点： 椭圆曲线密码体制的攻击方法。

椭圆曲线密码体制的理论基础在于椭圆曲线上的加法原理、双线性对、有限域上的椭圆曲线和椭圆曲线离散对数问题。建立在 ECDLP 难解性之上的椭圆曲线密码体制相对于 RSA 密码体制有着很多优点，例如，更强的安全性，更高的实现效率，更低的实现代价，所以椭圆曲线密码体制一出现便受到关注。椭圆曲线密码体制在电子商务安全问题、移动 Ad hoc 安全路由问题等许多领域表现出优势。

在椭圆曲线密码体制的攻击方法中，需要对椭圆曲线上点的点加和倍点算法有所了解，根据国密算法的实现和应用情况展开攻击方法分析。实际应用中有主动攻击、被动攻击以及混合攻击方法，可以让学生分组阅读相关参考文献，对这些方法进行分析总结和实现，重点实现 SM2。

第 11 章 素性检测和因数分解以及离散对数计算

素数的概率性产生方法，常见的因数分解方法，椭圆曲线密码因数分解方法，二次筛法以及离散对数的计算问题。

重点： 素数的概率性产生方法。

难点： 常见的因数分解方法。

随着人们对 RSA 密码体制的深入研究，在很多情形下 RSA 已经变得不再安全。对于大数的因数分解，针对不对的情形产生了各种攻击算法，如连分数算法、二次筛选法、线性筛法、剩余表筛选表算法、分解群算法及椭圆曲线算法等。

在智能卡中大素数的产生算法是一个非常现实的问题，如何在安全性能和实现效益之间达到平衡很重要。RSA 上的差分注错攻击方法分为从低位到高位模幂运算和从高位到低位模幂运算两种攻击方法。

5.13.4 教学环节的安排与要求

目前本课程仅仅经历了不长时间的发展，在内容设置、教学手段及方法、考核等方面都存在一些问题。

（1）教学模式比较单一，缺乏多样性。

在课堂教学模式方面，目前所采用的教学模式相对单一，往往以教师的课堂理论讲授为主，授课手段多数以黑板或 PPT 显示为主，无法充分地调动学生的积极性和创造性。

（2）在教学设计上缺乏与密码学课程的结合。

本课程虽然以理论为主，但是信息安全专业学习本课程的目的是要利用所学的知识解决信息安全领域的实际问题。学生在学习过程中往往只是理解了理论知识内容，但是不知道它们该怎么和实际结合，怎么样更好地应用于解决实际问题。学生不知道如何用，自然也就失去了学习的兴趣。

（3）教学环节重理论，轻实践。

很多学校还是以理论为主，实践教学环节比较薄弱，不太注重实践能力的培养，以致社会普遍反映信息安全人才太偏重理论。能力的培养不能仅靠教师的课堂教学，还需要大量的实习实践。在教学中应该适当增加实践教学环节的课时，使得学生在实践中深化对知识的理解，增强解决实际问题的能力。例如，在讲授大素数分解难问题时，应结合 RSA 公钥密码，并且引导学生试着设计与实现相应的算法流程，从而加深对问题的理解。

（4）考核方式比较单一。

多数学校还是采用传统的考核方式，以平时作业、期末闭卷考试为主，不太注重学生的动手能力和对知识的综合利用能力。传统的考核方式只能使学生采用被动的学习方式去应付，无法提高学生的综合素质。所以应该采用多种形式来考查学生。例如，可以把学生分成小组，根据所学知识来实现一个密码算法，根据学生的实现结果以及撰写的报告来确定考核成绩，加入一定比例的期末考试成绩。这些方法对于提高学生的能力都是很有帮助的。

在教学活动中，可以采用了以下教学环节来提高教学效果。

（1）案例教学。教师准备一些与数学基础知识相应的实际例子，然后通过下面的一个闭环来激发学生的兴趣和参与热情：教师引入案例→征询学生答案→引导学生得出解决问题所需的数学知识→教师讲授数学知识→学生利用所学知识得出答案→解决问题。例如，教师首先给学生讲述我国古代《孙子算经》中的"物不知其数"这个题目，引导学生寻找求解类似题目的一般方法，即求解一次同余式组的方法，进而讲解中国剩余定理，然后让学生用中国剩余定理来求解"物不知其数"题。采用案例教学可以调动学生学习的积极性和主动性，能取得较好的教学效果。

（2）实验教学。在具备一定的数学知识后，可以通过动手编程，把理论知识转化为解决实际问题的程序，在增强学生成就感的同时也使其巩固了所学的理论知识。例如用辗转相除法编程计算两个整数的最大公因数，计算整数 a 和模整数 m 的逆元，编程计算有限域上的对数和反对数，编程实现 RSA 算法等。此外，撰写研究报告等也是一种实验方式。实验教学让学生体会到了数学在信息安全中的核心作用，以及如何来实现对数学理论的应用，从而提高了教学质量。

（3）互动教学。互动教学的形式很多，例如教师在讲解某个算法及其如何实现对信息的保密之后，可以把班级学生分为几个小组，每组分别编程实现算法的加密、解密以及对算法的优化过程，然后由小组成员展示结果，和其他同学一起对结果进行讨论交流等。

需建立一个不间断的反馈和改进系统。首先，所有的教学活动都可以用视频记录下来，教师事后观看视频并改进以后的教学活动。其次，对于每届学生的疑惑可以做详细的整理和统计，在以后的教学活动中进行有的放矢的讲解。最后，重视社会资源并积极加以收集和利用。这些视频和资料整理后可以放到网络上，供学生查询和学习，这样大部分学生可以从往年的资料中找到解决疑问的方法。刚开始进行这样的工作时教师的工作量比较大，然而借助于现代化的信息存储和统计方法，经过一年又一年的积累和优化改进，这些资料势必对教学活动产生积极的作用。这时教师就可以从一些重复工作中解放出来，把主要的精力投入到对学生的引导和对理论的讲授和研究上去。

此外，还可以进行下面几个方面的工作：

（1）学生互助答疑。每位学生都有需要解答的疑惑，这些疑惑并不总是相同的，而一位学生疑惑的地方可能正是另一位学生明白的地方。在教学活动中，可以由学生在纸上写出自己的疑惑并交给教师，教师整理这些疑惑并公示，让明白的学生进行答疑。

（2）教师重点答疑。对于出现频率比较高的疑惑，或者对于某些特别重要的问题，由教师在课堂上统一讲解。

（3）课外资源答疑。学生的疑惑有课本上的，也有涉及方式方法或别的方面的，这时候向已毕业参加工作的或者读研的学长咨询就很有帮助，教师可以提供这些人联络方式和渠道。这样一届一届地传承，可以产生很好的教学效果和社会效果。

5.13.5　教与学

1. 教授方法

以讲授为主（66 学时），实验探索讨论为辅（6 学时）。课内讲授推崇研究型教学，以知识内容为载体，传授相关的思想和方法。实验教学提出实验目的，与学生交流相关的实验方法，并且分组完成系统的设计和实现。

信息安全数学基础作为一门数学课程，其经典的教学方法应该坚持，例如注重概念的讲解，使学生理解准确；注重学生逻辑思维能力的培养；通过典型例题把抽象的问题具体化；注重师生互动，调动学生的学习积极性等。针对本课程的特殊性，还应该从以下几个方面展开对信息安全数学基础课程教学方法的探讨。

（1）采用互动的教学方式。

在教学过程中注重与学生的互动，学生和教师的地位是平等的。学生可以对教师的授课内容提出疑问，并和教师进行讨论。通过共同的讨论，能加深学生对问题的理解。教师以问题为牵引，采用启发式思维的方式引导学生共同探讨，在相互学习中理解和掌握数学基础知识及其信息安全领域的应用。同时在教学过程中，教师可以经常提出一些解决实践问题的实例，例如利用同余基本原理安排足球比赛日程表，提高学生的学习兴趣。通过互动的教学模式，使得学生的注意力更集中于课程的内容，课堂气氛更加活跃。在教学过程中，教师也一直处于学习的状态，能够在讲授课程的同时获取新的知识。

（2）压缩基础理论，降低理论难度。

信息安全数学基础是面向应用的，过多地讲授理论知识会造成学生仅掌握表面的数学知识，而不知道如何应用的问题。因此在教学过程中，应重以例子的形式讲清基础概念和定理的应用，以反例的形式表明定理限定条件的合理性，不要把重点放在定理的证明上。

（3）加强实践，提高学生的动手能力。

国家培养信息安全的实用人才的最终目的是为了满足社会信息化的需求，随着我国信息化进程的不断深入，信息安全问题已经成为政府和企业广泛关注的焦点问题，国家明确规定把信息安全人才培养作为加强国家信息安全保障工作的一项重要任务，而信息安全人才成为制约我国信息安全发展的瓶颈。现在无论是在内容安全还是网络安全领域都迫切需要大量的信息安全人才。然而不能仅仅只是纸上谈兵，还需要着重培养学生的实践动手解决问题的能力。

本课程教学体系的核心思想是构建一个安全有效的密码体系，用成熟理论完成实际应用，这就要求在教学活动中要为学生提供更多的实践机会。例如在学习模逆运算、欧拉定理等相关知识后，要求学生编程实现 RSA 算法加密数据。应该通过课堂同步实验巩固学生的理论知识，激发学生的学习兴趣，培养学生解决问题的能力。可以采用灵活的方式增加实践环节，可以把学生分成小组，让学生们自己思考目前学到的数学知识可以解决哪些信息安全中的问题，并在课堂上分组汇报和讨论。也可以设计一些上机编程的实践内容，叫学生自由组合成三四个人的小组，完成一个实践的课题内容。在实践的过程中，可以使学生体会到数学是整个信息安全的核心。

2. 学习方法

养成研究的习惯，特别重视对基本理论的钻研，在理论指导下进行实验，注意从实际问题入手，归纳和总结基本性质，完成基本问题的解决方案。明确学习过程中的各阶段任务，课前预习，课中认真听课，积极思考，课后认真复习，对各阶段知识点进行总结，考查各阶段能力点是否达到。充分利用教学资源，仔细研读教材和讲义，适当选读参考书的内容，深入理解概念和各知识点。

5.13.6 学时分配

本课程学时分配建议如表 5-13-1 所示。

表 5-13-1 学时分配

章	主要内容	学时分配			
		讲课	习题	实验	总计
1	整除与欧几里得除法	5	1		6
2	同余	7	1		8
3	同余方程	8			8
4	二次同余式与平方剩余	8	1		9
5	原根与指标	6			6
6	连分数	3			3
7	群和群的结构	9	1		10
8	环	6			6
9	域和 Galois 理论	6			6
10	椭圆曲线密码	4			4
11	素性检测、因数分解以及离散对数计算			6	6

5.13.7 课程考核与成绩评定

以往的数学类课程大都以平时作业和期末卷面成绩的综合作为最终的成绩。为了更好地适应课程的发展，需要教师们采用灵活多样的考核方式来对学生进行考核。基于过程考核的多形式的考试方式中，本课程的考试分成 3 个阶段 3 种形式。

第一阶段（10%）：课程开课初期，为了提高学生的学习兴趣，有助于他们对课程中知识的了解和拓展，让学生自发组成 2~6 人的兴趣小组，课外查阅资料，了解信息安全中的各种密码算法和安全问题，分析其中涉及了哪些数学知识点。考核采用答辩和撰写读书报告的形式。

学生可以根据自己的兴趣自由选题，最后形成若干小组，题目包括 SMS4 商用密码、

MD5 算法、祖冲之密码算法、量子密码、DNA 与身份密码、SM3 杂凑算法、椭圆曲线密码、图形密码、DNA 密码、电子商务与密码的联系、侧信道攻击。

在答辩的过程中，每个小组做好讲稿，选派一个学生上台讲解，全体学生作为评委，可以提问，并进行匿名评分。通过这种学生主动参与的方式，能够调动学生的主观能动性，拓宽学生的知识面，有利于培养学生独立思考的能力和灵活运用知识的能力。

第二阶段（10%）：期中阶段，为了检验学生的学习情况和掌握知识的水平，对每一学分所涵盖的内容进行一次期中考核，采用笔试的方式，考查学生对课程知识掌握的程度和教学效果，并通过考试反馈帮助学生及时查漏补缺，及时调整教学进度和教学方法。

期中考试的内容主要涵盖本课程的第 1～6 章的知识点，涉及信息安全的基本概念、密码学中数论的基本知识和定理，包括简单的代替密码和换位密码及其数学知识、置换和群的概念、现代对称密码算法 DES 和序列密码的基本知识、整除和同余、欧拉函数以及离散对数等。

考试结束后，教师根据对考试结果的分析，进一步改进教学方法，提高教学质量，对学生难以理解的数学问题尽量放慢进度，反复进行讲解和巩固，发挥"以考促教"的作用；学生要对考试的结果进行认真的自我总结、自我评价，查明学习中的薄弱点和差距，找出自己的优势与不足，调整学习方法，发挥"以考促学"的作用。

第三阶段（70%）：期末综合考试，检验学生对课程知识的全面应用和掌握程度，采用笔试的形式。内容涵盖本课程的全部知识点，涉及信息安全的基本概念、密码学中数论的基本知识和定理，包括公钥密码算法涉及的数学难题、同余方程的求解、中国剩余定理、二次符号、素性检测、因子分解以及离散对数的计算等。

除了以上 3 个阶段性的考核外，为了对整个教学过程进行监督和管理，采用平时成绩的形式（10%）对学生进行考核，包括学生考勤、上课回答问题以及平时作业完成情况。每一章都布置课后习题，发现学生存在的问题及时讲解。

教学是一个动态的、持续的过程，基于过程考核的多形式考试方式可以有效地在教学过程中发现问题，根据发现的这些问题和实际情况可以对教学内容进行及时的调整，及时进行教学改革。让学生在平时的学习中注重积累，不要到期末考试才临时抱佛脚，让学生不断地巩固和提高知识水平和技能，在平时的学习中就注重努力和积累，让学生的学习状态变成"我要学"的主动状态，而不是过去"要我学"的被动状态，让学生能够真正进行持续而有效的学习。

考试理念必须是为培养高素质人才服务，考试要按照创新人才的标准来进行，使学生具备合理的知识结构和宽厚的知识基础。在这种背景下，过去采取一次性考试的方式显然不能满足要求，基于过程考核的多样式考试方式就应运而生了，具体可包括闭卷、开卷、讨论、答辩、口试、读书报告、文献综述、课程设计、小论文、实践操作等。在具体应用的时候需要考虑许多因素，如课程的特点、教学内容、教学对象等，以更有利于发挥学生积极性和创造性并利于培养学生创新能力的考试方式为主，辅以其他方式。这样，不仅可以考查学生掌握知识的程度，也可以检验学生运用所学知识解决实际问题的能力，让考核结果更科学。

5.14 网络与通信安全

本课程以能力培养为导向，按照培养信息安全专业的工程应用型人才的需要制定，总学时 32，其中理论授课 32 学时，实践与课程设计由另外一门课程承担。面向其他类型学生培养、不同学时的教学设计可以参照本方案进行调整。例如，对于科学型的学生，授课中应该进一步突出对基本原理的研究，并在数据安全方面及协议安全方面进行深入讲解；对工程类的学生，可以对网络攻击及防火墙配置方面进行深入的讨论。特别是如果有更多的学时，建议用于后 2～4 章的学习。当然，课程设计对于本课程来说是非常必要的，建议参考网络安全课程设计（6.8 节）的内容。

5.14.1 课程简介

本课程是信息安全专业的核心课程，也是信息安全专业的专业入门基础课程。网络安全内容很多，范围很广。本课程主要目的和任务是让信息安全专业的学生建立基本安全的概念，理解和掌握各种安全技术的实现方式和基本原理，能在实现中运用所学到的网络安全知识。因此本课程从以下两个角度讲授：一是讲授现有的采用 TCP/IP 协议的网络通信中存在的安全缺陷及其分类，从而引导学生了解和掌握现在的底层通信安全、网络安全和基于网络上的应用服务所面临的各种安全威胁；二是讲授保护网络与通信安全及网络上的应用服务的安全，作为课程的重点内容，该部分介绍认证技术、保密技术、防火墙、入侵检测系统、网络隔离技术、计算机病毒、安全网络管理、无线网络安全和电子商务安全等基本原理和技术。此外，本课程还结合网络安全课程设计，增强学生的网络安全动手能力，要求学生自主开发网络扫描器和嗅探抓包软件，并进行网络路由器、交换机和防火墙配置的设计和调试，从而使学生具备网络安全工程能力。

5.14.2 课程地位和教学目标

1. 课程地位

本课程是信息安全专业的学科基础必修课，可以作为其他计算机类专业的选修课。通过本课程的学习，要求学生能够在已有的程序设计、数据结构和计算机网络等理论基础上，对计算机网络与通信安全有较为系统、全面的了解。增强学生对抽象、理论、设计 3 个学科形态/过程的理解，学习基本思维方法和研究方法；引导学生追求从问题出发，使学生能够掌握计算机网络与通信安全的基础知识，了解当前计算机网络与通信安全技术面临的挑战和现状，了解网络安全策略以及网络安全体系的架构，了解常见的攻击手段并掌握入侵检测的技术和手段，掌握设计和维护安全的网络通信及其应用系统的基本手段和常用方法。给学生提供参与设计实现颇具规模的复杂系统的机会，培养其工程意识和能力，并注重安全伦理道德的教育，提升安全素质。

2. 教学目标

本课程总的教学目标是：使学生了解网络与通信安全中的基本概念、基本理论、基本方法，掌握网络攻防的相关技术，并能够针对具体应用场景进行安全需求分析、设计和验证，具有解决网络与通信安全的系统能力。课程细化教学目标如下：

目标 1：能够了解网络安全所涉及的网络安全基本概念和原理，掌握分层攻击方法和相关防护技术。为毕业要求 1 的达成提供支持。

目标 2：能够针对具体网络安全应用场景，利用所学的网络安全知识进行安全需求的分析和描述。为毕业要求 2 的达成提供支持。

目标 3：能够了解网络各层所存在的安全缺陷，结合应用场景中的网络资源约束，运用网络攻击和防护的知识，深入掌握 IP 欺骗、网络扫描、网络嗅探分析、DDoS 等各类攻击手段以及防火墙、VPN、入侵检测等防护原理，为毕业要求 3 的达成提供支持。

目标 4：能够分析网络安全所使用的端口扫描工具、Sniffer 包嗅探器等工具的两面性，正确使用和评估工具。为毕业要求 5 的达成提供支持。

目标 5：正确认识个人素养对所掌握的网络安全技术的重要性，具有良好的安全伦理道德素养。为毕业要求 9 的达成提供支持。

目标 6：正确认识网络攻防矛盾发展规律，不断学习和掌握新的网络安全技术，提升防范能力。为毕业要求 12 的达成提供支持。

5.14.3　课程教学内容及要求

这里给出的本课程要求的基本教学内容，在授课中必须完全涵盖。主讲教师可以根据学生的状况。自身的体会等在某些方面进行扩展和对学生进行引导，适当扩大学生的涉猎面。

课程对于前修课程具**有一定**的要求，主要体现在如下两门课程中：

（1）计算机网络。

对于计算机网络课程，需要掌握如下基本点：

- 掌握网络通信基本原理、网络体系结构。
- 掌握 LAN 技术，包括无线局域网。
- 掌握 TCP/IP 协议，特别是 IP 地址、路由、子网划分、各层协议工作原理。

（2）密码学。

对于密码学，需要掌握如下基本点：

- 掌握分组密码、序列密码基本思想。
- 掌握 DES，高级非对称密码算法基本实现原理。
- 掌握公开密码算法（如 RSA、椭圆算法）的基本原理和实现思想。
- 掌握数据签名、单向函数等。

基于以上的前导课程，本课程的主要教学内容及要求分为如下 3 大部分。

1. 网络安全概述和 TCP/IP 基础知识

掌握网络安全的基本概念，了解网络安全问题的提出背景；了解对计算机网络安全造成威胁的各种原因；掌握计算机网络安全的定义、特征和网络安全模型结构；了解网络安全评估标准；进一步熟悉 TCP/IP 的体系结构以及网络链路层、网络层、传输层和应用层的相关协议。

重点：掌握网络安全所涉及的网络安全基本概念和原理。

难点：学习和掌握 TCP/IP 体系结构以及对网络安全造成威胁的原因。

本部分需要介绍本课程的特点，特别是在信息安全人才培养中的作用，包括从哪几个方面能够体现培养学生解决复杂工程问题的能力。另外，要告知学生在学习中要注意的问题，使学生掌握网络安全的基本概念和整体防护架构，以增强学生的系统观。

提醒学生注意阅读参考书，通过课堂讲授和课后作业的方式，学习和掌握 TCP/IP 基本知识、网络安全基本知识和要素；学习并掌握网络安全的基本概念、对网络安全造成威胁的方法原理，并初步掌握针对这些威胁所采取的各种方案；尤其要让学生深入理解 TCP/IP 的网络体系架构及其跨层设计的特点。

2. 网络攻击技术

主要从 TCP/IP 体系结构的链路层、网络层、传输层和应用层分析 TCP/IP 体系的安全性，包括链路泄露、IP 欺骗、路由攻击、漏洞扫描、缓冲区溢出、木马攻击、DDoS 等多种攻击技术，了解针对这些存在的缺陷或者漏洞应该采取哪些措施进行防护。

重点：对 TCP/IP 各层次的安全性进行分析。

难点：缓冲区溢出攻击原理、TCP 连接盗用等。

在掌握 TCP/IP 体系结构各层次协议的基础上，深入分析 TCP/IP 链路层、网络层、传输层、应用层存在的缺陷以及由此产生的链路层、网络层欺骗、传输层盗用连接等和各类应用层的各种攻击技术；了解 DoS 和 DDoS 产生原理，掌握其应对措施；理解针对 TCP/IP 存在的安全问题所采取的各种安全性增强措施。

3. 网络防范技术

主要了解防火墙、虚拟专用网、网络访问控制、入侵检测系统等技术，掌握针对网络安全需求的各种防护方案。

重点：了解网络各层所存在的安全缺陷，结合应用场景中的网络资源约束，运用网络攻击和防护的知识。

难点：深入掌握 IP 欺骗、网络扫描、网络嗅探分析、DDoS 等各类攻击手段以及防火墙、VPN、入侵检测等防护原理。

掌握防火墙基本知识，了解防火墙体系结构，包括包过滤型、双宿主主机型、屏蔽子网型等；理解防火墙的关键技术，如包过滤、堡垒主机、NAT 技术等；了解防火墙的相关安全标准；理解分布式防火墙产生的由来、发展历程以及关键技术。熟悉 VPN 的相关基本知识；了解 VPN 的关键技术，如隧道技术、加密技术等；掌握 VPN 隧道的原理和工作过程；掌握 VPN 的 3 种体系结构，包括远程访问 VPN、Intranet VPN 和 Extranet VPN。了解访问控制的基本概念、策略与机制；理解访问控制的实现机制与方法，掌握访问控制的 3 种策略。熟悉入侵的基本知识；掌握入侵攻击的一般步骤；掌握入侵检测系统的构件；了解入侵检测系统的各种分类方法，特别是 HIDS 和 NIDS 的区别；了解入侵检测的信息源，如基于网络、基于主机等；理解入侵检测的分析方式，如基于网络信息的分析和基于主机日志的分析；了解入侵检测的部署机制及相关应用。

5.14.4 教学环节的安排与要求

1. 课堂讲授

明确以知识为载体进行能力训练和素质培养的观点，对课程教学中所传授的学科（课程所属学科）所特有的思维方法、研究手段进行说明，要能够说明课程教学中如何通过知识单元或若干个知识点的传授过程来达到何种素质的培养和何种能力的训练。以案例为牵引,将安全技术与安全实例相结合,激发学生的阅读和钻研兴趣。例如 2013 年斯诺登事件,RSA 被黑客攻击导致用户 SecurID 泄露使得高级持续性威胁(APT)成为 2011 年的流行词,亚马逊 EC2 服务被中断,微软基于云的 BPOS 通信服务中断,花旗集团承认有 36 万信用卡用户的信息泄露,等等,一系列事件及其产生的后果很容易引起学生对网络安全问题的关注。通过课程教学让学生对网络安全体系结构和系统有统一认识,初步理解网络安全基本技术,掌握网络安全常用的技术与手段,为学生今后工作或深造提供坚实的理论和实践基础知识。具体能力包括:

- 了解信息安全专业知识、方法和技术在该领域的应用背景、发展现状和趋势。
- 能够针对具体的信息安全领域复杂工程问题进行需求分析和描述。
- 在掌握基本的算法和系统架构基础上,理解信息安全系统中资源管理策略以及建立在此基础上的各类系统的概念、原理,了解其在信息安全领域的主要体现。
- 能够分析所使用的技术、资源和工具的优势和不足,理解其局限性。
- 能够正确认识自我,理解个人素养的重要性,并具有团体意识。
- 具有自主学习和终身学习的意识,认同自主学习和终身学习的必要性;能够采用合适的方法学习知识并消化吸收和改进,促进自身发展。

2. 作业

通过课外作业引导学生检验学习效果,进一步掌握课堂讲述的内容,了解自己掌握的程度,思考一些相关的问题,进一步深入理解扩展的内容。

作业的基本要求:根据各章节的情况,布置练习题、思考题等。每一章布置适量的课外作业,完成这些作业需要的知识覆盖课堂讲授内容,包括基本概念题、解答题、综合题以及其他题型。

3. 实验课程

本课程的实验课程主要依赖于另外一门课程——网络安全课程设计。具体可以参看该课程的要求及内容(见 6.8 节)。

5.14.5　教与学

1. 教授方法

以讲授为主(32 学时),实验为辅(另外进行网络安全课程设计)。采用启发式、探究式和实践式紧密结合的教学方式。通过启发式教学培养学生独立思考问题、提出问题和解决问题的能力;通过探究式教学实现师生互动,培养学生的创造能力、科学研究的能力;通过实践式教学强化学生解决问题的能力。在讲授过程中注重案例牵引,注重与现实结合,强化信息安全的风险防范意识、保密意识等教育,信息安全专业的学生不仅要掌握"高精尖"的信息安全技术,还要具备良好的职业道德。

2. 学习方法

注意从日常出现的社会工程安全问题和实际安全需求入手,归纳和提取安全基本特性,能够选择合适的网络安全工具,设计网络安全防护模型,最后实现网络与通信安全的整体防护——设计和实现具有一定复杂度的网络安全系统。一方面要仔细研读教材,适当选读参考书的相关内容;另一方面要特别注重社会工程,站在信息安全的角度,从各种安全事件报道中深入理解安全概念,分析其本质,并能够给出具体的解决方法。积极参加课程设计，在实验中加深对网络安全软硬件整体系统的理解。

5.14.6　学时分配

本课程在授课时分为 7 章，学时分配如表 5-14-1 所示。

表 5-14-1　学时分配

编号	教学内容	教学环节
1	概述	授课，4 学时
2	TCP/IP 基础	授课，2 学时
3	TCP/IP 安全性分析	授课，8 学时
4	防火墙	授课，6 学时
5	虚拟专用网技术	授课，4 学时
6	访问控制技术	授课，4 学时
7	入侵检测技术	授课，4 学时

5.14.7　课程考核与成绩评定

本课程的考核成绩由两部分组成：闭卷笔试成绩（70%），平时课堂练习和作业（30%）。

笔试考核的侧重点是对网络安全知识的掌握，并能够灵活应用于典型网络安全问题的解决，针对复杂的网络工程问题能够给出解决方案及优化措施。涉及的知识单元分布于概述、TCP/IP 基础、各种网络攻击技术以及防范手段。

具体的课程考核方式如表 5-14-2 所示。

表 5-14-2　考核方式

课程教学目标	考核方式与内容	占比/%
目标 1：能够了解网络安全所涉及的网络安全基本概念和原理，掌握分层攻击方法和相关防护技术	随堂提问、作业、期末考试（问答题）。 给出相关网络安全案例，能够分析其中所涉及的网络安全相关原理和技术	25
目标 2：能够针对具体网络安全应用场景，利用所学的网络安全知识进行安全需求的分析和描述	随堂提问、作业、期末考试（问答题）。 给出安全应用需求背景，根据问题的约束条件，能够进行网络安全需求分析和准确描述	20
目标 3：能够了解网络各层所存在的安全缺陷，结合应用场景中的网络资源约束，运用网络攻击和防护的知识，深入掌握 IP 欺骗、网络扫描、网络嗅探分析、DDoS 等各类攻击手段以及防火墙、VPN、入侵检测等防护原理	随堂提问、作业、期末考试（问答题）。 给出复杂安全应用需求背景，能够运用网络攻防知识进行网络攻击和防护	35
目标 4：能够分析网络安全所使用的端口扫描工具、Sniffer 包嗅探器等工具的两面性，正确使用和评估工具	随堂提问、期末考试（问答题）。 给出安全应用案例，考核学生对安全工具的正确使用和评估能力	10
目标 5：正确认识个人素养对所掌握的网络安全技术的重要性	随堂提问、作业。 结合日常发生的安全案例，随堂进行提问，并根据回答结果进行分析；试卷中采用案例，考核学生的安全防范意识	5

课程教学目标	考核方式与内容	占比/%
目标 6：正确认识网络攻防矛盾发展规律，不断学习和掌握新的网络安全技术，提升防范能力	随堂提问、作业。 结合安全案例，随堂进行提问讨论，并通过作业进行评估	5

5.15　信息安全导论

5.15.1　课程简介

信息安全导论是面向一年级新生开设的一门引导性基础课程，课程占 1 个学分。其目的是让信息安全专业学生对本专业的整体状况以及学习和研究有初步认识，激发学生对本专业的兴趣，使学生在后续专业课程学习中能够找到自己感兴趣的方向，使他们的专业学习和研究更加顺利。

5.15.2　教学目标

通过本课程的学习，使学生对信息安全的现实背景及专业知识和应用有基本认识，了解信息安全的研究方向及研究问题，为后续的专业学习理清思路。具体目标如下：

目标 1：了解信息安全学科的内涵，明白信息安全专业将学习哪些专业知识，以及这些知识的基本应用。对毕业要求 1 的达成提供支撑。

目标 2：信息安全专业相关学科领域，信息安全专业应掌握的方法。对毕业要求 11 的达成提供支撑。

5.15.3　课程教学内容及要求

本课程内容按照信息安全学科的研究领域划分，主要包括密码学、信息系统安全、网络安全、信息内容安全和数据安全。

课程教学内容和要求如下。

第 1 章　信息安全概述

互联网的发展，信息安全威胁，网络空间安全学科简介，信息安全的专业知识体系和实践能力体系。

要求学生了解互联网的发展，熟悉信息安全威胁，掌握网络空间安全学科的内涵、研究方向及研究内容，了解信息安全专业的知识体系和实践能力体系。

第 2 章　密码学

密码学的概念，密码学的发展历程，密码技术的应用，科学技术的发展对密码学提出新的需求，量子密码和 DNA 密码简介。

要求学生掌握密码学的概念，了解密码学的发展历程，熟悉科学技术的发展对密码学提出的新需求，了解密码技术的应用，了解量子密码和 DNA 密码。

第 3 章　信息系统安全

信息系统安全体系，硬件及平台安全基础，基础软件安全（操作系统安全、数据库系统安全），典型系统安全范型（主机系统、移动系统、工控系统、嵌入式系统），系统安全工程。

要求学生了解信息系统安全体系，了解硬件及平台安全基础，熟悉基础软件安全和典型系统安全范型，了解系统安全工程。

第 4 章　网络安全

计算机网络的概念，网络接入安全，网络传输安全，网络协议安全，网络攻击技术，网络防御技术。

要求学生熟悉计算机网络的概念，理解网络接入安全和网络传输安全，了解网络协议安全、网络攻击技术和网络防御技术。

第 5 章　信息内容安全

信息内容安全的概念，信息内容获取技术，信息内容识别技术，信息内容管控技术。

要求学生熟悉信息内容安全的概念，理解信息内容获取技术，了解信息内容识别技术和信息内容管控技术。

第 6 章　数据安全

数据安全概念，隐私保护，云计算系统中的数据安全，大数据安全。

要求学生掌握数据安全的概念，了解隐私保护，了解云计算系统中的数据安全需求，了解大数据安全的需求。

第 7 章　信息安全法律法规和等级保护

国家网络安全法，信息安全等级保护，其他信息安全法律法规。

要求学生熟悉网络安全法的内容，熟悉信息安全等级保护的有关条例，了解其他信息安全法律法规。

5.15.4　教与学

本课程以课堂讲授的方式引导学生进行学习，培养学生的学习能力，使学生养成主动学习的良好习惯。做到课前预习，课中认真听课，积极思考，课后能够从纵向和横向进行知识扩展，不放过疑点，充分利用好教师资源、同学资源和图书馆资源。

5.15.5　学时分配

本课程学时分配建议如表 5-15-1 所示。

表 5-15-1　学时分配

章	主要内容	学时分配					合计
		讲课	习题	实验	讨论	其他	
1	信息安全概述	2					2
2	密码学	4					4
3	信息系统安全	3					3
4	网络安全	4					4
5	信息内容安全	2					2
6	数据安全	2					2

续表

章	主要内容	学时分配					合计
		讲课	习题	实验	讨论	其他	
7	信息安全法律法规和等级保护	1					1
	合计	18					18

5.15.6 课程考核与成绩评定

本课程采用学生提交论文的方式进行考核。具体成绩评定规则如下：
（1）论文符合科技论文的标准格式。
（2）论文内容主题清晰。
（3）对所选领域的资料整理得比较完整。
（4）能有自己一些独特的观点和认识。

5.16 分布式系统导论

分布式系统是当今计算机科学与技术最为活跃的领域之一，分布式系统中的理论、关键技术和模型是计算机类专业学生必须掌握的核心知识和技术。因此，计算类专业开设"分布式系统导论"课程，通过介绍分布式计算中基本的理论、核心思想、基本概念、基本原理、基本方法、基本技术和模型以及一些重要的基础算法，使学生们能够运用这些知识解决分布式计算领域内一些分布式系统的设计问题，能够评价已有的系统，并具备设计、开发分布式应用系统的初步能力，是非常必要的。"分布式系统导论"课程是一门系统性强、理论和实践体系明晰的专业选修课，涵盖前沿知识面较广，且具有明显的工程应用背景。

本课程教学的设计以能力培养为导向，按照培养计算机类专业的工程应用型人才的需要制定，并按照总学时 40（其中理论授课 30 学时，课内实验 10 学时）进行课程学时规划。面向其他类型学生培养、不同学时的教学设计可以参照本方案进行调整。例如，对于未来从事计算机科学研究（科学型）的学生，授课中应该进一步突出对分布式算法、模型及原理的研究；对工程类的学生，除了掌握分布式系统的运行机制和设计思想外，更需要增强学生在具体的分布式系统下进行编程和应用的能力，可以具体分布式系统案例为主线构建课程的教学内容。

5.16.1 课程简介

本课程的内容涉及分布式系统的基本概念、基本原理、基本技术、基本模型及算法，涵盖分布计算系统的基础知识，分布计算系统的进程通信，命名与保护，分布式同步和互斥机构，死锁问题及其处理，分布式事务管理和复制与一致性问题、分布式文件系统的设计实现方法，分布式调度，以及分布式系统的前沿主题。通过本课程的教学，使学生系统地掌握分布式系统的基本概念、有关体系结构、分布式系统设计原理与方法，理解一些典型的分布式计算系统，为以后从事分布式系统研究与设计打下良好的理论和工程实践的基础。

本课程的教学内容体现了《华盛顿协议》关于复杂工程问题的 7 个特征。它是站在系统互联互通的角度，包含求解复杂分布式软件系统的基本原理，最典型、最基本的方法和技术及其模型。很多问题需要根据设计开发的实际，综合运用恰当的方法，综合考虑多种因素进行选择，以求全局的优化和良好的系统性能。首先，学习设计分布式系统需要具有分析能力。分布式系统是由多个相互关联、相互依赖、相互制约、相互作用的子系统构成的整体，既要认识到这类问题的构成，又要处理好整体与局部的关系，而且要以实现整体目标为出发点处理好局部之间的关系。例如，为在分布式系统中找到一个资源，首先要学习为资源命名的命名服务、域名系统和目录服务；在分布式系统中实现同步比在单机系统中要困难许多，因此要引导学生如何基于时间和全局状态，通过有效的协调机制及其分布式互斥、选举协议以及多播通信加以实现；当需要在分布式系统中处理一个分布式事务的时候，简单的事务处理知识有很多需要根据分布式系统的特点做出相应的变化，需要深入理解其异同点；为了方便在分布式环境中高效地访问资源，复制资源到本地或者将资源复制到距离比较近的位置是一个十分有效的方法；而由于存在资源的复本，如何保证资源的一致性就成了必须解决的问题；等等。所以，"分布式系统导论"课程是计算机科学与技术专业甚至是绝大多数计算机类专业培养学生解决复杂工程问题能力的有效载体之一

5.16.2　课程地位和教学目标

1. 课程地位

本课程是计算机类相关专业的专业选修课，属于软件技术系列，旨在继计算机网络、操作系统原理、计算机组成原理、面向对象编程等先修课程之后，引导学生在分布互联的计算机系统级再深入认识分布式系统中的基本概念、基本理论、基本方法、主要模型及实现技术，使学生系统、科学地受到分析问题和解决问题能力的训练，从而初步具备分布式系统分析、设计、开发的能力。

本课程是一门系统性强、理论和实践体系明晰的专业选修课，教学目标着眼于培养学生的复杂工程设计与应用能力，课程涵盖的前沿知识面较广，且具有明显的工程应用背景。

2. 教学目标

通过分布式系统原理的教学和案例的分析，使学生掌握分布式系统的基本概念，理解和掌握分布式系统原理、模型和相关算法，了解分布式系统技术的发展方向，能够评价已有的系统，并具备设计、开发分布式应用系统的能力。本课程总体要求如下：

- 通过对分布式系统组成以及各个相关知识点的教学，使学生掌握分布式系统的基本概念，培养对问题的抽象与归纳能力。
- 理解和掌握分布式系统的设计、分析与实现的关键技术。
- 通过分布式系统相关案例的教学，使学生掌握分布式系统应用的核心概念，培养问题的抽象与归纳、问题求解方法、多种分布式解决方案的对比与权衡等系统分析与工程应用能力。

该目标分解为以下子目标：

目标 1：分布式系统导论虽然是一门选修课程，但是作为计算机技术发展的一个重要方向，学生在学习相关知识和案例之后，可以为今后处理复杂系统的设计与实现提供支持。对毕业要求 1 的达成提供支持。

目标 2：培养学生问题的抽象与归纳、问题求解方法、多种分布式解决方案的对比与权衡等计算思维能力，使学生具有良好的科学素养与工程意识。对毕业要求 2 的达成提供支持。

目标 3：培养学生数字化、算法、模型化等专业核心意识，具备综合运用专业知识与技术，以设计复杂问题解决方案。对毕业要求 3 的达成提供支持。

目标 4：培养学生对多种方法、工具、环境的比较、评价和选择能力。方法选择包括分布式进程通信方法（RMI、RPC 等）、命名服务、事务管理、分布式复制和一致性；实现途径选择包括直接设计实现和使用某种自动生成工具设计实现；工具与环境选择包括 CORBA、Web 服务、J2EE/EJB、MPI 等；比较与评价包括在组间相互评价中锻炼评价能力。对毕业要求 5 的达成提供支持。

目标 5：通过按组完成系统设计与实现培养学生团队协作能力。学生需要在分工、设计、实现、口头和书面报告等环节中相互协调，相互配合。对毕业要求 9 的达成提供支持。

5.16.3　课程教学内容及要求

下面给出的是本课程要求的基本教学内容，在授课中应完全涵盖。主讲教师可以根据学生的基础、自身的体会等在某些方面进行扩展和对学生进行引导，适当扩大学生的知识面。

第 1 章　基础知识

教学目的，课程的基本内容；分布式系统的概念、特征，系统模型和网络互联；典型分布式实例及其特征。

重点：分布式系统概念、特征；分布式系统模型。

难点：分布式模型。

本章首先需要介绍本课程的特点，特别是在人才培养中的作用，包括从哪几个方面能够体现培养学生解决复杂工程问题的能力，使得学生有明确的学习目标。另外，要向学生介绍本门课程的特点、相应的学习方法和应注意的问题；然后，向学生讲授基本的概念和系统的总体结构，以激发他们的兴趣。

其次是提醒学生注意有效利用参考书，注意在学习的过程中通过分析、设计并实现一个适当规模的分布式系统，掌握系统的设计、组成及具体的实现。学生不仅在本课程中学会解决复杂分布式系统需要的基本原理、基本思想和方法，还要分析具体的分布式系统案例和构建一个分布式系统。所以，教师要注意站在分布式系统的高度去讨论问题，使学生建立系统的总体模型，深化学生关于分布式系统互联互通的设计思想，让学生不断强化一个由多个子系统构成的系统的设计思想和实现方法。

第 2 章　进程间通信

进程间通信的基础知识、分布式对象和远程过程调用以及操作系统对进程间通信的支持；外部数据表示和编码，客户/服务器通信形式，组通信；几种常见的分布式对象方法调用，包括 RMI 和远程调用 RPC 等；通知及其在通信中的作用，操作系统对进程通信的支持，包括操作系统如何实现保护，如何实现进程和线程，如何实现通信和调用。

重点：外部数据表示和编码，客户/服务器通信，组通信，RMI，RPC。

难点：RMI，RPC。

在分布式系统中，一个最基础的问题就是远程服务是怎么通信的，而且分布式系统的通信技术种类繁多，可通过比较不同的通信机制，让学生明确其异同点、实现原理、发送策略、连接策略、冲突的产生及解决方法等。

第 3 章 命名服务

本章讲授分布式系统中的命名服务。首先简要介绍什么是命名服务，然后介绍域名系统，最后介绍目录服务。

重点：命名服务，域名系统，目录服务。

难点：目录服务。

在教学过程中，可以让学生在课后自学命名服务的实例，如 DNS 服务、X.500 目录服务、LDAP（轻量级目录访问协议），对知识进行拓展。

第 4 章 同步问题

时钟，事件和进程状态，物理时钟，逻辑时间和逻辑时钟的概念，全局状态；协调和协定的问题，如何实现分布式互斥，选举协议以及多播通信。

重点：时钟，逻辑时钟，全局状态，选举，多播通信。

难点：逻辑时钟，全局状态，多播通信。

时间和全局状态、协调和协定等是分布式系统的核心，需要重点讲解，让学生完全掌握这一部分。

第 5 章 分布式事务管理

事务和并发控制、分布式事务；事务及嵌套事务，实现事务控制的几种方法：锁，乐观控制方法和时间戳排序方法；原子提交协议和实现分布式事务控制的方法；如何实现事务恢复。

重点：事务，分布式事务，锁，乐观控制方法，时间戳排序。

难点：时间戳排序。

当需要在分布式系统中处理一个分布式事务的时候，原有的事务处理知识有很多需要根据分布式系统的特点做出相应的变化。为方便学生理解，可结合生活中的实例讲解分布式事务的应用场景。以淘宝网的商品交易的支付过程为例，一笔支付，是对买家账户进行扣款，同时对卖家账户进行付款，这些操作必须在一个事务里执行，要么全部成功，要么全部失败。买家账户属于买家中心，对应的是买家数据库；而卖家账户属于卖家中心，对应的是卖家数据库。对不同数据库的操作必然需要引入分布式事务。

第 6 章 复制与一致性问题

本章讲授相关的基础知识，系统模型和组通信，容错服务和高可用服务，如何在复制的数据上实现事务。

重点：为什么需要复制，什么是一致性问题，主备份复制，gossip 系统。

难点：主备份复制，gossip 系统。

为了方便在分布式环境中高效地访问资源，复制资源到本地或者将资源复制到距离比较近的位置是一个十分有效的方法。而由于存在资源的复本，如何保证资源的一致性就成了必须解决的问题，可结合实例开展教学。

5.16.4　教学环节的安排与要求

1. 课堂讲授

课堂教学的重心是使学生掌握分布式系统中的基本概念、基本理论、基本模型和基本方法。通过启发式教学，介绍问题的背景以及解决方案；借助实例，讲解相关概念与方法；对于相近或相反的概念和术语进行对比与区分。

探索如何将相关内容与案例分析相结合，探索问题求解中的多种思路、不同解决方法的分析与对照；使学生在学习中有更加灵活多样的思维方式，使学生养成理论联系实际的习惯。注重培养学生对问题以及求解方案的分析、总结以及归纳能力。

多媒体课件和黑板板书等传统教学手段相结合，讲授与问题讨论相结合。

2. 实验教学

1）实验要求

课程的实验环节在整个教学过程中占有非常重要的地位，学生通过实验不仅可加深对分布式系统基本概念与原理的理解，而且还可掌握多种分布式平台的具体模型、规范、环境与工具的应用开发，促进其复杂工程问题能力的形成以及有效使用相关工具完成任务的能力。

实验室须为学生学习和掌握分布式系统提供先进的、异构的实验环境，包括多种不同的硬件、系统软件、中间件软件等平台，使学生有机会学习与使用多种不同的基础设施，借此亲身体验分布式计算中的平台无关性和互操作性，并对异构分布式环境下的应用有初步的感性认识。可围绕分布式通信、分布式存储、分布式命名、分布式同步与互斥、分布式事务等内容设计相关实验。通过综合性实验，要让学生了解，在设计分布式系统时应考虑以下几个问题：系统如何拆分为子系统？如何规划子系统间的通信？通信过程中的安全如何考虑？如何让子系统可以扩展？子系统的可靠性如何保证？数据的一致性是如何实现的？各高校可根据自身实验平台的建设，结合学生的特点和学科特色进行具体的综合性实验。

从教学的基本追求来讲，实验主要对毕业要求 3 的达成提供支持，同时对毕业要求 1、2、5、9 的达成提供一定的支持。具体如下。

目标 1：在理论的指导下，将分布式系统的典型思想和方法用于分布式系统功能模块及系统的设计与实现中。具体完成布式算法中的时间和全局状态、协调和协定等的设计与实现，鼓励学生进一步研究并将它们组合在一起，构成一个小型分布式系统，作为颇具难度的复杂系统的实现实例，为本专业的毕业要求 3 的达成提供支持。

目标 2：与理论教学相结合，促使学生掌握本专业与分布式系统相关的基础理论知识和问题求解的典型思想与方法，使其可以用于解决复杂的问题，包括要使学生理解分布式进程同步与互斥、分布式进程通信、分布式命名服务、分布式事务管理、分布式复制和一致性，为本专业毕业要求 1 的达成提供一定支持。

目标 3：与理论教学相结合，学习分析分布式系统设计和实现中的相关问题，特别是在构建一个复杂的小型分布式系统时，对系统设计和实现相关的问题进行分析，同时开展相应的实验，表达、分析、总结、展示实验系统和实验的结果，为本专业的毕业要求 2 的达成提供一定支持。

目标 4：让学生能够对多种方法、工具、环境进行比较、评价和选择。方法选择包括分布式进程通信方法（RMI、RPC 等）、命名服务、事务管理、分布式复制和一致性；实现途径选择包括：直接设计实现和使用某种自动生成工具设计实现；工具与环境选择包括 CORBA、Web 服务、J2EE/EJB、MPI、Hadoop、Spark；比较与评价包括在组间相互评价中锻炼评价能力。为本专业的毕业要求 5 的达成提供一定的支持。

目标 5： 通过按组完成系统设计与实现培养学生团队协作能力。学生需要在分工、设计、实现、口头和书面报告等环节中相互协调，相互配合。为本专业的毕业要求 9 的达成提一定供支持。

2）实验内容

实验 1：数据包 Socket 应用

实验目的：理解数据包 Socket 的应用，实现数据包 Socket 通信，了解 Java 分布式并行编程的基本方法。Socket API 是一种作为 IPC 提供的对系统低层抽象的机制。尽管应用人员很少需要在该层编写代码，但理解 Socket API 非常重要，因为高层设施是构建于 Socket API 之上的，即它们是利用 Socket API 提供的操作来实现的；对于响应时间要求较高或运行于有限资源平台上的应用来说，Socket API 可能是最适合的。

实验要求：在 Linux/Windows 环境下通过 Socket 方式实现一个基于客户/服务器模式的文件传输程序。实现数据包 Socket 通信，分别构建客户端程序和服务器端程序进行通信。在通信过程中，需要思考如何避免数据包丢失而造成的无限等待问题。

实验 2：客户/服务器应用开发

实验目的：实验包 Socket 支撑的 C/S 模式 IPC 机制，实现流式 Socket 支撑的 C/S 模式 IPC 机制，理解基本 TCP/IP 协议编程原理。

实验要求：编写一个服务器端的程序，接收来自客户端的访问请求，并返回相关信息；编写一个客户端程序，向服务器端发送连接请求，并显示返回的结果；完善服务器端程序，使它能够同时支持多个客户端的请求。

C/S 模式是主要的分布式应用范型，其设计的目的是提供网络服务。构建 C/S 范型的应用，掌握如何通过会话实现多个用户的并发问题，如何定义客户和服务器在服务会话期间必须遵守的协议，如何解决服务定位问题、进程间通信和事件同步问题以及语法、语义和响应、数据表示问题。通过表示层、应用逻辑层和服务层完成客户/服务器应用开发，应用程序的具体要求可自行确定。

实验 3：RMI 程序设计

实验目的：了解 Java RMI 体系结构，学习 Java RMI 的编程，学会用 RMI API 开发 C/S 模式的应用程序，掌握 Java 实现远程过程调用的一般步骤。

实验要求：通过 RMI 实现一个学生成绩或学生信息查询的程序。

RMI 技术是分布式对象范型的一个实例，是 RPC 技术的扩展。在 Java RMI 体系结构中，客户及服务器都提供三层抽象。通过实验掌握客户端体系结构中的 stub 层、远程引用层和传输层的工作原理。针对服务器端要掌握 skeleton 层、远程引用层和传输层的工作原理。完成服务器端软件的开发和客户端软件的开发。引导学生思考：如何使用 RMI 传递参数，如何使得被动提供远程服务的服务器能够主动发起数据请求，如何避免在多个客户端同时发起远程服务调用时产生不一致的情况。

实验 4：实现一个简单的 Web 应用程序

实验目的：在了解大数据分布式系统的存储方式的前提下，让学生设计实现一个网络云盘系统，使学生深入理解分布式系统的架构，了解云盘系统的界面和服务接口设计，后台数据库的选择、分析、设计，实现发布与授权相关的数据处理，让学生掌握数据存储中对数据的复制、控制以及数据存储中的容错。

实验要求：采用 J2EE/JSP 的技术实现，可采用基本 JSP 实现，或者采用 JSP＋Struts 框架实现，或者采用 JSP＋Struts＋iBtais/ Hibernate 框架实现。

3）实验考核与评定

评定的方式是现场验收。成绩评定瞄准本教学环节的主要目标，特别是要检查目标 1 的达成情况。评定级别分优秀、良好、合格、不合格。

优秀：系统结构清楚，功能完善，系统输入输出形式合理，能够较好地处理异常情况。

良好：系统结构清楚，功能比较完善，输入输出形式合理，有一定的处理异常情况的能力。

合格：系统结构清楚，功能比较完善，运行基本正常，可以输出基本正确的结果。

不合格：未能达到合格要求。

此外，学生必须提交实验报告，参考实验报告给出实验成绩。

实验的验收可根据具体的合班情况、课时等采用如下的两种方式之一。

验收方式 1：现场验收。现场验收学生设计实现的系统，并给出现场评定。评定级别分优秀、良好、合格、不合格。如果学生第一次验收中存在一定的问题，应向学生指出，并鼓励他们进行改进，改进后再重新验收。

验收方式 2：按照要求，撰写并按时提交书面实验报告（电子版）。以小组为单位在课堂上进行 10～15 分钟的报告，通过此环节训练其实验总结与分析等能力和表达能力。

教师根据验收结果给出各组的综合评分，并根据个人表现给出每个学生的得分。

3. 作业

通过课外作业，引导学生检验学习效果，思考相关的概念，学习基本方法，学会从不同视角考虑和解决问题。

作业的基本要求：根据各章节的情况，布置练习题、思考题等。每一章布置适量的课外作业，完成这些作业需要的知识覆盖课堂讲授内容。主要支持毕业要求 1、2、3 的实现。根据学生程度不同，教师可自行安排必做习题和选做习题。

5.16.5　教与学

本课程需要学生具备一定的软件开发能力，为了培养学生良好的编程思维，可以在教学过程中采用案例驱动的教学方法，并通过软件工程思想的渗透，把各种知识点串联起来。首先进行需求分析，并设计出系统的原型；然后确定系统所要采用的模型架构，并对案例中的各个功能模块的设计思想进行详细的讲解，同时进行数据库的逻辑设计和物理设计；最后，讲解每个模块的代码实现，特别是要对关键性部分进行精讲。这样通过一个完整案例的实现，可以把各个知识点模块有机地衔接起来，使学生能够在实践中体会到知识点之间的关系。同时，教师也可结合实际的工程项目讲解设计框架和代码，并让学生模仿，锻炼其实践开发技能。

1. 教授方法

通过启发式教学，介绍问题的背景以及解决的方案；借助实例，讲解相关概念与方法；对于相近或相反的概念和术语进行对比与区分。探索如何将原理相关内容与案例分析相结合，探索问题求解中的多种思路、不同解决方法的分析与对照；使学生在学习中有更加灵活多样的思维方式，养成理论联系实际的习惯。注重学生对问题以及求解方案的分析、总结、归纳的能力的培养。

在以案例为主线进行教学时，利用案例对分布式系统中的相关概念进行简要讲解，为学生构建大致架构，以案例中分布式系统的开发贯穿整个课程。当遇到难点和理论模型时，结合案例进行必要的说明，将知识点与实际紧密结合。根据所讲案例，结合知识点，布置课后动手作业。尽量使布置的作业切合学生实际，具有一定的挑战性，与课程进度保持一致。每讲完一个阶段的课程，让学生在课下使用刚学会的知识进行当前阶段的分布式系统设计。

2. 学习方法

明确学习各阶段的重点任务，做到课前预习，课中认真听课，积极思考，课后认真复习，注重同学之间的讨论和与授课老师的交流，多问多想多练。

5.16.6　学时分配

本课程学时分配如表 5-16-1 所示。

表 5-16-1　学时分配

章	主要内容	学时分配					合计
		讲课	习题	实验	讨论	其他	
1	基础知识	3					3
2	进程间通信	4					4
3	命名服务	5					4
4	同步问题	6					5
5	分布式事务管理	6					5
6	复制与一致性问题	6					5
	综合性实验			10			6
	合计	30					40

5.16.7　课程考核与成绩评定

平时成绩包括作业成绩和随堂练习成绩，主要反映学生的课堂表现（含课堂回答问题等）、平时的信息接受、自我约束、作业完成情况。

实验成绩主要反映学生完成实验的情况及实验报告的组织和撰写情况。培养学生在复杂系统的研究、设计与实现中的交流能力（口头和书面表达）、协作能力、组织能力。

期末考试是对学生学习情况的全面检验，考试形式为闭卷。强调考核学生对分布式系统的基本概念、基本方法、基本技术的掌握程度，考核学生运用所学方法设计解决方案的能力，尽量反映出学生的理论知识、逻辑思维能力、问题分析、归纳求解能力。

成绩比例分配如表 5-16-2 所示。

表 5-16-2　考核与成绩评定

考核方式	比例/%	主要考核内容
作业	5	按照教学的要求，作业将引导学生复习讲授的内容（基本模型、基本方法、基本理论、基本算法），深入理解相关的内容，锻炼运用所学知识解决相关问题的能力，通过对相关作业的完成质量的评价，为毕业要求 1、2、3 达成度的评价提供支持
随堂练习	5	考查学生课堂的参与度，对所讲内容的基本掌握情况，基本的问题解决能力，通过考核学生课堂练习参与度及其完成质量，为毕业要求 1、2、3 达成度的评价提供支持
实验	20	对学生综合运用分布式系统的基本原理、基本方法和基本模型、程序设计方法等完成较大规模系统设计与实现能力等方面的检验，为毕业要求 5、9 达成度的评价提供支持，同时对实现毕业要求 1、2、3 达成度的评价也提供一定参考价值的基础数据
期末考试	70	考查学生对规定考试内容掌握的情况，特别是具体问题的求解能力，为毕业要求 1、2、3 达成度的评价提供支持

第6章 课程设计

6.1 程序设计基础课程设计

实践能力是工程技术人才必须具备的能力,各高校应依据自身情况,在培养方案中设立相应的实践环节来培养学生的实践动手能力。本课程设计是为程序设计基础学习设置的实践教学环节,是学生综合运用结构化程序设计的基本理论、方法和相关数学知识分析、解决实际应用问题的实践过程。

6.1.1 课程简介

程序设计基础课程设计环节的目标是使学生将程序设计的基本理论、方法与技术和实际问题结合,通过一个面向应用、综合性、稍具规模的软件系统的设计、实现、调试、测试和演示,使学生从更高层面理解结构化程序设计的思想和方法,掌握编结构化编程技术和技巧,培养学生实践能力。通过分组完成课程设计,培养学生的组织管理能力和团队合作能力。

6.1.2 课程地位和教学目标

1. 课程地位

本课程是基础实践课程,一般在大一下学期开设,是培养学生解决复杂工程问题实践能力的基础支撑。本课程通过问题实践,训练学生抽象问题的能力,培养学生利用程序设计解决实际问题的能力,注重锻炼学生团队组织和协调能力,为进一步学习后续课程和将来从事软件开发奠定良好基础。

2. 教学目标

本课程通过综合实践,进一步理解结构化程序设计的基本理论、方法和技术。通过问题分析与建模、数据结构选择与构建、任务划分与整合等环节,提升学生的程序设计能力。通过团队合作和任务分工,使学生能够初步理解程序设计过程中的角色划分的重要性,锻炼团队组织和协调能力,提升独立完成团队分配工作的能力。主要为毕业要求3、5和9的实现提供支持。

目标1:掌握计算机专业领域设计开发的基本方法,能够综合运用理论和技术手段设计解决复杂工程问题的方案,设计满足特定需求的计算机软系统。学习本课程之后,学生应掌握运用结构化程序设计思想分析问题、选择构建数据结构、划分整合任务等的基本理论、方法和技术。为毕业要求3的实现提供支持。

目标2:能恰当地开发、选择与使用计算机软件及工具,完成复杂计算机工程问题的模拟与仿真。学习本课程之后,学生应能够针对实际应用问题,选取适当的计算机软件开发工具，完成代码的设计、实现、调试、测试和演示。为毕业要求 5 的实现提供支持。

目标 3：能够理解团队中各角色的划分及其责任，能组织团队成员开展工作，也能独立完成团队分配的工作。学习本课程之后，学生应能通过分组协作方式组织团队，使用模块化的编程思想，实现任务和角色的划分。为毕业要求 9 的实现提供支持。

6.1.3　课程教学内容及要求

课程设计题目均为综合性设计类题目，由 2~3 名学生合作完成。课程设计题目可以从给定题目中选取或自行命题（教师同意后）。在团队和题目确定后，各团队按如下内容要求完成相关任务。

1. 问题描述与任务分工

问题描述，团队建立和任务分工。

能够理解问题的基本功能要求；了解问题的选题背景；理解问题求解的目标表现形式；理解任务的合理分工。具有查阅相关材料获取背景知识的能力；能够针对实际问题的任务细化和任务间的关联关系，进行合理的分工。

2. 系统概要设计与功能模块的初步实现

系统概要设计；功能模块的初步实现。

能够通过模块化、层次化等方法，完成功能模块的设计与实现；具有独立完成团队分配工作的能力。

3. 任务调整

任务分工的合理性评估；功能架构和模块的调整。重点是任务的比重和完成情况度量，难点是任务完成情况度量。

具有分析任务分工的合理性、调整功能架构、修改模块功能的能力。

4. 功能模块的设计与实现

功能模块的设计与实现；任务整合。

能够通过模块化、层次化等方法，完成功能模块的设计与实现；具有独立完成团队分配工作的能力；能适当进行任务整合。

5. 汇报与总结

整合程序源代码、说明文档；汇报演示与答辩。

能够系统化地介绍开发程序的功能和细节；能够表述团队的任务划分与整合过程，阐明团队合作情况。

6.1.4　学时分配

本课程设计的学时分配参见表 6-1-1。

表 6-1-1　学时分配

序号	主要内容	学时分配			合计
		讲授	分组讨论	演示答辩	
1	问题描述与任务分工	1	3		4
2	系统概要设计与功能模块的初步实现		8		8

续表

序号	主要内容	学时分配			合计
		讲授	分组讨论	演示答辩	
3	任务调整		4		4
4	功能模块的设计与实现		12		12
5	汇报与总结		2	2	4
	合计	1	29	2	32

6.1.5　教与学

本课程推荐的教学方法主要有讨论法、任务驱动法、自主学习法。

针对课程设计的分组方式，通过学生团队、指导教师之间的讨论或辩论，各抒己见，使学生获得知识或巩固知识，旨在培养学生的口头表达能力、分析问题能力和归纳总结能力。

通过给学生布置具有一定实际背景的课程设计题目，使学生掌握查阅资料、整理知识体系的基本方法，旨在培养学生分析问题、解决问题的能力，培养学生独立探索及合作精神。

通过给学生留思考题或对课程设计提出更高要求，让学生利用网络资源以自主学习的方式寻找答案，提出解决问题的方案或措施并进行评价，旨在拓展学生的视野，培养学生的自主学习能力和创新意识，锻炼学生解决问题和编程实现验证的初步科学研究能力。

本课程的教学形式主要包括课堂教学、课外指导等。

课堂教学应尽量以学生团队合作过程中发生的真实案例为主进行讲授。

课外指导主要是课后对学生辅导答疑，以及开展第二课堂，充分利用语音通信、电子邮件、短信、微信、QQ互动等现代通信方式，对难度较大的问题单独约定时间地点答疑，对普遍性问题作集体辅导。

6.1.6　题目示例

此处仅列出 3 道课程设计题目的基本要求作为示例。通常每年授课前教师都会对题目进行适当调整，保证题目新鲜。课程设计通常选择信息管理方面的开放性题目，除基本要求外都留有自由发挥空间，由学生自行编写需求并实现。

1. 成绩管理系统

某班有最多不超过 30 人（具体人数由键盘输入）参加期末考试，最多不超过 6 门（具体门数由键盘输入）课程。编写 C 语言程序，使用链表编程实现如下菜单驱动的学生成绩管理系统。

（1）从文件读入每个学生个人信息和成绩信息，可以由键盘输入文件名。读入成功提示读入学生记录的个数，不成功提示相应出错信息。

（2）增量式手动录入每个学生的学号、姓名和各科考试成绩。不考虑中文姓名，但需要考虑重名情况下的处理，学生的学号是唯一的。

（3）计算每门课程的总分和平均分。

（4）计算每个学生的总分和平均分。

（5）按每个学生的总分由高到低排出名次表。

（6）按每个学生的总分由低到高排出名次表。

（7）按学号由小到大排出成绩表。

（8）按姓名的字典顺序排出成绩表。

（9）按学号查询学生排名及其考试成绩。

（10）按姓名查询学生排名及其考试成绩，需要考虑学生重名的情况。

（11）按优秀（100～90）、良好（89～80）、中等（79～70）、及格（69～60）、不及格（59～0）5 个类别，对每门课程分别统计每个类别的人数以及所占的百分比，并将计算结果输出到文件，文件名可由键盘输入。

（12）输出每个学生的学号、姓名、各科考试成绩、总分和平均分。

（13）将每个学生的个人信息和成绩写入文件，可由键盘输入文件名。

（14）其他功能。你认为有用的附加功能，可酌情添加。

2．通讯录管理系统

编写 C 语言程序，使用链表实现通讯录管理功能，至少能够管理 50 名学生的个人信息和通讯信息，个人信息和通讯信息需要有较强的纠错功能。个人信息包括学号（8 位）、姓名（至少可以保存 4 个汉字或 8 个英文字母）、性别、班级、行政职务（班长、学委、无）。用户可以自由增加、删除、存储属性，如家庭电话、办公电话、寝室等，注意存储空间的使用效率。通讯信息包括主要手机号（11 位）、其他手机号（11 位）、邮箱（30 个字符以内的字符串，必须包含一个且只包含一个@字符）、固定电话。注：可能存在重复手机号，即多个学生存储了相同的手机号；邮箱除@字符外其他格式不限定。

具体功能要求如下：

（1）增加。能够从多个文件中录入多个学生的相关信息（全部信息或部分信息），也能够随时增加一新学生的相关信息（全部信息或部分信息）。需要考虑各种类型的不规范或错误数据。

（2）修改。能够随时修改一学生的相关信息，包括对已录入的信息进行修改或删除，对未录入的信息进行添加。

（3）删除。能够随时删除一学生的所有信息。

（4）存储。能够将当前系统中的所有信息保存到文件中。

（5）某个学生信息。能够打印某个学生（按照姓名或手机号查找）的所有相关信息。

（6）某个班级信息。能够按照学号顺序打印某班学生的所有相关信息。

（7）班级干部信息。能够按照学号顺序打印所有班级干部的相关信息，要求用链表实现。

（8）全部信息。能够按照学号顺序打印系统中所有学生的信息。

（9）关联信息。能够打印所有包含相同手机号的学生信息，要求用链表实现。

（10）其他功能。你认为有用的附加功能，可酌情添加。

3．药品管理系统

编写 C 语言程序，使用链表实现药品管理信息系统，并至少能够管理 30 种药品的相关信息。其中，药品信息主要包括药品名称、编号（12 位的标识符）、生产日期（年月日）、有效期（月数）、失效日期（年月日）、主治病症类别（限定为感冒药、胃药、消炎药、滴眼液 4 类）、用法与用量。生产日期、有效期和失效日期均为非必要项，但需要满足合理条件，如表 6-1-2 所示。用法与用量请自行设计合理的结构体类型，能够存储至少 4 种不同的药品用法与用量说明，如"口服，一日 3 次，一次 5 片""外用，一日 3-5 次，一次 1-2 滴""饭后服用，一日 2-3 次，一次 3-5mg，一日最多 10mg"。

表 6-1-2　药品的生产日期、有效期和失效日期的合理条件

可能情况	生产日期	有效期	失效日期	合理与否	原因
	20140601	24 个月	20160601		
1	有	有	有	合理与否取决于 3 个数据是否一致	
2	有	有	—	合理	
3	有	—	有	合理	
4	有	—	—	不合理	信息缺失
5	—	有	有	合理与否自行确定	
6	—	有	—	不合理	信息缺失
7	—	—	有	合理	
8	—	—	—	不合理	信息缺失

具体功能要求如下：

（1）增加。能够从文件中录入多种药品的相关信息（全部信息或部分信息），也能够随时录入一种新药品的相关信息（全部信息或部分信息）。注意：需要考虑各种类型的不规范、不合理或错误数据，如编号位数不对、编号不唯一、日期格式不对、有效期非整数、三个日期相关数据不满足表 6-1-2 的条件等。

（2）修改。能够随时修改一种药品的相关信息，包括对已录入的信息进行修改或删除、对未录入的信息进行添加。

（3）删除。能够随时删除一种药品的所有信息。

（4）计算 1。能够计算某种药品（按照编号或名称检索）的当前失效日期。

（5）计算 2。能够计算某种药品（按照编号或名称检索）的一日用量。

（6）某种药品信息。能够打印某种药品（按照编号或名称检索）的所有信息。

（7）某类主治病症类别药品信息。能够按照编号顺序打印所有某类主治病症类别的药品信息。

（8）全部信息。能够按照编号顺序打印系统中的所有药品信息。

（9）存储。能够将当前系统中的所有信息保存到文件中。

（10）过期药品信息。能够打印所有过期药品清单。

（11）即将过期药品信息。能够按照设定日期打印即将过期药品清单。

（12）其他你认为有用的附加功能，可酌情添加。

6.1.7　课程考核与成绩评定

平时考核占 50%，演示答辩占 50%，最终折合为五分制成绩，具体见表 6-1-3。

表 6-1-3 考核方式及考核内容

考核方式	比例/%	主要考核内容
平时考核	50	相关提问、阶段目标实现情况，学习活跃度，主要为毕业要求的 3、5 达成度评价提供支持，并为 9 达成度提供一定参考价值的数据
演示答辩	50	课程设计报告、现场演示及讲解、回答问题情况，主要为毕业要求 9 达成度评价提供支持，同时也可为毕业要求 3、5 达成度评价提供参考数据

平时考核贯穿整个学习期间，考核内容包括各知识点掌握情况，特别是实际动手能力，涉及不易在限定时间内完成、需要查阅相关资料、需要考虑非技术因素、需要考虑对问题的分析与建模等情况。平时考核评价主要依据提问、阶段目标实现情况、学习活跃度，由指导教师给出。

演示答辩考核由指导教师结合学生的个人和写作表现情况、题目的难度和完成情况、班级实际情况等因素综合评定。首先，根据课程设计的总体完成情况（功能完成比、系统鲁棒性、用户体验度等）综合给出一个团队的起评分；然后，根据每个成员的完成情况进行独立考核。个人在团队中工作量多、质量高，部分功能具有特色和创新，可以酌情加分或提升评定等级；个人在团队中的工作量少、质量差，需要酌情减分或降低评定等级。

最终总成绩根据百分制与五分制的对应关系，评定为优秀（100～90 分）、良好（89～80 分）、中等（79～70 分）、及格（69～60 分）和不及格（59 分及以下）。

6.2 数据结构与算法课程设计

6.2.1 课程简介

数据结构与算法课程设计是为数据结构课程学习设置的实践教学环节，是学生综合运用数据结构与算法知识和相关数学知识等分析、解决问题的实践过程，培养学生综合运用所学理论知识求解问题的能力和协作精神。

本课程设计通过让学生自己解决实际问题，对学生进行综合的训练与培养，具体包括：①问题分析与数学建模，数据结构选择与构建，算法设计、分析、优化与验证，以及程序设计等技能和技巧；②良好的团队合作精神和严谨求实的科学作风。

6.2.2 课程地位和教学目标

数据结构与算法课程设计着眼于原理与应用的结合，通过综合型和研究型两个层次的实验提高学生的主动性和动手实践能力，激发学生的学习兴趣，使学生能够在团队中做好自己所承担的角色，形成良好的团队合作意识。

通过综合实践，进一步了解数据结构及其分类、数据结构与算法的密切关系。掌握下列知识点的程序实现方法：

（1）线性表的定义，顺序和链接存储结构；单链表；堆栈、队列的定义及应用。

（2）稀疏矩阵的压缩存储表示及算法。

（3）二叉树的定义和主要性质，二叉树链接存储及操作；线索二叉树定义、存储和基本算法；树与森林的遍历；赫夫曼树。

（4）图的基本概念，邻接矩阵和邻接链表两种基本存储结构，以及深度（广度）优先遍历、拓扑排序、关键路径、多种最短路径算法、最小支撑树等基本算法。

（5）希尔（Shell）、快速、堆和合并等多种经典排序算法，以及各类经典算法的特点和适用范围。

（6）多种线性表查找算法，多种树结构查找算法，以及基于检索结构、数字和散列的查找算法。

掌握综合运用数据结构、算法、数学等多种知识，对问题进行分析、建模，选择/构建合适的数据结构，设计较优的算法，实现编程与调试的能力与技巧。掌握算法时空复杂性分析和正确性验证的基本方法。进一步培养学生针对较复杂的工程应用问题给出并实施符合问题技术要求的解决方案的初步能力以及基本团队协作的能力。

目标1：综合运用数据结构与算法知识和相关数学知识等分析、解决实际复杂工程问题。培养开发软件所需要的动手能力，为毕业要求2的达成提供支持。

目标2：通过软件设计的综合训练，掌握问题分析、总体结构设计、用户界面设计、程序设计基本技能和技巧，具有合作精神，形成一整套软件工作规范的训练和科学作风，为毕业要求5、9的达成提供支持。

6.2.3　课程教学内容及要求

本课程设计通过综合型和研究型两个层次的实验提高学生的学习主动性和动手实践能力。以综合型实验为主，对于综合型实验完成得较为突出的学生适当引入研究型实验。

综合型实验目的是培养学生综合运用所学理论知识求解问题的能力和协作精神，该类实验应主要用于课程设计教学环节。综合实验内容选自相对复杂的应用问题，学生需要综合运用数据结构、算法和数学等多方面的多个知识点，给出问题的整个解决方案。

研究型实验培养学生通过自学新知识，运用数据结构、算法和数学知识，解决科学研究中的问题，以激发学生的科研兴趣，培养其科学研究能力和团队协作能力。研究型实验在教师/博士生的指导下，结合科研项目中的问题，学生自学相关的新知识，分析、总结已有的解决方法，改进或提出新的解决方法。

1. 综合型实验举例

案例1——银行业务模拟系统

综合运用线性表、队列、排序、随机数等数据结构知识，掌握和提高分析、设计、实现及测试程序的综合能力。

[实验内容及要求]

设计一个银行业务模拟系统，模拟银行的业务运行并计算一天中客户在银行逗留的平均时间。银行有 N 个窗口对外接待客户，从早晨银行开门起不断有客户进入银行。由于每个窗口在某个时刻只能接待一个客户，因此在客户人数多时需分别在各个窗口前排队，对于刚进入银行的客户，如果某个窗口的业务员正空闲，则可上前办理业务；反之，若 N 个窗口均有客户正在办理业务，新来的客户便会排在人数最少的队伍后面。

（1）通过人机交互的方式设定程序所需参数：银行的开门时间和关门时间、营业窗口数目。

（2）客户的到达时间可通过人机交互、文件导入或随机生成的方式输入。

（3）保存银行营业的工作记录，存储客户的到达时间、离开时间。

（4）显示出在某一天整个银行系统中客户在银行逗留的平均时间。

[实验分析]

客户排队的过程是一个按照到达时间先到先接受服务的过程，这一过程可以通过队列实现。N 个不同的窗口对应 N 个队列，队列中每一个元素对应一个客户。

算法中处理的事件有两类：一类是客户到来事件，另一类是客户离开事件。客户到来事件发生的时刻随客户到来自然形成，客户到来后，使用排序算法找到最短的等待队列，将客户插入队列；客户离开事件发生的时刻由银行窗口为其办理业务的完成时间决定，业务办理完成后，客户从等待队列中出队，窗口为下一个客户（如果存在的话）服务。

本案例涉及的对象主要包括客户、银行窗口，可以设计两个类实现客户和窗口的功能。此外，管理客户、队列的功能可以单独实现为管理类（类似银行进门处的接待员，引导客户在哪里排队）。

案例 2——铁路票务管理

综合运用线性表、队列、查找、图等数据结构知识，掌握和提高分析、设计、实现及测试程序的综合能力。

[实验内容及要求]

实现满足下列要求的铁路客票管理系统：

（1）录入。可以录入车次情况（车次、经停站、到发车时间、票价等）。

（2）查询。可以查询某列车次信息（输出车次、到发车时间、票价等）。

（3）站间查询。输入出发站和目的站，查询乘车情况。

（4）订票。可以订火车票，如果该车次无票，给出相应提示。

（5）退票。可退车票，已退车票可再次销售。

（6）修改车次。用户可以改变车次。

[问题分析]

本例中涉及的主要对象包括列车、车票、车站等，可以对上述对象建立模型。订票过程可以使用队列，车站之间的链接情况用有向图来表示，同时需要考虑退票及取消订票的功能。

2. 研究型实验举例

案例——分类与决策树

了解决策树（树结构）在机器学习、数据挖掘中的应用，在查阅文献的基础上设计并实现相应程序。

[实验内容及要求]

决策树（decision tree）是用树形表示逻辑决策的一种工具。其分支结点用矩形表示，叶结点用椭圆表示，每个分支结点表示在一个属性上的测试，每个叶结点代表一个类或类分布。

（1）程序具有建立决策树的功能，用户可以根据提示手工建立决策树。

（2）基于该决策树，用户输入属性结点的值，程序能够给出相应的决策结果。

（3）根据自己的经验，任意建立一棵决策树，输入多组数据测试该决策树，并将输入和输出数据存入文件中。

（4）实现 ID3 和 C4.5 算法，利用上一步保存的数据运行上述两个算法，并将运行结果与原始决策树对比，验证正确性。

6.2.4 学时分配

本课程设计共 32 学时，教师选择 1～4 个课程设计题目分配给学生，分组或独立完成。

教学方法包含结合讨论法、任务驱动法、自主学习法。针对课程设计的小组合作方式，使学生通过团队讨论或辩论，各抒己见，获得知识或巩固知识，进而培养学生的口头表达能力、分析问题能力和归纳总结能力。通过给学生布置课程设计题目，使学生掌握查阅资料、整理相关知识体系的基本方法，培养学生分析问题、解决问题的能力。通过给学生布置思考题或对课程设计提出更高的要求，让学生通过自主学习的方式寻找答案，提出解决问题的方案，拓展教学内容和学生的视野，培养学生的学习习惯和自主学习能力。

6.2.5 课程考核与成绩评定

本课程设计考核方式及主要考核内容如表 6-2-1 所示。

表 6-2-1 考核方式及考核内容

考核方式	比例/%	主要考核内容
实验报告	30	课程设计报告、学习认真及活跃程度，主要为毕业要求 2、5 达成度评价提供支持，并为毕业要求 9 达成度提供一定参考价值的数据
演示答辩	70	现场演示及讲解、回答问题情况，主要为毕业要求 9 达成度评价提供支持，同时也可为毕业要求 2、5 达成度评价提供参考数据

（1）数据结构课程设计的总成绩采用 5 分制，即分成 5 档：优秀、良好、中等、及格和不及格。按完成人数要求可分成单人题目和团队题目。

（2）单人题目的学生成绩根据程序、讲述和报告等因素综合评定。具体评定标准如下：

① 优秀：独立完成题目要求的全部功能，有一定的创新或闪光点。

② 良好：独立完成题目要求的全部功能，表现中规中矩。

③ 中等：完成题目要求的全部功能，大部分独立实现，小部分借鉴别人的程序或求助于他人，借鉴的部分能够讲述清楚。

④ 及格：完成题目要求的全部功能，自己有一定的工作量，大部分借鉴别人的程序或求助他人，借鉴的部分能够讲述清楚。

⑤ 不及格：不能完成题目要求的全部功能。由实验教师根据学生完成的工作量和讲述情况给出相应的分数。

⑥ 原封不动或少量改动别人的程序，讲述不清，视为作弊，按零分计。

⑦ 报告规范、清楚，可加分；报告不规范，要减分；不提交报告，按零分计。

（3）团队题目的学生成绩要综合个人分工完成情况与团队整体的完成情况、个人分工的工作量等因素评定。

① 团队成绩主要考查团队成员的任务分工是否合理以及题目整体完成情况，适当鼓励成员之间进行角色轮换以完成更多类型的任务（如编码、测试、优化、美工、写文档等）。

② 个人得分基于团队成绩，考查个人分工的完成情况。起重要作用的成员适当加分或

提高评定等级，个人分工在团队中的工作量较少的要减分或降低评定等级。

6.3　计算机组成课程设计

本课程设计以能力培养为导向，按照培养计算机类专业的工程应用型人才的需要制定，并按照总学时 40 进行规划。

计算机类专业的工程应用型人才需要具有较扎实的基础理论、专业知识和基本技能，具有良好的可持续发展能力。所以特别强调计算机组成基本原理的内容，着力培养学生的系统能力以及理论结合实际的能力，而且要强调对学科基本特征的体现。

6.3.1　课程简介

IEEE/ACM *Computer Curricula* 关于计算机组成的描述如下："计算机的核心是计算。对于当今任何计算机领域的专业人员而言，不应当把计算机看成魔术般执行程序的黑匣子，应要求所有的计算机专业学生对计算机系统功能部件，它们的特征、性能，以及它们之间的相互作用有某种程度的理解和评估。当然，这里也有实践的关联性。学生需要理解计算机体系结构，以便更好地编制程序使其能在实际机器上高效运行，在选择欲使用的系统时，他们应能理解各种部件间的权衡考虑，如时钟速率与内存的大小。"由此可见，计算机组成原理的学习能使学生深刻认识计算机程序设计背后的事情，为专业学习奠定坚实的硬件基础。

本课程设计是计算机组成课程的实践教学环节，通过课程设计，掌握微程序设计型计算机 CPU 的基本结构和工作原理，建立计算机整机概念，熟练掌握计算机核心部件——控制器的工作原理及设计方法，培养学生的工程设计能力。本课程设计的教学内容与复杂问题的特征相呼应，包括了涉及计算机内部工作的基本方法，学生必须通过深入分析才能建立起问题的原理模型，并通过现代化工具设计简单的控制器模型。在此过程中，必须结合教学内容给出的原理并运用数字逻辑电路和硬件描述等知识，实现基本的微程序控制，而这个目标充分体现了复杂工程的构建过程。

6.3.2　课程地位和教学目标

1. 课程地位

本课程设计是计算机组成的实践，其定位与计算机组成课程类似，但强调实践理论能力。在数字逻辑和计算机导论课程基础上，使学生了解计算机内部结构，掌握工作原理，具有指标衡量等基本能力，掌握复杂计算机系统时序控制方法，提升抽象思维能力。引导学生发现问题、分析问题特征并给出合理的解决方案，以培养学生解决复杂问题的能力。本课程设计注重基础知识与新技术的融合、理论到实践的转化，培养工程意识和能力。

2. 教学目标

通过本课程设计，可以使学生了解计算机的硬件组织体系与结构，熟悉计算机各大功能部件的功能特性、时间特性、数据通路等知识，并对计算机的整体结构形成较为完整的认识。具体目标如下。

目标 **1**：选用或搭建开发环境进行软硬件实现并验证。为毕业要求 4 提供支持。

目标 **2**：能够理解多学科背景下的团队中每个角色的定位与责任，能够胜任个人承担的角色，并能够与团队其他成员有效沟通，听取并综合团队其他成员的意见与建议，能够胜任负责人的角色。为毕业要求 9 提供支持。

目标 **3**：能够将计算机专业知识应用到撰写报告和设计文稿中，并能够就相关问题陈述发言、清晰表达或回应指令。为毕业要求 10 提供支持。

6.3.3 课程教学内容及要求

1. 课程内容

基于现代计算机组成原理实验系统完成下面 4 个题目之一：

（1）基本模型机设计与实现。

（2）含有运算器的模型机设计与实现。

（3）复杂指令模型机设计与实现。

（4）特定应用程序模型机设计与实现。

2. 基本要求

本课程设计的基本要求如下：

（1）了解微程序设计型计算机 CPU 的基本结构和工作原理，建立计算机整机概念。

（2）熟悉计算机各大功能部件的功能特性、时间特性、数据通路等知识。

（3）熟练掌握计算机核心部件——控制器的工作原理及设计方法。

重点：指令流程、指令执行的全过程的分析与设计；微程序控制器和微程序设计技术。

难点：指令微操作流程的分析与设计。

本课程设计实施过程中应首先学习《计算机组织与体系结构实验指导书》，复习计算机组织与体系结构课程的实验内容，熟练掌握现代计算机组成原理实验系统的使用及调试方法，了解计算机组织与体系结构课程设计具体内容和要求，查找相关技术资料，了解完成题目内容必须掌握的知识。

本课程设计要求学生在规定范围内选择一个题目，综合运用基础理论和技术手段分析并解决问题，完成一个模型机的设计与实现；通过课程设计充分理解计算机系统的基本组成原理、工作过程、系统结构。完成一个课程设计题目的全过程，支撑毕业要求 4 "专业实践能力：具备综合运用基础理论和技术手段分析并解决复杂问题的能力，包括程序设计与实现能力、硬件系统设计与实现能力、软件系统设计与实现能力、算法分析与设计能力、软硬件系统综合设计与实现能力、网络与安全设计能力、应用系统设计与管理能力"中的指标点 4.3 完成软硬件系统设计与实现。

要求学生在课程设计报告中对实践过程进行总结，剖析自己的各项能力（基础理论、综合运用、动手能力等）；使学生认识到自己的不足，建立对学习的正确认识。本项要求支持毕业要求 9 "可持续自我学习能力：对终身学习有正确认识，具有不断学习和适应发展的能力"。

6.3.4 教学环节的安排与要求

总学时 40 学时，其中，讲授 2 学时，实验（上机、综合练习或多种形式）38 学时。

1. 课堂讲授

课堂教学首先要使学生明确课程设计的任务和要求。通过讲解，使学生能够对这些具体任务有深入的认识，进而有能力将知识点应用到解决实际的任务问题中。

2. 实验教学

本课程设计主要实现模型机的功能设计与验证等，注重基础知识与实验系统的融合、理论到实践的转化。本实验教学可达到实际掌握关于模型机控制、运算、指令系统等关键知识点的目标，实现培养具有创新和实际动手能力、真正理解和掌握计算机基本组成与结构、掌握计算机系统软硬件综合设计技术的人才的任务。

6.3.5 教与学

1. 教授方法

课堂讲授采用探究型教学，依托知识载体，传授相关的思想和方法，引导学生探索技术前沿，激发学习兴趣。

2. 学习方法

重视对基本理论的钻研，并将理论和实验结合。训练发现问题、解决问题的能力。明确学习各个阶段的任务，认真听课，积极思考，高质量完成作业。通过教材和参考资料强化对知识点的认识。积极参加实验，在实验中加深对原理的认识。

6.3.6 学时分配

本课程设计学时分配参见表 6-3-1。

表 6-3-1　学时分配

序号	主要内容	学时分配					合计
		讲课	习题	实验	讨论	其他	
1	明确课程设计任务与要求	2					2
2	理论准备、方案选择				2		2
3	电路设计与计算机仿真			16			16
4	系统组装与调试			12			12
5	答辩与验收			4			4
6	撰写报告			4			4
合　计		2		36	2		40

6.3.7 课程考核与成绩评定

根据学生在课程设计期间的表现（含出勤率、理论准备、方案论证及调试过程中解决问题的能力、调试及答辩结果、实验总结报告）进行综合考核，考核成绩分为优秀、良好、合格和不合格 4 等。

验收时需要学生现场讲解自己的设计思路，回答老师的提问。进行现场指标测试，检验学生的管理与协作能力。

成绩评定标准如表 6-3-2 所示。

表 6-3-2　考核方式与成绩评定

目标	优秀	良好	合格	不合格	比例/%
目标 1（支持毕业要求 4）	目的明确，态度端正；总体思路合理，方案设计正确，元器件选择恰当，图面布局合理；功能实现完整，界面友好，操作方便，调试过程差错率低；答辩思路清晰，回答问题正确	目的明确，态度端正；总体思路合理，方案设计正确，元器件选择恰当，图面布局合理；功能实现较完整，调试过程差错率较低；答辩思路清晰，回答问题正确	目的明确；总体思路合理，方案设计正确，图面布局满足要求；功能实现基本满足要求，调试过程差错率较高；答辩思路较清晰，回答问题基本正确	目的不明确；总体思路不合理，方案设计不正确，图面布局较差；功能实现不满足要求，调试过程差错率高	80
目标 2（支持毕业要求 9）	在小组中积极引领其他学生，积极主动进行交流，并且及时向教师反馈	在小组中积极主动进行交流，及时向教师反馈	在小组中能主动进行交流，并且及时向教师反馈	在小组中能无交流，并且没有及时向教师反馈	5
目标 3（支持毕业要求 10）	按时交实验报告，实验数据与分析详实、正确；图表清晰，语言规范，符合实验报告要求	按时交实验报告，实验数据与分析正确；图表清楚，语言规范，符合实验报告要求	按时交实验报告，实验数据与分析基本正确；图表较清楚，语言较规范，基本符合实验报告要求	没有按时交实验报告；或者实验数据与分析不正确；或者实验报告不符合要求	15

6.4　编译原理课程设计

6.4.1　概论

1. 编译原理课程设计的目标

编译原理是一门实践性很强的课程。学习编译原理最好的方法莫过于自己动手设计和实现一个编译器。只偏重理论的介绍，忽视实践环节，学生往往对于编译的理解只停留在书本的概念和算法层面，而不知道怎样才能把编译理论应用到实际的工程实践中去。而这种系统能力、理论结合实际能力的培养正是长久以来高等教育对计算机科学与技术专业各类人才，尤其是工程型和应用型人才培养的核心要求，同时也是薄弱之处。编译原理课程设计正是培养和提升这种能力的有效途径和最佳载体。站在语言的发明者、编译器的设计实现者的高度，全程参与语言的定义和描述、编译器的逻辑结构设计、编译器各部件的设计和实现、测试和集成等关键步骤，这正好是编译原理课程设计的设置初衷，也是长期以来编译原理实验和课程设计在编译原理教学中具有举足轻重的地位，受到教师和学生高度重视的主要原因。

编译原理课程设计提供了在理论学习基础上进行有一定规模的复杂工程实践的机会，这种机会往往难以通过其他专业课程获得。其目的不是简单地实现课本上相应的分析算法（这往往是程序设计、数据结构和算法等课程的重点），而是从编译器构造者的角度去思考和构造这个系统（这是只有通过编译原理课程学习才能获得的能力训练）。这种对能力的综合训练是其他课程所无法替代的。

课程目标与毕业要求达成的关系可参考 4.4.2 节。

2. 课程设计方案的特点

本课程设计要求学生选取一种合适的程序设计语言，给出该语言的词法、语法和语义描述，采用合适的方法完成该语言编译器的构造，并按照软件工程的规范给出开发文档或详细设计描述。

课程设计由若干相对独立的课程设计实验构成，每个实验完成编译器的某个部件。事先定义好系统结构和模块间的接口，最终可以将它们集成为一个完整的编译器。

课程设计方案比较灵活。在源语言、中间代码形式、目标机的选择等方面具有较大的灵活性，无须限定必须采用哪种方案。教师和学生可根据实际情况，合理规划课程设计所涉及的语言、工具和环境、实现方法，制定难度适宜的课程设计方案。这样也为学生提供了更多的学习机会，使他们在团队合作、资料查阅、工具获取与使用、问题表达等方面得到锻炼。

由于编译原理课程设计综合性比较强，要在一个学期内为具有一定规模的高级程序设计语言实现一个完整的编译器，从学生的角度来看，实验的难度很大。因此，在安排实验内容的时候要充分考虑到这一点，采用循序渐进、由易到难、由小到大、先整体设计模块分解再局部开发综合集成、由工具自动生成过渡到手工构造等多种方式结合，帮助学生快速着手实验，并保证实验的顺利完成，达到深入理解各知识点，掌握编译关键技术，并提升系统开发和理论运用于实践的能力的教学目标。

为贯彻以循序渐进方式引导学生最终完成大规模、复杂的综合型、应用型实验的初衷，在每个部分一般都安排一两个预备实验进行热身，设置了简单编译技术实验，或者将复杂问题分解为简单问题的导入实验。避免学生突然面对大规模的复杂问题时茫然无措，无从下手。

例如，在进行完整程序设计语言的编译器开发之前，先让学生利用算术表达式的文法描述、词法和语法检查、语义处理和求值等预备实验完成一个力所能及的"小语言"的开发尝试。又如，在构造语义分析和中间代码生成器的实验之前，先设置符号表的构造、中间代码生成等预备实验，再过渡到复杂性较高的完整实验，通过这种实验过程的分解，使得这类有一定规模和复杂性的实验项目变得切实可行。再如，在开发词法分析器和语法分析器时，都采用了先利用工具自动生成分析器，帮助学生熟悉和深入理解该阶段的编译方法和关键技术，再过渡到人工构造分析器的复杂实验的方式。通过这些方式，将实验过程精心分解，降低了实现难度，而且较强的可操作性也有助于学生保持对相关技术方法的学习兴趣。在成功完成一个阶段性实验后所获得的成就感会激发他们向后续实验甚至难度更高的实验任务发起挑战。

当然，学有余力、能力卓越的同学完全可以跳过前面的预备实验，直接选择适合自己难度的实验题目，着手实验。

这样，通过一个学期的课程设计训练，学生能够更深入地理解和掌握编译原理与技术的理论知识，了解、对比和总结各种程序设计语言的特点、各种工具和开发环境的适用范围，积累一定的解决工程问题的实践经验，提升求解复杂问题的能力和系统开发的动手能力。

在课程设计方案的选取和实施过程中，学生同时也观摩学习了教师如何按"分而治之"

策略解决一个具有相当规模和复杂性的实际问题。通过团队合作开发和报告讨论的形式完成这样一个复杂的"系统"软件，对学生软件工程意识、团队协作意识和工程化开发意识也有明显的促进和提升作用。可以说，"编译原理"课程设计无疑是本科阶段一次难得的综合性系统能力训练。

3. 课程设计的主要内容

第一部分　语言及其描述

课程设计实验 1.1 通过乔姆斯基文法分类程序的构造实验，帮助学生加深对于语言和文法的理解和掌握；在此基础上，课程设计实验 1.2 要求学生选择和确定将来要实现的程序设计语言，并对这个语言（以下统称为 Mini 语言）进行形式化描述，用 EBNF 描述其词法和语法规则。通过这些工作，增进学生对于语言和语言处理思想的深入理解。课程设计讨论 1 以课堂讨论等方式进行总结和梳理。

第二部分　词法分析

把词法分析从编译过程中独立出来，可以大大降低编译器设计的复杂性，减少编译程序的错误。词法分析器依据词法规则，对输入的源程序字符流进行扫描分析，识别出单词，并以其属性字形式保存 token 序列，供语法分析器使用。在语法分析中，这些 token 将作为最小的语法单位，用终结符表示。

这一部分设置了 3 个难度递增的实验。课程设计实验 2.1 从接受算术表达式的词法分析器构造入手，帮助学生快速了解词法规则的多种形式化描述方式，以及词法分析程序的构造过程。在此基础上，课程设计实验 2.2 要求选用合适的词法分析器自动生成工具自动构造 Mini 语言的词法分析器。最后，课程设计实验 2.3 给出了手工构造 Mini 语言词法分析器的任务。通过这 3 个实验，帮助学生逐步了解和掌握词法分析的原理和词法分析器的多种构造技术。

第三部分　语法分析

语法分析器是编译器的重要组件，它接受来自词法分析器的源程序 token/单词序列，将其依据语法规则组合成更大的语法单位，直至创建源程序语法结构的层次性描述——语法分析树/抽象语法树。

这一部分设置了 3 个难度递增的实验和 2 个课堂讨论题目。课程设计实验 3.1 对算术表达式进行语法分析。在此基础上，课程设计实验 3.2 和实验 3.3 将语法成分由算术表达式扩大到 Mini 语言的各类语法成分，要求构造 Mini 语言的语法分析器。其中，实验 3.2 要求采用合适的语法分析器自动生成工具自动构造 Mini 语言的语法分析器。而实验 3.3 要求学生手工构造 Mini 语言语法分析器，难度最大。通过这 3 个实验，帮助学生逐步了解和掌握语法分析的原理、自顶向下和自底向上的语法分析方法、语法分析器的多种构造技术，以及语法错误的识别和处理。

在语法分析部分的课程实验完成之后，教师还可以组织学生进行分组讨论，通过讨论 2 和讨论 3 两个问题的报告或者辩论，交流各种编译技术和编译工具的使用和特点（可能不同小组采用不同的实现方式），帮助学生透彻地理解各种技术和方法。

第四部分　语义分析和中间代码生成

语义分析和中间代码生成程序对源程序（或者源程序对应的 AST）进行静态语义分析，检查源程序是否满足语言的语义规则，并生成中间形式的代码。

本课程设计对这部分的实验进行了分解，先通过课程设计实验 4.1 构造一个简单的接受算术表达式的计算器/后缀表示翻译器。再在实验 4.2 和实验 4.3 中分别设计实践符号表的构造和中间代码的生成。在此基础上，课程设计实验 4.4 要求构造一个完整的 Mini 语言的语义分析和中间代码生成程序。

通过这 4 个实验，帮助学生逐步了解和掌握语义分析、中间代码生成的原理、语法制导翻译的语义分析技术、语义分析器和中间代码生成器的多种构造技术。

第五部分　目标代码生成

目标代码生成器完成机器语言/汇编代码的生成。

课程设计实验 5 将 Mini 语言源程序的中间代码最终翻译为汇编指令（MIPS32 指令序列），并在 SPIM Simulator 上运行。

通过这一部分的课程设计，帮助学生了解和掌握汇编代码生成需要考虑和解决的关键问题，了解各种寄存器分配算法及应用。

本实验是本课程最后一个实验，它与前面部分的课程设计实验衔接，通过集成 Mini 语言的词法分析器、语法分析器、语义分析和中间代码生成器以及目标代码生成器，完成了一个完整的 Mini 语言编译器的构造。

6.4.2　课程设计选题方案

1. 第一部分　语言及其描述

实验 1.1　构造乔姆斯基文法分类程序

语言的形式化表示是编译器构造的前提和基础，针对编译原理需要用到的重要的形式语言预备知识，在引论部分设计了本实验。通过本实验，帮助刚开始接触语言形式化描述的学生深入理解文法的作用，牢固掌握文法的形式化表示和不同文法分类的意义，了解各类文法对于编译阶段的作用等，为后面课程深入介绍编译各阶段的原理、编译器各组成部分的构造方法等知识扫清障碍，为后续课程实验的开展奠定良好的基础。

实验目的：

- 正确理解语言、语言的形式化描述、文法及语言的处理。
- 熟悉和掌握文法的形式定义及各成分的含义。
- 正确识别文法的类型。
- 增强抽象思维、算法分析、程序设计和实现以及程序测试的能力。

实验要求：

根据文法产生式规则形式，进行乔姆斯基文法识别，判断文法类型，并输出完整的文法形式定义。

为简单起见，文法符号都采用单字符符号；有多个候选式的产生式允许采用缩写形式（$\alpha ::= \beta_1|\beta_2|\cdots|\beta_n$）作为产生式的输入形式。

- 输入：任意的文法 G 的 V_N、P 和 S。
- 输出：该文法的形式化表示 $G=(V_N, V_T, P, S)$ 及文法的乔姆斯基类型（0 型、1 型、2 型、3 型）。

实验步骤：

（1）梳理文法的乔姆斯基分类体系，熟悉各类文法的形式判定。

（2）为文法的表示设计数据结构。

（3）设计乔姆斯基文法识别程序的算法。

（4）设计和实现该文法分类程序。

（5）设计典型测试用例对其进行充分测试。

（6）反复修改和调试，直至实现对各类文法的识别，并给出完整的形式化表示。

文法的分类：

乔姆斯基文法按其产生式规则的形式分为 4 类。2 型上下文无关文法和 3 型正规文法的产生式左部为单个的非终结符。分类算法可先根据产生式左部确定文法是否为 2 型或 3 型。如果是，进而根据产生式右边是否符合单个终结符或者单个终结符后跟单个非终结符的特征，识别出文法是 2 型还是 3 型。而对于 0 型短语结构文法和 1 型上下文有关文法的识别，则可以根据产生式两边文法符号的长度是否符合长度增长的限制进行判定。对文法分类时，还要注意考虑空产生式等特殊情况。

实验成果：

- 乔姆斯基文法分类程序。
- 实验报告。实验报告中应体现问题定义和分析、设计（数据结构、算法、界面等）、主要测试用例（测试结果）等。测试用例中应包括各类乔姆斯基文法，并着重测试特殊情况（如空产生式）。

实验 1.2　Mini 语言的形式化描述

编译程序的工作是把高级程序设计语言的源程序翻译成等价的低级语言目标代码。为了给后续编译器的构造实验做准备，必须首先确定被编译的高级程序设计语言（源语言）。并对该程序设计语言的定义进行形式化表示，即规定该语言的词法、语法和语义规则，后续实验在此基础上为该语言构造编译器。

用于实验的源语言可以是自行设计的某个新语言，也可以是现有的某个程序设计语言的扩充或子集。一般情况下，此语言应该是结构化程度高的、定义明确且结构严谨的，便于采用形式语言定义的。由于编译器构造的复杂性及课程设计实验的时间限制，在确定源语言时，一般要对语言的基本成分进行一些限定，避免完整编译器的实现过于复杂，难以达到预期的实验目标。

为了便于在后续实验中描述方便，将选取的这种源语言统一简称为 Mini 语言。后面的课程设计实验都是基于 Mini 语言展开的，最终设计实现一个 Mini 语言的编译器。

实验目的：

- 加深对语言和语言成分的理解。
- 了解语言的形式化描述。
- 掌握语言的词法规则和语法规则的形式化描述方法。
- 通过语言的选择/设计、方案的制定等，培养解决实际问题的能力。

预备知识：

语言、语言的成分、词法规则、语法规则、语义规则、语言的描述等。

实验要求：

根据教学要求，选择和确定编译器的源语言——Mini 语言，并给出 Mini 语言的描述。

- 确定 Mini 语言的语法成分。

- 用 EBNF/文法表示 Mini 语言的词法规则和语法规则。
- 非形式化描述语言的语义规则。

实验步骤:

（1）明确本课程的教学和实验目标，总结分析多种实用语言的特点。

（2）选择、限定、修改或设计某语言（或子集）作为后续课程实验实现的源语言（Mini 语言）。

（3）描述 Mini 语言的词法规则，并用 EBNF/文法表示。

（4）描述 Mini 语言的语法规则，并用 EBNF/文法表示。

（5）描述 Mini 语言的语义规则，给出无歧义描述。

（6）设计多种典型的 Mini 语言源程序，作为后续课程实验的测试用例。

（7）反复前面的步骤，直至确定找到适合课程设计要求的 Mini 语言。

Mini 语言的选择:

教师和学生可以根据教学要求和具体情况，灵活地选用 Mini 语言。一般可以参考以下几种方案:

（1）自行设计某个新的程序设计语言。

（2）选择某个程序设计语言作为基础，限定该语言的语法成分，即将 Mini 语言设计为该语言的一个小子集，保留涉及编译原理基本内容的语法成分，删掉复杂而难以实现的部分。对这个 Mini 语言进行严谨而简洁的形式定义，为后面的 Mini 编译器构造奠定基础。例如，大多数高校本科生学习过 C 语言，可以选择 C 语言，剔除 C 语言成分中定义过于灵活的部分，保留基本的控制结构和语法成分作为 Mini 语言，如 C-Minus。

（3）设计和选取的语言特征将很大程度上影响后续编译器的构造难度和代码规模。具有以下语言特征的编译器开发难度是不同的:

- 无类型的程序设计语言。程序处理的数据只有整型，变量无须声明即可使用。这种语言过于简单，编译器的实现难度较低，适合一般性的学习要求。
- 强类型的程序设计语言。支持多种类型，如整型、实型、布尔型、字符型等标准数据类型，甚至支持数组等构造数据类型。变量类型必须在源代码中明确定义，即进行"变量声明"；弱类型的程序设计语言的变量类型则无需声明，由解释器解释。强类型的程序设计语言的变量类型严格地在编译期间进行检查。在没有强制类型转化前，不允许两种不同类型的变量相互操作。因此，编译阶段进行语义处理必须包含这部分功能，编译时刻能检查出错误的类型匹配，从而提高了程序的安全性。其编译器的实现难度增加，要求更高。
- 单函数的程序设计语言。程序只有一个函数，不支持带参数的函数调用。难度较低。
- 多函数的结构化程序设计语言。程序由多个函数组成，具有基本的函数调用和过程调用。支持多种层次的作用域。编译器的构造有一定难度，适合要求较高的学习。
- 面向对象特征的程序设计语言。语言具有面向对象的基本特征。要求编译程序支持对象、类、继承、重载、多态等面向对象特征。编译器的构造难度较大，适合深入学习的要求。

PL/0、Oberon-0、TINY 等简化的程序设计语言以及 MiniJava、Decaf 等面向对象程序语言的抽象常被选用为编译实验的源语言。

实验成果：

- Mini 语言定义。

- 实验报告。实验报告中应体现 Mini 语言的全部成分、用 EBNF/文法表示的 Mini 语言词法规则和语法规则描述、Mini 语言语义规则的非形式化描述、Mini 语言源程序示例等。示例中不仅应有正确的 Mini 语言源程序，还应该包括含有错误的源程序。

2. 第二部分 词法分析

实验 2.1 算术表达式（语言）的词法分析器

本实验是词法分析部分的一个热身实验，该实验成果将与语法分析、语义分析阶段的两个课程设计实验 3.1 和 4.1 衔接，最终实现一个计算器，它能够对输入的算术表达式进行求值。

实验目的：

- 正确理解语言、语言的形式化描述（文法）及语言的处理。

- 掌握算术表达式的形式化表示。

- 深入理解词法分析的基本原理和步骤。

- 初步掌握词法扫描器的工作原理。

- 增强抽象思维、算法分析、程序设计和实现以及程序测试的能力。

实验要求：

对基本算术表达式进行扫描，分词，完成词法分析任务。如果符合词法规则，打印出 token（单词记号）及其种属和类别；否则，报告错误及出错位置。

要求表达式为包含整型、实型（至少是整型）数的加减乘除等基本算术运算。

- 输入：某算术表达式的中缀表示。

- 输出：该表达式中的单词记号及其属性/ 错误报告。

  （进阶要求：输出该表达式对应的 token 序列。）

实验步骤：

（1）定义该表达式语言的词法规则，并用 EBNF/文法表示。

（2）为文法中各类单词符号作出状态转换图。

（3）根据状态转换图，得到各类单词的扫描程序框图。

（4）考虑出错处理的出口。

（5）设计和实现该词法分析程序。

（6）设计典型测试用例对其进行充分测试。

词法错误类型：词法中未定义的字符及任何不符合词法单元定义的字符。

实验成果：

- 算术表达式的词法分析器。

- 实验报告。实验报告中应体现词法规则的定义、词法分析器的设计过程、测试用例的设计思路等。测试用例中不仅应有正确的表达式，还应该包括错误的表达式。

实验 2.2 用工具生成 Mini 语言的词法分析器

在现代编译技术中，有专门的词法分析器的生成器，如 Lex 及其各种变形（以下不加区别地统称为 Lex），它们可以从高级的词法规范描述生成词法分析器的源代码，实现编译程序子构件的自动构造。

本实验要求学生学习、选择和使用合适的词法分析程序的生成工具，熟悉和掌握词法分析程序自动生成的方法，为后续手工构造词法分析器奠定基础。

实验目的：

- 加深对词法分析器的理解。
- 熟悉词法分析程序生成器的工作原理，并学习使用 Lex 工具自动生成词法分析器。
- 了解词法规范描述文件的格式，掌握为特定词法规则编写词法规范描述文件的方法。
- 了解设计与实现一个高级语言编译器所面临的问题及复杂程度。
- 通过工具的选择、方案的制定等，培养解决实际工程问题的能力。
- 增强抽象思维、算法分析、程序设计和实现以及程序测试的能力。

实验要求：

选择一种词法分析器生成工具（统称 Lex），用它为 Mini 语言构造一个词法分析器。

- 输入：符合 Lex 工具要求的 Mini 语言词法规范描述文件（Lex 源程序）。

Lex 源程序是用 Lex 语言编写的词法规则说明，经过 Lex 翻译后，生成目标文件；用编程语言相关的编译器对其进行一次编译，就得到了词法分析程序。Lex 源程序通常由描述词法规则的正规式和对应的语义子程序构成。

- 输出：Mini 语言的词法分析器。

实验步骤：

（1）选择合适的词法分析器生成工具。

（2）描述 Mini 语言的词法规则，并用 EBNF/文法表示。

（3）生成符合 Lex 工具要求的词法规范描述文件（Lex 源文件）。

（4）利用 Lex 工具，生成 Mini 语言的词法分析器。

（5）设计典型测试用例对其进行充分测试。

（6）反复前面的步骤，生成、修改、编译和调试，直至词法分析器能够正确完成词法分析工作。

工具的选择：

与编写编译程序的编程语言相关。

提到词法分析器的自动生成器，人们首先想到的是 Lex，它是 1975 年由 Mike Lesk 和 Eric Schmidt 共同完成的一款基于 UNIX 环境的词法分析程序生成工具。它所生成的语法分析器的语言是 C 语言。

后来，伯克利实验室的 Vern Paxson 使用 C 语言重写了 Lex，命名为 Flex（Fast Lexical Analyzer Generator），其效率和稳定性都更好。在 Linux 下的 Flex 版本是 GNU Flex。

如果采用的编写编译器的编程语言是 Java，可选择 JFlex，它是生成 Java 源代码的词法分析器的生成器。

又如，JavaCC（Java Compiler Compiler）是 Sun Microsystems 公司提供的一个语法分析器和词法分析器自动生成器，生成的词法/语法分析器的语言为 java。

实验成果：

- Mini 语言的词法分析器。
- 实验报告。实验报告中应体现词法规则的定义、符合 Lex 工具要求的词法规范描述文件（Lex 源文件）、词法分析器的自动生成过程、测试用例的设计思路等。测试用例中不仅应有正确的 Mini 语言源程序,还应该包括含有词法错误的源程序。

实验 2.3　手工构造 Mini 语言的词法分析器

本实验是词法分析部分的一个综合实验。通过本实验,促进学生深入理解理论课中所学的实现词法分析的典型思想和方法,并掌握高级程序设计语言的词法分析器的开发技术。

本实验成果将与语法分析、语义分析和中间代码生成、目标代码生成阶段的相关课程设计实验衔接(定义好接口,可多种方式组合),最终实现一个 Mini 语言的编译器,它能够对 Mini 源程序进行编译。因此,要求将其作为整个"编译系统"的一个子系统(模块)进行设计和实现,需要站在系统的高度,事先设计好软件系统结构和各模块间的接口,并保持良好的编码风格。

实验目的:

- 正确理解语言、语言的形式化描述及语言的处理。
- 掌握语言的词法规则的形式化表示(正规文法、正规表达式、DFA)。
- 深入理解词法分析的基本原理和步骤。
- 掌握词法扫描器的工作原理。
- 增强抽象思维、算法分析与选择、程序设计和实现以及程序测试的能力。
- 锻炼包括系统观、系统设计和开发在内的系统能力。
- 体验实现自动计算的乐趣。

实验要求:

对 Mini 语言书写的源程序进行扫描,分词,完成词法分析任务。如果符合词法规则,将源程序转换成等价的单词属性字序列,并打印输出;否则,报告错误及出错位置。

要求 Mini 语言包含基本的关键字、运算符、界限符、标识符和常量等词法单元。

- 输入:Mini 语言的源程序。
- 输出:与该源程序等价的 token 序列 / 错误报告。

实验步骤:

(1)定义 Mini 语言的词汇表,包含全部单词符号的定义,包括类别(关键字、标识符、常数、运算符、界限符)和表示形式(类别号:一类一码/一符一码;属性值)。

(2)定义 Mini 语言的词法规则,给出各类单词的正规定义。

(3)为文法中各类单词符号作出状态转换图。

(4)根据状态转换图,得到各类单词的扫描程序框图。

(5)设计预处理程序,删除源程序中注解、空格、回车符、换行符之类非必要信息。

(6)设计算法和数据结构,将源程序转换成统一的属性字形式的单词串,并保存。

(7)考虑出错处理的出口。

(8)设计和实现该词法分析程序,对源程序进行词法分析并打印输出单词串。

(9)设计典型测试用例对其进行充分测试。

(10)反复前面的步骤,修改和调试,直至词法分析器能够完成词法分析工作并打印输出与源程序等价的 token 序列。

词法错误类型:词法中未定义的字符及任何不符合词法单元定义的字符。

实验成果:

- Mini 语言的词法分析器。

- 实验报告。实验报告中应体现 Mini 语言的词汇表、词法规则的定义、词法分析器的设计过程、测试用例的设计思路等。测试用例中不仅应有正确的源程序，还应该包括错误（尤其是词法错误）的源程序。

3. 第三部分 语法分析

实验 3.1　算术表达式（语言）的语法分析器

本实验是语法分析部分的一个热身实验，本实验的成果将与词法分析、语义分析阶段的两个课程设计实验 2.1 和 4.1 衔接，最终实现一个计算器，它能够对输入的算术表达式进行求值。

实验目的：

- 正确理解编译阶段的语法分析任务。
- 深入理解语法分析的基本原理和步骤。
- 初步掌握语法分析器的工作原理。
- 掌握自顶向下、递归求解、模块化等典型方法。
- 增强抽象思维、算法分析、程序设计和实现以及程序测试的能力。

实验要求：

对基本算术表达式进行扫描，利用实验 2.1 得到的 token 序列，识别各类语法成分，完成语法分析任务。如果符合语法规则，得到该算术表达式的语法树（或 AST）；否则，报告错误性质及出错位置。

要求表达式为包含整型、实型（至少是整型）数的加减乘除等基本算术运算。

- 输入：某算术表达式的中缀表示 / 与算术表达式等价的 token 序列。
- 输出：该表达式是否符合语法规则要求（其语法树或 AST）/ 错误报告。

实验步骤：

（1）定义该表达式语言的语法规则，并用文法表示。

（2）利用递归下降分析方法，设计出各语法成分的分析子程序。

（3）考虑出错处理的出口。

（4）进阶要求：设计数据结构和算法，为合法的表达式生成语法树（或 AST），并保存或打印显示。

（5）设计和实现该语法分析程序。

（6）设计典型测试用例对其进行充分测试。

语法错误类型：括号不匹配，错误地使用了关键字，遗漏了某些必需的标点符号，语句不完整或不匹配等。例如：括号不匹配，如 3+4*5)；缺少操作数，如 3+*5。

就编译程序的结构而言，有两种组织方式。第一种，将实验 2.1 的词法分析程序作为本实验构造的语法分析器的子程序，供语法分析程序调用，在一趟扫描中实现语法和词法分析工作。当语法分析程序需要时就调用词法分析程序识别一个 token，因此，词法分析器不用生成/保存源程序（算术表达式）的中间等价物（token 序列）。第二种，分多趟完成词法和语法分析的扫描工作。词法分析程序不是语法分析程序的子程序，是独立的主程序。词法分析单独扫描一遍源程序（算术表达式），并生成等价的 token 序列，作为语法分析程序的输入。这种方式将源程序转换成统一的属性字形式的单词串，有利于增强编译器的可移植性。学生需先确定结构，再采用相应的实现方式进行开发。

实验成果：

- 算术表达式的语法分析器。
- 实验报告。实验报告中应体现语法规则的定义、语法分析器的设计过程、测试用例的设计思路等。测试用例中不仅应有正确的表达式，还应该包括错误的表达式。

实验 3.2　用工具生成 Mini 语言的语法分析器

在现代编译技术中，同样也有各种专门的语法分析器的生成工具，例如，以 LALR 文法为基础的 Yacc（Yet another compiler compiler）及其各种变形，如 CUP（Constructor of Use: Parsers），以 LL（k）文法为基础的 JavaCC（Java Compiler Compiler）等。这些工具（以下不加区别地统称为 Yacc），可以从输入的语法规范描述文件生成语法分析器的源程序代码，实现编译程序子构件的自动构造。

本实验要求学生学习、选择和使用合适的语法分析程序的生成工具，熟悉和掌握语法分析程序自动生成的方法，为后续手工构造语法分析器奠定基础。

实验目的：

- 加深对语法分析器的理解。
- 熟悉语法分析器的工作原理，并学习使用 Yacc 等工具自动生成语法分析器。
- 了解语法规范描述文件的格式，掌握为特定语法规则编写文法规范描述文件的方法。
- 了解设计与实现一个高级语言编译器所面临的问题及复杂程度。
- 通过工具的选择、方案的制定等，培养解决实际工程问题的能力。
- 增强抽象思维、算法分析、程序设计和实现以及程序测试的能力。

实验要求：

选择一种语法分析器生成工具（统称 Yacc），用它为 Mini 语言构造一个语法分析器。

- 输入：符合 Yacc 等工具要求的语法规范描述文件。

文法规范描述文件通常由声明部分、规则和用户代码组成。声明部分声明符号及其类型、终结符的优先级和结合性等；规则包括语法规则的定义以及归约后要执行的语义动作（程序代码）；用户代码是任何合法的程序代码，将直接被复制到生成的语法分析器代码中。

语法规范描述文件中，描述语法规则的文法类型受到具体工具的限制。例如，Yacc、CUP 是以 LALR 分析为基础构造语法分析器的，描述语法规则必须是 LALR 文法；而 JavaCC 是一种采用递归下降分析、支持 LL（k）文法的编译器生成工具，描述语法规则（也可以描述词法规则）则要求是 LL 文法，不含左递归。因此，描述语言语法规则的文法类型需要符合所选取的工具要求。学生需要了解各种自上而下和自下而上语法分析方法所适用的文法范围，以及如何将一个不适用的文法改写为一个适用的文法。

- 输出：Mini 语言的语法分析器。

实验步骤：

（1）选择合适的语法分析器生成工具。

（2）描述 Mini 语言的语法规则，并用 EBNF/文法表示。

（3）生成符合工具要求的语法规范描述文件。

（4）进阶要求：语法分析过程生成 AST，这要求除了编写语法分析的文法规则之外，还需要构造 AST 的动作代码，即设计语义动作，使得语法分析能够边分析边构造 AST。

（5）利用工具，生成 Mini 语言的语法分析器。

（6）设计典型测试用例对其进行充分测试。

（7）反复前面的步骤，生成、修改、编译和调试，直至语法分析器能够完成语法分析工作并生成正确的 AST。

工具的选择：与编写编译程序的编程语言相关。

Yacc 是最经典的编译程序辅助生成工具，它由贝尔实验室的 S. C. Johnson 在 1978 年写成，生成语法分析器的语言是 C 语言。

Yacc 有许多变形，如 BYACC、GNU Bison 和 CUP 等。

1985 年，Bob Corbett 在 BSD 下重写了 Yacc，后来 GNU Project 为其增加了许多新的特性，实现了 GNU Bison。Bison 与 Yacc 有很高的兼容性。生成语言为 C、C++和 Java。

jikespg（Jikes parser generator）则是 IBM 公司开发的一个语法分析器的自动生成器，IBM 公司的 Java 编译器 Jikes 就使用了它。

CUP 是一个类似 Yacc 的工具，它能由 CUP 语法规范描述文件生成对应的 LALR 分析器。与 Yacc 生成 C 语言代码不同，CUP 生成的是 Java 语言代码。

在本实验中，可以采用 CUP 为 Mini 语言生成一个语法分析器。这个语法分析器可以与课程设计实验 2.2 中生成的词法分析器一起作为完整的编译器的构件（子系统），因此，两个实验既相互独立，又可以衔接集成。课程设计实验 2.2 中的词法分析器则可用 JFlex 来自动生成。

CUP、Yacc 都是生成自下而上分析器的工具，而 JavaCC 是一种采用递归下降分析的、支持 LL（k）文法的编译器的生成器。JavaCC 能生成自顶向下（递归下降）的分析器。JavaCC 支持 LL（k）文法，它比 CUP 和 Yacc 能支持更多形式的语法，但它要求文法是非左递归的。JavaCC 还提供 JJTree 等工具来帮助用户建立语法树。它还有一个用于辅助 JavaCC 应用程序开发的 Eclipse 插件。生成语法分析器语言为 Java。

而且，正如前文提到，JavaCC 的语法规范描述文件不仅可以描述语言的语法规范，而且可以描述词法规范，这便于语法规范读取和维护词法 token。因此，学生可以采用 JavaCC 为 Mini 语言描述词法和语法规范，从而生成相应的词法和语法分析器，也就是在课程设计实验 2.2 和 3.2 中都采用 JavaCC 作为工具。

关于文法的二义性：在课程设计实验中，采用无二义的文法描述语言，能够避免分析过程的不确定性。但由于二义文法通常在形式上比等价的无二义文法更为简洁，因此经常被采用。如果用来描述语言的文法具有二义性，可以通过声明终结符的优先级和结合性等方式消除二义文法带来的歧义，使得分析过程确定地进行。

实验成果：

* Mini 语言的语法分析器。
* 实验报告。实验报告中应体现语法规则的定义、符合 Yacc 等工具要求的语法规范描述文件、语法分析器的自动生成过程、测试用例的设计思路等。测试用例中不仅应有正确的 Mini 语言源程序，还应该包括含有语法错误的源程序。

实验 3.3　手工构造 Mini 语言的语法分析器

本实验是语法分析部分的一个综合实验。通过本实验，促进学生深入理解理论课中所学的实现语法分析的典型思想和方法，并掌握高级程序设计语言的语法分析器的开发技术。

本实验成果将与词法分析、语义分析和中间代码生成、目标代码生成阶段的相关课程设计实验衔接（定义好接口，可多种方式组合），最终实现一个 Mini 语言的编译器，它能够对 Mini 源程序进行编译。因此，要求将其作为整个"编译系统"的一个子系统（模块）进行设计和实现，需要站在系统的高度，事先设计好软件系统结构和各模块间的接口，并保持良好的编码风格。

实验目的：

- 正确理解语言、语言的形式化描述及语言的处理。
- 掌握语言的语法规则的形式化表示（上下文无关文法）。
- 深入理解语法分析的基本原理和步骤。
- 掌握语法扫描器的工作原理。
- 掌握自顶向下、递归求解、模块化等典型方法。
- 增强抽象思维、算法分析与选择、程序设计和实现以及程序测试的能力。
- 锻炼包括系统观、系统设计和开发在内的系统能力。
- 体验实现自动计算的乐趣。

实验要求：

手工构造 Mini 语言的语法分析器，对源程序进行语法分析，识别、恢复和处理（进阶要求）其中的语法错误。

对 Mini 语言书写的源程序进行扫描，利用实验 2.3 得到的 token 序列，识别各类语法成分，完成语法分析任务。如果符合语法规则，得到源程序对应的语法树（或 AST）（选做）；否则，报告错误性质及出错位置。

要求 Mini 语言至少包含算术表达式、逻辑表达式、赋值语句、if-then 分支结构、while 循环结构等基本控制结构。

- 输入：Mini 语言的源程序。
- 输出：该源程序是否符合语法规则要求（其语法树或 AST）/ 错误报告。

实验步骤：

（1）根据实际情况，选取和限定 Mini 语言的语法成分，至少应该包括算术表达式、逻辑表达式、赋值语句、if-then 分支结构、while 循环结构等基本控制结构。

（2）定义 Mini 语言的语法规则，采用非左递归的文法描述语法规则。

（3）利用递归下降分析方法，设计出各语法成分的分析子程序。

（4）考虑出错处理的出口。

（5）进阶要求：设计数据结构和算法，为合法的源程序生成语法树（或 AST），并保存或打印显示。

（6）设计和实现该语法分析程序。

（7）进阶要求：先序遍历生成的语法树，按照缩进格式打印出每个结点（语法成分）的信息。

（8）设计典型测试用例对其进行充分测试。

（9）反复前面的步骤，修改和调试，直至语法分析器能够完成语法分析工作（并打印输出源程序对应的语法树/AST）。

相比于其他语法分析技术，递归下降的语法分析方法比较容易理解且易于实现。但它对文法的要求比较严格。学生需要了解递归下降方法所适用的文法范围，以及如何将一个不适用的文法改写为一个适用的文法。

语法错误类型：语句不完整或不匹配，括号不匹配，错误地使用了关键字，遗漏了某些必需的标点符号等。

进阶要求：错误处理机制。

编译器不能一发现错误就停止编译，而是要对错误进行适当的处理，从而使编译工作能够继续进行。也就是说，为了在一次语法分析过程中尽可能多地发现语法错误，编译器需要一定的错误处理能力。

编译器的错误处理能力主要包括：

（1）能够诊断各类错误。

（2）能够准确指出出错位置和错误性质。

（3）能够通过一次编译找出尽可能多的源程序中的错误。

（4）能够改正一定的错误。

编译器检查出源程序的错误后，除了报告错误信息外，还应对错误进行适当的处理，以便使得分析过程可以继续下去。错误处理一般有错误改正和错误局部化处理两种方法。由于错误改正很困难，所以通常采用的是错误局部化处理的方式，即当发现错误后，尽可能将错误限制在一个较小的局部范围内，避免影响程序其他部分的分析。通常，当编译器诊断出错误后，就暂停对后面符号的分析，跳过错误所在的语法单位，对后面部分继续进行分析。例如在词法分析时，跳过出错的单词，找到下一个新的单词继续分析，这相对简单；在语法分析时，跳过错误所在的短语或语句，找到下一个新的短语或者语句，开始新的分析。

错误处理能力是衡量编译器性能的一个重要方面，是编译系统的重要组成部分。在设计编译器时，应尽量把它设计得完善，方便用户使用。

实验成果：

- Mini 语言的语法分析器。
- 实验报告。实验报告中应体现 Mini 语言的语法成分、语法规则的定义、语法分析器的设计过程、测试用例的设计思路等。测试用例中不仅应有正确的源程序，还应该包括错误（尤其是语法错误）的源程序。

4. 第四部分　语义分析及中间代码生成

实验 4.1　算术表达式计算器

本实验是语义分析及中间代码生成部分的入门实验，本实验成果将与词法分析、语法分析阶段的两个课程设计实验 2.1 和实验 3.1 衔接，最终实现一个计算器，它能够对输入的算术表达式进行求值，输出表达式的后缀形式或者输出其 AST。

实验目的：

- 正确理解语言、语言的形式化描述（文法）及语言的处理。
- 掌握算术表达式的形式化表示。
- 深入理解语义分析的基本原理和步骤。
- 初步掌握语义分析器的工作原理。
- 增强抽象思维、算法分析、程序设计和实现以及程序测试的能力。

实验要求：

对算术表达式进行扫描，或利用实验 3.1 得到的 AST 进行语义分析和翻译。如果符合语义规则，得到该算术表达式的值或 AST 或其后缀表示；否则，报告错误性质及出错位置。

要求表达式为包含整型、实型数的加减乘除等基本算术运算。应考虑算符的优先级和结合性。

- 输入：某算术表达式的中缀表示 / 算术表达式的 AST。
- 输出：该表达式的值 / AST / 后缀表示 / 错误报告。

实验步骤：

（1）为该表达式语言定义属性文法。

（2）修改实验 3.1 的语法分析程序，利用语法制导翻译技术对属性求值，计算该表达式的值。

（3）考虑出错处理的出口。

（4）进阶要求：设计数据结构和算法，为合法的表达式生成语法树（或 AST），并保存或打印显示。

（5）进阶要求：为该表达式语言定义翻译文法，将中缀表示翻译为后缀表式，并打印输出。

（6）设计和实现该语义分析及中间代码生成程序。

（7）设计典型测试用例对其进行充分测试。

实验成果：

- 算术表达式的计算器 / 后缀表达式翻译器。
- 实验报告。实验报告中应体现翻译文法的定义、语义分析及中间代码生成器的设计过程、测试用例的设计思路等。测试用例中不仅应有正确的表达式，还应该包括错误的表达式。

实验 4.2　构造符号表

符号表是语义分析的基础，对于编译器至关重要。本实验是语义分析部分的一个先导实验。通过本实验，促进学生深入理解符号表的作用和构造方法，为后面利用符号表进行语义分析，开发完整的语义分析程序奠定基础。

本实验与课程设计实验 3.2 或者实验 3.3 衔接，通过遍历语法分析得到的 AST，得到源程序的符号表。在此基础上，后续实验 4.4 将设计实现一个完整的语义分析程序，并生成中间代码。分步实验可降低难度，梳理各模块的逻辑联系。也可以直接完成实验 4.4。教师和学生可根据具体情况选择合适的实验方案。

实验目的：

- 正确理解符号表在编译中的作用。
- 深入了解符号表的内容、结构和组织方式。
- 深入理解语义分析中涉及符号表的操作和与符号表构建相关的语义错误。
- 掌握设计和管理符号表的方法。
- 增强数据结构、算法的分析与选择、程序设计和实现以及程序测试的能力。

实验要求：

以实验 3.2 或实验 3.3 为基础，对 Mini 语言书写的源程序进行扫描，遍历实验 3.2 或实验 3.3 得到的 AST，收集和管理源程序中的各名字的符号信息，构造符号表。

符号表中的信息项的基本要求：根据 Mini 语言的特性设置信息项。对于变量，至少要记录变量名及其类型；对于函数，至少要记录其返回类型、参数个数以及参数类型等。

- 输入：Mini 语言的源程序对应的 AST。
- 输出：该源程序的符号表。

实验步骤：

（1）收集 Mini 语言各种名字的属性，确定符号表的内容。

（2）设计符号表的结构。

（3）为符号表的实现，设计数据结构和算法，高效实现对符号表的访问。

（4）考虑符号表构建中可能出现的语义错误类型（如重复声明、变量未定义等）。

（5）设计和实现遍历 AST 构造符号表的程序。

（6）设计典型测试用例对其进行充分测试。

（7）反复前面的步骤，修改和调试，直至能由 AST 正确构建符号表。

说明：

（1）符号表的内容和操作。

符号表在编译过程中记录和管理源程序中各种名字的特性信息。名字包括程序名、过程名、函数名、用户定义类型名、变量名、常量名、标号名等；它们的特征信息涉及该名字的种类、类型、维数、参数个数、数值和目标地址（存储单元地址）等。

符号表上的操作包括填表和查表两种。当分析到程序中的说明或者定义语句时，应将说明或定义的名字以及与之有关的特性信息填入符号表中，这就是填表操作。查表操作则使用得更为广泛，需要使用查表操作的情况有：①填表前查表，包括检查在输入程序的同一作用域内名字是否被重复定义，检查名字的种类是否与说明一致，对于那些类型要求更强的语言，则要检查表达式中各变量的类型是否一致等；②生成目标指令时，也需要查表以取得所需的地址或者寄存器编号等。

（2）符号表的实现。

符号表的组织方式也有多种，可以将程序中出现的所有符号组织成一张表，也可以将不同种类的符号组织成不同的表（例如，所有变量名组织成一张表，所有函数名组织成一张表，所有临时变量组织成一张表，所有结构体定义组织成一张表等）。可以针对每个语句块、每个结构体都新建一张表，也可以将所有语句块中出现的符号全部插入同一张表中。符号表可以仅支持插入操作而不支持删除操作（此时如果要实现作用域，则需要将符号表组织成层次结构），也可以组织一张既可以插入又可以删除的、支持动态更新的表。不同的组织方式各有利弊。学生应根据限定的 Mini 语言的特点，选择合适的结构来组织符号表。

实现符号表的数据结构很多，有线性表、二叉树、散列表等。它们用于查填操作的算法的时间复杂度、空间复杂度和编程难度都有较大差异。由于编译过程中对符号表的查填操作频繁，因此其效率将直接影响编译器的效率。要求学生根据语言的特点，选择合适的数据结构和算法来实现符号表。

（3）符号表构建中可能出现的语义错误：名字的重复声明、名字未声明先使用等。

将声明的变量名加入符号表中，如果符号表中已存在同名的变量，则加入失败，报"重复声明"错；对于语句中出现的变量，用名字在符号表中查找，若表中没有定义，则出现语义错误，报"未定义"错。

实验成果：

- Mini 语言的符号表生成程序（模块）。
- 实验报告。实验报告中应体现 Mini 语言的各类名字的符号信息、符号表的结构、组织方式、算法等的设计过程、测试用例的设计思路等。测试用例中不仅应有正确的源程序，还应该包括错误（尤其是与符号表相关的静态语义错误）的源程序。

实验 4.3　构造中间代码生成器

理论上说，中间代码在编译器的内部表示可以选用树形结构（AST）或者线性结构（三地址码）等形式。为了方便进行检查和实现到目标代码的转换，将中间代码输出成线性结构，也便于测试中间代码的运行结果。

本实验与课程设计实验 3.2 或者实验 3.3 衔接，通过遍历语法分析得到的 AST，转换得到源程序的三地址码。在此基础上，后续实验 4.4 将设计实现一个完整的语义分析程序，并生成中间代码。分步实验可降低难度，梳理各模块的逻辑联系。也可以直接完成实验 4.4。教师和学生可根据具体情况，选择合适的实验方案。

实验目的：

- 正确理解中间代码在编译中的作用。
- 深入了解多种中间代码形式的特点、适用范围等。
- 掌握设计和实现中间代码生成器的方法。
- 增强数据结构、算法的分析与选择、程序设计和实现以及程序测试的能力。
- 锻炼包括系统观、系统设计和开发在内的系统能力。
- 体验实现自动计算的乐趣。

实验要求：

对实验 3.2 或实验 3.3 得到的 Mini 语言源程序 AST 进行遍历，转换为一种接近汇编语言的低级中间表示（三地址码）。在课程设计实验 5 中，再将这种三地址码转换成汇编代码。

要求 Mini 语言至少包含算术表达式、逻辑表达式、赋值语句、if-then 分支结构、while 循环结构等基本控制结构。

本着循序渐进的原则，为简化设计，本实验只考虑符合语义要求的源程序，经转换生成 AST，转换为三地址码。语义处理部分的内容将在实验 4.4 这个综合实验中实现。

- 输入：某 Mini 语言（符合语义要求的）源程序 / 对应的 AST。
- 输出：与该源程序等价的中间代码（三地址码）。

实验步骤：

（1）总结和分析 Mini 语言的各类语言结构及语句的三地址码表示及含义。

（2）梳理和设计出哪些类型的 AST 节点中收集类型信息，每种类型的 AST 节点应该转换为何种三地址码，各个 AST 节点到三地址码的衔接等。

（3）分析制定详细的 AST 到三地址码的转换方案。

（4）设计数据结构和算法，实现 Mini 语言的 AST 到三地址码的转换器，实现中间代码的生成。

（5）设计典型测试用例对其进行充分测试。

（6）反复前面的步骤，修改和调试，直至能将 AST 正确转换为等价的三地址码。

AST 也是一种中间表示，但是由于 AST 与汇编语言相差较远，直接由 AST 生成汇编代码比较复杂。因此，可以先将 AST 转换为一种比较接近于汇编语言的低级中间表示，然后再由这种低级中间表示生成汇编代码。本实验采用的是三地址码，它是最常用的低级中间表示形式之一，其指令通常包含两个运算对象的地址和一个结果的地址。由于以线性结构表示程序行为，形式非常类似于汇编代码，便于后续阶段实现目标代码的生成。

教师和学生在进行实验时，也可以根据实际情况，选择或者自行设计合适的低级中间表示，完成中间代码生成器的构造。

实验成果：

- Mini 语言的中间代码生成器。
- 实验报告。实验报告中应体现 Mini 语言的各类语言结构、语句的三地址码表示及含义的说明、中间代码生成程序的数据结构和算法等的设计过程、测试用例的设计思路等。

实验 4.4　构造 Mini 语言的语义分析及中间代码生成器

本实验是语义分析部分的一个综合实验。通过本实验，促进学生深入理解理论课中所学的实现语义分析的典型思想和方法，并掌握高级程序设计语言的语义分析和中间代码生成器的开发技术。

本实验成果将与词法分析、语法分析、目标代码生成阶段的相关课程设计实验衔接（定义好接口，可多种方式组合），最终实现一个 Mini 语言的编译器，它能够对 Mini 源程序进行编译。因此，要求将其作为整个"编译系统"的一个子系统（模块）进行设计和实现，需要站在系统的高度，事先设计好软件系统结构和各模块间的接口，并保持良好的编码风格。

实验目的：

- 正确理解语言、语言的形式化描述（文法）及语言的处理。
- 了解描述语言语义的方法。
- 深入理解属性文法，掌握语法制导翻译技术。
- 深入理解语义分析、中间代码生成的基本原理和步骤。
- 掌握语义分析和中间代码生成器的工作原理。
- 掌握自顶向下、模块化等典型方法，了解语义分析的几种实施方法。
- 了解和学习如何恢复和处理语义分析中遇到的错误。
- 增强抽象思维、算法分析与选择、程序设计和实现以及程序测试的能力。
- 锻炼包括系统观、系统设计和开发在内的系统能力。
- 体验实现自动计算的乐趣。

实验要求：

对 Mini 语言源程序进行扫描，或利用实验 3.3 得到的 AST 进行语义分析和翻译。如果符合语义规则，则得到与该源程序等价的中间代码（三地址码）；否则，报告错误性质及出错位置。

要求 Mini 语言至少包含算术表达式、逻辑表达式、赋值语句、if-then 分支结构、while 循环结构等基本控制结构。

- 输入：某 Mini 语言源程序 / 对应的 AST。
- 输出：与该源程序等价的中间代码（三地址码）/ 错误报告。

实验步骤：

（1）分析 Mini 语言的静态语义，总结并确定要检查的语义错误类型。

（2）定义 Mini 语言的语义规则，设计语义处理子程序。

（3）修改 Mini 语言的描述文法，增加语义子程序，拓展为翻译文法。

（4）结合实验 4.2 的符号表设计，修改实验 3.3 构造的语法分析器，修改变量声明语句和语句块相关的规则，增加符号表的构造与维护代码。

（5）设计语义检查规则，增加错误信息管理的代码；进一步修改语法分析器，将语法制导翻译的功能嵌入到语法分析器中；增加语义分析代码，实现语义检查功能。

（6）考虑出错处理的出口。

（7）结合实验 4.3 的中间代码设计，进一步修改语法分析器，增加中间代码生成代码，实现三地址码的生成。

（8）设计实现语义分析和代码生成程序。

（9）设计典型测试用例对其进行充分测试。

（10）反复前面的步骤，修改和调试，直至语义分析和中间代码生成器能够完成语义分析工作，并打印输出源程序对应的三地址码。

说明：

（1）语义分析程序的实现方式。

从编程实现的角度看，语义分析既可以作为编译器里单独的一个模块，在语法分析输出的 AST 上进行语义分析，也可以并入前面的语法分析模块（伴随着语法分析展开语义处理）或者并入其后的中间代码生成模块。实验 4.4 采用的是修改语法分析器，将语义分析和中间代码生成任务并入语法分析器的方式。这种方式下，程序对 Mini 语言源程序进行扫描，根据语法分析得到的 AST 构造符号表，并完成语义分析工作，最终生成三地址码。

由于有了实验 4.2 和实验 4.3 奠定的基础，本实验实现的难度大大降低。要求通过修改语法分析器，在语法分析构造 AST 的同时增加语义动作，完成符号表的构建和维护以及语义分析工作，并最终生成三地址码。

学生也可以充分比较上述这些语义分析程序构造方式的特点、局限性以及适用范围，选择其他的实现方式来完成编译器的子系统（模块）。

（2）语义分析的任务。

语义分析是以语法分析和符号表为基础的。符号表收集和管理源程序中出现的各种名字信息。语义分析检查静态语义错误，主要是通过访问符号表进行类型检查，检查算符所作用的运算对象是否类型相容，检查函数（方法）调用是否与函数定义相容（检查函数名、参数个数及类型、返回类型等是否相容），等等。借助符号表，在语义分析时还可以开展控制流检查，如检查 break 和 continue 语句是否被包含在 while 语句循环体内，函数体中是否有不可达的语句，等等。

检查的错误类型较多，处理的内容也较复杂。发现一个语义错误之后不应立即退出程序，程序应有能力查出输入程序中的多个错误。

（3）语义错误类型。

需要检查的静态语义错误大部分只涉及查表与类型操作，还有一个有关左值的错误。主要的语义错误类型如下：名字（变量/函数）在使用/调用时未定义；名字重复定义；赋值号两边的表达式类型不匹配；赋值号左边出现了一个只有右值的表达式（如 6=a）；操作数类型不匹配；函数调用与定义的参数特征或返回类型不匹配；操作符和操作对象不匹配；访问未定义的数据结构；使用未定义的数据类型等。

实验成果：

- Mini 语言的语义分析和中间代码生成器。
- 实验报告。实验报告中应体现翻译文法的定义、语义分析及中间代码生成器的设计过程、测试用例的设计思路等。测试用例中不仅应有正确的源程序，还应该包括错误（尤其是具有静态语义错误的）的源程序。

5．第五部分　目标代码生成

实验 5　为 Mini 语言构造目标代码生成器

本实验是本课程设计最后一个实验，它与前面部分的课程设计实验衔接，在词法分析、语法分析、语义分析和中间代码生成的基础上，将 Mini 语言源代码最终翻译为汇编指令（MIPS32 指令序列），并在 SPIM Simulator 上运行。

本实验成果将与词法分析、语法分析、语义分析和中间代码生成阶段的相关课程设计实验衔接（定义好接口，可多种方式组合），最终实现一个 Mini 语言的编译器，它能够对 Mini 源程序进行编译。因此，要求将其作为整个"编译系统"的一个子系统（模块）进行设计和实现，需要站在系统的高度，事先设计好软件系统结构和各模块间的接口，并保持良好的编码风格。教师和学生可根据具体情况选择合适的实验方案。

实验目的：

- 正确理解目标代码在编译中的作用。
- 了解各种目标代码形式。
- 熟悉汇编语言。
- 了解寄存器分配、存储管理及优化等方法。
- 掌握设计和实现目标代码生成器的方法。
- 增强数据结构、算法的分析与选择、程序设计和实现以及程序测试的能力。
- 锻炼包括系统观、系统设计和开发在内的系统能力。
- 体验实现自动计算的乐趣。

实验要求：

对实验 4.4 得到的 Mini 语言源程序的中间代码表示（三地址码）进行扫描，转换成等价的汇编代码。将 Mini 语言源代码最终翻译为汇编指令（MIPS32 指令序列），能够在 SPIM Simulator 上运行。

要求 Mini 语言至少包含算术表达式、逻辑表达式、赋值语句、if-then 分支结构、while 循环结构等基本控制结构。

- 输入：某 Mini 语言源程序经词法、语法和语义分析，生成的三地址码。
- 输出：与该源程序等价的汇编代码。

实验步骤：

（1）总结 Mini 语言的各类语言结构与汇编代码之间的关系。

（2）熟悉汇编语言，确定采用的汇编语言子集，限定指令类别和伪指令类别。

（3）设计与实现汇编代码生成器。

（4）设计典型测试用例对其进行充分测试。

（5）反复前面的步骤，修改和调试，直至能将 Mini 语言源程序正确转换为等价的汇编语言程序。

说明：

（1）目标代码的选择。

本实验选择 MIPS 作为目标体系结构，是因为它属于 RISC 范畴，与 X86 等体系结构相比，形式简单，便于处理。教师也可要求学生预先了解和熟悉 X86 汇编语言和 MIPS 汇编语言特征，对比 X86 架构及其汇编语言和 MIPS 架构及其汇编语言的不同之处，以及它们对于设计和实现汇编代码生成器的影响。再根据具体情况选择合适的实验方案，完成目标代码生成器的构造。

（2）汇编代码生成器的设计。

在汇编代码生成器的设计过程中，涉及符号表信息的建立与维护、存储管理方式、指令的选择、寄存器分配与指派、计算次序的选择、动态语义检查、短路求值、优化等关键技术，需要着重考虑这些方面的设计和实现方案。因此，本实验的难度和复杂性都较高，教师和学生可以根据实际情况安排实验。

实验成果：

- Mini 语言的汇编代码生成器。
- 实验报告。实验报告中应体现 Mini 语言的各类语言结构及语句的汇编代码表示及含义的说明、目标代码生成程序的数据结构和算法等的设计过程、测试用例的设计思路等。

6.4.3 课程设计实验组合方案

为帮助学生全面系统地学习和掌握编译过程中的关键技术，应该采用贯穿整个编译过程的综合性课程设计方案。因此，应将各实验进行合理组合。

在开发小组内，从各实验中自由选择某种编译器组件选题进行独立开发和设计，甚至可以自行确定编译器组件的实验方法（不必一定要与本课程设计的实验设置完全一致），组内合作完成全部开发工作。如果实验课时有限，也可以采用不同小组分别独立开发同一编译器的不同组件，最终合作完成整个编译器的组间合作方式。但无论是组内合作还是组间合作，实验之前都应确定好系统的整体结构，统一好接口，便于最终集成为一个完整的编译器。

表 6-4-1 是可行的若干实验组合方案，供参考。

表 6-4-1　课程设计实验组合方案

序号	实验内容	实验组成	难度
组合 1	接受算术表达式的计算器	实验 2.1+实验 3.1+实验 4.1	简单
组合 2	Mini 语言的编译器（自动生成）	实验 2.2+实验 3.2+实验 4.4+实验 5	适中
组合 3	Mini 语言的编译器（手工构造）	实验 2.3+实验 3.3+实验 4.4+实验 5	困难

6.4.4　课程设计实验进度安排

表 6-4-2 是课程设计实验进度安排。

表 6-4-2　课程设计实验进度安排

教学周	实验内容	阶段性成果
第 1、2 周	教师讲解课程设计实验方案和进度要求,学生根据要求开始收集资料、组队、分工,并制定初步实验计划	小组分工
第 3、4 周	学生确定要实现的源语言和开发环境,并学习和了解	源语言 开发环境
第 5 周	学生完成第一部分"语言及其描述"的实验并提交实验报告;教师组织学生进行课堂讨论 1,并对学生的问题进行答疑和指导	第一部分实验报告
第 6 周	学生对编译器总体结构进行设计,定义接口	编译器结构设计
第 7、8 周	学生完成第二部分"词法分析"的实验并提交词法分析器和实验报告;教师进行批改、评分和反馈指导	词法分析程序 第二部分实验报告
第 9~13 周	学生完成第三部分"语法分析"的实验并提交语法分析器和实验报告;教师进行批改、评分和反馈指导	语法分析程序 第三部分实验报告
第 13、14 周	教师组织学生进行课堂讨论 2 和课堂讨论 3,并收集和整理学生的共性问题,进行集中答疑和指导	
第 14~18 周	学生完成第四部分"语义分析及中间代码生成"、第五部分"目标代码生成"(选做)的实验并提交语义分析和中间代码生成器、目标代码生成器和实验报告;教师进行批改、评分和反馈指导	语义分析和中间代码生成程序、目标代码生成程序 第四、五部分实验报告
第 18 周	学生完成完整的编译器构造,进行联调、测试,生成最终提交版本;教师组织学生进行小组验收和答辩,评分、生成评价表并反馈	完整的编译器

6.4.5　课程设计验收和评价

　　编译原理课程设计是对学生综合运用编译的基本原理方法和问题的形式化描述、系统设计方法、程序设计方法等完成较大规模系统设计与实现能力的检验。通过对实验系统的设计实现质量的考核和评价,帮助教师了解学生对编译原理课程内容的掌握情况,并为学生的综合能力评估提供参考。

　　本课程设计方案中包含了若干课程设计实验和课堂讨论等多种形式,在课程实验中,也在各部分按照循序渐进的原则设置了多个实验。教师和学生应根据实际情况选择和课程进度相应的、难度适当的实验题目来完成。在最后的课程设计验收时,综合考虑各部分的完成情况,特别要关注课程目标的达成评价。

6.5　操作系统课程设计

　　操作系统是一种复杂的软件系统,其开发问题本身就是复杂工程问题,因此操作系统课程可以在工程教育中发挥很多作用。理解操作系统的基本原理和理论如何为操作系统提供支撑,就属于理解工程基础的基本原理和理论如何应用于解决复杂工程问题的范畴。同时，操作系统课程中涉及到的基本原理和理论的价值并非只局限于操作系统的开发，也可以应用到其他领域中，例如并发控制理论、分布式系统等，不仅将来从事操作系统工作的毕业生可以从中获益，从事其他领域工作的毕业生也可以从中得到很好的训练。操作系统课程设计是操作系统原理课程实践环节的集中表现，不仅可使学生巩固理论学习的概念、原理、设计及算法，从操作系统内部结构与组织的系统视角理解其设计和实现的精髓，同时也能够培养软件系统结构设计和软件工程素养。通过具体的课程设计，使学生建立操作系统的感性认识，理解操作系统所需要的硬件支持和软件工作机理，收到从理论到实践，再从实践升华到理论的效果。

本课程设计方案以能力培养为导向，按照培养计算机类专业的工程应用型人才的需要制定，并按照总学时 60 学时（均为实践学时）进行课程学时规划。在具体教学时，不同的高校可根据自己的培养目标设置不同的要求和实施侧重点，安排课程设计任务。面向其他类型学生培养、不同学时的教学设计可以参照本方案进行调整。例如，对于未来从事计算机科学研究（科学型）的学生，课程设计中应该突出对操作系统设计能力的培养，借助已有的教学操作系统和虚拟模拟平台，布置学生动手设计实现一个从无到有的操作系统雏形。对将来从事工程类和应用类的学生，则可以通过对源代码的分析，掌握主流操作系统的运行机制和设计思想，或者模拟操作系统抽象原理的实现，如进程调度、进程通信、内存管理等，理解较抽象的理论，增强学生在具体的操作系统下进行编程和应用的能力。

6.5.1　课程简介

操作系统课程设计是操作系统原理课的应用和实践，通过完成相关的系统软件分析、设计、开发和实现任务，使学生巩固理论学习的概念、原理、设计及算法，培养软件系统结构设计和工程素养，强化学生的软件系统工程能力和创新能力，使学生能够站在操作系统内部结构与组织的系统视角理解其设计和实现的精髓，更好地掌握操作系统所需要的硬件支持和软件工作机理、实现机制和设计技巧。

要完成操作系统课程设计任务，必须在深入理解操作系统的基本原理和理论的基础上，将其应用到解决实际操作系统问题。首先要能够运用操作系统的合适模型把问题表达出来，然后，应用操作系统的相关知识把问题分析清楚并加以解决，同时对解决问题的不同方法进行评价，指出各自的优势和不足。

在分析清楚待解决的问题之后，要有能力设计出应用操作系统知识解决问题的可行方案，包括应提供的功能、实现目标以及可能的局限性，在考虑多方面因素的基础上确定问题的候选解决方案，制定工作流程；还要避免在安全和文化方面产生不良影响，例如，由于误操作或恶意操作造成系统的破坏，给后续的和其他的课程实验带来麻烦等。

在方案设计和实现过程中，强化学生对操作系统复杂工程问题进行研究的能力，布置学生查阅操作系统相关文献，设计操作系统相关实验，对问题进行研究；同时，通过运用综合分析手段，对实验数据进行分析，判断方案的效果。在开展研究和实践的过程中，直接在硬件上进行调试往往困难重重，要求学生能够利用诸如分析、跟踪和调试工具建立支撑手段，能够对可供选择的工具技术进行对比评价，并知道它们的局限性。

由于在操作系统设计过程中可直接控制硬件的工作流程，控制不当则容易引发各种安全问题，要求学生考虑公共安全因素和文化的影响。同时，操作系统可以控制和管理硬件资源，有非常高的特权。如果缺乏职业道德，会给社会带来不可低估的危害，这就要求学生要具备职业道德素养。承担操作系统设计这样的复杂工程问题的人员应发挥好个人和团队成员的作用，通过开展有效的交流进行通力合作。操作系统技术发展日新月异，要求通过操作系统课程的教学，强化学生自主学习能力，提醒学生关心操作系统技术的发展变化，吸收最新的成果加以应用。

6.5.2　课程地位和教学目标

1. 课程地位

本课程设计是操作系统原理课程学习的延伸，可以作为实践环节必修课或者专业方向实践选修环节。课程设计旨在继操作系统原理课程的学习后，通过分析、设计或改进、实现操作系统相关原理和算法等，使学生更好地掌握操作系统各部分结构、实现机理、典型技术和算法以及典型实例，加深对操作系统的设计和实现思路的理解，在系统软件级使学生系统、科学地受到分析问题和解决问题的训练。同时，培养学生自主查阅参考资料的习惯，增强独立思考和解决问题的能力，培养严谨的科学态度和合作精神。

2. 教学目标

通过本课程设计，使学生能够更好地综合利用所学的操作系统基本原理和方法，增强系统级程序设计能力，进一步加深对操作系统的设计和实现思路的理解，培养学生的系统软件设计能力和动手能力，学会在内核、系统调用及应用程序几个层次上编写程序，提升计算机问题求解的水平，增强系统分析能力。该目标分解为以下子目标。

- 加深对操作系统进程管理、CPU 管理、存储管理、文件管理、设备管理的基本概念、基本原理、问题描述、资源分配策略、工作机制和算法的理解，能够运用相关知识分析、研究和解决问题。
- 能够分析不同的策略、算法和工具的异同点，并进行评价和应用。
- 培养系统能力、交流沟通和团队协作、自主学习能力。

主要为毕业要求第 1、2、3、6、10、12 的实现提供支持。

目标 1： 操作系统设计及其开发问题本身就是复杂工程问题，要求学生深入理解其中蕴含的复杂的工程原理和理论，并能够应用其解决计算机复杂系统的设计与实现问题，对于毕业要求 1 的达成提供支持。

目标 2： 学生要具备应用操作系统原理知识分析复杂工程问题的能力。首先启发学生发现问题，选择适当的资源管理模型，并能够运用操作系统中定性和定量的模型去描述问题，将它们用于系统的设计与实现的能力。不仅如此，还应该能对解决问题的不同方法进行评价，指出不同方法的优势和不足，对于毕业要求 2 的达成提供支持。

目标 3： 在明了问题之后，要求毕业生要有能力应用操作系统知识设计出解决问题的可行方案。要确定复杂工程相关项目应提供的功能、要实现的目标以及可能存在的局限性；然后，确定按照什么样的流程制定问题的解决方案，还要避免在安全和文化方面产生消极影响，也要考虑符合标准的要求；要在考虑多方面因素的基础上确定问题的解决方案；最后，要能够对多种可能的方案进行评价，并落实最终方案，对于毕业要求 3 的达成提供支持。

目标 4： 要求学生评价复杂工程问题解决方案对安全的影响，方案的设计不是随意的，操作系统控制硬件设备工作，如果控制不当，可能会造成安全事故。承担操作系统设计这样的复杂工程不能忽视公共安全因素，要求毕业生具有相应的素养，对于毕业要求 6 的达成提供支持。

目标 5：在复杂工程活动中与工程人员交流；在复杂工程活动中与非工程人员交流。通过课程设计实现过程中的组内讨论以及验收过程中的报告撰写、陈述发言等，培养专业相关的交流表达能力，对于毕业要求 10 的达成提供支持。

目标 6，通过课后自己阅读相关开源操作系统的代码，分析和理解开源操作系统的设计方案，培养其专业知识的自学能力。同时，了解工程技术及其应用的发展变化趋势，对于毕业要求 12 的达成提供支持。

6.5.3　课程教学内容及要求

操作系统课程设计任务应该突出操作系统原理的实践性和应用性。同时，在课程设计中，题目设置多样化，尊重学生的特长，激发学生的兴趣。对于操作系统课程设计开展的模式，各所院校可依据实际情况，如人才培养目标、毕业设计要求、学校的软硬件实验环境设置等因素，设计合适的课程设计任务。同时，可根据学生能力，将任务划分成不同的层次等级。按照任务的难易，课程设计的任务可设计为如下几种。

1．模拟实现操作系统功能

选取操作系统中一些典型功能或算法，如进程调度、进程同步、内存分配、页面置换、成组块链接、文件分配算法、磁盘调度算法等，编程实现并以图形化界面输出加以验证。这些实现并不对真实的系统资源进行访问和修改，可避开复杂操作系统内核运行机制，摆脱具体操作系统的限制和软硬件细节。该类型课程设计任务有助于理解较抽象的理论，但无法使学生进一步深入理解和感受操作系统内部的实际运行机制。

在模拟实现操作系统原理的功能时，要求学生自己设计数据结构、程序流程，完成界面设计。应注意的是，不能将其考核等同于其他课程的算法设计或编程实践，成为程序设计考核，而是要突出对操作系统原理、结构设计等方面的关注，这样才能有效促进操作系统原理的学习，促进课程目标的达成。

2．分析阅读操作系统源代码

阅读并理解具体操作系统的源代码是学习操作系统设计的一种重要方法。开放的 Linux 凝聚了众多科技人员的智慧，因此可选取开放源代码的 Linux 操作系统为平台，布置学生阅读分析操作系统源代码，帮助他们理解、掌握、接触操作系统内核设计思想、实现机制。但是，由于内核结构的庞杂，代码量大，软件和硬件知识交织在一起，需要学生通过查阅资料、相互讨论、认真分析总结，才能深入理解内核工作机制、设计思想和实现机制，有一定的难度。

3．扩展或替换小型操作系统的功能模块

选择一个功能简化的开放源代码的操作系统为平台，让学生替换、扩展、完善原有模型。例如 Nachos、LittleOS、Pintos 操作系统平台等，它们提供了对时钟和键盘中断、多线程、虚拟存储等的底层支持，建立在虚拟机基础上，使学生不必接触到硬件细节，可以使用系统提供的接口，将精力放在课程设计任务上。Pintos 是美国 Stanford 大学开发的一个小型操作系统，能在以 Intel x86 为中央处理单元的个人计算机系统上运行。但 Pintos 也是一个不完整的操作系统，一些主要的功能模块是空缺的，或者只有一个极简单的实现。在布置课程设计任务时，可要求学生在 Pintos 系统中设计、实现、完善如下功能：基于优先级的进程调度、系统调用与用户程序运行、虚拟存储管理系统、文件系统等。

4. 自己动手设计一个小型操作系统

自己构造一个真实的操作系统内核是理解操作系统的最佳方法，即采用某一个操作系统原型系统指导学生完成简易操作系统设计，开发环境可以是 Linux 等实际操作系统，也可以是 Vmware、Bochs 等虚拟机软件。设计内容可涵盖操作系统的重要功能，即系统的启动、进程管理、CPU 调度、存储器管理、虚拟内存管理、多线程调度、文件系统等。在自己动手设计操作系统功能的过程中巩固对操作系统原理、功能、概念、算法、数据结构知识的学习，深入理解操作系统与硬件的交互以及操作系统内核运行机制，培养开发大型软件时应有的系统软件结构设计和软件工程思维能力，实现学生综合能力的提升。这一任务对编程能力和专业知识有很高的要求。

下面给出基于 Linux 2.4 版本的内核源代码分析的几个具体任务供参考。

任务 1：分析 Linux 系统启动

[目的]了解 Linux 系统的启动过程。

[要求]

（1）掌握 BIOS 启动过程。

（2）掌握系统引导过程。

（3）掌握实模式下的系统初始化。

（4）掌握内核解压缩过程。

（5）掌握保护模式下的系统初始化。

[代码所在文件]

    bootsect.s：arch/i386/bootsect.s

    setup.s：arch/i386/boot/setup.s

    head.s：arch/i386/boot/compressed/head.s

head.s：arch/i386/kernel/head.s

任务 2：内存管理

[目的] 了解 Linux 的内存管理实现机制。

[要求]

（1）掌握 x86 的地址映射过程。

（2）掌握线性地址和物理地址的相互转换。

（3）掌握物理页面的管理，内核维护描述物理页面的数据结构的作用和意义。

（4）掌握内核对全局变量 page 或 map 的初始化，理解物理页面大致的分配情况。

[代码所在文件]

\linux\mm\mmap.c

\linux\mm\memory.c

\linux\mm\page_io.c 和\linux\mm\page_alloc.c

\linux\mm\swap.c

\linux\i386\mm\fault.c

任务 3：进程控制

[目的] 了解 Linux 中的进程控制。

[要求]

（1）掌握进程描述符的定义及含义。

（2）掌握 Linux 中创建进程的过程。

（3）掌握相关的数据结构和系统调用。

（4）了解进程执行中的内存变动和硬件的相关变化。

[代码所在文件]

include/linux/sched.h

kernel/fork.c

mm/memory.c

arch/i386/kernel/process.c

fs/exec.c

kernel/exit.c

任务 4：时钟中断与进程调度

[目的] 学习时钟中断与进程调度。

[要求]

（1）掌握系统时钟的初始化。

（2）掌握时钟中断的处理。

（3）掌握定时器的实现。

（4）掌握 Linux 进程的调度时机。

（5）掌握 Linux 进程的调度策略。

[代码所在文件]

include/linux/time.h

include/asm-386/param.h

arch/i386/kernel/time.c

kernel/timer.c

kernel/sched.c

任务 5：进程间通信

[目的] 学习进程间通信方法。

[要求]

（1）掌握管道的创建和读写过程。

（2）掌握共享内存区的创建、控制和管理方法。

（3）掌握信号的发送、接收和处理过程。

（4）掌握消息缓冲区、消息结构、消息队列结构以及相关的系统调用。

（5）掌握信号量的创建方法、信号量的操作以及对信号量的控制和管理。

[代码所在文件]

fs/pipe.c

ipc/shm.c

ipc/msg.c

ipc/sem.c

kernel/signal.c

arch/i386/kernel/signal.c

6.5.4 教学环节的安排与要求

操作系统课程设计教学环节按照教学大纲安排，共分以下几个环节。

（1）课程设计要求说明。给出课程设计任务安排，明确教师中期检查、安排答疑、最终检查时间、考核要求和评分标准。

（2）课程设计任务布置与讲解。进行课程设计安排时，课程设计任务的布置形式由教师进行课堂讲授，并在教学平台上发布。

（3）分组实践。分组原则是使每个学生工作量相当，并都能在项目开发过程中得到锻炼。

（4）中期检查。教师对各小组中期完成情况进行检查，发现进度问题和设计问题及时提醒，督促各小组按进度计划进行。

（5）课程设计考核、答辩、设计结果提交。课程设计采用"文档考查+现场演示+小组答辩"的方式予以验收。

6.5.5 教与学

1. 教授方法

实施研究型教学模式，采用启发式、讨论式和探究式教学方法。以动手实践为载体，着力培养学生的系统软件分析设计能力，提高学生的学习自觉性和主动性。

2. 学习方法

强调学生自主钻研，培养学生探究精神和创新意识。在课程设计实施过程中，学生是课程设计的主人，教师在其中充当学生的指导者，充分发挥学生的主体地位，加强教师在课程设计中的主导作用。出现问题一般由学生自主研究解决，教师仅作启发性提示和引导。

6.5.6 学时分配

课程设计学时 60 学时，集中或分散到学期中间完成。

6.5.7 课程考核与成绩评定

本课程设计重在系统能力培养，需对学生获得的成效进行评估验收，因此在课程考核和能力评价时，采用阶段性考查的过程评价方式。学生首先提交课程设计报告、源程序，教师进行文档验收。各小组汇报时讲述课程设计选题的设计思想、基本原理、实现方法及编程技巧，并展示最终的效果。指导教师在验收时，考查学生查阅资料能力、设计能力、语言组织能力、团队沟通能力以及综合运用知识及解决实际问题的能力，评价学生是否达到教学的目标与要求。指导老师会针对每组的任务及提交的设计报告提出 2～3 个问题，同时要求现场演示，并根据具体情况提出 1～2 个问题，如果超出 3 个问题回答不正确，则视为课程设计不通过。如发现程序和报告有抄袭现象,抄袭者和被抄袭者成绩都记为不及格。

课程的总成绩由程序运行情况、回答问题情况和报告的文档质量等因素共同决定,采用百分制,如表 6-5-1 所示。在评分时,对不同难度的任务有不同的评分考虑,体现难度差异。

表 6-5-1 考核方式、成绩分配比例及考核内容

考核方式	所占比例/ %	主要考核内容
课程设计任务完成情况	50	课程设计任务完成质量。对应毕业要求 1、2、3 达成度的考核,同时对毕业要求 6、10、12 的达成度有一定的参考价值
课程设计实验报告质量	30	课程设计报告的组织、撰写、实验结果的分析。对应毕业要求 1、2、3 达成度的考核,同时对毕业要求 6、10、12 的达成度有一定的参考价值
验收时回答问题的情况	20	课程设计任务完成情况的介绍以及对教师提问的回答。对应毕业要求 6、10、12 达成度的考核

6.6 计算机网络课程设计

随着社会的发展,计算机、手机和嵌入式设备的互联互通逐渐成为信息系统的基本需求,随之对网络通信的性能、稳定性和安全性等要求越来越高。要培养科学型、工程型、应用型的人才,必须首先让学生掌握网络协议的基本内容,培养学生使用网络协议,进而设计通信协议的能力。同时计算机网络协议的学习和使用也能使学生学会分析问题、解决问题的流程和方法。

6.6.1 课程简介

计算机网络自上而下包括了 HTTP、DNS、TCP/IP、DHCP、ICMP、ARP 等协议,这些协议各有特点,在各自的领域发挥了巨大的作用。计算机网络课程设计就是为了让学生了解协议的特点,熟悉协议的功能,掌握协议的使用,初步培养协议设计能力。在掌握基本网络协议后,使学生能够处理设备配置、网络安全等方向的问题。同时让学生能在解决课程设计问题的练习中学会处理复杂工程问题的方法,将大问题分解成若干小问题,再利用已掌握的知识去解决分解后的问题,或者设计新的协议去解决工程技术难题。

计算机网络课程设计符合《华盛顿协议》关于复杂工程问题的 7 个特征。它需要结合程序设计和计算机网络理论才能完成;课程设计的问题要求学生分析任务,分解任务,建立技术路线,设计程序流程,通过编码、调试解决问题;在解决问题的过程中,还需要用模拟器验证思路,用抓包工具分析数据,设计测试数据验证功能,查询文献学习系统调用;同时还需要学生分组、分模块合作完成开发任务。

因此,计算机网络课程设计可以作为计算机专业学生解决复杂工程问题能力的一个有效练习渠道,解决课程设计问题用到的方法和技术对学生未来解决复杂工程问题大有裨益。

6.6.2 课程地位和教学目标

本课程设计与计算机网络课程的讲授同步进行,本课程设计将计算机网络几个重要协

议特征的使用和实现加入到课程设计问题中。学生通过协议分析和程序设计的方式，将更加直观透彻、深入细致地掌握协议的内容。同时在具体应用中使用网络协议，还能提高解决具体问题的能力。本课程设计要完成以下子目标。

目标 1：课程设计中问题的解决需要学生理解、分析并描述问题，然后将问题层层分解为较易解决的子问题。为毕业要求 2 的实现提供支持。

目标 2：培养学生建立技术路线，设计模型，完成总体设计、详细设计，最终通过编码来解决问题的能力。为毕业要求 3 的实现提供支持。

目标 3：要求学生通过设计测试数据，分析并整理抓包内容，对照程序调试信息修正代码，逐步实现课程设计题目的目标。对毕业要求 4 的实现具有一定的贡献。

目标 4：针对课程设计任务，需要选用恰当设计语言、集成开发环境。同时要利用工具查询系统调用接口，了解接口的局限，选用适当的技术来完成任务。对毕业要求 5 的实现具有一定的贡献。

目标 5：按照分组来完成课程设计，要求学生在技术路线、设计、开发、调试、文档各环节互相协调和配合。对毕业要求 9 的实现具有一定的贡献。

目标 6：在解决课程设计问题的过程中，需要完成需求分析、团队合作的接口、设计、测试等文档。对毕业要求 10 的实现具有一定的贡献。

6.6.3 课程教学内容及要求

内容包括几个主要协议的课程设计，教师根据课程进展情况和学生掌握的状况，选择其中某些协议或协议的某些特性，安排学生分组完成课程设计。

1. HTTP 和 DNS

通过分析 HTTP 协议，编写简单功能的浏览器和 Web 服务器。浏览器包括以下功能：输入 IP 地址与 Web 服务器建立连接，构造 HTTP 请求分组；解析并显示 HTTP 响应；缓存网页用于 304 Not Modified 响应；以<img>标签为例，获取 HTML 内嵌对象的内容。

在完成浏览器设计后，可再加入 DNS 协议内容，通过抓包分析 DNS 协议，在浏览器中实现发送 DNS 请求，并解析 UDP 获取域名对应的 IP，实现输入域名访问网站的功能。

Web 服务器包括以下功能：解析浏览器提交的请求；根据请求判断缓存情况，构造正确的 HTTP 响应消息，向浏览器发回所请求的文件或 304 Not Modified；如果请求的文件不存在，则返回 404 Not Found。

重点：HTML 请求和响应，解析 DNS 响应结果。

难点：缓存网页，<img>标签分析。

内容可安排在学习了应用层的 HTTP 协议之后。学生在使用 HTTP 协议各个特征来完成课程设计的过程中，体会网络协议的特性和作用，逐步掌握分析并运用协议来解决问题的方法。完成该课程设计可以为毕业要求 1、2、3 提供支持。

解析 DNS 协议可根据课程安排取舍，也可以采用语言框架或第三方 API 直接做域名解析，使学生了解已有工具解决问题的方法，对毕业要求 5 的达成有一定的贡献。

2. TCP

在 UDP 通信的基础上，逐步实现可靠、高速的文件传输程序。可安排学生通过 UDP 接口直接传输较大的文件，观察丢包的情况，分析接收到的文件不完整的原因，设计初步的解决方案。接着让学生完成 TCP 协议的抓包分析实验，列举出 TCP 实现可靠传输所用到的方法，根据分析的内容整理并优化解决方案。最终要完成的方案中可能包括下列功能：大文件的拆分和重组，数据分组传输的等待和应答，数据校验和重传，分组并行发送和排序，多文件传输中会话的建立。

重点：数据分组、应答、重传和排序。

难点：分组并行发送和排序，慢启动；多文件接收中会话的区分。

本课程设计目的是让学生摸索面向连接、可靠传输的一些方法。在此过程中，需要对遇到的问题寻找解决办法，通过多次测试，逐步在程序里加入 TCP 协议的某些特性，在求解过程中，掌握解决大问题的方法，为毕业要求 2、3 提供支持。

关于大文件该拆分到多小，是否采用滑动窗口机制传输的问题，需要学生查阅资料，设计实验，获取数据来分析；分组并行发送的规划、多文件的会话隔离也需要学生通过试验和研究来获得正确的结果。该过程可以为毕业要求 4 提供一定的支持。

同时本设计需要分服务器端和客户端两部分，学生选择任务后，需要同步推进才能完成。该过程可以练习接口文档的交互，任务的协调和功能调试的沟通，为毕业要求 9 和 10 提供一定的支持。

3. IP

根据校园园区的布局，设计 IP 地址辅助程序，将 B 类局域网地址按照大楼、楼层、房间三类节点的布局分割成若干个子网进行分配。可查询每个节点的 IP 段、子网掩码，默认网关，并自动生成对应路由器的静态路由方案。可根据情况增加约束条件调整难度，如要求某大楼中的楼层路由器互相连接成为子网，以此来优化路由方案；提供区域之间隔离的路由方案等。

重点：IP 地址分配。

难点：路由规则。

IP 地址分配原理和路由规则的应用是网络工程中基础性的技能，要求熟练地掌握它们，在遇到复杂工程问题的时候，才能更快速、准确地排除故障，解决问题。

为完成本设计，学生需要实地考查校园楼宇、楼层的基本情况，并将情况整理后录入数据，然后根据子网分配规则编写辅助程序。需要考虑楼宇、楼层路由器和房间路由器地址分配范围是否作区别，如何设计分配规则方便以后扩展等问题。可以为毕业要求 1、3 提供支持。

4. ARP 和 DHCP

本题目记录局域网中在网设备的小工具。有以下功能要求：监听局域网中 DHCP 协议的 Discover、Offer、Request 和 ACK 广播消息，解析这些消息并记录动态 IP 分配的情况；通过构造 ARP 协议的 Request 消息，轮询已知 IP 地址的设备是否在线。

重点：DHCP 和 ARP 协议的格式解析。

难点：DHCP 协议的通信流程。

本题目利用 DHCP 和 ARP 协议某些消息在链路层广播的特点，让学生通过分析协议的功能，监听和构造协议内容来完成题目规定的内容，为毕业要求 1、2、3 提供支持。

ARP 协议在链路层上传输，用封装了访问链路层辅助方法的第三方工具库可以更快捷地完成任务。学生需要查找、选择适合的工具，并学会用它的使用方法。此过程为毕业要求 5 提供一定的支撑。

5．设备配置

掌握路由器与交换机的配置，规划设计并实现一个符合工程要求的复杂网络。本题目在课程设计 3 的网络结构基础上，在网络设备或者网络设备模拟程序上进行配置，从而建立一个符合课程设计 3 规划的网络。具体设计中，可在网络结构中加入链路聚合、划分 VLAN、动态路由等要求，使设计的网络符合实际情况，培养学生解决复杂网络结构问题的能力。

重点：设备配置方法。

难点：网络设备配置错误时的排错，不同厂商设备配置的区别。

如果有足够的网络设备，尽量让学生配置真实设备，模拟器一般不能完整地表现错误或异常情况，不利于学生排错能力的培养。也可将模拟器用于前期验证网络结构的过程中，验证成功后再在物理设备上测试。不同厂商的模拟器一般会侧重不同的功能特性，教师可根据课程内容和学生专业进行选择。

6．网络安全

目前互联网的安全问题中，以入侵获取数据和 DoS（Denial of Service，拒绝服务）攻击最为突出。其中 DoS 攻击利用网络协议弱点、系统性能瓶颈为突破口，技术难度低，攻击效果好。通过使用大量的僵尸主机，还可以将 DoS 攻击转化为攻击力量更强的 DDoS（Distributed Denial of Service，分布式拒绝服务）攻击。本题目首先对 Web 服务器做 SYN/ACK Flood 和 TCP 全连接攻击，然后编写代理程序依次过滤这两种攻击包，实现对 Web 服务器的保护。在此过程中，让学生了解网络攻击的某些特点，掌握面对 DoS 攻击时做网络防护的基本技能，为毕业要求 1、3、4 提供支持。

重点：攻防原理的掌握。

难点：构造攻击数据，转发正常业务数据。

为了避免干扰，学生完成本题目时，最好使用多台主机操作。其中，第一台按照 HTTP 实验中建立 Web 服务器的方法部署简单的 Web 服务器；第二台运行学生编写的 DoS 攻击程序；第三台作为测试机，测试 Web 服务器被攻击的情况；第四台运行防御攻击的反向代理程序，向 Web 服务器转发正常的用户请求，过滤 DoS 攻击数据。

实施 DoS 攻击时，学生可以根据协议的通信机制编写并运行攻击程序，也可以利用已有的网络安防工具发起攻击。攻击过程中，需要设计测试模型，编写测试程序，在测试机上记录攻击过程中被攻击主机 Web 服务响应速度的变化。此过程可以为毕业要求 4、5 提供一定的支持。随后通过抓包分析攻击数据的特点，找到攻击数据和正常业务请求的区别，根据这些区别编写代理程序，让代理程序代替 Web 服务器转发外部请求，尽可能地防御 DoS 攻击。

7．SDN

SDN（Software Defined Network，软件定义网络）技术的应用场景越来越多。掌握 SDN 控制器的使用，可以帮助学生了解 SDN 的特点，也有利于训练学生解决复杂网络问题的能力。可以使用支持 OpenFlow 的路由器或使用 Mininet 模拟器完成本题目。学生自行选用适合此任务的 SDN 控制器，并通过控制器完成抓包分析或流量统计。本题目需要学生查阅资料，获取并使用开源软件，建立任务需要的模型并编码实现，可以支持毕业要求 2、4、5。

重点：控制器的使用。

难点：控制器添加功能模块。

本题目综合性较强，要求学生在 Linux 环境下获取、编译并运行开源软件，还需要掌握查阅软件官方或非官方文档的能力，再根据题目要求讨论解决方案，编写相关代码，然后建立测试网络来验证运行结果。

6.6.4　教学环节的安排与要求

课程设计根据教学进度和学生情况进行安排，可以在对应章节开始讲授前就安排课程设计的内容，让学生带着问题有针对性地学习，在学习中思考如何解决复杂问题。也可以在章节结束后再安排设计课题，引导学生梳理已学过的知识，并找到解决问题的方案。

本课程设计安排学生分组进行，每个小组 4～6 人，并确定一名组长负责联络和任务的推进。每个小组可做如下分工：问题分析，任务分解，确定技术路线，制定开发方案，编码和调试。小组成员根据自己的情况选择一到多个任务分工。本课程设计可以为毕业要求 9 提供支持。

本课程设计的进展情况、中间代码、测试数据和最终结果都需要提交。教师首先建立版本控制服务器，每个小组在各个阶段的任务分工、时间安排表、完成进度、设计文档和程序代码都需要及时推送到版本控制系统。每个课程设计完成后，安排各小组轮流演示各自的解决方案，小组相互评价方案的优缺点，评价过程和结果上传到服务器存档，可以为本专业毕业要求 10 提供一定的支撑。

6.6.5　课程考核与成绩评定

本课程设计的考核包括题目完成的质量，解决问题的思路和过程描述是否清晰，过程文档是否完整，团队合作是否协调几个方面。成绩评定主要考查基础知识的理解和面对问题时技术的运用，特别检查目标 1 和 2 的达成情况。

考核分为小组间的评分和教师考核两部分。小组间的评分占总成绩的 40%，教师对小组的考核占总成绩的 60%。

6.7　物联网应用系统综合实践

6.7.1　课程简介

本实践课程中，学生将综合运用物联网工程的设计方法及开发技术，设计、实现几种典型的物联网应用系统，包括 RFID 图书管理系统，RFID 货架管理系统、智能家居系统、智慧农业系统、智能交通应用系统以及智能交通仿真等。本实践课程中使用的实验设备包括 RFID 图书自助借还机、RFID 货架、智能家居沙盘、智慧农业沙盘以及智能交通沙盘等，通过使用上述设备，实验参与者可以在接近真实应用的实验室环境中进行物联网应用系统的设计与开发。

本实践课程与物联网应用系统分析与设计课程同期开设，本实践课程可以帮助学生深入理解、掌握所学到的物联网工程基本方法和技术，培养学生综合运用物联网工程的分析、设计方法与技术来解决实际问题的能力。此外，实践课程中需要把学生分为若干团队，并根据各项实验安排学生进行分工，从而使学生有机会锻炼组织、协调能力，提升沟通技能，体验团队合作开发的过程。

6.7.2　课程地位和教学目标

本课程的教学目标是使学生进一步理解物联网工程的基本理论、方法和开发技术，通过应用系统开发实践，训练学生对物联网应用系统的分析、设计以及开发技能，培养学生利用物联网工程方法解决实际问题的能力，并且锻炼学生的团队合作和协调能力，为学生今后从事物联网工程开发打下扎实的基础。本实践课程的教学目标如下。

目标 1：通过本实践课程，加深对物联网工程的基本理论、方法和开发技术的理解。对毕业要求 1 的达成提供支持。

目标 2：通过完成物联网应用系统的各项任务和环节，提升学生的系统分析、设计以及开发能力。对毕业要求 3 的达成提供支持。

目标 3：通过团队合作和任务分工，锻炼团队成员的组织协调以及表达、沟通的能力。对毕业要求 9 的达成提供支持。

6.7.3　课程教学内容及要求

本实践课程中，学生可建立 3 人左右的小组，分工合作完成实验。实验开始阶段需要明确每位同学的任务分工，并编写系统设计文档以及开发计划，经过指导教师审核后进行开发。开发过程中指导教师将按照开发计划检查各组的开发进度，并指导各组解决其遇到的各种问题。实验完成后，每位同学需要提交实验报告，叙述所承担的设计、开发任务，指导教师将根据实验完成的情况和每位同学的工作内容和效果评定成绩。

实践 1：RFID 图书管理系统

使用设备：RFID 图书自助借还机，RFID 阅读器，以及若干贴有 RFID 标签的图书和用户 ID 卡。

实践内容：设计开发 RFID 图书管理系统，实现图书馆日常管理功能

实践要求：系统应当实现以下功能。

（1）管理员模块：创建和修改用户，创建和修改书目，图书借还，图书超期处理。

（2）用户自助模块：图书检索查询，图书借还，图书续借。

（3）门禁模块：用户、图书出入记录，图书盗窃警报。

实践 2：RFID 货架管理系统

使用设备：RFID 货架，RFID 阅读器，以及若干贴有 RFID 标签的物品。

实践内容：设计开发一套 RFID 货架管理系统，实现货架管理功能。

实践要求：系统应当实现以下功能。

（1）货品入库模块：货品信息录入，标签编码与标签写入。

（2）货品盘点和查找：货架天线扫描，盘点及查找报表生成。

（3）缺货预警：缺货判断及报表生成。

（4）货品监控：货品丢失判断与警报。

实践 3：智能家居沙盘实验

使用设备：智能家居沙盘，树莓派 3 节点若干，传感器及家电模拟设备若干。

实践内容：设计开发一套智能家居应用系统。

实践要求：系统应当实现以下功能。

（1）家居环境监测，包括温湿度、光照数据采集与存储。

（2）家电远程控制，包括空调、加湿/除湿器、灯光、电动窗帘等设备的控制。

（3）家居安全监控，包括火灾监控、门窗入侵监控。

（4）家居环境智能调节，包括温度、湿度、光照的智能调节。

实践 4：智慧农业沙盘实验

使用设备：智能农业沙盘，树莓派 3 节点若干，传感器及农业调控模拟设备若干。

实践内容：设计开发一套智慧农业应用系统。

实践要求：系统应当实现的功能包括。

（1）农业环境监测，包括空气温湿度、土壤湿度等数据的采集与存储。

（2）农业设备控制，包括灌溉设备、农业大棚换气扇与加湿器、大棚遮帘电机等设备的控制。

（3）农业环境智能调节，包括大棚温度、湿度、土壤湿度、光照的智能调节。

实践 5：智能交通沙盘实验

使用设备：智能交通沙盘，遥控汽车模型，树莓派 3 节点若干，传感器及控制器若干。

实践内容：设计开发智能交通管理系统。

实践要求：系统应当实现以下功能。

（1）ETC 收费管理。

（2）停车引导与管理系统。

（3）违章（闯红灯）抓拍及识别。

实践 6：智能交通虚拟仿真实验

使用设备：安装有交通仿真软件的 PC。

实践内容：设计编写智能交通虚拟仿验脚本代码。

实践要求：虚拟仿真实验内容如下。

（1）交通仿真场景的建立。

（2）电子地图导出及使用导出的电子地图设置仿真场景。

（3）交通信号灯仿真实验。

（4）拥堵避让仿真实验。

6.7.4　学时分配

每项实验建议学时为 24 学时，可根据人员数量、难易程度和实验规模进行相应调节。

6.7.5　教与学

本课程推荐的教学方法主要有讨论法、任务驱动法、自主学习法。

参加实验的学生将在教师指导下自愿选题，建立开发团队，并与指导教师针对各组的系统设计、开发计划进行讨论，旨在培养学生的口头表达能力、分析问题能力和归纳总结能力。

课程中通过给每组同学提出具体的系统分析设计与调研任务，训练学生查阅资料，自主学习相关开发技术，旨在培养学生分析问题、解决问题的能力和自主学习能力。

本课程的教学形式主要为课堂指导和课堂讨论。指导教师将跟踪指导每项实验、每个小组以及每位学生的调研、系统分析和设计、开发测试过程，并适当安排同学在课上讨论各自的系统设计及实验进展。

6.7.6 课程考核与成绩评定

课程总成绩包括平时考核成绩和实践考核成绩。课程的总成绩将依据学生的出勤和合作情况、题目的难度和实验完成情况等因素综合评定，原则上平时考核占 40%，实践考核占 60%。本课程按照开发团队形式组织，每个团队需要对所完成题目进行汇报演示与答辩。指导教师结合学生的出勤和合作情况、题目的难度和完成情况、班级实际情况等因素综合评定。首先，根据课程设计的总体完成情况（功能完成比、系统鲁棒性、用户体验度等）综合给出一个团队的起评分。然后，根据每个成员的完成情况进行独立考核。个人在团队中工作量多、质量高，部分功能具有特色和创新，可以酌情加分或提高等级；个人在团队中的工作量少、质量差，需要酌情减分或降低等级。

总成绩采用 5 分制，即优秀、良好、中等、及格和不及格。

6.8 网络安全课程设计

没有网络安全就没有国家安全。网络安全和信息化是事关国家安全和国家发展，事关广大人民群众工作生活的重大战略问题，要从国际国内大势出发，总体布局，统筹各方，创新发展，努力把我国建设成为网络强国。这为我国信息安全专业人才培养带来重大的发展机遇。网络安全作为信息安全专业的核心课程，必须紧扣安全需求，通过大量实验，大力提升学生的专业技能。网络安全课程设计配合网络安全课程，以工程实践能力培养为导向，按照培养信息安全专业的工程应用型人才的需要制定，总学时为 48 学时，实践学时为 48 学时。

6.8.1 课程简介

网络安全课程设计是信息安全专业的核心课程，也是信息安全专业学生的专业入门基本课程，配合网络通信安全课程提升学生的安全实践能力。网络安全内容很多，范围很广。本课程主要目的和任务是配合理论课程让信息安全专业的学生建立基本安全概念，理解和掌握各种安全技术的实现方式和基本原理，能在实践中综合运用所学到的网络安全知识，掌握网络安全工程所涉及的路由器、交换机、防火墙等设备的安装、配置以及调试方法。通过软硬兼施的教学和实践方法，学生可以很好地运用各种网络技术为自己所从事的研究方向服务。要求学生自主开发网络扫描器和嗅探抓包软件，并进行网络路由器、交换机和防火墙配置的设计和调试，从而使学生具备系统的网络安全工程能力。

6.8.2　课程地位和教学目标

1. 课程地位

网络安全课程设计是配合网络安全课程的实验部分，与理论教学部分是一个整体，旨在引导学生深入理解理论知识，并将这些理论知识和相关的问题求解思想方法应用于网络安全系统的设计与开发。

2. 教学目标

掌握网络信息的获取及分析方法、网络端口漏洞的扫描方法、网络连接以及防护技术、跨越公网的安全通信技术等，并深入理解网络协议扫描、系统攻击、防火墙、VPN 等的工作原理，实现对保护对象的整体和系统化防护。另外，通过团队实验的方式给学生提供机会，使他们在团队合作、资料查阅、工具获取与使用、问题表达等方面得到锻炼。从教学而言，本课程设计对毕业要求 2、4、5、6、8、10 提供一定的支持。课程目标具体如下。

目标 1：针对网络端口扫描问题，能够采用 socket connect、Telnet 等方案来实现，并能够采用多线程技术提升扫描效率。为毕业要求 2 的达成提供支持。

目标 2：针对网络攻防，掌握常见的网络嗅探和抓包方法，能够进行报文的分析，指出网络可能存在的问题；根据网络防护需求，设计合理的防火墙规则，配置 VPN，从而实现对网络进出分组的控制以及跨越公网传输的数据安全性。针对防火墙规则作用的端口和进出方向，分析作用效果的差异。为毕业要求 4 的达成提供支持。

目标 3：通过端口扫描、网络抓包分析等方式，对网络系统中存在的漏洞进行预测，并能够选择端口禁扫描、端口关闭、安装防火墙和 VPN、配置 IDS 等方式，系统解决网络安全问题。为毕业要求 5 的达成提供支持。

目标 4：通过社会工程学、网络扫描和网络嗅探等实验，了解到目前互联网所存在的各种安全问题，并由此树立良好的信息安全意识，认识到互联网各类安全法律法规的重要性。为毕业要求 6 的达成提供支持。

目标 5：通过网络攻防实验了解工程职业道德素质的重要性，并意识到网络安全工具的两面性，建立正确的网络安全价值观。为毕业要求 8 的达成提供支持。

目标 6：能够就实验过程及实验结果撰写较为规范的实验报告，清晰表达实验目标、设计思路、实验过程中出现的问题及解决方法。为毕业要求 10 的达成提供支持。

6.8.3　课程教学内容及要求

本课程分为如表 6-8-1 所示的 8 个基本实验。

表 6-8-1　实验内容

序号	实验项目	实验目的及主要内容
1	社会工程学实验	理解网络安全的基本概念，了解敏感信息收集方式，并掌握钓鱼式攻击、基于密码心理学破解密码的方式
2	主机安全实验	了解操作系统、网络协议存在的网络安全漏洞，掌握基于用户权限、口令破解、日志分析、数据库安全等方面的安全技术
3	网络攻防实验	在了解网络协议漏洞和缺陷的基本原理的基础上，综合运用漏洞扫描、网络嗅探、缓冲区溢出攻击、DoS 攻击、欺骗攻击等方式进行网络攻防实验

续表

序号	实验项目	实验目的及主要内容
4	网络扫描器开发	在了解 socket 通信机制以及网络扫描原理基础上,开发一个判断主机和端口是否为 active 状态的系统,并能够通过多线程技术、TCP 半开连接、FIN 扫描等多种技术的应用提高扫描效率
5	网络嗅探器开发	在了解 socket 通信机制以及网络抓包机制的基础上,开发一个网络嗅探系统,能够抓取网络分组,能够区分单播、多播和广播分组,掌握以太网帧、IP 分组、TCP 报文、UDP 报文以及应用层报文的构成并进行分析,统计网络包的类型,从而为网络诊断提供辅助依据
6	ACL 实验	理解路由器和三层交换机的工作原理及二者的区别,掌握网络路由器和三层交换机的配置方法,并在此基础上实现包过滤防火墙;通过设计包过滤规则,配置和调试 Access-List
7	防火墙实验	理解防火墙的基本工作原理,掌握防火墙的连接和配置方法,熟练使用防火墙的常用命令,并通过配置防火墙规则,观测实验结果的正确性,了解规则冲突对结果的影响。在此基础上,能够设计复杂网络工程方案,利用交换机、路由器和防火墙构成复杂的网络安全应用系统,并实现整体系统的安全防护
8	VPN 实验	理解 VPN 的基本工作原理,掌握基于防火墙配置 VPN 的方法,包括服务器端配置和客户端配置,重点掌握 Remote Access VPN 配置和 IPSec 配置,并通过实验观测结果的正确性。在此基础上,能够设计复杂网络工程方案,利用交换机、路由器和防火墙构成复杂的网络安全应用系统,并实现跨越公网的安全传输

这 8 个实验分为 3 大部分:

(1)网络攻防技术实验。该部分的实验目标是让学生学会网络攻击的基本知识,了解系统及网络协议的漏洞及安全防护意识。这一部分包括实验 1~3,即社会工程实验、主机安全实验、网络攻防试验。该部分的要求是结合理论深入理解基础知识。

(2)网络协议分析工具开发实验。了解各种网络协议的内涵及进行网络攻击及诊断的基本手段,即扫描器及嗅探器的开发。利用 C 语言实现这两个工具。该部分主要要求对于协议内容的理解及实现。

(3)网络防护技术实验。该部分主要是针对实际设备的配置调试及部署,包括防火墙和 VPN 实验。主要要求学生能够深入了解网络安全协议的工作原理、配置方式以及实现原理,掌握相关配置的方法及背后的原理,并能够设计和实现复杂的网络安全系统方案。

6.8.4　教学环节的安排与要求

1. 实验环境

实验 1-3 采用中软吉大开发的实验教学软件。运行于 Windows+Linux 的虚拟机环境中。

实验 4-5 采用 C 语言进行开发。

实验 6-8 用到的网络通信设备主要是:Cisco Catalyst 3550 系列智能以太网交换机、华为 3Com 的 Quidway 2016/3026/3526 系列交换机,以及 Cisco 2600 系列路由器、华为 3Com 的 Quidway 2811/2831 系列路由器等。

2. 实验要求

- 实验采用分组形式进行,2~4 人一组,每 3 组配一名助教进行指导,从而提高教学效率。

- 建立开放的实验管理系统。主要功能如下：实现实践课程大纲以及每堂课的实践内容；实验课题发布、选题、课题过程管理、实验成果的统一管理，并且提供实践交流平台，如学习资源、新闻组、讨论组、聊天室等，以支持师生之间、学生之间的交流。

6.8.5　学时分配

本课程设计的实验课分为 8 次，课时分配如表 6-8-2 所示。

表 6-8-2　实验学时分配

序号	实验项目	学时	序号	实验项目	学时
1	社会工程学实验	4	5	网络嗅探器开发	10
2	主机安全实验	8	6	ACL 实验	2
3	网络攻防实验	8	7	防火墙实验	4
4	网络扫描器开发	8	8	VPN 实验	4

6.8.6　课程考核与成绩评定

本课程的成绩以上机实验及实验报告结合的方式进行考查，不同实验有不同的占比，具体如表 6-8-3 所示。

表 6-8-3　课程考核方式与成绩评定标准

	考查点	占比/%	优	良	中	及格	不及格
目标1	实验代码	15	网络扫描器能够正确运行，采用图形界面运行方式，并采用多线程技术加快扫描速度	网络扫描器能够运行，采用命令行方式运行，并采用多线程技术加快扫描速度	网络扫描器能够运行，采用 TCP Connect 方式	网络扫描器基本能够运行	网络扫描器不能运行
目标2	实验代码，上机报告，机考测试	40	网络扫描器和网络嗅探器均能够正确运行，具有图形界面，硬件配置机考在 30min 内全部完成	网络扫描器和网络嗅探器能够运行，采用命令行方式运行，硬件配置机考在 30min 内全部完成	网络扫描器和网络嗅探器有一个能够正确运行，硬件配置机考在 40min 内全部完成	网络扫描器和网络嗅探器有一个能够正确运行，硬件配置机考在 50min 内全部完成	网络扫描器和网络嗅探器均不能运行，硬件配置机考在 60min 内未完成
目标3	上机报告	15	完成了端口扫描实验、网络抓包实验、防火墙实验、VPN 实验和 IDS 实验	完成了端口扫描实验、网络抓包实验，并完成防火墙实验或 VPN 实验或 IDS 实验中的两个实验	完成了端口扫描实验、网络抓包实验，并完成防火墙实验或 VPN 实验或 IDS 实验	完成了端口扫描实验、网络抓包实验	未完成实验

续表

	考查点	占比/%	优	良	中	及格	不及格
目标4	上机报告	5	能够在实验报告中清晰描述网络安全相关背景,并在心得体会中体现安全法律法规的重要性	能够在实验报告中简单描述网络安全相关背景,并在心得体会中体现安全法律法规	能够在实验报告中描述网络安全相关背景、相关安全法律法规	能够在实验报告中简单描述网络安全相关背景或相关安全法律法规	未在实验报告中描述实验心得体会
目标5	实验代码,上机报告	5	能够在实验心得中体现安全工程师素质的重要性,并进行论述	能够在实验心得中体现安全工程师素质的重要性	能够在实验心得中简单体现安全工程师素质	能够在实验心得中涉及安全工程师素质	未在实验报告中描述安全工程师素质
目标6	实验代码,上机报告	20	代码和实验报告规范,能对实验涉及的网络架构、协议进行有效分析和改进;能清晰表达实验思路、出现的问题及解决方法	代码和实验报告较规范,能对实验涉及的网络架构、协议进行有效分析;能较清晰地表达实验思路、出现的问题及解决方法	代码和实验报告较规范,能对实验涉及的网络架构、协议进行一定的分析;能简单叙述实验思路、出现的问题及解决方法	代码和实验报告基本规范,对实验涉及的网络架构、协议做了分析但不全面;对实验思路、出现的问题及解决方法有简单描述	代码和实验报告欠规范,对实验结果未作分析;实验思路、出现的问题及解决方法不清晰

6.9 信息安全综合实践

本课程以能力培养为导向,按照培养信息安全专业的工程应用型人才的需要制定,总学时 2 周。就信息安全专业而言,需要培养学生具有全面的专业知识,使得学生有较宽的知识面和进一步发展的基本能力;加强学科所要求的基本修养,使学生具有本学科科学研究所需的基本素质,为学生今后的发展、创新打下良好的基础;使学生具有较强的应用能力,具有应用已掌握的基本知识解决实际应用问题的能力,不断增强系统的应用、开发以及获取新知识的能力。努力使学生既有扎实的理论基础,又有较强的应用能力;既可以承担实际系统的开发,又可进行科学研究。

6.9.1 课程简介

信息安全综合实践是信息安全专业的一门综合工程实践课程。课程设计的主要内容是:在以往所学知识的基础上,设计并实现一个中等规模的信息安全产品、应用系统或关键技术,可侧重于网络安全,也可以涉及系统安全或者前沿安全技术。

本课程设计主要培养学生信息安全的系统观念、基本的分析与解决问题能力,包括根据所给问题查阅文献,了解现有研究现状;进行算法设计与实现;根据实验结果进行分析并提出改进方案。本课程设计注重引导学生面向社会需求和工程实践,提升自主学习、动手实践能力,培养学生在工程设计领域的创新和创意的能力。

6.9.2　课程地位和教学目标

1．课程地位

本课程是信息安全专业的必修课，可以作为其他计算机类专业的选修课。通过本课程的学习，要求学生能够在已有的程序设计、计算机网络、网络安全、操作系统安全和安全工程等理论基础上，将所学理论知识运用到实际系统中，建立对于信息安全系统、较全面的理解。

2．教学目标

本课程将培养学生的信息安全专业综合应用能力作为核心目标，从信息安全原理出发，突出理论和实践相结合，以系统分析安全需求和关键安全技术解决方案为核心，以社会安全需求为目标，以"干中学"的实践能力培养为导向来组织教学工作。要求学生不仅掌握信息安全基本原理以及各类安全产品的工作原理及相互关系，而且要深入理解信息安全体系架构、操作系统安全、计算机安全和网络安全等不同层次的安全需求和相关技术，对信息安全形成全面深入的认知，从而建立系统的安全观和工程化的设计理念。使学生能够针对具体应用场景和工程需求开展安全需求分析、设计和实现的工作。本课程不仅可为后续毕业设计工作打下坚实基础，而且能使学生具备应对复杂工程问题的专业技术基础及能力。

课程细化教学目标如下。

目标1： 能够根据社会的信息安全需求给出实际设计方案，分析、设计或选择合适的信息安全技术和算法。为毕业要求1的达成提供支持。

目标2： 针对所提方案的关键技术或者难点，设计仿真实验或进行技术原理分析，验证该技术的实现或改进方案的正确性和可行性。为毕业要求2的达成提供支持。

目标3： 在信息安全专业工程实践和复杂工程问题解决过程中，通过技术手段提高对于环境保护，节能等社会需求的支持。在设计安全产品时还要考虑对于用户信息安全和隐私的保护。为毕业要求3的达成提供支持。

目标4： 针对信息安全专业的复杂工程问题，选取现代工程研发工具，能够通过自学熟练掌握，并能够运用到具体的设计和开发实践中。为毕业要求5的达成提供支持。

目标5： 能够研判所提方案对于社会在法律和文化方面可能产生的不利，能够理解团队中每个角色的含义以及角色在团队中的作用。为毕业要求9的达成提供支持。

目标6： 能够根据社会需求和新的安全发展动向，不断学习和掌握新的信息安全技术，提升对于信息安全的工程设计和实现能力。为毕业要求12的达成提供支持。

6.9.3　课程教学内容及要求

本课程设计提供若干道题目，根据学生兴趣组队选择其中一题。自选题目需要和任课老师确认。

题目内容覆盖密码学、网络安全、系统安全、电子商务安全等课程，可以是其中多门课程知识的组合应用，或者是信息安全前沿技术或算法的研究。

具体要求如下：

（1）课程设计完成后，进行设计的集中展示并参加答辩。

（2）提交课程设计的总结报告。

（3）说明各自的分工和完成内容。

（4）给出产品或关键技术、算法的设计思想。

（5）给出实现的源程序，并在必要的代码处给出注释。

（6）对于技术研究改进类型的题目，给出实验数据和结果；对产品型题目，给出能够演示的可执行代码。

（7）给出结束语，说明完成课程设计的情况和心得体会。

课程设计题目的难度与工作量举例如下。

1. 网络防火墙模型设计

[**内容要求**] 理解防火墙的基本概念，分析防火墙的基本功能要求，自行设计开发方案和程序模块。可以设计网络防火墙，也可以设计个人防火墙。

[**检查指标**] 完整的网络防火墙系统，符合规范的综合课设报告。具体功能要点如下（标有*的为提高要求，其余是必做部分）：

（1）ACL 规则包过滤和日志功能。提供基于状态检测技术的 IP 地址、端口、用户和时间的管理控制。

（2）IP 与 MAC 地址绑定。防止防火墙广播域内主机的 IP 地址不被另一台机器盗用。

（3）流量管理与控制（选取一两个应用实现即可）。

对一些典型网络应用，如 MSN、QQ、Skype、新浪 UC、阿里旺旺、Google Talk 等即时通信应用，以及 BT、eDonkey、eMule、讯雷等 P2P 应用，实行灵活的访问控制策略，如禁止、限时乃至流量控制。

*（4）实时监控、审计和告警功能。网络卫士防火墙提供对网络的实时监控，当发现攻击和危险行为时，防火墙提供告警等功能。

*（5）内容过滤以及服务计费等功能。

*（6）NAT、带宽管理、负载均衡、双机热备等功能。

*（7）高效的 URL 和文件级细粒度应用层管理控制。

2. VPN 系统设计

[**内容要求**] 理解 VPN 的基本概念，分析 VPN 的基本功能要求，自行设计开发方案和程序模块。可以选择 SSL VPN 技术，也可以设计硬件 VPN。

[**检查指标**]

完整的 VPN 系统，符合规范的综合课设报告。具体功能要点如下：

（1）数据加密。支持一种以上通用加密算法（AES、DES、3DES、RSA）。

（2）身份认证。支持用户名/密码（第三方认证、硬件特征认证）等。

（3）访问权限。管理员能够配置访问权限。基于服务管控 VPN 访问权限，且实现双向访问权限控制，防范越权访问。

（4）日志记录。详细记录系统日志、告警日志、用户日志等。可记录 VPN 账号最后登录时间和该 VPN 账号最后使用时间，防范账号盗用。

*（5）实现集中管理、实时监控、策略自动更新、离线配置和智能升级等效果。

*（6）支持硬件加密卡，支持特殊加密算法。

*（7）隧道间流控。避免某些接入用户滥用 VPN 带宽，确保各分支能顺畅访问总部及内网数据。

3. Powertrust 信任机制的模拟和改进

[内容要求] 理解 Powertrust 信任机制的优缺点，提出自己的改进思路，据此自行设计算法和实现的软件，并设计验证方案和程序。

[检查指标]

改进算法程序和实验结果，符合规范的综合课设报告。具体要求如下：

（1）给出改进的评估机制（例如提高其适用的范围，对抗恶意节点攻击等）。

（2）除了提高评估的准确性，还要考虑算法的效率。

（3）设计公平的实验环境，验证所提出的协议或算法改进的优缺点。

（4）必须有对比实验和图表。

4. 安全移动支付协议安全设计

[内容要求] 理解支付协议的基本概念，分析某个具体的移动支付协议的安全特点和性能，提出改进思路，并据此自行设计具体协议，并设计验证方案和程序。

[检查指标]

（1）改进的安全机制（例如提高对于用户身份信息、支付卡信息的保护，防止重放攻击等）。

（2）通过改进具体的验证模型、架构或具体算法，提高支付系统的效率。

（3）设计公平的实验环境，验证所提出的协议或算法改进的优缺点。

（4）必须有对比试验和图表。

6.9.4 教学环节的安排与要求

1. 课堂讲授

讲授信息安全产品的设计理念和安全工程的方法。

在设计过程中要求涉及可能相互有一定冲突多方面的技术、工程和其他因素。一个安全产品要涉及多种技术内容：加解密算法、安全认证、包过滤技术、安全协议等，同时又需要多面的工程能力和一定的软件开发能力。在这个过程中，学生需要了解社会需求，理解所面临的复杂的安全问题；需要掌握安全工程的理论，能够对安全工程需求进行分析，进行概要设计、详细设计、程序设计和测试等复杂的综合工程实践。在进行安全产品设计时要将其置于系统的生命周期的全过程中。

在进行概要设计时，需要建立合适的抽象模型，在建模过程中需要体现出创造性。安全建模是构建安全系统的必备环节，在建模的过程中需要设计者具有一定的创造力和洞察力，能够尽量模拟系统环境。例如，对于防火墙产品的设计要理解网络层次模型、访问控制模型等抽象技术模型，并构建自己产品的安全模型。

在实际开发过程中，有很多问题可能是学生没有遇到过的，仅靠常用方法不能完全解决。开发的过程中，需要对所涉及的关键技术和工具，进行学习和了解。而这些不是传统的讲授式教学中能够获得的。例如设计防火墙，就需要对防火墙的工作原理以及包过滤的工作层次有清晰的认识，并能够自主学习对应的开发技术。如果是 Windows 防火墙，还需要学习底层驱动开发技术。底层驱动程序调试又不同于普通程序的调试。这样学生所学习和运用的知识就不局限于核心课程。需要学生掌握系统化的安全观，掌握安全工程的原理，深入理解网络安全、密码学和系统安全等一系列核心理论。

2. 实验环境

可以使用学校的机房和信息安全专业实验室。信息产品所涉及的各类开发工具对很多学生来说是新的领域，应鼓励学生根据自身能力选取合适的软硬件开发工具。

6.9.5　课程考核与成绩评定

本课程的成绩依据提交的程序文档和实验报告以及现场展示和答辩考核。

课程考核形式与教学目标的对应关系如表 6-9-1 所示。

表 6-9-1　考核形式及教学目标的对应关系

课程教学目标	考核形式	占比/%
1	根据实验报告设计思路部分以及现场展示和答辩，检查完成情况	35
2	实验报告中的对比实验图表以及原理分析部分	25
3	通过对设计方案的现场问答，考核学生结合社会需求改进产品或技术创新的能力	20
4	现场展示和答辩，考核学生对安全工具的正确使用和评估能力	10
5	通过现场提问，评估个人在团队中的贡献以及协作精神	5
6	现场展示和答辩，考核学生在产品设计或研究中学习和掌握新知识的能力	5

6.10　嵌入式系统课程设计

计算机类专业的工程应用型人才需要具备扎实的基础理论、专业知识和基本技能，具有良好的工程问题分析和解决能力、综合工程实践能力、终身学习和持续发展能力。所以本课程设计特别强调掌握嵌入式系统的基本原理和基本设计技能，着力培养学生解决实际问题的能力、软硬件综合设计能力、系统集成能力、团队协作能力以及现代工具使用能力，而且要强调对学科基本特征的体现。

本课程设计按照总学时 40 学时（其中讲授 2 学时，分组动手实践 38 学时）进行规划。

6.10.1　课程简介

本课程设计是嵌入式系统课程的实践教学环节，进一步深入理解嵌入式系统基本概念、嵌入式系统组成结构、嵌入式硬件、嵌入式软件等基础知识，熟练掌握基于 ARM 等主流嵌入式控制器的软硬件系统协同设计技能，掌握嵌入式操作系统的工作原理和嵌入式应用程序的设计方法，培养学生嵌入式系统方案设计能力，分析和解决实际工程问题的能力。本课程设计的教学内容与复杂工程问题的特征相呼应：设计并实现一个实用的嵌入式系统，将涉及电子电路、硬件逻辑、接口规划、操作系统移植、应用程序设计、控制或处理算法设计和用户交互设计等多个方面的技术和因素，需要通过建立合适的抽象模型才能解决，在建模过程中需要体现出创造性，具有较高的综合性，往往包含多个相互关联的子问题。通过本课程的学习和实践，可以让学生在综合运用各种理论知识的基础上，亲自动手完成面向实际需求的嵌入式系统设计，使学生直接体验方案设计、方案实施、功能实现和综合测试等工程实施的完整过程，提高学生的实践技能，培养学生解决复杂工程问题的能力。

6.10.2 课程地位和教学目标

1. 课程地位

本课程设计是计算机专业的专业必修课，可以作为其他计算机类专业的选修课，属于软硬件结合的综合类课程。学生要完成课程设计中规定的工程题目，需要对嵌入式方向所涉及的嵌入式系统、程序设计、计算机组织与系统结构、操作系统、数字信号处理、模拟电子技术基础、数字电路与硬件逻辑设计等多门课程知识进行综合应用，对典型的嵌入式工程问题给出解决方案并具体实现以验证方案的正确性，因此本课程设计是集理论知识、实用技术、实践技能、团队合作于一体的综合工程实践课程。本课程设计是嵌入式系统课程的延伸，强调培养学生嵌入式系统设计理论的实际运用和工程实践能力，引导学生发现问题、分析问题特征并给出合理的解决方案，培养解决复杂问题的能力。本课程设计注重基础知识与新技术的融合、理论到实践的转化，培养学生的工程意识和能力。

2. 教学目标

通过本课程的学习，使学生能灵活运用并掌握面向具体应用的嵌入式系统设计的基本方法和过程，包括嵌入式系统硬件设计、不同硬件模块的接口设计和系统集成方法、嵌入式 Bootloader 和操作系统移植、嵌入式应用程序设计等关键环节，综合应用嵌入式系统的基本知识与方法，培养学生解决嵌入式系统设计领域内复杂工程问题的能力、方案设计能力，增强团队协作能力，进一步巩固计算机原理、体系结构、SoC 设计和程序设计等基础理论和知识，为嵌入式系统专业技术的自我学习和实践打下坚实的基础。具体目标如下。

目标 1：能够将数学、自然科学、工程基础和计算机专业知识用于解决嵌入式领域复杂工程问题。为毕业要求 1 提供支持。

目标 2：能够针对嵌入式领域复杂工程问题给出合理的解决方案，设计出满足特定需求的部件接口方式、系统集成方式、软硬系统功能划分和协同工作方式，并能够在设计环节中体现创新意识。为毕业要求 3 提供支持。

目标 3：能够针对嵌入式领域复杂工程问题，选择与使用恰当的现代工程工具和信息技术工具，包括嵌入式软硬件开发工具、交叉调试工具、性能分析工具、工程管理工具等。为毕业要求 5 提供支持。

目标 4：能够理解多学科背景下的团队中每个角色的定位与责任，能够胜任个人承担的角色任务，并能够与团队其他成员有效沟通，听取并综合团队其他成员的意见与建议，能够胜任负责人的角色。为毕业要求 9 提供支持。

目标 5：能够将计算机专业知识应用到撰写报告和设计文稿中，并能够就相关问题陈述发言、清晰表达或回应指令。为毕业要求 10 提供支持。

6.10.3 课程教学内容及要求

1. 教学内容

基于嵌入式系统相关课程提供的 ARM 系列实验箱、STM32 实验箱、单片机实验箱、各类传感器模块、音视频捕获模块、无线通信模块等实验设备完成下面 4 个题目之一：

（1）嵌入式安防监控系统。

（2）嵌入式环境数据采集系统。

（3）物联网智能家居系统。

（4）基于现有硬件条件的自选题目。要求必须做到软硬件结合，必须基于嵌入式操作系统（μC/OS-Ⅱ、Linux 或 Android），有一定技术难度或工程复杂度。自选题目要得到指导教师的认可。

学生由 2~3 人组成一个小组，以小组为单位完成上述题目。小组内同学之间的分工由小组成员自行决定。

2. 基本要求

（1）理解嵌入式系统的结构组成，掌握嵌入式系统的一般设计过程。

（2）了解常见的嵌入式微处理器，包括 ARM 体系结构、ARM 处理器工作模式、ARM 寻址方式、ARM 指令集、ARM 处理器与外设的接口方式。

（3）理解常见存储系统设计、常见外部接口应用设计、常见通信接口应用设计。

（4）熟练掌握嵌入式（ARM）环境下 C 程序设计的基本特点，能熟练设计 C 程序完成对嵌入式处理器任意寄存器以及外部接口的控制；能完成汇编语言与 C 语言综合设计，能正确设计 ARM 异常处理程序。

（5）理解嵌入式系统软件的基本模型和嵌入式操作系统运行的基本原理，掌握 μC/OS-Ⅱ、Linux 等常用嵌入式操作系统内核结构以及内核运行机理，掌握嵌入式操作系统移植和定制方法。

（6）掌握嵌入式应用程序设计技巧，包括用户界面设计、网络通信程序设计和嵌入式数据管理程序设计。

重点：嵌入式系统的一般设计过程，常见外部接口应用设计，常见通信接口应用设计，嵌入式操作系统移植和定制，嵌入式应用程序设计技巧。

难点：嵌入式系统方案设计过程中软硬件功能划分和接口方式设计，硬件驱动程序设计，嵌入式应用程序设计。

课程实施过程中应首先学习《嵌入式系统课程设计指导书》，重点了解本课程设计的题目要求以及实验室能够提供的软硬件支持；复习嵌入式系统课程的基础理论知识，针对所选题目查找相关技术资料，了解完成题目涉及的实验箱、外设模块，制定初步的方案；进一步设计软硬件系统的协作方式，制定实现计划，选择合适的开发环境和现代工具，实现硬件功能模块；移植或定制操作系统，编写嵌入式应用程序，最后再进行综合调试。

本课程设计要求学生在规定范围内选择一个题目，综合运用基础理论和技术手段分析并解决问题，完成一个面向实际应用需求的嵌入式系统设计与实现；通过课程实验充分理解嵌入式系统的一般设计和具体实现过程。完成一个课程设计题目的全过程，支持毕业要求 1 的专业知识应用能力，毕业要求 3 的设计/开发解决方案能力，毕业要求 5 的现代工具使用能力，毕业要求 9 的团队协作能力，毕业要求 10 表达、沟通和文档总结、撰写能力。

课程设计报告中要求学生对实践过程进行总结，剖析自己的各项能力（基础理论、综合运用、动手能力等）；使学生认识到自己的不足，建立对学习的正确认识。该项要求支撑学生的可持续自我学习能力，对终身学习有正确认识，具有不断学习和适应发展的能力。

6.10.4　教学环节的安排与要求

1．讲授

课堂教学首先要使学生明确课程设计的任务和要求。通过讲解，使学生能够对这些具体任务有深入的认识，进而有能力将知识点应用到实际的任务问题解决中。

2．实验

分团队实践过程中，教师主要进行辅导、答疑。在学生选定题目并给出初步设计方案时，帮助学生对方案的可行性进行分析；在学生遇到比较大的困难时，帮助学生分析问题，引导学生自己找到解决方案；在学生完成题目后，负责验证任务完成的效果，并对学生成绩进行评价。

6.10.5　教与学

1．教授方法

课堂讲授以探究型教学为主，依托知识载体，传授相关的思想和方法，引导学生探索技术前沿，激发学习兴趣。

2．学习方法

重视对基本理论的钻研，并将理论和实践相结合。训练发现问题、解决问题的能力。明确学习各个阶段的任务，认真听课，积极思考，高质量完成作业。通过教材和参考资料，强化对知识点的认识。积极参加实验，在实验中加深对原理的认识。

6.10.6　学时分配

本课程设计学时分配建议如表 6-10-1 所示。

表 6-10-1　学时分配

部分	主要内容	讲课	习题	实验	讨论	其他	合计
1	明确课程设计任务与要求	2					2
2	理论准备、方案选择				2		2
3	硬件部分设计与实现			12			12
4	软件部分设计与实现			16			16
5	答辩与验收			4			4
6	撰写实验报告			4			4
合　计		2		36	2		40

6.10.7　课程考核与成绩评定

根据学生在课程设计期间的表现（含出勤率、理论准备、方案论证、调试过程中解决问题的能力、调试及答辩结果、实验总结报告）进行综合考核，考核成绩分为优、良、合格和不合格 4 等。

验收时需要学生现场讲解自己的设计思路，回答教师的提问。教师进行现场指标测试，检验学生的管理与协作能力。

考核方式成绩评定标准如表 6-10-2 所示。

表 6-10-2 考核方式与成绩评定标准

目标	优秀	良好	合格	不合格	比例/%
目标 1（支持毕业要求 1）	目的明确，态度端正，出勤率高；系统很好地完成了预定义功能；运行效率高；用户界面友好	目的明确，态度端正，出勤率高；系统正确完成了预定义功能；运行效率较高；用户界面比较友好	目的明确，态度端正，出勤率高；系统只完成了预定义的基本功能，出现少量错误；运行效率可接受；用户可以通过交互控制系统运行	目的不明确，出勤率低；没有实现预定义功能，或系统运行存在大量错误；运行效率不可接受；用户无法控制系统的运行	30
目标 2（支持毕业要求 3）	总体思路合理，方案设计接近最优化方式；最终系统很好地完成了预定义功能	总体思路合理，方案设计正确；最终系统完成了预定义功能	总体思路模糊，方案设计基本正确；最终系统基本完成了预定义功能	总体思路混乱，方案设计不正确；最终系统没有完成预定义功能	40
目标 3（支持毕业要求 5）	在方案设计、系统实现和测试的各个阶段使用了恰当的工具，使用方式灵活合理	在方案设计、系统实现和测试的各个阶段大部分使用了工具，使用方式灵活合理	在方案设计、系统实现和测试的各个阶段使用了部分工具，工具使用不够灵活合理	在方案设计、系统实现和测试的各个阶段没有选择正确的工具，或者根本无法掌握大部分工具的使用方法	10
目标 4（支持毕业要求 9）	在小组中积极引领其他学生，积极主动进行交流，并且及时向教师反馈	在小组中积极主动进行交流，及时向教师反馈	在小组中能主动进行交流，并且及时向教师反馈	在小组中无交流，并且没有及时向教师反馈	10
目标 5（支持毕业要求 10）	按时交实验报告，实验数据与分析详实、正确；图表清晰，语言规范，符合实验报告要求	按时交实验报告，实验数据与分析正确；图表清楚，语言规范，符合实验报告要求	按时交实验报告，实验数据与分析基本正确；图表较清楚，语言较规范，基本符合实验报告要求	没有按时交实验报告，或者实验数据与分析不正确，或者实验报告不符合要求	10

说明：本课程设计的先修课程有模拟电子技术基础、数字电路与逻辑设计、计算机组织与体系结构、微机系统、操作系统和嵌入式系统等。

6.11 软件工程课程设计

"软件工程"课程教学内容包含软件系统的需求分析、设计、实现和测试等软件开发技术以及工程化的开发过程，这些必须通过实际软件问题求解过程以及团队合作进行体验，而综合的软件开发能力的锻炼和培养需要借助一个完整的软件项目开发过程实现。软件工程课程设计是巩固课堂教学成果、培养学生软件工程实践能力的重要环节，目标是使学生系统地掌握软件工程的过程、方法和工具，通过可行性研究、需求分析、总体设计、详细设计、编码测试等各个环节，对软件工程理论产生更深刻的认识，为学生将来从事软件系统的研发和管理奠定基础。依托于软件工程课程设计这一实践环节，开展软件工程课程设计训练，十分有助于培养工程化设计思想。

按照教育部高等学校计算机科学与技术教学指导委员会发布的专业发展战略研究报告，计算机科学与技术专业培养科学型、工程型、应用型的人才。各个学校可以根据自身的学科基础、教师队伍以及社会和行业的需求，明确培养目标，并按照确定的培养目标设置毕业要求组织课程设计的任务，开展教学活动以有效支持毕业要求的达成。

本课程设计以能力培养为导向，按照培养计算机类专业的工程应用型人才的需要制定，总学时数 60，均为实践学时。课程设计任务应充分体现需求分析、软件设计、软件实现、软件维护以及项目管理五大功能。不同的高校可根据自身的培养目标设置不同的要求和实施侧重点，对上面 5 个部分有所侧重。

6.11.1　课程简介

软件工程课程设计是计算类相关专业的主要实践环节之一，其主要任务是：通过实践需求分析、设计、实现和测试等软件开发技术以及工程化的开发过程，完成具体的软件系统，强化学生软件工程实践能力，让学生更好地掌握软件工程的开发过程、开发方法，熟悉相关工具的使用，为学生将来从事软件系统的研发奠定基础。

软件工程课程设计符合《华盛顿协议》关于复杂工程问题的 7 个特征。首先，在软件工程的经济可行性分析中，需要用到数学和经济学的知识，以估算软件项目的成本、收益、投资回收期、投资回收率等指标，判断项目在经济上是否可行。在软件需求分析中，需要根据用户提出的软件需求，建立结构化或面向对象的需求模型，其中涉及应用数学、管理学、计算机科学的基本原理研究分析复杂工程问题。软件概要设计需要将软件系统设计为若干相互连接的模块。软件详细设计是为每一个模块设计详细的算法、数据结构等。软件开发将软件详细设计的结构转换为可运行的代码，同时要充分地考虑外部诸多非技术因素。另外，在软件工程项目开发过程中，学生应能够针对工程问题的特征，开发、选择和使用恰当的技术、资源和相关分析工具、设计工具、测试工具等完成任务，并了解这些工具的不足和局限性。学生应学会使用主流分析工具、测试技术和方法对系统进行测试，并能合理分析和解释结果。在设计软件方案时，需要从各方面进行可行性分析，包括技术可行性、成本效益、市场可行性、政策可行性，还要分析软件项目是否危害健康、触犯法律、影响环境和社会的可持续发展等。这些内容的学习能让学生有强烈的社会责任感，充分考虑软件项目对社会、健康、安全、法律以及文化的影响。软件工程课程设计往往以小组为单位完成，团队成员之间必须进行沟通，通过相互协作完成任务。所以，软件工程课程设计是绝大多数计算机类专业培养学生解决复杂工程问题能力的有效载体之一。

6.11.2　课程地位和教学目标

1. 课程地位

本课程设计是计算机科学与技术专业的学科基础必修实践课，旨在继程序设计、数据结构与算法、软件工程、数据库原理等课程后，引导学生利用所学知识，遵循系统开发和工程化的基本要求进行相关软件系统的设计与开发，培养学生的工程化开发能力，强化学生需求建模能力、程序设计与实现能力、项目管理能力、团队合作和沟通能力，培养工程与社会、环境与可持续发展方面的意识。本课程设计不仅对学生后续软件测试、软件项目与质量管理等专业课程的学习有重要影响，也为学生以后的毕业实习、毕业设计和走上工作岗位所必需的工程实践能力奠定基础。

2. 教学目标

通过本课程实践，使学生掌握如何运用软件工程的技术、方法和工具来设计、开发高质量软件系统和管理软件项目，促进学生结构化程序设计开发技术和面向对象程序设计开发技术的综合运用，熟练掌握常见软件工程建模、设计开发、测试以及项目管理等工具，并能进行分析与评价，为将来从事软件工程实践打下良好的基础。

具体要求如下：

（1）能够结合软件需求，选择合适的软件过程开发模型。掌握软件生命周期各阶段的任务和过程，软件开发过程中软件分析、设计和实现的方法，熟悉相关工具，理解软件项目管理的基本思想。能够设计并正确表达一个复杂系统的解决方案，通过运用基本原理，综合分析影响系统的多种因素，证实和评价解决方案的合理性；能够对多种方案的可行性进行研究，包括方案的技术可行性、操作可行性、经济可行性、社会可行性等因素，让学生学会思考复杂系统的解决方案。

（2）掌握结构化的分析与设计方法，熟练使用数据流图、数据字典、流程图等。

（3）掌握面向对象的分析与设计方法，熟练使用用例图、类图、状态图等。

（4）锻炼软件文档的撰写能力。

（5）锻炼沟通交流和团队协作能力。

该目标分解为以下子目标。

目标 1： 软件工程课程设计为从实践的角度培养学生处理复杂软件系统的设计与实现的能力提供工程知识支持。对于毕业要求 1 的达成提供支持。

目标 2： 在软件工程课程设计的软件需求分析中，需要根据用户提出的软件需求，建立结构化或面向对象的需求模型，培养学生抽象建模能力，通过用例图、数据流图获取项目需求以及通过类图、状态图、时序图等对系统进行分析设计的能力。对于毕业要求 2 的达成提供支持。

目标 3： 软件概要设计和详细设计将软件系统设计为若干相互连接的模块，为每一个模块设计详细的算法、数据结构等，并在软件开发阶段将软件详细设计的结构转换为可运行的代码。这将促成学生软件工程开发能力的培养，同时也会提升学生考虑环境、法律等外部诸多非技术因素的意识。对于毕业要求 3 的达成提供支持。

目标 4： 在设计软件方案时，需要从各方面进行可行性分析，包括技术可行性、成本效益、市场可行性、政策可行性，软件项目是否危害健康、触犯法律、影响环境和社会的可持续发展等。这些内容的学习能让学生建立社会责任感，充分考虑软件项目对社会、健康、安全、法律以及文化的影响。对于毕业要求 6 的达成提供支持。

目标 6： 本课程设计需要学生以 3～5 人为一组，通过团队合作，按照软件工程方法学及软件开发生命周期各个阶段的要求进行实施，完成一个较大的应用系统的设计与开发，培养学生的组织和团队合作能力、表达能力。对于毕业要求 9 的达成提供支持。

6.11.3　课程教学内容及要求

在软件工程课程设计中，设计以项目为指导的教学模式，以项目驱动的方式带动各知识点的综合应用，在系统分析、设计、开发到测试以及最终成形的全过程中贯彻系统设计的思想。通过课程设计任务的完成，把软件工程各章节知识贯穿起来，做到前后呼应。

在课程设计采用分组方式完成，3～5 人一组，每组选择一个题目。有条件的高校可以由企业教师参与指导，在组内模拟软件企业运行模式设置相关岗位角色，进行角色体验。学生按要求完成课程设计任务，并接受教师的阶段检查和最终验收检查，同时提交项目计划、需求分析报告、设计文档、测试用例集。

课程设计任务选题可以由各高校自行设计，每个题目应具有一定的实际应用价值，能够体现一定的现实意义，题目以任务书的形式交给学生。课程设计按照软件开发生命周期管理，可包括 6 个阶段，如表 6-11-1 所示。

表 6-11-1　课程设计阶段划分

阶　　段	学生掌握程度和工具使用的要求
第 0 阶段：项目调研和自选开发工具学习	理解，掌握
第 1 阶段：项目计划及需求分析	掌握，熟练操作 UML 工具
第 2 阶段：项目设计	掌握，熟练操作 UML 工具
第 3 阶段：系统原型实现	掌握，熟练操作常用开发工具
第 4 阶段：单元测试和集成测试	掌握，熟练操作测试工具
第 5 阶段：产品交付	掌握，熟练操作文档生成工具

学生应该按照以下几个主要阶段完成课程设计。

1．项目计划及需求分析阶段

（1）制订项目计划。确定项目组长及组员，进行角色分工，制定项目进度表。

（2）需求获取与分析。针对给定问题领域，要求学生通过调研，进一步明确项目的功能和非功能需求，进行可行性分析后，利用 UML 用例图（配合用例说明）详细描述项目功能需求。

2．项目设计阶段

（1）系统架构设计与评估。要求学生根据需求分析结果，提出对应解决问题的软件系统的架构设计方案，包括模块（类）划分、接口定义，然后对架构设计进行评估，看其是否满足功能与非功能需求。

（2）模块（类）设计。要求学生将整个软件系统划分为模块，对于面向对象设计，给出设计类之间的继承、聚合、关联关系。

（3）用户界面设计。要求用户界面友好，具有一定的易用性。

3．系统原型实现阶段

要求学生根据上一阶段完成的系统设计，实现系统原型。

4．单元测试和集成测试

（1）单元测试用例生成。要求学生根据所学的软件测试方法，对系统所有模块的输入输出接口设计相应的黑盒测试用例集，并进行单元测试。

（2）集成测试。将各个单元模块集成，并采用一定的集成测试方案完成各模块间的集成测试，实现全部系统的整体测试。

5．产品交付

主要提交项目工程文件和实验报告，其中实验报告应该包含以下内容：

（1）题目、组长、组员信息以及分工。

（2）需求分析、UML 用例图及其描述。

（3）架构设计、模块（类）设计、用户界面设计，要求利用 UML 工具画出设计图，并给出相关图示说明。

（4）测试数据生成报告。

（5）收获及体会。

实验报告用 A4 纸装订，要求格式规范，并提交源程序。

6.11.4　教学环节的安排与要求

1．教学环节的安排

软件工程课程设计教学环节按照教学大纲安排，具体如下。

（1）课程设计要求说明。给出课程设计的任务及要求，以及对学生的出勤、检查时间和地点等的要求。

（2）课程设计任务布置与讲解。进行课程设计安排时，由教师以课堂程教学的形式发布课程设计任务。

（3）分组实践。分组原则是使所有学生工作量相当，并都能在项目开发过程中得到锻炼。

（4）中期检查。教师以答辩的形式对各小组中期结果进行监督检查，督促各小组按进度进行。

（5）课程设计答辩、设计结果提交。采用答辩和软件演示的形式对设计结果进行验收。

2．考核与评定

评定的方式是现场验收。成绩评定瞄准本教学环节的主要目标，特别检查目标 1 的达成情况。评定级别分优秀、良好、合格、不合格。

- 优秀：系统结构清楚，功能完善，系统输入输出形式合理，能够较好地处理异常情况。
- 良好：系统结构清楚，功能比较完善，输入输出形式合理，有一定的处理异常情况的能力。
- 合格：系统结构清楚，功能比较完善，运行基本正常，可以输出基本正确的结果。
- 不合格：未能达到合格要求。

此外，学生必须提交课程设计报告，参考报告给出课程设计成绩。

学生按照要求撰写并按时提交书面实验报告。现场验收时，以小组为单位 10～15min 的报告，通过此环节训练学生实验总结与分析等能力和表达能力。教师给出各组的综合评分，并根据表现给出每个学生的得分。

6.11.5　教与学

由于本课程是实践性课程，建议综合采用如下几种组织模式。

1．将实训模式引入课程设计

由于成本问题，借助企业人员进行专门指导难以实现，因此，当课程设计地点仍在专业机房和专门实验室，并在本校软件工程专业教师的指导下完成时，可模拟软件企业的项目开发模式，以项目驱动形式进行训练，既以项目开发带动软件工程的理论学习，又以软件工程的理论来指导软件开发的实践，使学生得到较全面、系统和规范的软件工程实践训练，提高软件设计与开发的能力。

2．以实际的工程项目为背景

根据课程设计要求掌握的知识点和教学时间限制，以实际的工程项目为背景，由教师根据课程设计的要求定制课程设计任务。学生按照兴趣和能力选择项目案例，以确保有足够的积极性和信心按期完成。通过以实际的工程项目为背景，使学生参与实际项目开发，以开发团队形式在规定的时间内完成需求分析建模、设计、代码编写、测试和部署，体验完整的软件开发过程。

3．将企业项目管理方法引入课程设计

课程设计借鉴企业化运作机制，以项目组长负责、项目组成员协作的形式完成设计任务。项目小组成立时，指导教师按照项目实际情况安排小组人数，并按照学生能力对小组成员进行角色分工，如项目组长、软件工程师、测试工程师等。这种角色分工能够使学生更加感性地认识企业中的不同角色，而且在项目中每个学生都有明确的职责和任务，工作量饱满。通过项目组内部协作，既能降低项目实施的难度，又能确保项目能够按期保质保量完成。

6.11.6　学时分配

学时分配如表 6-11-2 所示。

表 6-11-2　学时分配

阶　　段	学　　时
第0阶段：项目调研和自选开发工具学习（自主完成）	4
第1阶段：项目计划及需求分析	6
第2阶段：项目设计	15
第3阶段：系统原型实现	17
第4阶段：单元测试和集成测试	10
第5阶段：产品交付	8

6.11.7　课程考核与成绩评定

考核方式及成绩评定如表 6-11-3 所示。对课程设计项目的验收，不仅要考虑课程设计项目完成的质量，包括需求、设计模型的合理性、准确性，软件代码的完整度，还要考虑验收答辩时项目组成员中不同任务承担者的表现。这种评价机制既能保证对学生工程能力的考核，又能锻炼学生的协作能力、表达能力和职业素养。

课程的总成绩采用百分制，在评分时除了依据上述各方面，还要考虑所选项目任务的难易程度。如发现程序和报告有抄袭现象,抄袭者和被抄袭者成绩都记为不及格。

在课程设计过程中,注重培养学生对软件工程系统的分析、设计与实现中的交流能力(口头和书面表达)、协作能力、组织能力。

要求学生演示并讲解自己的项目开发情况,由指导教师或企业教师组成评定小组进行评分。

表 6-11-3　考核方式及成绩评定

考核方式		比例/%	主要考核内容
阶段检查	项目计划(15%)	30	主要考核项目计划的可行性,对应毕业要求 1、2、9
	需求分析(25%)		主要考核需求分析的正确性、完整性,为毕业要求 1、2、3、6、9 达成度的评价提供支持
	架构模块设计(30%)		主要考核架构设计、模块(类)设计的正确性、合理性,为毕业要求 1、2、3、6、9 达成度的评价提供支持
	用户界面(15%)		主要考核用户界面的易用性,为毕业要求 2、6 达成度的评价提供支持
	测试(15%)		主要考核测试用例集的覆盖度以及是否遵循标准,为毕业要求 2、6、9 达成度的评价提供支持
课程设计报告		30	主要考核实验报告的完整性、规范性,为毕业要求 2、9 达成度的评价提供支持
验收检查		40	按照阶段检查要求进行检查,为毕业要求 1、2、6、9 达成度的评价提供支持

6.12　工程设计与管理课程设计

工程设计与管理课程设计是一门综合实践必修课,是计算机类专业人才综合素质训练的重要环节,特别是为学生提供团队协作解决复杂工程问题的准社会实践机会,对保障学生达成毕业要求具有不可替代的作用。其基本目的在于通过公司运行模式,经过广泛的市场调研,根据社会需求选择课题,按工程管理过程实施,并伴有公司管理、财务管理、市场营销、文档撰写、交流论证等实践活动,使学生掌握本专业知识的理论基础和专业技能,结合与工程相关的社会、伦理、环境、法律统筹解决问题,并经历复杂工程问题的求解过程,从而得到创新意识和创业能力的全面训练。

本课程设计采用以学生为中心的工程教育模式,教师以"离岸"方式监督和指导学生,以过程管理和最终产品评价考核教学质量,目的是以社会需求为导向,以自主学习技能培养为目标,帮助学生树立团队意识和协作精神,为社会提供具有创新创业意识和能力的应用型人才打下基础。教学以讲座培训形式进行,是纲领性的,要求学生根据自己的岗位职责,按照培训要求自行查阅相关资料,学习并运用相关知识。

本课程应达到的教学目标如下。

目标 1:理解并体验项目开发的全过程,完成有组织、有预算的产品研发任务,使学生认识到复杂工程问题必须运用坚实的理论基础、一定的跨学科知识,经过深入分析才可能统筹解决，并能够在设计环节中体现创新意识，考虑社会效益、经济效益等综合因素。为毕业要求 3 的实现提供支持。

目标 2：在实践过程中，学生根据特长选择角色，明确自己的岗位职责。通过培训、交流论证认识到产品的研发不仅需要考虑技术因素，还应综合考虑对社会、环境、健康、安全、法律以及文化的影响，并理解应承担的责任。为毕业要求 6、7 的实现提供支持。

目标 3：了解项目分工合作的重要性，大部分产品研发是通过跨学科的团队协作才能完成的。学生通过实践对所担任的角色、职业道德和规范有较深的理解。为毕业要求 8、9 的实现提供支持。

目标 4：撰写面向同行和用户的有结构层次的报告、演讲等材料，能够以准确的、合乎技术规范的语言表述自己的意见，提高学生的交流沟通能力。项目进行的中后期，在不影响项目进程的前提下，允许学生转换角色，体验不同的角色在项目管理中所起的作用。为毕业要求 10、11 的实现提供支持。

目标 5：在基本原理与工程实践结合的过程中，问题的解决经常涉及新知识、新技术和新方法，必须自主终身学习。为毕业要求 12 的实现提供支持。

6.12.1　过程要求与安排

本课程设计分为组建团队、选题立项、产品研发、市场营销、结果评价 5 个阶段进行。要求学生定期召开会议，讨论解决所遇到的问题，各岗位就自己所承担的工作进行专题讲演，每个学生都应该有讲演机会。每次会议都应按时间、地点、主题形成会议纪要存档。可邀请指导老师参与交流论证，当然这是要"付费"的。

1．成立公司

公司由 8～10 人组成，根据拟开发项目，可跨专业自由组合。岗位设置见表 6-12-1。

表 6-12-1　岗位设置

岗位	经理	秘书	财务	规划和控制	项目设计	质量控制	市场
人数	1	1	1	1	1～3	1	1

步骤如下：

（1）经理由推荐或自荐产生。

（2）由经理聘用秘书、财务、研发、市场负责人。

（3）确定公司名称，组成完整的公司体系结构。

（4）根据公司人员安排，制定岗位职责。

（5）课程指导委员会指定一名教师"离岸"远程监督指导。

（6）学院提供一定的资金支持，分为实际货币和虚拟货币，用于实际支出、教师指导费用和公司间的协作支出。

本期讲座：课程介绍、公司管理。

产生文档：公司名称、体系结构、人员分工与职责。

2．选题立项

选题范围为计算机技术类相关产品，包括应用软件、应用硬件、嵌入式系统、智能设备、网站、管理系统等。

　　由市场部负责人拟定调研方案，全员参与市场调研，讨论汇总形成市场分析报告，提出一两个拟开发项目。要求产品具有一定的技术含量、创新特征，必须运用深入的工程原理经过分析才可能解决。

　　由课程指导委员会组织立项答辩，论证项目的复杂程度、可实施性和市场前景，决定批准立项或取消立项。

　　通过立项后，财务负责人作出项目预算，提出研发经费申请。课程指导委员会根据申请的依据和数额，确定项目可以使用的经费额度。对于不足部分，鼓励学生与社会企业协作以获得资助。资助金额由团队自主支配，但必须按财务制度进行管理。

　　本期讲座：文秘档案撰写、财务管理。

　　产生文档：市场分析报告、开题报告、财务预算报告。

3．产品研发

　　该步骤的重点是项目的研发与质量控制，由学生自主完成。指导教师以周总结形式进行后台监控，包括进展情况、存在问题、下周计划等。项目组每周末提交周总结报告，用E-mail 提交给指导教师。

　　具体过程如下：

　　（1）按开发规范进行需求分析、总体设计、详细设计，经审核批准后实施。需求涉及多方面的技术、工程和其他因素，并可能相互有一定冲突的，可通过公司间的协作或与社会协作解决。

　　（2）划分模块，按工作量大小分配给不同成员，所有成员（包括经理和负责人）都要承担一定的技术工作。

　　（3）制订进度计划，要求具体到周。划分节点，按节点进行质量检查，对存在的问题提出整改意见，给出检查结果。

　　（4）各成员根据进度计划自行安排工作时间，记录工作日志，作为最终个人贡献度评定依据。

　　（5）每个模块完成后提交质量控制组验收，通过后总装调试，按设计要求测试其是否运行正常，测试过程应有测试报告。

　　本期讲座：工程管理。

　　产生文档：项目设计报告、研制报告、测试报告和个人工作日志。

4．市场营销

　　（1）要求所有公司建立自己的网站，宣传公司形象、文化、理念，展示、推销公司产品，提供技术支持和售后服务。

　　（2）市场负责人根据产品特点制定营销方案，经大家讨论后形成市场营销报告。

　　（3）财务负责人作出项目决算报告。

　　本期讲座：网页的制作和发布、市场营销。

　　产生文档：网站建设报告、市场营销报告、财务决算报告。

5．结果评价

结果评价分为实物验收、项目答辩、文档评价、产品交易会 4 个步骤进行。

1）实物验收

项目组介绍产品特点，演示产品功能。验收组从以下 5 个方面给出评价。

（1）产品演示：能顺利地完整演示产品功能，各种性能达到设计要求。

（2）产品功能：能利用所学理论，结合市场需求进行设计。功能实用，性能合理，技术含量符合课程要求，工作量饱满。

（3）外形设计：外形美观，操作方便。

（4）创新性：对研发产品有创新意识，对前人工作有改进、突破或有独特见解，有一定应用价值。

（5）市场前景：产品设计考虑了社会效益和经济效益，有推广应用价值。

根据验收情况填写实物验收表，给出百分制评分和评价意见，决定是否允许参加答辩。允许答辩的组提交文档资料。不允许答辩的，表示该组实物验收未通过，后面的环节不再进行。

2）项目答辩

全体成员参加，经理进行报告，验收组提问，按成员职务及职责指定人员回答。从以下5个方面进行评价。

（1）报告过程：准备工作充分，时间符合要求。报告内容包括公司组成、产品简介、市场调研、项目管理、财务管理、公司网站、市场营销，应反映项目运作全过程。

（2）工作质量：完成的工作在难度、工作量、复杂度和创新性方面满足要求，设计实现中不存在社会、文化、法律、伦理、道德、安全等方面的问题，能够按照要求和需要与指导教师、同学等相关人员进行有效沟通。

（3）报告内容：思路清晰，语言表达准确，概念清楚，论点正确。实验方法科学，分析归纳合理。对创业创新有一定的认识，对公司管理、团队配合有一定的体验，达到本课程设计的教学目的。

（4）创新性：对前人工作有改进或突破，或有独特见解。

（5）回答问题：有理论依据，基本概念清楚，主要问题回答准确、深入。

答辩组给出百分制成绩，填写答辩评分表，决定是否推荐参加产品交易会。

3）文档评价

验收文档清单：

（1）市场分析报告。

（2）项目开题报告。

（3）设计报告。

（4）研制报告。

（5）测试报告。

（6）财务决算报告。

（7）网站建设报告。

（8）市场营销报告。

（9）项目总结报告。

（10）成员工作日志。

验收组依据《工程设计与管理文档验收标准》对文档评分，填写文档验收表。

4）产品交易会

由课程指导委员会对推荐产品进行筛选，选中的产品参加交易会，制作展板、设计展台、准备产品解说，做好预案。

展会将邀请相关方面领导、专家、媒体及企业参加。

验收组根据展台布置、演示效果、人气情况评分，填写产品展示评价表。

6.12.2 成绩评定

团队得分组成如表 6-12-2 所示。

表 6-12-2 团队得分组成

阶段	实物验收	项目答辩	文档验收	产品交易会
比例/%	50	25	15	10

团队得分等级与分数池的对应关系如表 6-12-3 所示。

表 6-12-3 团队得分等级与分数池的对应关系

团队得分	≥90	80～89	70～79	60～69	≤59
得分等级	优	良	中	及格	不及格
分数池	800	750	700	650	600

每个团队的分数池和与得分等级和团队人数有关，计算方法如下：

分数池和（X）=分数池×人数/10

个人成绩=分数池和（X）×个人得分（Y_i）/个人得分和（Y）

个人得分和 $Y=\Sigma Y_i$

分数池和用来平衡团队人数不同带来的平均成绩差异。个人成绩为公司成员对项目贡献比例乘以分数池和。

课程领导小组汇总各阶段评分，按成绩评定办法计算团队成绩、个人得分和得分等级。

得分等级为及格以上学生，给予学分。

项目验收未通过者暂无成绩，继续整改，等待再次验收。

项目通过验收而部分成员未通过者，重新组团，重复项目过程，等待再次验收。

再次验收择期进行，仍未通过者，本课程成绩为不及格。

6.12.3 课程管理

本课程参与教师和学生人数多、周期长，且不安排授课课时，过程管理尤为重要。

首先产生课程指导委员会，由教学主管领导、教学管理人员和具有实践经验及公司经历的骨干教师组成，对课程实施全过程统一管理。

管理过程分为课程介绍、培训讲座、立项答辩、过程监督、中期检查、结果验收和成绩评定等方面。指导教师在课程指导委员会的安排下全程参与，相互学习，不断提高业务能力。

1．课程介绍

讲解课程执行办法，对学生和教师分别进行。对学生重点讲解过程要求及案例、复杂工程问题特征体现及解决办法。对教师重点讲解公司化运营模式下的后台监督指导要求。

2．培训讲座

课程以培训讲座形式进行，讲座安排如表 6-12-4 所示，指导教师可以视情况参与。

表 6-12-4　讲座安排

序号	名　称	周　次	课时数	备　注
1	课程介绍	第 1 周	2	全部参加
2	经理培训	第 2 周	2	经理参加
3	网页的制作和发布	第 3 周	3	各队自派队员参加
4	文秘档案的撰写	第 5 周	2	秘书、经理参加，其余人员自愿参加
5	工程管理	第 7 周	3	规划和控制、项目设计、质量控制人员和经理参加，其余人员自愿参加
6	市场营销	第 8 周	3	市场部、经理参加，其余人员自愿参加
7	财务管理	第 9 周	3	财务部、经理参加，其余人员自愿参加

3．立项答辩

课程指导委员会以立项答辩的形式对待开发产品的技术可行性、市场可行性、创新点、复杂工程问题特征体现进行评价，把控项目的技术含量、基本工作量要求。

4．过程监督

1）教师

本课程是一个全过程训练性的课程，其目的既不是理论学习，也不是毕业设计。无论采用何种技术手段，只要达到规定的指标和目的，就可以获得认可。强调以过程保证结果，所以指导教师要对课程推进过程中的各个环节予以高度关注和考查。

为保证质量，每位指导教师具体负责 1～2 个团队的指导工作，指导教师的任务不是带领学生做什么，而是随时根据课程的进展给他们方向性的指示，具体工作应由学生自行完成，体现以学生为主导的创业创新模式。具体要求如下。

（1）指导教师负责对学生选定的拟研发产品进行初步审核，应该给学生一个同意立项或不同意的理由陈述。

（2）指导教师负责学生报告、记录和产品的评价，根据阶段情况给出意见。

（3）指导教师至少参加 3 次学生的会议（不收取指导费）。此外，在受到学生邀请时参与学生的会议，收取报酬（虚拟货币），并给学生出具收条。

（4）学生每周提交周总结报告，指导教师签署意见后返回项目组，并转发课程指导委员会，发现问题及时干预。

（5）指导教师每次对项目的指导或干预结束时，现场填写过程跟踪表，要求全体参加成员签字。

（6）在项目结束阶段负责每个队和每个学生的成绩评定。

2）课程指导委员会

（1）审阅指导教师转发的周总结报告，把控项目进度，了解指导教师是否尽责。

（2）不定期组织学生和教师，听取他们对课程的反映和意见，及时加以指导，不断改进课程质量。

（3）指导、解答或协调项目进行过程中教师和学生遇到的各种问题。

5．中期检查

第一学期结束前组织中期检查，对项目进展、过程文档、网站建设、财务管理、项目管理进行评价，填写中期检查表。对不符合进度要求的项目提出整改意见，项目组根据检查结果进行整改，调整工作计划。

6．结果验收

课程指导委员会组织全体指导教师组成验收小组，由具有实践经验的骨干教师担任组长，按《课程验收管理办法》对项目进行交叉验收，教师在此过程中相互学习，共同提高。

7．成绩评定

依据团队验收成绩和个人得分，由课程指导委员会进行最终成绩评定。

（1）对团队成绩偏低或偏高、个人得分过于接近或差距过大的情况进行审核，纠正验收过程中由于评分标准掌握不一致带来的偏差。

（2）按成绩评定办法计算最终团队得分和个人成绩。

（3）允许团队和个人对评价结果提出复议申请，由课程指导委员会和指导教师共同进行复议处理。

（4）对指导教师工作进行评价，根据过程记录、各阶段检查验收表格、团队成绩给出评价意见，核定工作量，对教师是否适合承担此课程的指导工作给出评价。

第7章 实习实训

在计算机类专业人才培养的过程中,实习实训是重要的必修实践教学环节,是学生达成毕业要求不可或缺的一个环节,也是培养学生解决复杂工程问题能力的重要组成部分。其目的在于增强学生对国情、社会、行业、专业的了解,了解本专业的发展现状、行业背景、服务对象及地位与作用;巩固并灵活地运用基础理论知识,解决计算机类专业实际问题,经历解决复杂工程问题的求解过程,从而得到全面的训练。

在实习实训期间,学生必须通过实习岗位竞聘,获得实习岗位,完成该岗位的实习任务,实习实训结束后撰写实习实训报告,参加实训答辩等环节,在企业导师的指导下,完成实习岗位的工作。

实习实训的具体教学目标主要支持毕业要求 3、5、6、8、9、11、12 的达成。

目标 1:使学生经历完整的实习实训过程,了解实习实训中涉及的复杂工程问题及解决方案,学习有创新性的设计及技术路线。为毕业要求 3 的实现提供支持。

目标 2:在实习实训的过程中,明确自己的职责,分析社会、健康、安全、法律、文化及环境保护、可持续发展等因素对设计、开发及实施解决方案的影响。为毕业要求 5 的实现提供支持。

目标 3:分析为完成岗位任务而开发、选择与使用的技术、资源和工具的优势和不足,包括对复杂工程问题的预测与模拟,理解其局限性。为毕业要求 6 的实现提供支持。

目标 4:在实习实训过程中能够遵守企业的各项规章制度,按照工程职业道德规范履行职责。为毕业要求 8 的实现提供支持。

目标 5:结合实习实训过程的具体工作,学会在团队中承担相应的角色及与不同专业背景的团队成员进行沟通协调。为毕业要求 9 的实现提供支持。

目标 6:能够分析实习实训工作中对项目全生命周期各过程进行管理的基本方法和技术,项目管理经验以及项目经济决策方法。为毕业要求 11 的实现提供支持。

目标 7:学生能够结合实习实训经历,学习并适应新热点、新技术、新知识,并讨论如何不断地学习和适应技术的快速发展。为毕业要求 12 的实现提供支持。

7.1 内容、要求与安排

1. 实习实训岗位应聘

结合专业内容与要求,应聘与专业相关、就业对口的实习实训岗位。

2. 岗位实习

深入实习企业,完成为期 3 个月的实习任务。在实习期间,遵守企业的规章制度,按要求完成实习岗位的工作内容。

3. 实习报告撰写

(1)实习报告必须真实反映实习实训的工作以及成果。

（2）实习报告由概况、实习活动记录、实习总结、实习单位考核、学校考核 5 部分组成。

（3）实习报告内容在 2000 字左右。

4．实习答辩

（1）学生需通过答辩组教师对实习报告的审查。

（2）学生必须通过实习答辩，答辩中要充分展示实习中所完成的工作，回答答辩小组教师所提出的问题。

（3）实习答辩按照五分制，分别从沟通展示能力、创新学习能力、研究能力、综合知识运用能力、回答问题表现方面给学生打分，并给出答辩总评成绩。

（4）按照要求将答辩资料存档。

7.2　考核与成绩评定

实习实训的考核由实习单位考核和学校考核两部分组成。评分均按五分制给出，学生的最终成绩由这两部分各占 50%的比例综合确定。

1．实习单位的考核点

实习单位的考核点由 8 个方面组成。

（1）学习能力：快速适应实习岗位的工作要求，完成学习内容。

（2）实践能力：结合理论知识，设计合理的技术路线，利用开发工具完成开发任务。

（3）创新能力：有创新的意识，对现有的解决方案提出具有创新性的观点。

（4）综合分析：明确岗位的职责，分析社会、健康、安全、法律、文化及环境保护、可持续发展等因素对实习过程中设计、开发及实施解决方案的影响，分析实习工作中对项目全生命周期各过程管理所采用的基本方法和技术是否恰当。

（5）规章和规范：遵守企业规章制度以及行业的职业道德规范。

（6）团队合作：在团队中承担相应的角色及与不同专业背景的团队成员进行合作。

（7）组织协调能力：在项目开发的过程中，按照开发需求，协调好客户与公司双方的关系。

（8）沟通交流能力：在开发团队中，能够有效、顺畅地与客户以及团队成员沟通，及时反馈客户需求，以便设计更加合理的解决方案。

2．学校的考核点

学校的考核点由两个方面组成。

实习报告占学校考核成绩的 60%。其中，实习工作量与报告内容占实习报告成绩的 70%，要求实习工作量丰满，内容丰富，能够反映在实习实训过程中学习到的内容，对照实习实训目标的 7 个方面一一进行阐述；报告撰写规范化程度占实习报告成绩的 30%，要求报告格式符合规范，技术用语准确，文理通顺。

实习答辩占学校考核成绩的 40%，答辩小组从以下 5 个方面进行评价。

（1）口头表达/展示能力：语言表达通顺，展示合理，有特色。

（2）创新能力/学习能力：对实习实训过程有思考，有独立的见解。

（3）技术对比与优劣分析：对比分析理论与实际行业技术的区别与优劣，有一定的研究能力。

（4）综合知识运用能力：将理论知识与企业实习工作结合起来，解决实习岗位上的实际问题。

（5）回答问题的正确性：能够结合实习的经历，有理论依据，回答准确。

第8章 毕业设计

8.1 基 本 要 求

毕业设计是重要的必修实践教学环节，在计算机类专业的人才培养方案中，对保障学生达成毕业要求具有不可替代的作用，是为学生提供经历复杂工程问题求解的重要环节。其基本目的在于通过课题选择与实施、撰写论文等实践活动，使学生进一步掌握本专业的基本知识、基本技术和基本方法，综合地、灵活地运用所学基础理论和专业技能解决计算机类专业实际问题，并经历解决复杂工程问题的求解过程，从而得到全面训练。

在毕业设计期间，学生必须完成以下环节的任务：选题，资料阅读，选择和使用开发环境和工具，制订研究、设计和开发计划，撰写开题报告，撰写毕业论文（学位论文），参加答辩。在老师的指导下，独立完成对问题的分析、求解（包括设计和实现）和总结，最终完成经过审定的题目。

毕业设计的具体教学目标主要支持毕业要求 3、6、7、10、12 的达成。

目标 1：使学生经历系统的专业实践，识别系统设计与实现中的关键问题，并用恰当的形式进行表达，设计解决方案，解决可能的矛盾冲突，进行程序设计与实现，培养其良好的科学素养和工程意识。为毕业要求 3 的实现提供支持。

目标 2：在相应的开发和研究中，明确自己的责任，关注其经济和社会价值，综合考虑社会、环境、健康、安全、法律以及文化等因素。为毕业要求 6、7 的实现提供支持。

目标 3：通过开题报告、毕业论文撰写、答辩、讨论、参考文献查阅、资料翻译等形式，培养学生口头和书面表达的能力、英语的阅读和翻译能力，了解相关工作的国内外基本情况。为毕业要求 10 的实现提供支持。

目标 4：根据需要，获取本专业相关信息和新技术、新知识，强化终身学习的意识，增强自学能力。为毕业要求 12 的实现提供支持。

由于毕业设计是一个综合性的实践训练，而且占用一个学期的时间，所以，从其作用看，在一定的意义上对其他一些毕业要求的达成也能够提供一定的支撑作用。例如：

- 对毕业要求 2：根据开发系统和问题研究的需要，查阅和学习相关文献，为计算解决方案设计与问题求解寻找恰当方案。

- 对毕业要求 4：能够根据解决复杂工程问题的需要，设计相应的实验，并通过实验获取数据，分析数据，获得有效的结论，提出解决问题的最佳解决方案。

- 对毕业要求 5：学习选择、集成、使用开发环境、开发工具、技术方法实现系统的开发和问题的模拟与分析。

8.1.1 内容、要求与安排

1. 选题

（1）题目需要结合生产、科研、教学的实际，具有明显的工程特征。

（2）题目的难度、复杂度、工作量必须符合本专业的要求，体现本专业基本训练内容，使学生受到综合训练，支持毕业要求的达成。

（3）一人一题。每个学生需在教师的指导下独立完成一个毕业设计题目。多名学生参加同一个课题时，各人题目的名称与内容必须不同，要明确每个学生需独立完成的且满足教学基本要求的工作内容。

（4）在企业完成的毕业设计，需要由企业导师和校内导师共同指导。

（5）题目需要通过主管毕业设计的负责人的审查。

（6）题目实行师生双向选择。

2. 任务书

（1）任务书必须明确给出题目、主要内容、基本要求、主要参考资料、专业、学生姓名等信息。

（2）需由指导教师和系主任签字认定。

（3）需在毕业设计开始前下达给学生。

3. 开题

（1）开题报告须包括调研准备、资料搜集、设计目的、要求、思路与预期成果，任务完成的阶段划分与时间安排，完成题目所需要的条件等。

（2）开题报告需在毕业设计学期开学第二周完成，指导教师负责对开题报告进行审查，不合格者必须重新开题。

4. 设计开发

（1）学生需按照开题报告中的计划开展毕业设计工作。

（2）学生要主动接受教师的指导；教师要认真对学生进行指导，并在教师指导手册中记录指导情况。

（3）开发的系统（子系统）要能够运行。

（4）在设计的中期（如毕业设计的第8周）进行中期检查，学生提交中期自查表。

5. 毕业论文及资料的撰写与提交

（1）毕业论文必须真实反映毕业设计工作和成果。

（2）毕业论文由中文摘要、英文摘要、目录、正文（绪论（或前言、序言）、论文主体及结论）、参考文献等组成。

（3）毕业时需提交毕业论文、英文文献翻译、设计资料（光盘）、教师指导手册、答辩申请表、论文审阅表、答辩评审表等。优秀毕业设计需提交申优答辩申请表、规定字数的详细摘要等。

（4）毕业论文总字数不少于2万字，其中中文摘要400字左右，并有相应的外文摘要。

（5）毕业论文撰写必须满足学校关于本科生毕业设计（论文）撰写规范的要求。

6. 评阅与答辩

（1）学生必须通过毕业设计答辩。答辩中要充分展示毕业设计完成的工作，回答答辩小组教师提出的问题，这些问题应该与教学目标相关，体现这些目标的达成情况。

（2）学生的毕业设计需通过导师的审查，在答辩前按要求将有关资料提交给指定的答辩小组，并通过验收，方能参加答辩。

（3）导师需对学生的工作与论文做出评价，并给出评分，评分要真实体现相应毕业要求达成的支撑情况，同时需要给出综合评语。

（4）答辩前必须通过导师之外的评审专家的评审，评审专家给出评分，评分要真实体现相应毕业要求达成的支撑情况。

（5）毕业答辩原则上实行导师回避制。

（6）毕业答辩由教师所在系组织。

（7）答辩小组依据学生的表现按百分制给出评分，评分要真实体现相应毕业要求达成的支撑情况。

（8）按照要求将答辩材料提交存档。

8.1.2　考核与成绩评定

毕业设计的考核包括指导教师评价、评阅人评价、答辩小组评价，评价体现教学目标的达成情况，学生的最终得分由这 3 个成绩依次按照 20%、30%、50%的比例综合确定。

导师从以下 6 个方面评价学生毕业设计的表现：

（1）工作量与工作态度。能够理解教师的设计要求，顺畅地与相关人员进行沟通，如期圆满完成规定的任务，难易程度和工作量符合教学要求；工作努力，遵守纪律；工作作风严谨务实；善于与他人合作。

（2）调查论证。能独立查阅文献和调研；能较好地做出开题报告；有综合、收集和正确利用各种信息及获取新知识的能力；能够考虑社会、文化、法律、伦理、道德、安全等因素。

（3）文献翻译。翻译准确、通顺，文笔流畅，译文数量符合要求。

（4）设计、实验方案，分析与技能。设计、实验方案科学合理；数据采集、计算、处理正确；论据可靠，分析、论证充分；结构设计合理，工艺可行，推导正确或程序运行可靠；绘图符合国家标准；了解相关的技术、工具和开发环境等，选用的技术、工具和开发环境是恰当的。

（5）论文质量。综述简练完整，有见解；立论正确，论据充分，推理正确，结论严谨合理；文理通顺，技术用语准确，符合规范；图表完备、正确。

（6）创新性。工作中有创新意识；对前人工作有改进、突破，或有独特见解，有一定应用价值。

评审专家的评审考核点包括以下 6 个方面：

（1）课题完成量。课题完成达到教学基本要求，难易程度和工作量合适。

（2）调查论证。根据课题任务，能独立查阅文献资料，进行所需调研。有收集、综合和正确利用各种信息的能力。

（3）文献翻译。翻译准确、通顺，文字流畅，译文数量符合要求。

（4）设计、计算、论证、推导。综合分析科学，方案设计合理，推理正确，计算准确，论据可靠，论证充分；结构合理；图样绘制与技术要求符合国家标准及要求，设计实现中在社会、文化、法律、伦理、道德、安全等方面不存在问题。

（5）论文质量。条理清楚，文理通顺，用语符合技术规范，图表清楚，书写格式规范。

（6）创新性。对前人工作有改进，或有独特见解，有一定应用价值。

答辩小组从以下 4 个方面进行评价：

（1）工作质量。所完成的工作在难度、工作量、复杂度和创新性方面满足要求，设计实现中不存在社会、文化、法律、伦理、道德、安全等方面的问题，能够按照要求和需要与导师、同学等相关人员进行有效沟通。

（2）报告内容。思路清新；语言表达准确，概念清楚，论点正确；实验方法科学，分析归纳合理；结论有应用价值。

（3）报告过程。准备工作充分，时间符合要求。

（4）创新性。对前人工作有改进或突破，或有独立见解。

（5）回答问题。有理论依据，基本概念清楚。主要问题回答准确、深入。

8.2 毕业设计选题示例

题目一：基于时间片的频繁轨迹挖掘

来源：某公司预先研发课题。

主要内容及基本要求

随着各种移动定位设备（如车载 GPS、智能手机、平板电脑等）的普及，产生了大量与位置有关的轨迹信息，如何从这些轨迹信息中挖掘出重要的、潜在的、有意义的模式吸引了越来越多的人的关注。其中频繁轨迹挖掘在某些重要领域能够发挥出极其重要的作用，更是获得了广泛关注。城市交通管理与规划、地图与导航服务、预测性服务等是频繁轨迹挖掘的重要应用领域。本课题利用哈尔滨市电子地图以及 16 896 辆出租车在 2016 年产生的所有 GPS 数据，挖掘出基于时间片的最频繁的路径，为机动车司机提供可靠的出行参考信息，用以指导交通管理和地图导航。具体完成以下设计与实现工作。

（1）查阅资料，自学 MTV 框架的网站建设及百度地图 API 接口的调用，为系统的设计与实现做准备。

（2）设计并实现一个基于路网的历史轨迹恢复算法。出租车在运维过程中平均 2～3min 才能上传数据，造成大量轨迹数据的缺失，缺失率高达 60% 以上。轨迹填充可以采用基于路网的广度优先搜索算法来进行。

（3）设计并实现一个基于时间片的频繁轨迹挖掘算法。根据历史轨迹数据设定时间片单位，在恢复后的完整轨迹数据上进行模式学习。考虑到系统查询性能的需要，路径可达性查询采用倒排索引的变形 R-Index 索引与 T-Index 索引。

（4）Web 频繁轨迹查询系统的实现。实现一个 MTV 框架的网站，用户提交包含路段编号表示的起点和终点的查询请求，系统挖掘出频繁轨迹，调用百度地图 API 在地图上将绘有频繁轨迹的地图页面返还给用户。

（5）采用哈尔滨市 12 920 个路段的真实路网及 16 896 辆营运出租车 2016 年全年的轨迹数据集对系统进行测试，分析实验结果。

题目二：基于软件定义网络的无线网络管理

来源：某公司预先研发课题。

主要内容及基本要求

软件定义网络的商业价值日益为各个研究机构、学校以及企业所重视，作为其重要组成部分的无线网络，其网络管理系统的重要性也日益得到关注，因此，基于软件定义网络的无线网络管理系统也就具有重要的商业和研究价值。软件定义网络的发展使得能够兼容各个设备厂商的无线网络管理系统（包括网络调度算法、网络安全控制算法等）在真实无线应用场景中的实现成为可能，本课题就是要实现一个这样的系统，不仅需要开发获取无线网络信息的 API 接口、调度控制接口、安全控制接口等，而且需要对软件定义网络协议进行扩充和修改。具体完成以下设计和实现工作：

（1）查阅资料，自学软件定义网络协议、OPENWRT 系统程序设计，为系统的设计与实现做准备。

（2）设计无线信息获取程序，这些程序从组成无线网络的各个接入点获取网络通信信息（包括各层通信协议的头部信息）、无线信道信息、数据流信息、设备信息等。

（3）设计无线调度接口程序，分为协议和执行模块两部分。标准的软件定义网络控制协议并不能满足无线网络管理系统的需求，需要开发新的控制协议数据项及执行模块，这些数据项规定了信息的传输格式及接收处理的方式，执行模块则将收到的控制信息转化为系统命令执行。

（4）在采集到的无线网络数据的基础上，设计一些网络优化算法。

（5）基于设计的系统，对系统进行测试，分析实验结果。

题目三：一种基于统计推断的交互式大数据探索系统

来源：某公司预先研发课题。

主要内容及基本要求

大数据的商业价值日益为各家企业所重视，通过对大数据的分析，企业可以发现数据当中的规律，从中获取经济效益。追求大数据分析结果精确所需的漫长查询时间严重影响了它的应用，决策者往往对"大致精确"的结果更感兴趣。设计一套能够支持交互式探索大数据探索系统，利用采样估计查询结果，实现快速反馈，通过适当的验证保证较高的估计准确度。具体完成以下设计与实现工作。

（1）查询资料，自学 Hadoop HDFS 分布式文件存储系统及 Spark 大数据分析框架，为系统的设计与实现做准备。

（2）设计统计推断模块核心算法。分析随机采样和分层采样方法，以分层采样方法为主，研究如何根据用户的兴趣确定相应的分组，在每组中按比例进行随机抽样，在需要的时候根据用户的体验重新采样。实现采样相关的 COUNT、SUM 和 AVG 等聚合函数及其置信区间。

（3）分模块设计并实现基于统计推断的交互式大数据分析系统。该系统将传统的 Map-Reduce 方法和采样推断算法结合起来，通过牺牲一定的精确度换来非常短的响应时间，使响应时间达到若干秒，满足交互查询的需要。

（4）基于选定的数据集，对系统进行测试，分析实验结果。

题目四：细粒度车辆分类与识别

来源：某公司研发课题。

主要内容及基本要求

随着智能交通系统、安全监控需求的提升，越来越多的应用场合需要对道路监控环境下的车辆进行细粒度分类与识别。一方面可以更精确地计算各种道路交通参数，另一方面也可以为社会治安提供更详细的线索。

本课题设计并实现一种针对实际道路环境的车辆细粒度分类与识别系统，能够实时分析车辆的具体品牌、型号。

具体完成以下设计与实现工作。

（1）查询资料，自学数字图像处理、模式识别等相关基础知识，为算法的设计与实现做准备。

（2）设计运动车辆检测算法。分析现有经典运动目标检测方法的性质，针对全天候监控环境下运动车辆目标特性，设计恰当的运动车辆检测算法，在确保实时性的前提下，克服光照变化、阴影等环境影响，实现车辆目标的准确定位。

（3）设计细粒度车辆分类核心算法。在车辆目标检测基础上，从深度学习方法出发，阅读相关参考文献，选择恰当的深度学习模型（例如 R-CNN），实现车辆目标的细粒度分类。

（4）分模块设计并实现针对实际道路环境下车辆细粒度分类与识别系统。包括图像文件的读取、实时视频的接入、车辆的检测和细粒度识别、结果的输出等模块，提供可实际运行的原型系统。

（5）基于选定的数据集，对系统进行测试，分析实验结果。

题目五：高分辨率遥感图像中的舰船目标检测与识别

来源：某研究院所研发课题。

主要内容及基本要求

随着遥感技术的发展，高分辨率可见光成像已能为各领域应用提供有价值的服务。针对特定应用，在大场景高分辨率遥感图像中快速检测、定位并识别舰船目标有重要的应用价值。

本课题针对大场景高分辨率遥感图像，设计并实现一套快速有效的舰船目标检测、定位与识别系统。

具体完成以下设计与实现工作。

（1）查询资料，自学数字图像处理、模式识别等相关基础知识，为算法的设计与实现做准备。

（2）设计海陆分离算法。分析现有海陆分离方法的特点，选择并实现一种高效的海陆分离方法，实现图像中的海、陆准确切割，特别是海岸线的准确定位。

（3）设计舰船目标检测与识别算法。分析现有舰船目标检测与识别算法的特点，选择并实现一种高效的舰船目标检测方法，并实现舰船目标的粗分类。

（4）分模块设计并实现基于高分辨率遥感图像的舰船目标检测与识别系统。包括全景遥感图像的读取、海陆分离、舰船目标检测与粗分类，结果的友好展示等，提供可实际运行的原型系统。

（5）基于选定的数据集，对系统进行测试，分析实验结果。

题目六：动态指令调度模拟实验的设计与实现

来源：十二五"计算机体系结构"重点课程建设项目。

主要内容及基本要求

动态指令调度技术能够有效消除数据相关带来的流水线暂停，是开发指令级并行（Instruction Level Parallelism）的重要技术。该技术作为计算机体系结构课程的核心教学内容，除了课堂教学外，还需要为学生提供相应的实践环节。然而，计算机体系结构的课程实践一直是国内教学的一个薄弱环节，与动态指令调度技术相关的实验更是几乎没有。因此，本课题计划设计一个具有动态指令调度功能的流水线，作为体系结构课程实践的重要平台，将为体系结构课程的教学提供很好的支撑。具体完成以下设计与实现工作。

（1）理论知识学习。掌握记分牌和 Tomasulo 算法的基本结构和工作原理。

（2）动态指令调度模拟实验平台搭建。首先根据计算机体系结构课程中讲授的流水线基本理论知识，搭建一个基本的 MIPS 流水线，作为后续添加动态指令调度模块的软件模拟基础平台；然后在此平台上实现记分牌模块，完成集中式动态指令调度；最后在此平台上实现 Tomasulo 算法模块，完成分布式动态指令调度。

（3）正确性测试。分别对基本 MIPS 流水线、记分牌和 Tomasulo 算法动态指令调度模块进行详细的测试与分析，确保软件模拟结果的正确性。

（4）课程实验设计。从实现的软件模拟实验平台中抽取出相关内容，设计可以面向本科生/研究生教学推广的实验模块，用于计算机体系结构的课程教学。

题目七：一种基于遗传算法的自动命题组卷系统

来源：教学课题。

主要内容及基本要求

自动组卷是指按照一定的算法，利用计算机在试题库中搜索和提取满足约束条件的试题，自动生成符合要求的试卷。这是计算机辅助教学（CAI）的应用之一，能够保证试卷的质量和数量要求，减轻教师的出卷负担，避免人工出卷方式下工作量大、试卷难度和质量难以均衡一致等现象，有助于提高教学检测的公正性和客观性。

自动命题生成的试卷能否满足教师的要求，组卷过程是否高效，很大程度上取决于系统所采用的组卷算法。目前常用的组卷算法包括随机选取算法、回溯试探算法、遗传算法以及粒子群优化算法等。随机选取法在给定约束条件下，在题库中随机搜索试题，直到生成符合指标的试卷。这种方法原理简单，但容易出现重复试题，组卷成功率不高。回溯试探法在随机选取法的基础上保存了搜索的历史状态，是对随机选取法的改进。但回溯试探法空间开销大，程序结构复杂，容易陷入死循环，组卷效率也不高。遗传算法采用群体搜索技术，模拟了自然界生物种群的遗传、变异、交叉和选择机制，能够全局搜索最优解。粒子群优化算法通过在解空间追随最优粒子进行搜索，系统初始化为随机值，通过迭代得到最优解。遗传算法和粒子群优化算法都采用适应度函数来评价系统，与传统的组卷算法相比具有更好的随机性和并行性。但由于在应用中实现的复杂程度以及实际运行的效率与理论的差距等原因，目前通用的组卷算法仍然以随机选取法为主。而遗传算法等理论上具有更高效的组卷算法取代传统的随机选取法将是今后的趋势。

毕业设计要求：

（1）广泛查阅参考文献和分析同类系统，选择一种科学高效的组卷算法，设计并实现一个基于遗传算法的自动命题组卷系统。该系统能够完成自动出卷以及审核试卷的功能，即能根据设置的题型、题量、难度、考查的单元/知识点等属性，在试题库中自动提取试题（智能组卷算法），生成满足约束条件的试卷和参考答案供教师参考。该系统具有交互式的功能，即对于系统生成的试卷，老师可以进行人工审核、修改、打印和存档。该系统应能保证功能的可靠性和安全性，同时具有可扩展性，可以与试题库管理系统以及试卷分析系统进行整合，形成功能更强大的教学辅助系统。

（2）设计和实现软件，并以此完成毕业论文。论文阐述问题的提出、可选的方案（多种组卷算法）、方案的选择（基于遗传算法的自动组卷算法）、方案的设计和实现（以自动组卷算法为核心的自动命题系统的开发与实现，包括该系统的功能需求、相关的数据结构、系统结构和接口、在测试阶段所用到的量化评价指标等）、系统的评价和结论（根据测试结果和评价指标，对比分析本系统与相关系统性能，讨论本系统的不足以及进一步完善的方向）。

可参考以下研究和开发步骤：

（1）了解系统的功能需求，设计量化评价系统性能的指标。

（2）设计系统架构，定义接口。设计相关数据结构，如后台试题库模式等。

（3）查阅文献，研究组卷算法尤其是遗传算法的基本原理，进行分析比较。

（4）运用遗传算法设计自动命题组卷算法并实现。

（5）编程实现系统并充分测试。

（6）进行性能测试和分析，通过实验结果，将本课题实现的组卷算法与传统组卷算法进行对比分析。

（7）（选做）可将自动命题组卷系统与试题库管理系统、试卷分析系统等进行集成，并联调。

（8）据此完成学位论文。

题目八：一种面向社交媒体的视频用户性能分析和推荐系统

来源：科研课题。

主要内容及基本要求

视频是现代科技的产物，如今视频在娱乐、学习、社交等方面都发挥着重要作用。在这种强大的需求推动下，社交媒体中的视频用户分析研究已经成为国内外学术界重点关注的焦点。对视频用户分析系统中采集的大量数据信息，如何进行有效的分析和挖掘，使它们发挥更大的价值，仍然是当前研究的重点。

以 MOOC（大规模在线开放课程）为例，MOOC 用户和视频数量都在呈指数级增长，用户找到符合自己偏好的视频越来越困难。向用户主动推荐符合用户个性化需求的视频，即通过分析用户的历史观看记录，分析用户偏好，向用户个性化推荐 MOOC 视频，就显得非常必要和重要了。

个性化推荐技术是为用户个性化推荐最可能被其选中的资源的技术。目前视频个性化推荐方面主要采用的是协同过滤技术，如基于协同过滤的电影推荐系统 Video Recommender、自动协同过滤推荐系统 MovieLens 等。此外，还有基于内容推荐、基于关联规则推荐和混合推荐等推荐技术。

毕业设计要求如下：

（1）广泛查阅参考文献，学习和研究 Web 挖掘和个性化推荐技术，设计和实现基于协同过滤技术的多属性加权算法，开发一个基于 MOOC 平台的视频用户性能分析和推荐工具。通过对 MOOC 学院的用户观看视频的多属性特征（包括用户观看过的视频平台、课程学校、视频语言、课程已有评分）进行数据挖掘和分析，得到用户性能偏好，从而为用户推荐与用户性能偏好最匹配的视频，辅助用户高效获取学习资源。

（2）设计和实现该用户性能分析和推荐工具，并以此完成毕业论文。论文阐述问题的提出、可选的方案（多种视频个性化推荐技术）、方案的选择（基于协同过滤技术的多属性加权算法）、方案的设计和实现（以基于协同过滤技术的多属性加权算法为核心的用户性能分析和推荐工具的开发与实现，包括该系统的功能需求、相关的数据结构、系统结构和接口、在测试阶段所用到的量化评价指标等）、系统的评价和结论（根据测试结果和评价指标，对比分析本系统与相关系统性能，讨论本系统的不足以及进一步完善的方向）。

可参考以下研究和开发步骤：

（1）了解系统的功能需求，设计量化评价系统功能的指标。

（2）查阅文献，研究多种视频个性化推荐技术，进行分析比较。

（3）编写专用爬虫获取 MOOC 视频用户历史观看记录数据集，从用户观看记录中寻找多个课程视频属性，统计分析多属性与用户偏好的关联，利用协同过滤算法得到用户最偏爱的属性值集合及相应权重，体现用户的偏好，最终为用户个性化推荐课程视频。

（4）改进传统协同过滤算法，设计基于协同过滤技术的多属性加权算法。

（5）运用 Django 框架搭建一个 MOOC 课程推荐系统，为 MOOC 平台的近千个视频资源提供入口，利用本课题所设计的算法，分析用户对 MOOC 平台、语言、学校和评分的性能偏好，并基于此为用户提供个性化的视频推荐。

（6）编程实现系统并充分测试。

（7）进行性能测试和分析，通过实验结果，将基于协同过滤技术的多属性加权算法与传统协同过滤算法的召回率等评价指标进行对比分析。

（8）据此完成学位论文。

题目九：Use-After-Free 漏洞攻击利用及检测技术研究

来源：某研究所预先研发课题。

主要内容及基本要求

近几年来，各种应用软件和操作系统组件频繁爆出 UAF（Use-After-Free）漏洞，与其他漏洞（如缓冲区溢出漏洞、整型溢出漏洞等）相比，UAF 漏洞在某些方面的危害更为巨大。目前国际上对 UAF 漏洞的研究较少，还不太成熟，尤其是在防御方面。此背景下，研究 UAF 漏洞的发展现状和趋势以及针对该漏洞的检测技术，并对其中涉及的关键内容，如悬垂指针进行论述，分析 UAF 漏洞的成因和危害。具体完成以下研究工作：

（1）查询资料，自学相关背景知识，了解常见漏洞攻击方法的原理和技术，熟悉 UAF 漏洞、悬挂指针等知识，为论文研究做准备。

（2）漏洞攻击与利用的实现。挖掘现有浏览器中所存在的 UAF 漏洞，对 Firefox 浏览器进行攻击和利用，实现一个 exploit 实例，证明攻击者可以利用安全漏洞实现攻击。

（3）研究并实现 UAF 漏洞检测算法。使用动态分析和静态分析技术，设计一种防御 UAF 漏洞的方法，通过跟踪指针分配，利用释放内存、悬挂指针的作用防范攻击。

（4）基于选定的数据集，对系统进行测试，分析实验结果。

题目十：集成学习的股票预测模型研究与开发

来源：某企业预先研发课题。

主要内容及基本要求

随着信息技术的进步，目前能够获得的和股票相关的数据越来越多。然而，这些数据并没有被有效地利用起来。另一方面，人们希望对股票的价格变化有一个准确的预测，从而有效地指导自己的投资。本研究期望能够利用机器学习的方法来对这些数据进行挖掘，建立准确的股票预测模型，并使用集成学习的方法开发低成本且高精度的股票预测模型。具体完成以下研发工作：

（1）查询资料，自学相关背景知识，了解 SVM 算法、Random Forest 算法、KDJ 策略、Flask 技术，为论文研发工作做准备。

（2）研究高效、准确的股票数据特征选择方法。分析股票数据的特征，研究股票数据特征选择方法，找出对股票价格影响大的因素，方便后续建模工作的展开。

（3）研究基于特征数据的高精度股票预测模型。在真实数据上分析比较多种（5～10 种）机器学习算法，并尝试使用集成学习方法研究低成本且高精度的股票预测模型。

（4）设计与实现使用方便的股票预测软件。利用本课题所选择的数据特征和研究的股票预测模型，设计与实现一款基于 Android 平台的移动股票预测软件。

题目十一：基于 OpenStack 的私有云计算平台构建

来源：国家自然科学基金。

主要内容及基本要求

云计算作为一种崭新的分布式计算模式，是信息技术发展和信息社会需求到达一定阶段的必然结果。云计算作为一项新兴的技术和计算模式，近年来引起 ICT 业界的广泛关注。同时，私有云由于具有较高的数据安全性、较高的服务质量以及能兼顾统筹既有的 IT 投资等优点，更受用户青睐。OpenStack 是一个开源的云操作系统，其成本较低，开放性和兼容性较高，自推出以来受到业界的普遍关注。本课题利用 OpenStack 搭建私有云计算平台具有一定的应用意义。具体完成以下设计与实现工作：

（1）基础知识及资料查询。学习开源云计算平台架构，学习 OpenStack 操作系统基本知识、项目组成和架构。

（2）多节点安装部署 OpenStack。选择控制节点和计算节点，给出项目组成和架构，熟练掌握多节点安装部署 OpenStack 的基本流程，完成安装和配置。

（3）利用 OpenStack 构建私有云计算平台。采用源代码安装方法，安装和配置私有云计算平台。

（4）论文撰写及答辩。整理实验数据，完成毕业论文撰写及翻译任务，编写答辩 PPT，完成答辩工作。

题目十二：物联网轻量级 TCP/IP 协议栈的设计与实现

来源：国家自然科学基金。

主要内容及基本要求

随着当前网络技术的发展，物联网的概念受到广泛关注。物联网具有的诸多特点使得它广泛应用于各行各业，如交通物流、智能医疗、智能环境、社会应用和未来应用，彻底改变了企业和机构的工作效率、管理机制以及人们的生活方式及行为模式等。但目前物联网与互联网兼容性差，限制了物联网的推广和应用速度。因此，设计物联网与互联网相互兼容的体系结构迫在眉睫。本课题具体完成以下设计与实现工作：

（1）基础知识及资料查询。学习 IEEE 802.15.4 协议、RTL 协议和 CoAP 协议，并分析各个协议的特点，掌握轻量级 TCP/IP 协议栈的设计思想和流程。

（2）设计面向物联网的轻量级 TCP/IP 协议栈。针对物联网场景，设计一种面向物联网和下一代互联网的统一的轻量级 TCP/IP 协议栈，这种结构满足兼容性、智能性、简单性和高效性的要求。

（3）实现物联网的轻量级 TCP/IP 协议栈。基于 TinyOS 操作系统，实现轻量级 TCP/IP 协议。

（4）论文撰写及答辩。整理实验数据，完成毕业论文撰写及翻译任务，编写答辩 PPT，完成答辩工作。

题目十三：基于硬件实现的伪随机数产生器

来源：某公司预研课题。

主要内容及基本要求

伪随机数在密码学、仿真学以及集成电路测试中有着广泛的应用，尤其是在公钥密码学中，各种密钥交换协议和算法的安全性由随机数的可靠性来决定。在实际应用中，通常使用的是依赖于某种数学难题的伪随机数序列，它们在独立性、分布均匀性以及其他的一些统计特征方面与真正的随机数相似，具有很好的安全性。一般情况下随机数是通过随机二进制序列组合而成的，这些方法可分为两类：一类是通过软件或数字电路实现一种确定性算法，这种输出序列是确定的，称为伪随机序列，它是可以再现的；另一类是通过一些特殊的物理现象（如电磁辐射、热噪声、混沌现象等）或电路结构实现的非确定性序列，这类序列是不可再现的。

目前主要的随机数产生算法有 Shamir 伪随机数产生算法、Blum-Micali 产生算法、BBS 伪随机数产生算法、Von Neumann 的平方取中法、Fibonacci 方法和 Lehmer 的线性同余法。本项目通过研究现有的随机数产生算法，从不同的角度对这些方法进行比较和优化，最终实现一种新的随机数产生器，使其产生适用于密码学范畴的具有不同分布特征的随机数。具体完成以下设计与实现工作。

（1）了解 3 种不同分布的随机数——均匀分布、正态分布、指数分布，熟悉其数学模型、分布特征、实现算法等，并比较同分布随机数用不同算法实现时的优缺点。

（2）在算法的基础上，改进线性反馈移位寄存法、中心极限定理法和反函数法，分别用这 3 种算法产生 3 种分布的随机数，并用 Matlab 仿真分析，比较传统算法和改进型算法的优缺点。

（3）根据均匀分布、正态分布和指数分布的随机数的各种产生算法，构建其硬件实现框图，并在 8051 单片机上实现，比较同分布随机数用不同算法实现时在硬件上的优劣。

题目十四：AES 密码的演化设计

来源：某公司预研课题。

主要内容及基本要求

演化密码将密码学与演化计算结合起来，借鉴生物进化的思想，对 DES 的核心部件 S

盒进行了实际演化，并获得了一批安全性能优异的 S 盒，分别以这些 S 盒和其他部件构造 DES，就可使 DES 密码体制本身进行演化，而且安全性能愈来愈强。传统的演化计算由遗传算法（GA）、演化规划（EP）和演化策略（ES）组成。收敛性分析和收敛速度估计在理论研究中占据相当重要的地位，在很大程度上说明相应算法的效率高低，也是进一步改进算法的出发点和依据。

AES 已经取代 DES 成为现代数据加密标准，S 盒的设计是其核心。计算机处理器的发展使许多指令可对 AES 密码系统进行攻击，攻击方法主要有穷举攻击、差分分析和线性分析，而差分分析直接针对 S 盒和密码迭代结构。本课题通过演化算法设计出一批针对 AES 的安全性能优异的 S 盒。具体完成以下设计与实现工作。

（1）分组密码的核心是其非线性部件——S 盒。不同的密码体系采用不同的方法来产生 S 盒，非线性准则、差分准则、雪崩准则、扩散准则等是安全的关键。采用演化密码的方法来得到一些性能优良的 S 盒。

（2）探讨 AES 的差分分析和线性分析理论及其上下对称的结构性质，研究构造线性逼近有效表达式的充要条件，并根据以上特点来实现自动化的差分分析和线性分析，从理论上对演化密码的安全进行评估。

（5）对置换 P 的演化是一个多目标的问题，最终得到的个体既能抵抗差分分析，又能抵抗线性分析。对置换 P 分别选择移位变异策略、内交换变换变异策略、外交换变换变异策略，子代的置换 P 可以较好地继承父代最大分支数的特点，从而使算法更快地收敛。此外，进一步对 Hash 函数进行演化，以收到更好的效果。

第9章 工程与伦理概要

工程在为社会服务中体现价值，工程与伦理在工程教育中占有的重要地位越来越清楚地被人们所认识。本章对有关问题进行简要讨论，内容主要来自全国工程硕士政治理论课程教材编写组的《自然辩证法——在工厂中的理论与应用（修行版）》（清华大学出版社，2012 年）、李正风等人编著的《工程伦理》（清华大学出版社，2016 年）以及王正平的《美国计算机伦理学研究与计算机职业伦理规范建设》（载《江西社会科学》2008 年第 12 期）。

9.1 理 解 工 程

科学、技术和工程在推动人类文明建设、社会发展中占有极其重要的地位。正是通过科学、技术和工程作用的发挥，使得人类在与自然的相互关系中，从早期的完全被动接受，到为了更好地生活而改造自然、战胜自然，到现在追求和谐、友好发展，越来越处于更主动的地位。

通常的说法是，科学的本质是发现，在于认识世界，发现自然界的规律，以便按照规律办事，包括与自然"和平友好相处"。科学追求的是本真，是精确的数据和完备的理论，也有人将其解释为反映客观事实和规律的系统化、理论化知识和产生知识的特殊认识活动，以理论和实验相结合的方法开展探索活动，为技术、工程提供基本理论的支撑。计算机科学的核心则在于通过抽象建立模型，实现对计算规律的研究，为形成计算机技术、应用计算机技术，建立计算机基本系统和基于计算机的系统提供理论支持。

技术的灵魂是发明，它追求的是利用科学理论解决实际问题。狭义地看，技术可以理解为实现目的的物质手段体系或者手段总和，是解决问题的方法及方法原理；也可以理解为人们通过运用知识和能力，并借助物质手段（利用现有事物）以达到改变自然界的运动形式和状态（形成新事物，或改变现有事物的功能、性能）的方法，通过知识和能力同物质手段相互结合，对自然界进行改造的动态过程。技术具备明确的使用范围和被人们认知的形式和载体。信息技术是信息时代的基础技术，而计算机技术则是信息技术的核心技术，在推动社会进步中发挥着非常重要的作用。计算机技术的核心在于研究和发明用计算进行科学调查和研究中使用的基本手段和方法。在信息化社会，信息技术为人类提供了改变社会生产和生活方式的手段和方法，而计算机技术则成为其核心技术之一，它正带动产业升级，在我国经济转型升级中正发挥着基础性、关键性支撑作用。

工程的核心是建造，通常一项工程包括计划、设计、建造、使用和结束 5 个阶段。它追求的是某种确定的社会目标和经济目标的实现，它被界定为人们综合运用科学的理论和技术的方法与手段，有组织地、系统化地改造客观世界的具体实践活动以及所取得的实际成果。《华盛顿协议》将工程定义为"包括数学、自然科学和工程知识、技术和技能整体的、有目的性的应用"，进一步地，工程可以解释为科学和数学的某种应用，通过这一应用，使自然界的物质和能源的特性能够通过各种结构、机器、产品、系统和过程，以最短的时间和最少的人力、物力做出高效、可靠、且对人类有用的东西。狭义地看，工程可以定义为以满足人类需求为目的，应用各种相关知识和技术手段，调动多种自然和社会资源，通过一群人的相互协助，将某些现有实体汇聚并建造为具有预期实用价值的产品的过程，我们可以从技术、经济、管理、社会、生态、伦理、哲学等角度去理解工程。狭义的计算机工程通常指构建基本计算机硬件系统，而广义的计算机工程的核心在于根据规律，低成本地构建从基本计算系统到大规模复杂计算应用系统的各类系统。

所以，工程具有强烈的社会特征，它获得的成果只能在社会中实现，这就是最大程度地满足社会上某种特定需求，获得一定的经济效益、社会效益和生态效益。所以，工程是科学和技术转化为现实生产力所必须经过的环节。另外，由于工程活动中常常涉及人、财、物等，不仅要考虑相关的科学和技术因素，还要考虑市场、产业、管理、经济、环境、法律、伦理、道德、社会等因素。工程不是单纯的科学应用，也不是相关技术的简单堆砌，工程追求的是在选择、组合各类技术，组织、协调各类资源的过程中，创造出一个新的东西。当然，工程设计与实现中所采用的技术不一定是全新的，甚至没有一项具体技术是全新的，但其综合运用是新的。因此，工程充满创新，这些创新绝大多数情况下是多学科、多技术、复杂环境下的，例如集成创新。

需要注意的是，工程研究的目的和任务不是获得新知识，而是获得新物，是要将人们头脑中观念形态的东西转化为现实，并以物的形式呈献给人们，其核心在于观念的物化。所以，工程研究与科学研究不同，作为工程教育，需要体现自己的特征，既要保证学生有能力基于深入的工程原理经过分析去解决问题，又要避免工程教育科学化问题，为此，不仅要在课程教学中体现理论和实践的结合，还要在实践中体现其综合性。例如，在毕业设计选题与工作展开中对此要有充分的体现。

9.2 工程与社会

如前所述，工程具有强烈的社会特征，需要最大程度地满足社会的某种特定需求，获得一定的经济效益、社会效益和生态效益，保证其价值在社会中的实现。工程师作为工程设计、建设、开发利用的主要群体，面对一项工程需求，必须面对和处理好社会相关的问题。

技术，尤其是工程技术通过工程体现其价值，这个价值就是使社会享受其带来的利益。所以，作为一个工程师，在进行工程的设计、建设、开发利用时，必须强调经济效益和社会效益，而且经济效益应该间接地产生社会效益。所以，有一种说法，经济效益是带给技术发明者和工程开发者的，而社会通过享受技术和工程带来的相应好处而获得效益。这样一来，虽然有一些工程、技术的出发点不一定是公益的，但它会给社会带来福利。但无论怎么说，具备良好的社会价值观是非常重要的。这在我国工程教育认证通用标准中有很好的体现：12条毕业要求中，有5条是技术性要求，而剩余的7条全部是非技术性要求。其中，第6条为"工程与社会"，该条指出毕业生应能够基于工程相关背景知识进行合理分析，评价专业工程实践和复杂工程问题解决方案对社会、健康、安全、法律以及文化的影响，并理解应承担的责任；第 7 条为"环境和可持续发展"，要求毕业生能够理解和评价针对复杂工程问题的工程实践对环境、社会可持续发展的影响；第 8 条为"职业规范"，要求毕业生具有人文社会科学素养、社会责任感，能够在工程实践中理解并遵守工程职业道德和规范，履行责任。

总之，工程是服务于社会的，是因社会的需求而存在和体现价值的。作为未来工程的重要实施者，未来的工程师，工科毕业生必须强化工程的社会属性的意识，不要将自己及相关工作置于社会之外，并能够理解自己应承担的责任。

9.3　社　会　责　任

人的行为规范有 4 种：一是"应为"，就是"应该做"，表示人们应该采取的行为规范；二是"勿为"，就是"不应该做"，表示禁止和反对人们采取的行为规范；三是"能为"，就是"能够做"，表示对人们的行为给予一定的理解而并非命令的行为规范；四是"可为"，就是"可以做"，表示允许人们采取的行为规范。

在行为规范中，有的是被强制执行的，称为法律规范；有的是靠内心信念、情感联系、以社会舆论为主要调节手段的，这些称为伦理规范。显然，由于工程技术的社会性，工程技术活动不仅应该受到各种法律规范的约束，还应该受到各种伦理规范的约束。

对于工程师来说，职业伦理规范表明了他们在职业行为上对社会的承诺，也标志着社会对他们在职业行为上的期待。希望他们明白技术体系对经济、社会和生态环境以及子孙后代生活的影响，发展理性的和可持续发展的技术体系，在工程活动中自觉地担负起对人类健康、安全和福利的责任。他们应该能够利用知识和技能促进人类的福利，将公众的安全、健康、福利置于至高无上的地位，为社会创造日益美好的生活。

影响工程师责任行为的原因主要有追求个人名利、害怕惩罚、崇拜权威、从众心理 4 种。其不端行为表现为：利用权威、信息不对称、权利获得工程活动中的利益的不公平，态度、行为的不负责，说谎、蓄意欺骗、控制信息等不诚实。需要建立一些机制来避免这些现象的发生。

9.4　道　德　责　任

第一，追求卓越是专业人员最重要的职责，必须努力追求品质，并认识到品质低劣的系统可能会导致严重的负面效果，努力实现最高的品质、效能。

第二，获得和保持专业能力。把获得与保持专业能力当作自身职责。必须制定适合自己各项能力的标准，然后努力达到这些标准。

第三，熟悉并遵守与业务有关的法规。必须遵守现有的法规。还应当遵守所加入的组织的政策和规程。但除了服从之外还应保留自我判断的能力。

第四，坚持专业的评价和批评。应当寻求和利用同事的评价，同时对他人的工作给予自己的评价。

第五，对计算机系统及它们的效果做出全面而彻底的评估，包括分析可能存在的风险。

在评价、推荐和发布系统及其他产品时，必须尽可能给予生动、全面、客观的介绍。计算机专业人员往往受到人们的特殊信赖，因而也就承担着特殊的责任来向雇主、客户、用户及公众提供客观、可靠的评估。在评估时必须排除自身利益的影响。对系统任何危险的征兆都必须通报给有机会或者有责任去解决相关问题的人。

第六，遵守合同、协议和分派的任务。遵守诺言，确保系统各部分正常运行，有责任向团队通报工作的进程，当感到无法按计划完成分派的任务时，有责任要求变动。在接受工作任务前，必须全面衡量对于雇主或客户的风险和利害关系。

第七，促进公众对计算机技术及其影响的了解。有责任与公众分享专业知识，促进公众了解计算机技术，包括计算机系统及其局限和影响，有责任驳斥一切有关计算机技术的错误观点。

第八，只在授权状态下使用计算机及通信资源。禁止窃取或者破坏有形及无形的电子财产，不允许入侵和非法使用计算机或通信系统，包括在没有明确授权的情况下访问通信网络及计算机系统或系统内的账号或文件。未经许可，任何人不得进入或使用他人的计算机系统、软件或数据文件。

9.5 道 德 准 则

准则一，重视社会责任，促进成员全面承担这些责任。任何类型的组织都具有公众影响力，因此它们必须承担社会责任。如果组织的章程和立场倾向于保障社会的福祉，就能够减少对社会成员的伤害，进而服务于公共利益，履行社会责任。因此，除了完成质量指标外，组织领导者还必须鼓励全面参与履行社会责任。

准则二，组织人力物力，设计并建立提高劳动生活质量的信息系统。领导者有责任确保计算机系统逐步升级，而不是降低劳动生活质量。实现一个计算机系统时，必须考虑所有员工的个人及职业上的发展、人身安全和个人尊严。在系统设计过程和工作场所中，应当考虑运用适当的人机工程学标准。

准则三，肯定并支持对一个组织所拥有的计算机和通信资源的正当及合法使用。因为计算机系统既可以成为损害组织的工具，也可以成为帮助组织的工具。组织领导必须清楚地定义什么是对组织所拥有的计算机资源的正当使用，什么是不正当的使用。这些规则一经制定，就应该得到彻底的贯彻实施。

准则四，在评估和确定人们的需求过程中，要确保用户及受系统影响的人已经明确表达了他们的要求，同时还必须确保系统将来能满足这些需求。对系统的当前用户、潜在用户以及其他可能受这个系统影响的人，都必须进行评估并列入需求报告。系统认证应确保已经照顾到了这些需求。

准则五，提供并支持那些保护用户及其他受系统影响的人的尊严的政策。设计或实现有意无意地贬低某些个人或团体的系统是违背伦理的。处于决策地位的计算机专业人员应确保所设计和实现的系统能够保护个人隐私和重视个人尊严。

准则六，为有关组织的成员学习计算机系统的原理创造条件。受教育的机会是促使所有组织成员全身心投入的重要因素。必须让所有成员有机会提高计算机方面的知识水平和技能，包括提供能让他们熟悉特殊类型系统的效果和局限的课程。

美国的一些研究机构还制定了一些简明的准则。例如，下面是美国计算机伦理协会的"计算机伦理十诫"：

（1）不能用计算机去伤害别人。

（2）不能干扰别人的计算机工作。

（3）不能偷窥别人的文件。

（4）不能用计算机进行偷盗。

（5）不能用计算机作伪证。

（6）不能使用或复制没有付过钱的软件。

（7）不能未经许可而使用别人的计算机资源。

（8）不能盗用别人的智力成果。

（9）应该考虑你所编制的程序的社会后果。

（10）应该用深思熟虑和审慎的态度来使用计算机。

美国南加利福利亚大学提出的网络伦理谴责如下 6 种网络不道德行为：

（1）有意地造成网络通信混乱或擅自闯入其他网络及其相关的系统。

（2）商业性或欺骗性地利用大学计算机资源。

（3）偷窃资料、设备或智力成果。

（4）未经许可访问他人的文件。

（5）在公共用户场合做出引起混乱或造成破坏的行为。

（6）伪造电子邮件信息。

这些计算机与网络伦理准则值得我们认真分析与借鉴。

9.6　工　程　伦　理

工程伦理（engineering ethics）是应用于工程学的道德原则，是工程技术的应用伦理。它主要关心 4 个方面的问题，即技术伦理问题、利益伦理问题、责任伦理问题、环境伦理问题。人道主义、社会公正、人与自然和谐发展是处理工程伦理问题的基本原则。对于工程伦理问题，首先必须培养人们工程实践的伦理意识，其次是利用伦理的原则、底线原则与具体情境相结合的方式解决难以抉择的伦理问题，要多听取有关各方的意见，及时修订与伦理有关的准则与规范，建立有关工程伦理的规章制度。

工程技术在推动人类文明的进步中一直起着发动机的作用，工程是人类社会存在和发展的基础，是国家竞争力的根本。具体到一项工程，往往有着强烈的价值导向：对一部分人来说，其价值可能是正面的；而对另一部分人来说，其价值可能是负面的。这就有了工程为什么人服务，工程为什么目的服务的问题。所以，作为一名工程技术人员，必须考虑工程的价值取向，要从社会伦理的角度考虑工程的目的，保证工程公平公正。

工程的价值是工程伦理的重要基础。工程的价值具有多样性，包括科学价值、政治价值、文化价值、生态价值。例如，工程产生的各种系统为现代科学研究提供了重要的条件，体现了其科学价值。例如，不同计算机系统为各行各业、各个领域的研究提供了新的方法和手段，成为它们研究方式方法改进、产品更新换代的主要手段，甚至成为其先进性的标志，从而使计算机技术成为现代科学研究的基本技术之一，继理论和实验之后形成了科学研究的第三大范型——计算范型。

工程的政治价值是不言而喻的。例如，我国研制的曾排名世界第一的天河一号超级计算机，曾创下六连冠的天河二号超级计算机，四连冠的"神威·太湖之光"，不仅有重要的科学价值、社会价值，更有重要的政治价值，它们是国之重器，体现了国家的强大。说到这一点，必须指出，一些工程的政治价值首先体现在其军事价值上。世界第一台计算机ENIAC就是为完成当时的非洲战争中大炮弹道计算而设计的。航天技术在很大程度上也体现了国防技术和国防力量。

由于计算机被广泛应用，涉及工商、民用、管理、教育、司法、医疗、科研等生产生活的各个方面，而在每一个环境中都存在着人们的目的与利益、机构目标、人际关系、社会规范的矛盾与冲突。这些对计算机工程师提出了很高的职业伦理要求。由于相对于机械、建筑等传统技术，计算机技术的历史很短，伦理学的"老问题"，并不需要创造一个新的伦理学理论或体系，可以依靠传统的道德原则与理论去把握计算机伦理的理论与实践问题。

美国计算机伦理问题研究中比较集中地关注现实道德问题，主要有计算机信息技术的知识产权、计算机犯罪、"黑客"与网络安全、信息与网络时代的个人隐私权的保护、信息技术产品对消费者和社会的责任、信息网络技术应用者个人的自由权利与道德责任、为控制国际互联网色情音像、攻击言论、虚拟伤害而建立审查制度、企业信息技术与反不正当竞争等。其一般准则如下。

准则一，造福社会与人类。计算机专业人员需要将计算机系统的负面影响，包括对健康及安全的威胁减至最小。在设计或完成系统时，必须尽力确保系统将用于对社会有益的领域，满足社会的需要，并且不会对健康与安全造成危害。除了社会环境的安全，人类福祉还包括自然环境的安全。因此，还必须对可能破坏地方或全球环境的行为保持警惕，并引起他人的注意。

准则二，避免伤害他人。禁止以损害用户、普通公众、雇员和雇主的方式运用计算机技术，包括资源的严重损失、人力资源不必要的耗费、文件和程序的恶意破坏和修改、为完成既定任务可能造成意外的伤害。在系统设计和实现中，要考虑潜在后果，尽可能消除或减轻负作用，避免造成意外过错。

在系统设计和检验时减少失误，对系统的社会影响进行评估，揭示对他人造成严重伤害的可能性。如果产生伤害，包括非故意伤害在内，必须对后果承担责任。

对系统中任何可能对个人或社会造成严重危害的危险征兆负有向上报告的责任。如果上级主管没有采取措施来减轻上述的危险，"越级报告"也许是必要的。当然，轻率或错误的报告本身可能是有害的。因此，在报告之前，必须进行全面评估，尤其是对风险及责任的估计应当可靠。

准则三，诚实可信。诚实，不弄虚作假，彻底公开系统所有的局限性及存在的问题。有义务对个人资格及任何可能关系到自身利益的情况持诚实的态度。

准则四，公平而不歧视。平等、宽容、尊重他人，公平、正义。基于种族、性别、宗教信仰、年龄、身体缺陷、民族等的歧视是不容许的。对信息和技术的应用可能会导致不同群体人们之间的不平等。

准则五，尊重知识产权。对著作权、专利权、商业秘密和许可证协议条款的侵犯是违法的。计算机专业人员有义务保护知识产权的完整性。

准则六，尊重他人的隐私。在信息社会，侵犯他人隐私的可能性大大增加。专业人员有责任维护个人数据的隐私权及完整性。包括采取预防措施确保数据的准确性以及防止被非法访问或泄露。系统只能搜集必要的个人信息，对这些信息的保存和使用周期必须有明确的规定并强制执行，为某个特殊用途搜集的个人信息，未经当事人同意不得用于其他目的。

准则七，保密。为雇主、客户和广大用户保守保密。

9.7　工程与创新

工程创新是工程师们在工程的设计、建设、开发利用的过程中，集成现有技术或者引进新的技术，引入创新工程理念和管理机制的过程。工程本身也是创新。所以，工程创新包括技术创新、项目管理创新、人力资源管理与开发创新、风险管理创新、工程理念创新。

工程创新以渐进创新为主，激进创新为辅，应注重与生态环境和社会文化的和谐，多是继承创新。当然，工程创新同样具有不确定性和风险性，存在对科学和技术过分依赖的可能性，具有积累性、集群性、常规化等特征。科学技术驱动和社会需求牵引是工程创新的两大动力，企业通常充当工程创新的主体。

9.8　风险控制

人类根据需要创建工程，其中包含自然、科学、技术、社会、政治、经济、文化、环境等诸多因素，这一性质决定了工程总是伴随着风险，人们甚至认为，风险发生概率为零的工程是不存在的，这就需要将风险控制在可以接受的范围内。导致风险的因素有多种，主要有技术因素、环境因素和人为因素。要进行风险控制，就要确认风险，并对风险进行评估。

工程风险评估要做到客观、科学。评估必须以宏观地理解和掌握相关学科知识为前提，客观公正地评价和处理评估细节，并客观公正地表述出来。评估必须坚持科学的态度，它的任何失误都可能给企业甚至国家带来不可估量的损失，因此评估必须持有对国家、对企业高度负责的、严肃、认真、务实的精神，以战略家的眼光，使用科学的方法，全面调查与重点核查相结合，定量分析与定性分析相结合，经验总结与科学预测相结合，保证相关项目数据的客观性、使用方法的科学性和评估结论的正确性。

工程风险的伦理评估应遵循以人为本、预防为主、整体主义、制度约束的基本原则。"以人为本"的原则要求充分保证人的安全、健康和全面发展，避免狭隘的功利主义。要重视弱势群体，重视公众对风险的及时了解，尊重当事人的知情权。"预防为主"的原则坚决反对"事后处理"，要求做到充分遇见工程可能产生的负面影响，加强安全教育，提升安全意识，强化日常监督管理，完善预警机制，建立应急预案等。"整体主义"的原则要求有大局观，要从社会整体和生态整体的角度思考工程所带来的影响，坚持整体价值大于个体价值的原则，强化环境意识，追求人与自然和谐发展。"制度约束"的原则要求建立健全安全管理法规体系，建立并落实安全生产问责机制，建立包括媒体在内的监督机制。

工程风险的伦理评估可以通过专家评估、社会评估完成，要有公众参与。其内部评估主体包括工程师、工人、投资人、管理者及其他利益相关者，外部评估主体包括专家学者、民间组织、大众媒体、社会公众。评估的第一步是信息公开；第二步是确定利益相关者，分析其中的利益关系；第三步是按照民主的原则组织利益相关者进行充分的协商和对话。要清楚个人伦理责任和共同体伦理责任以及职业伦理责任、社会伦理责任和环境伦理责任。

9.9 工程经济

有人说，工程师要用一分钱做出别人需要一元钱才能做到的事。所以，要求工科毕业生理解并掌握工程管理原理和经济决策方法，并能在多学科环境中应用。可见，工程中的成本核算、成本控制、效益分析等都与经济密不可分。

工程师无论参与单一产品开发还是参与复杂项目管理，都需要财务决策，以最大限度地提高产品或项目的经济价值。经济决策工具和技术对于所有工程学科都是必要的。工程经济学涉及问题识别、目标定义、现金流量估计、财务分析和决策。解决工程经济问题一般需要定义并理解工程，列出工程经济相关信息，画出工程现金流图，选择解决方法，评估每个备选方案并做出选择，进行收益率分析等。

9.10 计算机伦理

计算机伦理是关于计算机从业人员职业道德的规范。

计算机伦理要求计算机从业人员积极努力，为社会和人类做贡献，避免伤害他人，诚实可信，公正且不采取歧视行为，尊重知识产权，尊重他人的隐私，保守机密。不论专业工作的过程还是其产品，都要努力实现最高品质、效能和规格，主动获得并保持专业能力，熟悉并遵守与业务有关的现有法规，接受并提供适当的专业化评判，对计算机系统及其效果做出全面彻底的评估，包括可能存在的风险，重视合同、协议以及承担的任务；促进公众对计算机技术及其影响的了解；只在经过授权后使用计算机及通信资源。

1. 知识产权

知识产权是创造性智力成果的完成人或商业标志的所有人依法所享有的权利的统称。软件设计者要为自己的成果申请知识产权，对没有经过允许却使用自己的成果的行为坚决运用法律保护自己的知识产权。

计算机行业是一个以团队合作为基础的行业，从业者之间可以合作，他人的成果可以参考、公开利用，但是不能剽窃，剽窃是不道德的。在互联网资源极大丰富的今天，计算机从业者和使用者都要自觉尊重和保护知识产权。

2. 隐私保护

个人隐私指公民个人的一些信息，分传统个人隐私和现代个人数据两类。传统个人隐私主要有姓名、出生日期、身份证号码、婚姻、家庭和教育状况等。现代个人数据有用户名和密码、IP 地址等。

在信息社会，隐私极易受到侵害，可能给个人带来物质和精神双重伤害，计算机隐私侵权行为还可能导致人们价值观、人生观的变化，引发一系列网络社会和现实社会问题，不利于和谐社会的构建，因此公民懂得保护隐私极为重要。

在信息社会，信息又是最重要的社会资源。从有效利用资源、社会共同进步的角度看，信息应该共享；但信息生产者和传播者拥有信息产品的所有权，并有权利通过信息产品的销售来收回成本，赚取利润。非法复制、使用有知识产权的软件是违法的；个人垄断社会性的、公开性的知识，妨碍信息共享也是不公平、不道德的。

要加强个人隐私的保护，提高个人隐私保护意识。

3．网络伦理

网络技术的发展一方面推动了社会发展和经济运作，另一方面使整个社会分化为虚拟社会与现实社会。虚拟的网络社会是离散的、开放的、无国界的，监管比较困难。

网络上出现不道德、有失伦理的现象和经济有着深刻关联。不正当的经济利益驱使个别人铤而走险，无视道德力量的约束和法律、法规的监控，在网络社会中肆意妄为，侵犯他人隐私和权益，盗取银行密码，网络诈骗，网络聚赌，制黄贩黄，通过网络即时通信工具诱使他人犯罪。

保护个人隐私与社会监督的矛盾、通信自由与社会责任的矛盾、信息内容的地域性与信息传播方式的超地域性的矛盾都是在网络社会中必须严肃面对的。个人自由主义盛行、道德规范运行机制失灵、网络不道德行为蔓延等问题必须得到重视。必须净化网络空间，规范网络行为，从技术、法律和伦理教育方面着手，构建网络伦理。

每个人都要遵循促进人类美好生活原则、平等与互惠原则、自由与责任原则、知情同意原则、无害原则。

4．病毒扩散

计算机病毒有极大的危害性，轻则破坏计算机硬盘，消耗计算机内存以及磁盘空间，窃取用户隐私、机密文件，使公民的个人利益受损，重则可能造成巨大经济损失，泄露国家机密，从而危及社会的安定，危及人们生命安全。研制计算机病毒违反科学研究伦理与道德，应受到法律的制裁、良心的拷问和伦理道德的谴责。

5．计算机犯罪

计算机犯罪指利用计算机软件、数据、访问实施的非法活动，如电子资金转账诈骗、自动取款机诈骗、非法访问、设备通信线路盗用等。

黑客的行为有违伦理与道德，对个人、社会、国家危害极大。黑客会窃取人们的银行账号以及密码信息，攻击人们的计算机，窃取人们的隐私；还可能入侵军事情报机关的内部网络，窃取军事机密，造成社会动荡，威胁国家安全。

6．大数据

随着互联网与各种智能设备的普及，各类数据出现了爆炸性增长，而云存储、云计算等技术正帮助人们存储海量信息并从这些信息中挖掘出人们需要的东西，因此当今被称为大数据时代。大数据技术要求实现数据的自由、开放和共享，人们由此进入了数据共享的时代，但人们同时也时刻被暴露在"第三只眼"的监视之下，个人数据在不知不觉中被智能设备自动采集，个人行为产生的数据的所有权、知情权、采集权、保存权、使用权以及隐私权等很容易被滥用，各种被保存起来的数据汇集在一起可以被反复使用，单个数据屏蔽的隐私被大数据显示出来；信息一旦被上传到网络，会留下一条永远存在的数据足迹，被永久性地保存下来，难彻底清除，记忆成了新常态，而遗忘则成了例外，稍不注意就可能外泄而伤及许多人。

因此，大数据技术带来了个人隐私保护的隐忧，也带来了个别组织对数据的滥用或垄断的可能性，特别是人类自由可能被侵犯，由此产生了大数据时代人类的自由与责任问题并对传统伦理观带来了新挑战。

面对大数据技术应保持开放心态，坚持分享精神，坚守伦理底线，加强数据立法，呼唤透明公开，确保人性自由。

第 10 章　教学质量保障体系

不断提高教学质量是教育的永恒主题，教学质量是衡量专业办学水平的重要标志。

习近平在 2017 年全国高校思想政治工作会议上指出："只有培养出一流人才的学校，才能够成为世界一流大学。办好我国高校，办出世界一流大学，必须牢牢抓住全面提高人才培养能力这个核心点。"

《国家中长期教育改革和发展规划纲要（2010—2020）》对提高高等教育质量和加强质量保障与评价提出了一系列要求。《国家教育事业发展"十三五"规划》也要求以新理念引领教育现代化，紧密围绕全面提高教育质量这一主题，建立健全各级各类教育质量保障体系，全面提升育人水平。

《工程教育认证标准》也明确要求：必须建立教学过程质量监控机制；各主要教学环节有明确的质量要求，通过教学环节的过程监控和质量评价促进毕业要求的达成；定期进行课程体系设置和教学质量的评价。

可见，教学质量保障体系是保障教学工作顺利开展的关键。要想使专业培养方案得到彻底贯彻和落实，必须建立一套与之相应的科学规范、严格高效、切实可行的教学质量保障体系，以便对教学过程实施全方位的指导、监控和评价。

教学质量保障体系主要由教学环节的质量要求、评价与监控、教学条件保障、教学质量分析与改进等部分组成，其领导机构是教学指导委员会，组织机构是各专门委员会。

10.1　组　织　机　构

10.1.1　教学指导委员会

1. 教学指导委员会的构成

教学指导委员会由院系领导、学术骨干组成，委员会设主任一名。委员会成员应具备以下条件：有较高的学术造诣、丰富的教学经验，热心教学管理工作，认真负责。

2. 教学指导委员会的职责

教学指导委员会的职责如下：审定教学工作规划和实施意见；审定和修改培养方案；组织课程建设与教材建设；评定骨干课程的主讲教师，评价课程师资队伍；全方位监控教学质量，对任课教师的教学态度、授课能力、教学方法、教学手段给出评价；审定教师每学期上岗资格，评定年度优秀教师；审定优秀教学成果、教改项目和优秀教材；审定优秀毕业论文、优秀毕业生导师；参加新教师的试讲，审定教师上岗资格；对与教学有关的争议提出指导性意见。

10.1.2　教学督导委员会

1. 教学督导委员会的构成

教学督导委员会主任由主管教学的院系领导担任，成员由责任心强、具有一定管理经验、在教学方面有较深资历的教授组成。教学督导委员会设主任委员 1 人，委员若干人，秘书 1 人。

2. 教学督导委员会的职责

教学督导委员会的职责如下：以听课的形式对任课教师的课程实施活动进行监督指导；对课程的实施结果进行考核和评价；对课堂教学、毕业设计、学位论文等过程从宏观上进行监督与指导；根据课程实施过程的成绩和错误，对任课教师实施奖惩评定；定期开会讨论课程实施过程中的问题，整理后向专业教学指导委员会汇报；直接领导各个课程群/组的工作；参加院系及各教学单位举行的有关教学工作会议，并提出建设性意见；参与各类教学评优、教学成果奖评选工作；对晋升高一级专业技术职务的教师进行教学水平考核，并提出对其教学水平的评定意见；每学期至少召开两次比较集中的师生座谈会，向任课教师和学生了解教学情况，收集各项教学信息，协助院系了解教学工作的情况，并将情况做书面反馈。

10.1.3　招生与就业指导委员会

1. 招生与就业指导委员会的构成

招生与就业指导委员会主任由主管教学的院系领导担任。委员会设主任委员 1 人，委员若干人，秘书 1 人。

2. 招生与就业指导委员会的职责

招生与就业指导委员会的职责如下：根据国家有关方针、政策，研究制定毕业生就业工作规划；建立毕业生跟踪调查、用人单位调查和第三方社会调查在内的社会评价机制，对培养目标达成及教学质量情况进行定期评价；定期召开毕业生就业工作指导委员会会议，研究、协调毕业生就业工作的重要问题；协调毕业生就业工作与招生、教学、专业建设及其他相关工作的关系；开展与毕业生就业有关的调查研究工作；负责审核招生计划，确定招生规模；指导招生工作，讨论通过招生方案；制订吸引优秀生源的制度和措施；处理招生过程中的特殊问题；讨论并审核录取方案和录取名单；审核招生工作中各项经费的支出。

10.1.4　学生工作委员会

1. 学生工作委员会的构成

学生工作委员会由从事学生管理工作的人员和院系党政有关负责人组成，设主任 1 人，委员若干人，秘书 1 人。

2. 学生工作委员会的职责

学生工作委员会的职责如下：根据学校的学生工作安排，结合学生实际，研究和拟定学生工作总体计划；对学生在整个学习过程中的表现进行跟踪与评价，并通过形成性评价保证学生毕业时达到毕业要求；指导班主任工作，负责班主任工作的检查、督促和考核，推选优秀班主任；协调和安排团委、学生会、学生社团干部人选，指导团委、学生会、学生社团工作，培养、考查、选拔、使用好学生干部；指导班集体建设和开展校园文化活动；审议学生的各项表彰工作并推荐候选人；帮助学生解决学习、生活困难，审议学生困难补助的等级并推荐候选人；对学生进行考勤、考试、安全、学生宿舍等检查，对违反校纪校规的学生，依据学校、学院有关规定提出处理意见；负责毕业生就业推荐工作、学生学年鉴定和毕业鉴定工作、新生入学教学和毕业生思想教育等工作。

图 10-1-1 给出了教学质量保障过程。

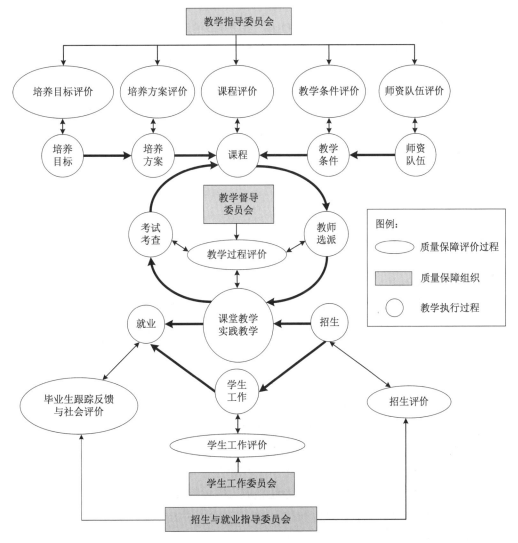

图 10-1-1　教学质量保障过程示意图

10.2　教学环节的质量要求、评价与监控

为了保障教学质量，对教学执行过程中的每个环节都应建立相应的质量保障评价过程，如图 10-2-1 所示，图中圆形表示教学执行过程，由教学基本单位负责实施，椭圆形表示质

量保障评价过程,由矩形框中的各教学委员会负责实施。教学执行过程和质量保障评价过程之间的双向箭头线表示它们之间的交互过程,即通过质量保障评价过程修正教学执行过程中存在的不足,而教学执行过程的变动反过来又会改变质量保障评价过程的实施,两者相辅相成,互相促进。

任课教师应明晰自己承担的毕业要求、培养任务,并围绕承担的毕业要求培养任务实施教学活动(教什么、怎么教),采用合理的考核方式(怎么考)和达成评价方法(怎么评),获取学生各项能力达成与否的评价数据和评价结果(改什么),及时调整自己的教学活动。

学生应明晰自己毕业时应该具备的知识、能力和素质(毕业要求),明晰通过每门课程的学习可以获取的知识、能力和素质(课程要求),并理解和配合教师实施的教学活动(学会什么)、采用的考核内容和方式(考核要求),明确自己获取能力的强项和弱项,及时调整自己的学习活动。

各专门委员会应明晰专业的培养目标和毕业要求,通过质量保障评价及时掌握培养目标和毕业要求的达成情况,并根据评价过程数据和评价结果及时调整课程体系设置和教学计划安排,持续改进各项工作。

10.2.1 培养目标

培养目标涉及培养目标的制定、培养目标的质量要求、培养目标的达成评价、培养目标的合理性评价与修订。

1. 培养目标的制定

1)培养目标的制定依据

培养目标制定的依据是社会需求、专业的未来发展、学校的办学定位与整体目标、专业的办学定位、生源情况、办学基础等。

2)培养目标的制定程序

培养目标由院系教学指导委员会指定专门小组起草,交专业各教学基本单位讨论修改后,由教学督导委员会审查,经院系教学指导委员会批准后,报学校教学指导委员会备案。

2. 培养目标的质量要求

(1)培养目标必须是公开的,符合学校定位,适应社会经济发展需要。培养目标要有明确的发布渠道,而且要使师生均能较好地理解。

(2)培养目标能反映学生毕业后5年左右在社会与专业领域预期能够取得的成就。

(3)培养目标应说明毕业生就业的专业领域、职业特征和应该具备的职业能力。

(4)培养目标应体现专业的办学特色。

3. 培养目标的达成评价

专业培养目标由多个方面的子目标构成,它们的达成必须得到专业毕业要求的支撑。专业应定期通过评价来证明培养目标的达成。

培养目标达成情况的评价应重点关注培养目标的要求与毕业生实际表现是否吻合,常见的评价方式是对用人单位以及相关各方进行调查,跟踪毕业生的职业发展,了解毕业生就业岗位及其适应岗位的情况,通过用人单位对毕业生的评价以及毕业生对自身的评价,得出对培养目标达成情况的评价结果。

4. 培养目标的合理性评价与修订

专业需要定期评价培养目标的合理性并根据评价结果对培养目标进行修订，评价与修订过程要有行业或企业专家参与。

培养目标合理性评价应重点关注培养目标与内外部需求的吻合度，包括全球化和工程技术发展趋势、国家和地区的发展变化、行业和用人单位的发展变化、学校定位和专业教育的发展变化、学生和家长的期望等。

10.2.2 培养方案

培养方案依据培养目标制定，包括毕业要求和课程体系等，是专业人才培养的纲领性文件。

1. 培养方案的制定

1）培养方案的制定依据

培养方案应符合国家、学校和本领域的规章制度和规范，符合专业的特点和发展方向，能够支撑培养目标的达成并能反映本专业的特色。

2）培养方案的制定程序

培养方案由院系主管教学的领导组织本科培养方案起草小组起草，交各教学单位讨论修改后，由教学督导委员会审查，经院系教学指导委员会批准后，报学校教学指导委员会备案。

2. 培养方案的质量要求

（1）培养方案要有明确的培养目标以及为培养目标的实现而制定的一致的、周密的、合理的计划。培养方案各部分之间应保持一致，各门课程的内容应统一规划、相互衔接。

（2）培养方案的主要内容包括毕业要求及其指标点分解、支撑毕业要求达成的课程体系及教学计划。

（3）分解毕业要求，得到可以安排教学内容并能够对其进行衡量的指标点。按照课程（包括理论和实践教学活动）对毕业要求达成提供支撑的原则，确定指标点的支撑课程，从而形成支撑毕业要求达成的课程体系，课程目标应与相应指标点相关联。

（4）按照工程教育认证标准的要求，课程体系的设计要有企业或行业专家的参与。课程体系必须满足如下要求：

① 与本专业毕业要求相适应的数学与自然科学类课程至少占总学分的 15%。

② 符合本专业毕业要求的工程基础类课程、专业基础类课程与专业类课程至少占总学分的 30%。工程基础类课程和专业基础类课程能体现数学和自然科学在本专业应用能力培养，专业类课程能体现系统设计和实现能力的培养。

③ 工程实践与毕业设计（论文）至少占总学分的 20%。设置完善的实践教学体系，并与企业合作开展实习、实训，培养学生的实践能力和创新能力。毕业设计（论文）选题要结合本专业的工程实际问题，培养学生的工程意识、协作精神以及综合应用所学知识解决实际问题的能力。对毕业设计（论文）的指导和考核要有企业或行业专家参与。

④ 人文社会科学类通识教育课程至少占总学分的 15%，使学生在从事工程设计时能够考虑经济、环境、法律、伦理等各种制约因素。

（5）教学计划应完全覆盖培养方案中的各种教学环节要求，并能保障课程之间的拓扑关系，各学期学时数以及理论课与实践课的学时分配应均衡。

3. 培养方案的评价与修订

1）培养方案的评价

定期对培养方案进行评价。通过评价发现其中的问题，并提出对培养方案进行调整的建议。培养方案评价由教学督导委员会组织实施，形成评价报告。

教学指导委员会根据教学督导委员会的评价报告决定是否有必要对培养方案进行调整。若需要调整，则由教学指导委员会组织实施。

2）培养方案的修订

根据专业及相关领域的发展规律，再加上四年制本科教学的特点，培养方案一般每 4 年进行一次修订。

培养方案的修订由教学指导委员会组织实施，邀请如下教学相关人员参加：教学管理人员、教学任务落实人员、教学单位负责人员、主要教师和实验教师、学生代表、典型用人单位的代表等。

10.2.3 课程

课程是实现毕业要求的主要载体，必须面向能力培养，一般通过教学大纲确定对课程的各种要求。课程教学大纲应包含如下内容：基本信息、教学目标、教学内容及要求、教学环节的安排及要求、教学与学习方法、学时分配、课程考试与成绩评定等。

1. 课程的质量要求

（1）教学大纲符合培养方案的要求。

（2）教学大纲中明确课程目标，这些目标对应一定的毕业要求指标点，支持它们的达成。

（3）教学大纲中对课程主要教学内容的描述既包括知识也包括问题求解思想和方法。

（4）教学大纲中的课程考核内容和方式能够支持毕业要求指标点的达成。

（5）教学过程认真按照教学大纲执行。

（6）课程教学活动结束后，能够达成课程目标（毕业要求指标点）的各项要求。

（7）形成与课程相关的如下教学文件：教学大纲、教学日历、教学笔记、教材及参考文献、实验教材（实验指导书）及学生实验报告、作业布置及完成情况、实验安排及完成情况、试卷、试卷分析表、累加成绩的记录表、课程教学总结（含教学目标达成分析）。

（8）任课教师要按教学日历的计划完成教学活动的如下过程：课堂授课、实验课、作业布置与批改、大作业布置与批改、课程论文布置与批改等。

2. 课程评价

对课程教学大纲的评价一般与培养方案修订同步进行，对课程实施情况的评价一般每年一次，评价内容与方式如下：

（1）学生评价教师：通过教务处组织的学生评教活动，对评教结果进行分析，包括学生对教师教学活动的定量分值评价和评语。

（2）学生评价学生：组织学生自评，评价学生对自己学习的满意程度。

（3）教师评价学生：组织教师对所讲授课程的学生进行评价，评价学生的学习态度。

（4）教师评价教师：同行通过听课互相学习，互相评价。

（5）专家评价教师与学生：专家评价教师的教学情况、学生学习情况。

3. 课程评价的实施

课程评价由教学指导委员会组织实施，由教学基本单位安排，由课程群/组执行。课程群/组将评价结果汇报给教学基本单位，教学基本单位复审并汇总后报给教学秘书，然后由教学督导委员会对各教学基本单位的评价结果进行分析，撰写总体评价报告，提出课程改进的建议，最后提交教学指导委员会批准。

10.2.4　教师队伍

1. 教师队伍的质量要求

根据《工程教育认证标准》的要求，教师数量应能满足教学需要，结构合理，并有企业或行业专家作为兼职教师。

教师队伍结构一般从如下 3 个方面来考查：

- 院系全体教师的职称结构、年龄结构、学历结构、学科分布结构、教学能力结构、科研能力结构。
- 各教学基本单位教师的职称结构、年龄结构、学历结构、学科分布结构、教学能力结构、科研能力结构。
- 各门课程教师的职称结构、年龄结构、学历结构、学科分布结构、教学能力结构、科研能力结构。

2. 教师的质量要求

根据《工程教育认证标准》的要求，教师应具有足够的教学能力、专业水平、工程经验、沟通能力、职业发展能力，并且能够开展工程实践问题研究，参与学术交流。教师的工程背景应能满足专业教学的需要；教师有足够时间和精力投入到本科教学和学生指导中，并积极参与教学研究与改革；教师为学生提供指导、咨询、服务，并对学生职业生涯规划、职业从业教育有足够的指导；教师明确他们在教学质量提升过程中的责任，不断改进工作。

除此之外，任课教师还应该满足下面的任课标准：

- 任课教师必须符合学校制定的教师准入标准。新开课教师必须完成同一门课的一个轮次的助课工作全过程，经本课本轮次主讲教师评价认可后才能申请开课。
- 开新课和新开课教师必须在开课前准备及完成教学设计、教学日历、教案、教材和（或）相关参考资料。

任课教师的评价内容为：所开课程的教学文件；近 3 年学生评教结果、教师评教结果、专家评教结果；与所担任的课程有关的教学研究项目及成果，教学效果，教学能力等。

10.2.5　课堂教学过程

1. 课堂教学过程的质量要求

1）任课教师选派

（1）原任课教师。

原任课教师在符合任课标准的条件时，自动成为下一轮次任课的候选教师。

（2）开新课教师。

必须由本人提出书面申请，由所在教学基本单位推荐，准备好相关的教学文件，提交教学指导委员会批准，经过试讲合格者才可开课。

开新课教师原则上应具有副教授以上职称，并担任过一门以上相关课程的教学工作，或从事与课程内容相关的研究工作。

若没有满足开新课条件的教师，应提前选派有条件的教师到校外或国外进修。

（3）新开课教师。

新开课教师必须已担任同一门课程一轮完整的助课任务，并且由本人提出书面申请，由所在教学单位推荐，准备相关的教学文件，提交教学指导委员会批准，经过试讲合格者方可开课。

新开课教师原则上要由一名对本课较熟悉的教师指导第一轮教学全过程。对指导教师应给予适当的工作量补贴。

2）备课

开课前，教师必须认真研究并深入理解教学大纲，按照教学大纲要求选择教材和辅助教学参考资料；理解本课与其先行课及后继课之间的关系；完成本课的教学设计；准备好全部教案和教学笔记；设计好至少三分之二章节的习题和作业；准备好全部实验内容，并撰写实验指导书。

3）课堂教学

按照教学日历执行教学计划，教学进度允许不多于 4%的学时偏差。讲课时必须携带教材、教案、教学笔记、教学日历。

4）答疑

每 4 学时理论课安排不少于 2 学时答疑。可以采用集体答疑和个别辅导答疑。

5）作业

每章必须布置适量作业，提交作业量不得少于作业总量的 60%；布置作业时应规定作业提交截止时间。教师必须及时批改作业，并记录作业成绩。对于作业中的共性问题，可以利用少量课堂时间集中讲解，也可以通过课程网站、FTP、电子邮件解答；对于作业中的个别问题，可在答疑时解答，也可以通过课程网站、FTP、电子邮件解答。

6）试卷

试卷必须由课程群/组或主讲教师出题，由课程群/组或教研室等教学基本单位主管领导审核批准后方可印刷，考核内容应体现毕业要求指标点的达成。试题应至少覆盖教学内容的 80%；试题难度适中，难题不超过 20%。试题内容不得与上期同课试题完全相同，但可以有不超过 30%的试题是利用原题改进的。每套试题在命题时同时做出参考答案和评分标准。

7）考试

（1）主考教师责任。

主考教师必须佩带"主考"胸章，负责在考试开始前宣读考场纪律，监管考场秩序，控制考试过程，处理考试过程中出现的问题。

（2）监考教师责任。

监考教师必须佩带"监考"胸章，协助主考教师监管考场秩序，控制考试过程，处理考试过程中出现的问题。

（3）考生责任。

考生必须携带学生卡。若学生卡丢失，需要到所在院系开具身份证明，并携带本人身份证。

考生必须遵守学校的考试规定。对违反考试规定者，严格按照有关条例处理。

（4）违纪考生处理。

考生违纪必须当场确认，按学校规定处理。

8）评卷及试卷存档

（1）评卷。

多位教师担任的课程集体批改试卷，每人批改一题（或多题），批改后的试卷要安排专人审核，经审核后的试卷安排专人计算分数，最后由课程群/组负责人复审。

只有一位教师授课的课程，可安排其他教师协助完成评卷任务。若无条件集体批改试卷，任课教师必须复查批改结果，确认准确无误后才可上报。

（2）试卷分析。

试卷批改后，要对试卷进行分析，并按学校要求填写试卷分析表，分析的重点是课程目标暨毕业要求指标点的达成情况。试卷分析表要由主讲教师和教学单位负责人签字。

（3）试卷装订。

试卷批改后，按学校要求的方式以自然班为单位装订。每本试卷要有该班的试卷分析、考场记事、成绩单、空白试卷、参考答案和评分标准，并在试卷封面签字。

（4）试卷提交。

装订好的试卷按照院系教学秘书通知的时间和地点提交备案。

2. 课堂教学过程评价

1）教学文件

任课教师上课前必须充分理解课程教学文件和课程群/组教学文件，并准备个人教学文件。

（1）课程教学文件。

课程教学文件是指由院系提供的教学文件，包括教学计划、教学（实验、实习、课程设计）大纲、课程典型教学设计等，这些文件也可由院系安排课程的教学单位提供。

任课教师在开课前必须认真研究并深入理解课程教学文件，明确本课程与其先修课及后继课程的关系，以便在教学内容安排上承前启后。

（2）课程群/组教学文件。

课程群/组教学文件由课程群/组组织制定并报院系备案。课程群/组教学文件包括教材、实验（实习、课程设计）指导书、实验报告模板。

（3）个人教学文件。

个人教学文件是指任课教师本人应准备的教学文件，包括教学日历、教案、个人教学设计、教学笔记、教材、学生名单等。

教师在开课前要按照规定填写教学日历，并在规定的时间前提交给教学单位备案。

教师在开课前要准备好教案，教案包括讲稿（或 PPT/PDF 电子教案）和讲义。

个人教学设计是根据教学大纲，并参考本课程典型教学设计，由任课教师本人编写的个性化的教学设计。

在课程教学过程中，教师要认真做好教学笔记，记录教学进展情况、相关问题以及其他需要记录的事情，教学笔记的格式和内容由任课教师自行设计。

原则上，教材及参考教材是由任课教师根据教学大纲要求和本人的教学设计所选定的。但公共课和基础课的教材应由课程群/组统一选定。多位教师共同承担同一门课时，应由所有任课教师共同研究确定所用教材。

学生名单是课程教学环节中不可缺少的文件，是教师了解学生基本情况、记载学生学习状况的依据。学生名单可通过教务处网站下载。

2）教学环节

教学环节包括课程教学计划、教学内容、教学配置。课程教学计划是根据教学日历设计的更详细的教学安排；教学内容包括理论课、实验课、习题与作业、课程报告、大作业等；教学配置是指支持本课各教学环节的软件及硬件条件。任课教师要根据教学大纲合理安排各教学环节，确保各教学环节的连续性、一致性、协调性和完整性。

在任课期间要注意理论课教学进度，同时还要注意其他教学环节与理论课的协调性和一致性，以免出现前松后紧或前紧后松的局面。

任课教师要确保按时、保质地完成每个教学环节。

3）教学状态

师资队伍满足教学需要，教授、副教授开课率符合学校要求，学生评教达标。

利用多种教学方法、教学手段进行教学，必修课使用多媒体授课的课程门数、开展网络教学的课程比例、双语授课课程比例满足教学需要，并根据课程内容实行累加式考试，布置大作业或课程论文。

开展教学研究，教师每 3 年有教学研究论文发表或有教学研究立项。教材建设坚持选用优秀教材与自编教材相结合。

在实验教学方面，综合性、设计性实验课程占有实验课程的比例合理，实验开出率 100%。

10.2.6　实验教学过程

1. 实验教学过程的质量要求

1）实验课教师选派

（1）实验教师的资格。

实验教师应由系统地学习过所任课程或对本课有深入研究并有实际经验的教师或研究生担任。

实验教师必须具备指导所任课程全部实验的能力，包括指导实验、批改实验报告、实验相关问题的答疑。

（2）初任实验教师的聘任。

初次任课的实验教师既可以由任课主讲教师书面推荐，也可以由具有任课资格的教师本人书面自荐。

由课程群/组或主讲教师组织考核，考核内容覆盖面不得少于实验内容的 70%，考核内容要略深于实验内容，经考核合格后方可担任实验教师。考核结果应由负责考核的教师组织填写到考核表中，并提出考核意见。考核结果交课程群/组和院系备案，作为是否聘任的依据。

（3）续任实验教师的聘任。

已担任过本课的实验教师，并在前一轮实验课结束后考核合格者，可以直接由课程群/组或任课主讲教师聘任为本次课程的实验教师。

（4）任课准备。

无论是初任还是续任实验教师，在开始每一轮实验教学之前都要填写实验教师任课登记表，并经主讲教师签字确认。

主讲教师在开课前将实验相关文件交给实验教师，以便实验教师提前做好指导实验的准备。

（5）实验过程管理。

实验教师的实验任务由主讲教师负责组织和管理。主讲教师的实验教学工作水平应适当高于其他实验教师。

（6）实验教师的考核。

课程的实验全部结束后，由主讲教师负责考核实验教师。考核合格者可以直接担任同一门课程的下一轮次实验教师，考核不合格者需以初任实验教师身份参加下一轮实验教师聘任考核。

2）实验准备

（1）实验室准备。

实验室应按照教学计划和教学大纲要求，在每学期实验课开始前准备好实验教学设备及相关软件。对于有特殊要求的课程，由课程群/组负责人或主讲教师提前与实验室联系解决。

（2）任课教师准备。

课程群/组或任课主讲教师要提前准备实验指导书、实验要求及实验参考资料，并在实验课开始前提交给学生。

3）实验指导

任课主讲教师必须至少指导一个自然班的实验，并指导和安排其他实验教师的实验指导工作。实验教师则按照任课主讲教师的安排参加实验指导工作。

4）实验报告

实验完成后，学生必须按照要求撰写实验报告，并按规定的时间和方式提交。对于抄袭者按学校有关规定处理。

5）实验成绩

实验成绩可根据实验完成情况、实验报告质量来评定。对于有实验考试的课程，实验成绩由实验考试成绩决定。

2. 课程设计的质量要求

1）指导教师安排

（1）指导教师的资格。

指导教师应由系统地学习过所任课程或对该课程有深入研究并有一定实际经验的教师或研究生担任。

指导教师必须具备指导所任课程的全部课程设计环节的能力，包括选题、设计指导、撰写设计报告指导、课程设计答辩等。

（2）初任指导教师的聘任。

初次担任指导教师需由教学单位书面推荐，也可以由具有任课资格的教师本人书面自荐。由课程群/组负责人或任课主讲教师组织考核，考核内容覆盖面不得少于设计内容的 70%，考核内容要略深于指导内容，经考核合格后方可担任指导教师。考核结果应由负责考核的教师组织填写考核表，并提出考核意见。考核结果交课程群/组和院系备案，作为是否聘任的依据。

（3）续任指导教师的聘任。

已担任过本课的指导教师并在前一轮课程设计结束后考核合格者，可以直接由课程群/组或任课主讲教师聘任为本次课程的指导教师。

2）选题

（1）选题组织。

课程设计的选题工作由课程群/组或任课主讲教师组织。

（2）选题内容。

选题内容要与课程内容相关。选题尽可能结合研究和工程实践，具有一定的课程内容涵盖面。选题尽可能具有发散思维的特点，使学生有较大的发挥空间。不同学生（组）的选题有一定区分度。

（3）难度和规模。

选题难度和规模要适中，以中等偏上学生在正常情况下和规定的时间内能完成为基准。

3）指导过程

课程设计指导应采取集中指导与个别指导相结合的原则。指导教师要在集中指导时解决学生的共性问题，而在个别指导时解决学生的具体问题。

指导应采取启发式指导。鼓励学生积极主动地研究和探索，在此过程中提高分析问题和解决问题的能力。不要代替学生解决设计中的具体问题。

4）课程设计报告

课程设计结束时，学生要按要求撰写课程设计报告。课程设计报告以书面形式提交，也可以以电子版形式提交，具体提交方式由课程群/组或任课主讲教师决定，但所有学生都必须以同一种形式提交。

课程设计报告要有标准的模板。报告模板既要有严格的整体结构，又要有灵活的内部结构。严格的整体结构使报告具有统一的格式，灵活的内部结构可为学生提供较大的发挥空间。

5）课程设计答辩

课程设计答辩由任课主讲教师组织。

课程设计宜采取累加式考核，考核内容包括设计成果成绩、设计报告成绩、答辩成绩等。

3. 毕业实习、毕业设计的质量要求

1）指导教师安排

毕业设计指导教师必须由具有讲师及讲师以上职称的教师担任。初次指导毕业设计的教师必须由经验丰富的教师指导，并以第二导师的身份在学生的毕业文件上签名。

2）选题

（1）毕业设计题目的类型。

毕业设计选题应考虑类型的多样性，包括研究类、分析类、工程设计类、软件开发类等。

（2）对毕业设计题目的要求。

毕业设计题目尽可能选择真实题目或某研究方向的预研题目。题目的深度和广度要符合学校本科毕业设计要求。多名学生合作完成同一项目时，每个学生要有可区分的明确任务，其工作量要符合学校本科毕业设计要求，毕业论文的题目不得相同。

（3）毕业设计题目的确认。

毕业设计题目由教师本人申报，由教学基本单位负责人组织审批。

（4）毕业设计题目的分配。

教学单位应将确定的题目提前公布。学生可根据自己未来发展的需要和兴趣预选题目。教学单位根据学生预选题目的结果进行合理分配，使学生做自己有能力完成、有兴趣研究、有助于自己发展的题目。

3）开题

学生在指导教师的指导下开题。开题时学生必须查询相关的文献资料，了解所选题目在国内外的发展现状、存在的问题、本题目的意义等，并按院系规定的格式撰写开题报告。

指导教师要认真审核学生的开题报告，签字后才能提交。开题由教学基本单位组织，学生数量较多时可分组进行。

开题检查不合格的学生不能进入设计阶段。可以给学生二次开题的机会。二次开题检查仍不合格者，不能参加本轮次毕业设计。

开题完成后，教学单位要认真总结开题工作，并撰写开题总结报告。

4）指导过程

指导教师要认真指导学生的毕业设计工作，把握工作进度，及时指导学生遇到的问题。

指导教师每周至少要对学生指导两次，指导方式可以是当面指导、电话指导、电子邮件指导。指导教师要记录指导时间和内容，以备院系审查。

5）中期检查

在中期检查前，各教学基本单位和指导教师要督促学生准备中期检查报告，并为中期检查做好准备工作。

中期检查时要认真按照院系制定的工作流程进行。对于学生在前期工作中出现的问题，参加检查的教师有责任给予必要的指导。

中期检查不合格的学生允许进行二次检查，二次检查安排在首次中期检查的下一周。二次中期检查不合格者，取消毕业设计资格。

6）结题

毕业设计完成时，学生要提交结题报告和设计成果。由教学单位组织对学生的设计成果进行验收。

符合毕业设计要求的学生可以结题，不符合要求的学生不能结题。

结题者可以参加毕业答辩，未结题者不能参加毕业答辩。未结题者可以在规定的时间内再次提交结题申请，结题后方可申请毕业答辩。

7）毕业论文

学生在指导教师的指导下撰写毕业论文。毕业论文必须符合学校的撰写规范。教师对毕业论文进行认真审改，签字后提交教学单位审查，毕业论文审查合格的学生才能参加毕业答辩。

8）毕业答辩

（1）答辩组织。

毕业答辩由教学单位组织。教学单位组织答辩委员会，设主任 1 人，副主任 1～2 人，秘书 1 人。答辩委员会主任原则上由教授担任，秘书由讲师以上职称者担任。学生数量较多时，可分为若干个答辩小组，每个答辩小组设组长 1 人，答辩组长由副教授以上职称者担任。

（2）答辩过程。

学生应准备答辩讲演稿，讲演稿可用 PPT 或 PDF 制作。每个学生主述时间为 8～10min，教师提问 5min，提问的问题不应少于 3 个。

（3）答辩总结。

毕业答辩结束后，各答辩小组撰写答辩工作总结提交教学单位答辩委员会。各教学单位撰写本单位答辩工作总结提交院系。院系撰写毕业答辩工作总结提交教务处。

（4）毕业论文成绩。

毕业论文成绩由开题、中期检查、设计结果检查、毕业论文和毕业答辩各部分成绩组成，其中开题成绩占 10%，中期检查成绩占 10%，设计结果成绩占 25%，毕业论文成绩占 30%，毕业答辩成绩占 25%。

9）优秀论文

优秀论文的认定按照学校规定的标准执行。原则上拟评定为优秀论文的学生应再参加由答辩委员会组织的全体教师出席的集中答辩，最后确定优秀毕业论文资格。

获优秀论文者必须提交一篇关于毕业论文内容的满足科技论文形式要求的论文，论文的格式及要求见学校有关要求。

10.2.7　招生工作

招生工作的执行责任人是主管教学的院系领导和主管学生工作的副书记。招生工作由学生工作办公室、就业指导办公室和招生宣传办公室具体执行。

1. 招生工作的质量要求

招生工作是保证生源质量的关键环节。招生计划的制订应按照社会和国家对专业人才的需求及院系自身的办学条件和定位来进行。

招生工作的质量要求如下：

（1）具有吸引优秀生源的制度和措施。

（2）具有稳定的奖学金来源。

（3）招生计划制订程序规范、合理，体现院系规模、结构、质量、效益协调发展。

（4）招生宣传及时到位。

（5）定期分析与总结专业对学生的吸引点，并能形成材料用在招生过程中。

2. 招生工作评价

招生工作评价由主管教学的院系领导和主管学生工作的副书记组织，评价内容包括招生计划的制订、录取工作、招生宣传与咨询工作、新生入学报到等。

10.2.8　就业工作

1. 就业工作的质量要求

学生工作办公室负责就业指导工作，通过各个教学基本单位与企业建立联系，进行双向推荐。

就业工作的质量要求如下：

（1）建立毕业生跟踪调查、用人单位调查和第三方社会调查在内的社会评价机制，对培养目标达成及教学质量情况进行定期评价。评价结果反馈到相应的培养环节，促进学生培养质量的持续改进。

（2）就业指导工作切实有效。

（3）就业率高。

（4）毕业生社会认同度好。

毕业生跟踪调查、用人单位调查由院系组织、学生工作办公室实施，第三方调查由学校统一组织实施。

2. 就业工作评价

就业工作评价由主管教学的院系领导和主管学生工作的副书记组织，评价内容如下：

（1）毕业五年左右学生预期成就的达成，其达成情况体现了本专业人才培养是否符合社会需求，专业定位是否准确，培养质量是否达到要求。

（2）本专业毕业生具备的工作能力、发展潜力、工程素质与职业素养。

（3）学生半年后的短期就业能力与培养质量。

评价方式包括毕业生问卷调查、毕业生用人单位反馈、毕业生就业情况分析、毕业生社会满意度调查等。

10.2.9　学生工作

学生工作主要包括如下 4 个方面。

1）思想政治工作

主管学生工作的副书记主抓学生的思想政治工作，学生工作办公室主任负责具体工作，由辅导员落实到具体学生。

2）奖学金评定

奖学金根据学生的学习成绩、科技创新成绩和思想政治表现综合评定。

3）辅导员工作

思想政治教育是辅导员的核心任务，包括日常学生的思想教育、参与和配合思想政治理论课的教育教学，在基层党团组织建设、班集体建设和学生干部队伍建设中发挥主导作用等。

4）班主任工作

班主任的工作涉及学生工作的方方面面，包括安全稳定、学生党建、学风建设、学生科技活动、班团建设、宿舍管理、学生心理健康教育、学生就业指导、贫困生工作等。

1. 学生工作的质量要求

《工程教育认证标准》对学生工作提出了如下要求：

（1）具有完善的学生学习指导、职业规划、就业指导、心理辅导等方面的措施并能够很好地执行落实。

（2）对学生在整个学习过程中的表现进行跟踪与评价，并通过形成性评价保证学生毕业时达到毕业要求。

（3）有明确的规定和相应认定过程，认可转专业、转学学生的原有学分能够支撑相关毕业要求。

（4）教师能够将毕业要求相关内容与课程考核成绩联系起来，通过课程成绩分析，给出应该关注的学生的基本数据。

（5）收集和整理任课教师提供的关于部分同学在特定毕业要求上可能遇到的问题的数据。

（6）学生知道并理解本专业的毕业要求，并能对照毕业要求评价自己的学习状态。

（7）学生有意识与能力参照毕业要求对教师的课程进行评价。

2. 学生学习状态评价

学生学习状态评价由主管教学的院系领导和主管学生工作的副书记组织，评价内容包括课堂教与学质量、实践教与学质量、第二课堂情况、思想政治工作、辅导员工作、班主任工作、学生导师工作等。

10.2.10 教学管理工作

教学管理人员必须多渠道收集与教学质量保障有关的信息，包括各级领导听课、调查研究，督导听课、检查，常规的教学检查（开学、期中、期末），学生信息员，教学法活动，专项调查研究，院系、专业、课程教学评价，教学意见箱，网上评教评学。对收到的信息要进行分析研究，及时反馈，反馈渠道通畅，反馈方式多样。

1. 教学管理工作的质量要求

教学管理与服务规范，能有效地支持毕业要求的达成。管理队伍结构合理，队伍稳定，素质高，服务意识强。规章制度齐全，执行严格，管理工作有序。

2. 教学管理工作评价

（1）结构合理，教学管理人员的年龄、职称、学历、学缘结构合理。

（2）队伍稳定，保持教学管理队伍稳定，重要教学管理岗位的管理人员应有从事教学工作和教学管理工作的经历。

（3）素质高，服务意识强，具备从事教学管理工作必需的业务水平。

（4）规章制度齐全，并能结合学校教学工作的具体情况，不断完善教学管理制度。执行严格，管理工作有序。

教学管理与服务有利于教学质量的持续改进，有利于面向全体学生的毕业要求达成。

10.3　教　学　条　件

学校能够提供达成毕业要求所必需的基础设施，包括为学生的实践活动、创新活动提供有效支持。

10.3.1　教学辅助设施建设

1. 计算机网络建设

教学用服务器能保证提供 24×7 的服务，计算机网络能保障学生达成毕业要求的需要。

课程群/组统一建设课程的公共资源，每个教师在公共资源的基础上建设自己开设的课程的网站内容。

2. 资料室建设

资料室应保存近 10 年的主要学术刊物，定期购进新书，提供给教师免费借阅。辅助教师查找文献。

10.3.2　实验室建设

1. 实验室的质量要求

实验室空间和设备的数量能满足毕业要求达成的需要。设备状态正常，学生使用方便。与企业合作共建实习和实训基地，在教学过程中为学生提供参与工程实践的平台。

2. 实验室改造

实验室原则上每 3 年进行一次改造，主要进行环境的修缮和功能变更。改造计划由实验中心主任根据实验室现状及任课教师需求制定，经教学指导委员会批准后实施。

3. 仪器、设备的更新、补充与维护计划

设备的大型更替计划由实验中心主任制定，经教学指导委员会批准后实施。日常的维护由实验员负责。实验员有责任配合任课教师对实验环境进行改造，以尽快适应新的教学要求。

10.3.3　教师队伍建设

能够有效地支持教师队伍建设，吸引与稳定合格的教师，并支持教师个人的专业发展，包括对青年教师的指导和培养。

10.3.4　教学经费保障

教学经费总量以及教学投入的量与内容能够满足本科毕业要求达成的需要。保证每个任课教师的办公用计算机，并以课程群/组为单位下拨教学经费，在年度额度的范围内实报实销，教师可凭论文录用通知、会议通知申请教学研究经费支持，获批后实报实销。

10.4 教学质量的分析与改进

教学质量保障体系必须形成闭环控制才能产生实际效用,使教学质量持续改进。

10.4.1 培养目标的分析与改进

依据国家的教育目的和学校的性质、任务提出的具体培养要求,分析现有培养目标是否符合国家与学校的本科教育目标,定位是否切合社会经济发展需要与院系自身实际等情况,并给出具体的专业培养目标的改进建议。

10.4.2 培养方案的分析与改进

依据培养目标分析现有本科专业的设置是否符合社会经济发展要求,基础类课程课时总量安排是否合理,是否安排了足够的实践及实验课时,课程的设置及课程间的衔接是否合理等情况,给出专业培养方案的改进建议。

10.4.3 课程大纲的分析与改进

依据培养目标和培养方案分析现行课程大纲,并根据不同课程的具体特点提出各具特色、科学合理、针对性强的课程大纲。

10.4.4 教学管理工作的分析与改进

依据教学管理工作职责及相关调查研究结果分析其资源配置、服务质量和管理效率,形成教学管理资源配置、服务质量及管理效率分析报告。

10.4.5 教学过程与条件的分析与改进

1. 教学方法与效果分析

教学指导委员会依据实际教学需要提出教学方法与效果分析任务,成立由相关教授、专家、教学第一线教师及学生代表组成的教学方法与效果分析小组,对现有教学方法与效果调查等相关资料进行分析,形成教学方法与效果分析报告,教学指导委员会会同教学督导委员会评审教学方法与效果分析报告,教学督导委员会监督实施教学方法改进。

2. 教师培训需求分析

教学指导委员会根据实际教学需要提出教师培训需求分析任务,成立由相关教授、专家、教学第一线教师及学生代表组成的教师培训需求分析小组,采用问卷调查、深度访谈、集体座谈等调查形式收集材料,经讨论分析形成报告,教学指导委员会会同教学督导委员会评审教师培训需求分析报告,教学指导委员会监督实施教师培训。

3. 教学资源需求分析

教学资源是教学活动所必需的各种资源的综合,主要指教学场所、各种教学设备、实验室基础设施、实验室软硬件、网络设施、教学科研仪器设备和图书资料等,是教学活动必不可少的一个重要前提。

教学指导委员会根据实际教学需要提出教学资源需求分析任务，成立由相关教授、专家、教学第一线教师及学生代表组成的教学资源需求分析小组，制定教学资源需求分析计划并采用问卷调查、深度访谈、集体座谈等进行调查，对由调查、访谈、座谈等获得的相关资料进行汇总分析并形成报告，教学指导委员会会同教学督导委员会评审教学资源需求分析报告，教学指导委员会监督实施教学资源配置。

10.4.6　毕业要求达成的分析与改进

毕业要求的达成是培养目标达成的充分必要条件，培养目标的达成通过毕业要求的达成保证，而毕业要求的达成则通过课程目标的达成予以保证。因此，专业要建立课程目标及毕业要求达成评价机制。

1. 评价组织

为了对本专业学生系统地开展毕业要求达成评价，在教学指导委员会领导下，设立毕业要求达成评价小组，小组中应有企业界人员。毕业要求达成评价小组通过集体决议，确定恰当的毕业要求评价指标，选择具有代表性、确定性的指标权重，决定单个指标的评价等级及界限，选取合适的评价方法和模型，确定合格标准。按照预先制定好的评价方法对每一个教学环节进行评价，得出最终的评价结果。

2. 评价内容

毕业要求达成评价小组根据教学大纲的执行情况，并对课程支持指标点的情况进行分析评价，选择与指标点关联度高且经认定的课程评价结果，赋予相应的权值，计算出相关毕业要求达成度。

为了保证数据的有效性，毕业要求达成评价小组需要从以下几方面对课程目标达成的评价依据（试卷、大作业、报告与设计等）的合理性进行评价：

（1）考核内容是否完整体现了对相应毕业要求指标点的考核，如试题的针对性、难度、分值、覆盖面等。

（2）考核的形式是否合理，例如，除期末考试外，平时成绩、实验成绩、大作业成绩的给定是否体现了相关指标点要求的能力。

（3）结果判定是否严格，是否存在试卷很难或得分很高的情况。

评价结果为"合理"或"不合理"。如果"不合理"，则不应该采用该课程的评价结果作为毕业要求达成度评价依据。

专业通过发放调查问卷或走访等形式，每年对用人单位及毕业生进行培养目标达成的调查，评价小组通过对反馈数据进行收集、筛选、分析而获得对培养目标达成的补充评价。

3. 基础数据

一是被认定的课程评价数据。具体包括学生考试试卷、课程设计报告、实验报告、实习实训报告、毕业设计（包括毕业设计开题报告、中期报告及毕业设计论文）、创新活动与社会实践以及学生学习过程中其他相关考核评价材料等。二是对用人单位及毕业生进行问卷调查所获得的数据，可用于进行毕业要求达成的补充评价。

4. 评价方法

采用课程考核成绩分析法与评分表分析法相结合，以调查问卷法为补充的方法进行评价。其中课程考核成绩分析法主要用于对技术性指标进行评价，评分表分析法主要用于评价非技术性指标及其与技术性指标点的交叉项，调查问卷法用于对毕业生及用人单位反馈进行分析而获得对培养目标达成的补充评价。

1）课程考核成绩分析法

依据毕业要求达成评价小组认可的课程目标达成的分析结果，按照加权求和等适当的方法计算毕业要求达成度。要求在各课程目标达成分析中取参加该课程学习的所有学生获得的该课程成绩为样本。

2）评分表分析法

本方法以学生在教学环节或社会活动中的表现作为评价依据，通过对表现的评分而实现对教学环节或社会活动达成毕业要求指标点的评价，然后根据每个环节或活动达成的评价结果计算出毕业要求达成评价结果。其中教学环节或社会活动包括课程设计、实验、作业、出勤、答辩、学科竞赛、科技立项等。

3）问卷调查法

本方法主要通过调查问卷的形式评价受访者对毕业要求各项能力重要性的认同程度和毕业生在这些能力上的表现及达成情况。调查对象为应届毕业生、往届毕业生、用人单位等，通过设计并向调查对象发放调查问卷获得样本数据，再对样本数据进行分析、计算得到相应毕业要求的评价值。

5. 评价周期

毕业要求达成度评价 2 年进行 1 次；课程目标的达成评价通常可以安排在课程结束后进行；调查问卷评价为 3 年 1 次。

6. 评价结果及反馈

毕业要求达成度评价要形成记录文档，包括毕业要求达成度评价表、课程达成目标评价表以及毕业生及用人单位跟踪评价分析报告。

达成标准：根据专业学生的特点、教学内容和要求、以往对学生达成课程目标的评价，以及达成毕业要求的评价等，设定课程考核成绩分析法和评分表分析法评价的合格标准为0.65，问卷调查法评价的合格标准为 0.65。

结果反馈：评价完毕形成毕业要求达成度评价记录文档，并提交教务主管部门作为培养方案、教学大纲的修改依据以及教学改进的依据。

10.4.7 教学质量持续改进的机制及实施

教学质量的持续改进机制在教学质量保障体系中占有十分重要的地位，为系统运行提供信息反馈和改进建议，对整个系统运作效率的提升意义重大。

1. 教学质量持续改进机制

教学质量的持续改进机制由监测、预警、反馈 3 个子系统构成。

1）监测系统

监测系统主要承担有关教学条件、教学过程、教学质量及内外部教学环境与人才需求等诸多方面的信息收集、整理和归档等职责。

2）预警系统

预警系统的主要功能为：分析由监测系统收集的有关教学质量保障体系的全部信息，

解析各方面信息对整个教学质量保障体系安全态势的影响程度，为保障教学质量提供相应的预警信息。

3）反馈系统

反馈系统的主要功能是：基于预警系统的分析，为教学质量保障体系的各个环节提供改进建议，以保证教学质量保障体系的安全、高效，并最终形成一个不断提升的良性循环系统。

2．教学质量持续改进机制的实施

1）信息收集

教务管理部门负责有关教学条件、教学过程、教学质量及内外部教学环境等方面的信息收集、整理和归档等工作。

学生管理部门负责国内外人才需求及用人单位对毕业生工作情况反馈等方面的信息收集、整理和归档等工作。

2）信息处理

教学指导委员会责成有关部门及人员组织有关培养目标、培养方案、课程大纲、教学管理、教学过程与条件等方面的分析小组，分析相关信息，并将预警信息提供给教学指导委员会。

招生与就业指导委员会责成有关部门及人员组织有关生源、毕业生就业情况、毕业生社会满意度等方面的分析小组，分析相关信息，并将预警信息提供给招生与就业指导委员会。

学生工作委员会责成有关部门及人员组织有关考试、学生学习状态等方面的分析小组，分析相关信息，并将预警信息提供给学生工作委员会。

3）信息反馈

有关培养目标、培养方案、课程大纲、教学管理、教学过程与条件等方面的专业分析小组基于相关信息分析提出改进建议，并提交教学指导委员会评审、修订和执行。

有关生源、毕业生就业情况、毕业生社会满意度等方面的专业分析小组基于相关信息分析提出改进建议，并提交招生与就业指导委员会评审、修订和执行。

有关考试、学生学习状态等方面的专业分析小组基于相关信息分析提出改进建议，并提交学生工作委员会评审、修订和执行。